3ds Max 材质/灯光/渲染效果表现课堂实录

王芳　刘悦　主编

清華大學出版社
北　京

内容简介

本书围绕 3ds Max 软件和 VRay 插件展开介绍，以理论知识为铺垫，以实操案例为中心，对效果图制作的相关知识进行了全面阐述。书中每个案例都给出了详细的操作步骤，同时还对操作过程中的设计技巧进行了描述。

全书共 10 章，遵循由浅入深、循序渐进的思路，依次对 3ds Max 基础知识、材质与贴图知识、光源知识、摄影机知识、渲染知识等进行了详细讲解。最后通过常用材质效果的表现、卧室场景效果的表现、玄关场景效果的表现、厨房场景效果的表现，对前面所学的知识进行了综合应用，以实现举一反三、学以致用的目的。

本书结构合理，思路清晰，内容丰富，语言简练，解说详略得当，既体现了鲜明的基础性，也体现了很强的实用性。

本书既可作为室内设计行业从业者的参考用书，又可作为室内设计爱好者的学习用书，同时也可作为社会各类 3ds Max 培训班的首选教材。

图书在版编目(CIP)数据

3ds Max材质/灯光/渲染效果表现课堂实录 / 王芳，刘悦主编. — 北京：清华大学出版社，2021.1（2024.1重印）
ISBN 978-7-302-56736-3

Ⅰ. ①3… Ⅱ. ①王… ②刘… Ⅲ. ①室内装饰设计－计算机辅助设计－三维动画软件 Ⅳ. ①TU238.2-39
中国版本图书馆CIP数据核字（2020）第210782号

责任编辑：李玉茹
封面设计：杨玉兰
责任校对：吴春华
责任印制：杨　艳
出版发行：清华大学出版社
　　网　　址：https://www.tup.com.cn，https://www.wqxuetang.com
　　地　　址：北京清华大学学研大厦A座　　**邮　　编：**100084
　　社 总 机：010-83470000　　**邮　　购：**010-62786544
　　投稿与读者服务：010-62776969，c-service@tup.tsinghua.edu.cn
　　质量反馈：010-62772015，zhiliang@tup.tsinghua.edu.cn
印 装 者：三河市铭诚印务有限公司
经　　销：全国新华书店
开　　本：200mm×260mm　　**印　　张：**14.75　**字　　数：**355千字
版　　次：2021年1月第1版　　**印　　次：**2024 年 1 月第 4 次印刷
定　　价：79.00元

产品编号：089281-01

序　言

数字艺术设计是指通过数字化手段和数字工具实现创意和艺术创作的全新职业技能，全面应用于文化创意、新闻出版、艺术设计等相关领域，并覆盖移动互联网应用、传媒娱乐、制造业、建筑业、电子商务等行业。

ACAA意为联合数字创意和设计相关领域的国际厂商、龙头企业、专业机构和院校，为数字创意领域人才培养提供最前沿的国际技术资源和支持，是中国教育发展战略学会教育认证专业委员会常务理事单位。

20年来ACAA始终致力于数字创意领域，在国内率先创建数字创意领域数字艺术设计技能等级标准，填补该领域空白，依据职业教育国际合作项目成立“设计类专业国际化课改项目办公室”，积极参与“学历证书+若干职业技能等级证书”相关工作，目前是Autodesk中国教育管理中心。

ACAA在数字创意相关领域具有显著的品牌辨识度和影响力，并享有独立的自主知识产权，先后为Apple、Adobe、Autodesk、Sun、Redhat、Unity、Corel等国际软件公司提供认证考试和教育培训标准化方案，经过20年市场检验，获得充分肯定。

20年来，通过ACAA数字艺术设计培训和认证学员，有些已成功创业，有些成为企业骨干力量。众多考生通过ACAA数字艺术设计师资格或实现入职，或实现加薪、升职，企业还可以通过高级设计师资格完成资质备案，来提升企业竞标成功率。

ACAA系列教材旨在为院校和学习者提供更为科学、严谨的学习资源，我们致力于把最前沿的技术和最实用的职业技能评测方案提供给院校和学习者，促进院校教学改革，提升教学质量，助力产教融合，帮助学习者掌握新技能，强化职业竞争力，助推学习者的职业发展。

ACAA教育/Autodesk中国教育管理中心
（设计类专业国际化课改项目办公室）
主任　王　东

前　言

本书内容概要

众所周知，3ds Max是一款功能强大的三维建模与动画设计软件，结合VRay渲染插件，可以制作出写实逼真的效果图。因此，它被广泛应用于工业设计、影视动画游戏角色、建筑室内外设计等领域。为了能让读者在短时间内制作出高质量的效果图，我们组织教学一线的设计人员及高校教师共同编写了此书。本书共10章，遵循由局部到整体、由理论到实践的写作原则，对3ds Max+VRay的材质、光源、摄影机，以及渲染知识进行了全方位的阐述。各篇章的知识概述如下。

篇	章	内容概述
学习准备篇	第1章	主要讲解了材质的构成、材质与光源的关系、材质与环境的关系、自然光源与人造光源等知识
理论知识篇	第2～6章	主要讲解了3ds Max与VRay的材质知识、贴图知识、光源知识、摄影机知识以及渲染知识等
实战案例篇	第7～10章	主要讲解了常用材质的表现、卧室场景效果的表现、玄关场景效果的表现、厨房场景效果的表现等内容

系列图书一览

本系列图书既注重单个软件的实操应用，又看重多个软件的协同应用，以“理论 + 实操”为创作模式，向读者全面阐述了各软件在设计中的强大功能。在讲解过程中，结合各领域的实际应用，对相关的行业知识进行了深度剖析，以辅助读者完成各种类型的设计工作。正所谓要“授人以渔”，通过学习本系列图书，读者不仅可以掌握各种设计软件的使用方法，还能利用它们独立完成作品的创作。本系列图书包含以下品种。

★ 《3ds Max 建模课堂实录》
★ 《3ds Max+VRay 室内效果图制作课堂实录》
★ 《3ds Max 材质 / 灯光 / 渲染效果表现课堂实录》
★ 《AutoCAD+3ds Max+Photoshop 室内效果表现课堂实录》
★ 《草图大师 SketchUp 课堂实录》
★ 《AutoCAD+SketchUp 园林景观效果表现课堂实录》
★ 《AutoCAD 2020 辅助绘图课堂实录（标准版）》
★ 《AutoCAD 2020 室内设计课堂实录》
★ 《AutoCAD 2020 园林景观设计课堂实录》
★ 《AutoCAD 2020 机械设计课堂实录》
★ 《AutoCAD 2020 建筑设计课堂实录》

配套资源获取方式

本书由王芳（开封大学）、刘悦（开封大学）编写。其中王芳编写第 1 ～ 6 章、刘悦编写第 7 ～ 10 章。在编写过程中编者力求严谨细致，但由于水平有限，书中难免会有疏漏之处，恳请广大读者给予批评指正。

3D 材质灯光渲染课堂实录配套视频 .zip

素材文件 .zip

索取课件二维码

CONTENTS
目 录

第 1 章
3ds Max 渲染基础

第 2 章
材质知识详解

CONTENTS

CONTENTS

第 5 章 摄影机技术

第 6 章 渲染参数设置

CONTENTS

第1章 3ds Max 渲染基础

内容导读

在真实世界中，材质属性是可见的，包括质感、色彩、纹理、透明性等，且这些属性的体现离不开灯光。利用 3ds Max 还原真实场景的关键是灯光与材质要相互配合，因而了解灯光与材质的关系是读者制作高质量效果图的基础。本章主要对材质与光源的基础知识以及二者之间的关系进行详细介绍，使读者能够掌握其特质并应用到效果图的制作中。

学习目标

- 了解材质的构成
- 了解材质与光源的关系
- 了解材质与环境的关系
- 了解自然光源与人造光源的特性

1.1 了解材质

简单地说，材质就是物体看起来是什么质地的，也可以看成是材料和质感的结合。在 3ds Max 中，它是表面各可视属性的结合，这些可视属性是指表面的色彩、纹理、光滑度、透明度、反射率、折射率、发光度等。从严格意义上来讲，材质实际上就是 3ds Max 系统对真实物体视觉效果的表现，而这种视觉效果又通过颜色、质感、反光、折射、透明性、自发光、表面粗糙程度、肌理纹理结构等诸多要素显示出来。

1.1.1 材质概述

如果想要做出真实的材质效果，就必须深入了解物体的属性，这需要对真实物理世界中的物体多多观察分析。下面来具体举例分析物体的属性。

1. 物体的颜色

色彩是光的一种特性，我们通常看到的色彩是光作用于眼睛的结果。当光线照射到物体上的时候，物体会吸收一些光色，同时也会漫反射一些光色，这些漫反射出来的光色到达人们的眼睛之后，就决定了物体看起来是什么颜色，这种颜色被称为固有色。这些被漫反射出来的光色除了会影响人们的视觉之外，还会影响它周围的物体，这就是光能传递。当然，影响的范围不会像人们的视觉范围那么大，它要遵循光能衰减的原理。

如图 1-1 所示，远处的光照较亮，近处的光照较暗，这与光的反射与照射角度有关系。当光的照射角度与物体表面成 90° 时，光的反射最强，而光的吸收最柔；光的照射角度与物体表面成 180° 时，光的反射最柔，光的吸收最强。需要注意的是，物体的表面越白，光的反射越强；物体表面越黑，光的吸收越强。

图 1-1

2. 光滑与反射

物体是否有光滑的表面，往往不需要用手去触摸，眼睛就会告诉我们结果。光滑的物体表面会

有明显的高光，如玻璃、瓷器、金属等；而没有明显高光的物体通常都是比较粗糙的，如砖头、瓦片、泥土等。

这种差异在自然界无处不在，但它是怎么产生的呢？答案依然是光线的反射作用。但是和固有色的漫反射方式不同，光滑物体有着一种类似镜子的效果，在物体的表面还没有光滑到可以反射出周围物体的时候，它对光源的位置和颜色是非常敏感的。光滑的物体表面只反射出光源，这就是物体表面的高光区，该区域的颜色是由照射它的光源颜色决定的（金属除外）。随着物体表面光滑度的提高，对光源的反射会越来越强，所以在“材质编辑器”中，越光滑的物体，其高光范围越小，强度越高。

如图 1-2 所示为瓷器在光照下的效果，从光滑的瓷器表面可以看到明亮的高光和较为清晰的反射，这就是由于物体表面比较光滑而产生的效果；而粗糙的纺织品没有一点光泽，因为光照射到纺织品表面，只会发生漫反射，反射光线弹向四面八方，所以就没有了高光，如图 1-3 所示。

图 1-2

图 1-3

3. 透明与折射

自然界的大多数物体通常会遮挡住光线，当光线可以自由穿过物体时，这个物体肯定就是透明的。这里所说的穿过，不但是指光源的光线穿过透明物体，还指透明物体背后的物体反射出来的光线也再次穿过透明物体，这样使我们可以看到透明物体背后的东西。

由于透明物体的密度不同，光线射入后会发生偏转现象，这就是折射。比如插进水里的筷子，看起来是弯的；透过水杯看周围的物体，物体也会发生扭曲，如图 1-4 所示。不同的透明物体，折射率也不一样，即使同一种透明的物质，不同温度也会影响其折射率，比如我们透过高温的火焰或气浪观察对面的景象，会发现有明显的扭曲现象，这就是因为温度改变了空气的密度，不同的密度产生了不同的折射率，如图 1-5 所示。

图 1-4

图 1-5

在自然界中还存在着另外一种形式的透明，在三维软件的“材质编辑器”中把这种属性称之为半透明，比如纸张、塑料、植物的叶子，还有蜡烛等。它们原本不是透明的物体，但是在强光的照射下，背光部分会出现“透光”现象，如图 1-6 所示为叶子在阳光照射下的效果。而正在燃烧的蜡烛在靠近烛火的位置也呈现出半透明状态，如图 1-7 所示。

图 1-6

图 1-7

1.1.2 材质的构成

材质最主要的属性是漫反射颜色、高光颜色和环境光颜色，这三种颜色组成了物体表面的效果，在材质球中可以看到清晰的分界，如图 1-8 所示。

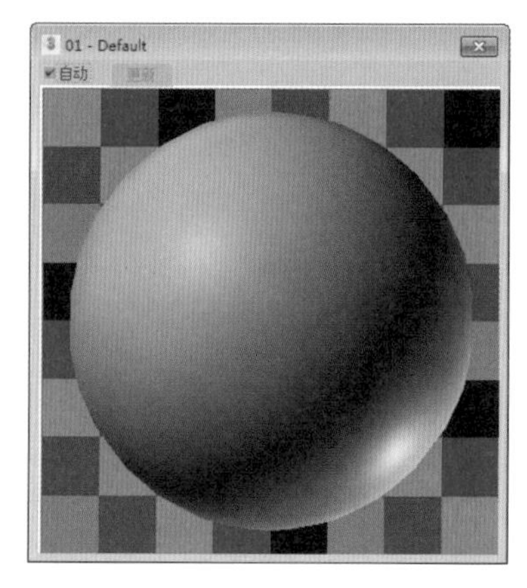

图 1-8

- ◎ 漫反射颜色：漫反射颜色又称为对象的固有色，是在太阳光和人造光源直射情况下，对象所反映出的颜色。
- ◎ 高光颜色：反射亮点的颜色。高光颜色看起来比较亮，而且高光区的形状和尺寸可以控制。不同质地的对象，其高光区范围的大小及形状都会不同。
- ◎ 环境光颜色：物体阴影处的颜色，它是环境光源投射到物体背面显示出的颜色。

使用这三种颜色以及对高光区的控制，可以创建出基本反射材质。这种材质相当简单，可以生成有效的渲染效果，通过控制自发光与不透明度还可以模拟发光对象以及透明或半透明对象。

这三种颜色的边界地方相互融合，在环境光颜色与漫反射颜色之间，融合方式会根据着色模型进行计算；在高光颜色和环境光颜色之间，则可使用“材质编辑器”控制融合数量。

1.1.3 材质与光源的关系

材质与光源是相互依存的。比如，借助夜晚微弱的光线往往很难分辨物体的材质，在正常的照明条件下则很容易分辨材质。另外，在彩色光源的照射下，也很难分辨物体表面的颜色，在白色光源的照射下则很容易分辨颜色，如图 1-9、图 1-10 所示。种种情况表明，物体的材质与灯光有着密切的关系。

图 1-9

图 1-10

1.1.4 材质与环境的关系

色彩是光的一种特性，通常我们所看到的色彩是光作用于眼睛的结果，但它不仅仅由光的物理性质决定，还会受到周围环境的影响。通常光线照射到物体上的时候，物体本身会吸收一些光色，同时也会漫反射一些光色，这些漫反射出来的光色呈现出来的颜色，则决定物体的颜色，这种颜色在绘画中被称为固有色，如图 1-11 所示。这些被漫反射出来的光色除了会影响视觉之外，还会影响它周围的物体，这就是光能传递，光能传递的实质意义是在反射光色的时候，光色以辐射的形式发散出去。所以，它周围的物体才会出现染色现象，如图 1-12 所示。

图 1-11

图 1-12

ACAA课堂笔记

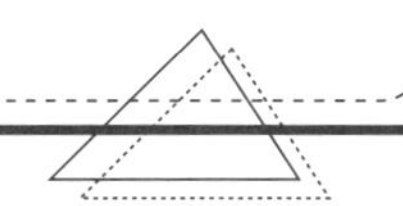

1.2 认识光源

自然界中的光源包括自然光源和人造光源，在效果图制作过程中，光源本身是以多种不同的形式表现的，设计者可以选择最合适的形式来表现自己的设计意图。

1.2.1 自然光源

自然光泛指非人工光源发出的光，如太阳光、天光、火光、电光等。在人们生活的环境中，最主要的自然光就是太阳光，它既简洁统一，又为自然界带来了丰富的变化，使人们可以看到日出日落，感受到温暖和寒冷。光线和渲染效果有着密不可分的关系，要成功制作出效果图，读者首先要懂得光线的应用。不同时间、不同天气下的自然光各有其特质，所呈现出的效果也不同。

1. 清晨

清晨时分的光线极为柔和，光影对比较弱，多给人以宁静、沉稳的感觉。光影带有明显的方向性，物体受到阳光的照射会呈现出温暖的感觉，如图 1-13 所示为清晨时分的建筑效果。

2. 中午

中午是一天中太阳照射最为强烈的时候，光线近乎垂直地照射在地面上，光影对比也最为强烈。相比其他时刻，中午时分的物体会呈现出明朗的影调和较为饱满的色彩，阴影颜色最重，其层次变化也较少，如图 1-14 所示为中午的强烈阳光打在雕塑品上。

图 1-13

图 1-14

3. 日落

日落时分的景象非常美丽。光线在空气中的行走距离变长，更多的蓝光被吸收，阳光中带着红黄色的暖色调。柔和的阳光使光影对比变弱，阴影变长，天光也会呈现出冷蓝色。场景会同时出现冷暖色差，在不直射的阴影里会产生不同程度的冷光，在直射的区域则会出现暖光，如图 1-15 所示。

4. 阴天

阴天的时候，云层就像一个天然的柔光罩，阳光穿过云层时，经过折射和扩散，会形成柔和的散射光。阴天时物体不会产生强烈的阴影，且对比度较低，如图 1-16 所示。

图 1-15

图 1-16

1.2.2 人造光源

在室内没有太阳光照射的情况下，就需要人造光源来弥补光照，比如阴雨天和夜晚时就需要使用人造光源。人造光源的使用也是有目的性的，比如生活中的家庭照明是为了满足生活需要，办公场所的照明是为了人们能够更好地工作，展柜或 T 台上的照明则是为了凸显作品。

1. 窗户采光

光是建筑空间得以呈现、空间活动得以进行的必要条件之一。窗户就是室内采光的主要渠道，通过自然采光的亮度变化、光影的移动，室内的人们可以感知昼夜更替和亮度的强弱。通过自然光的光影变化也可以塑造出不同的室内效果，如图 1-17、图 1-18 所示分别为现代家居建筑窗户和欧式穹顶彩色玻璃窗的采光效果。

图 1-17

图 1-18

2. 灯具照明

灯光是建筑设计中的亮点，不同的环境所使用的灯具也各不相同。灯具照明原本只是对自然光的补充，在照明不足时使用，而随着人们生活水平的不断提高，灯具照明已经成为一种对生活态度的表达。除了满足基本的照明需求外，灯具的装饰性也成为建筑设计中必不可少的元素，它能营造一种氛围，成为视觉上的亮点，可以起到画龙点睛的作用。

如图 1-19、图 1-20 所示分别为建筑空间室内外场景中使用灯具照明所表现出的氛围。

图 1-19

图 1-20

第 2 章

材质知识详解

内容导读

在模型渲染中，材质相当于给模型添加的外衣。材质的好坏会直接影响到渲染的效果，所以材质对于渲染来说还是很重要的。本章主要对 3ds Max 的材质内容进行讲解，其中包括材质的构成、材质与光源的关系、材质编辑器的构成以及材质设置的基本参数等，使读者对 3ds Max 的材质有初步的认识。

学习目标

- 掌握材质编辑器
- 掌握各类材质的特点
- 掌握参数卷展栏
- 掌握材质基本参数

2.1 材质编辑器

在 3ds Max 中设置材质是在“材质编辑器”中进行的，用户可以通过单击主工具栏的相关按钮或者选择“渲染”菜单中的命令打开“材质编辑器”，如图 2-1 所示。可以看到“材质编辑器”分为菜单栏、材质示例窗、工具栏以及参数卷展栏四个组成部分。通过“材质编辑器”可以将材质赋予 3ds Max 的场景对象。

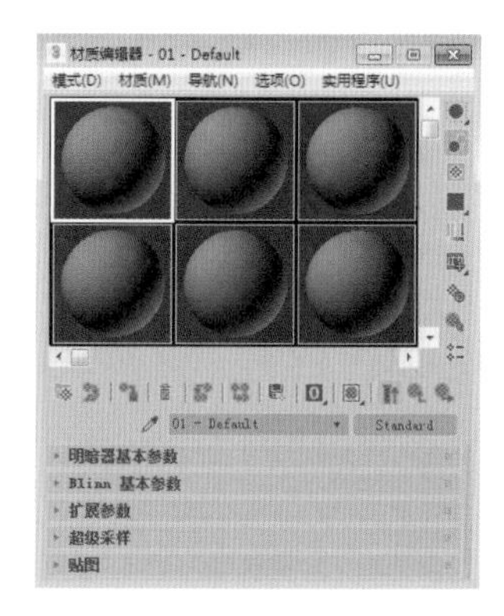

图 2-1

知识点拨

材质编辑器

按 M 键，可以快速打开“材质编辑器”。若之前使用过“材质编辑器”，再次打开“材质编辑器”后，系统默认打开上次的材质类型。

2.1.1 工具栏

“材质编辑器”的工具位于材质示例窗右侧和下侧，右侧是用于管理和更改贴图及材质的按钮。为了帮助记忆，通常将示例窗右侧工具栏称为“垂直工具栏”，将位于示例窗下方的工具栏称为“水平工具栏”。

1. 垂直工具栏

垂直工具栏主要用于对示例窗中的样本材质球进行控制，如显示背景或检查颜色等，如图 2-2 所示。下面将对垂直工具栏中的选项进行介绍。

图 2-7

- ◎ 采样类型：使用该按钮，可以选择要显示在活动示例窗中的几何体。在默认状态下，示例窗显示为球体。长按该按钮，将会打开展开工具条，在展开工具条上，系统提供了这三种几何体显示类型，按住鼠标左键不放，将光标移至所需类型图标上放开鼠标，即可选择使用。
- ◎ 背光：用于切换是否启用背光，如图 2-3 所示。
- ◎ 背景：用于将多颜色的方格背景添加到活动示例窗中，该功能常用于观察透明材质的反射和折射效果，如图 2-3 所示。也可以使用“材质编辑选项”对话框指定位图作为自定义背景。

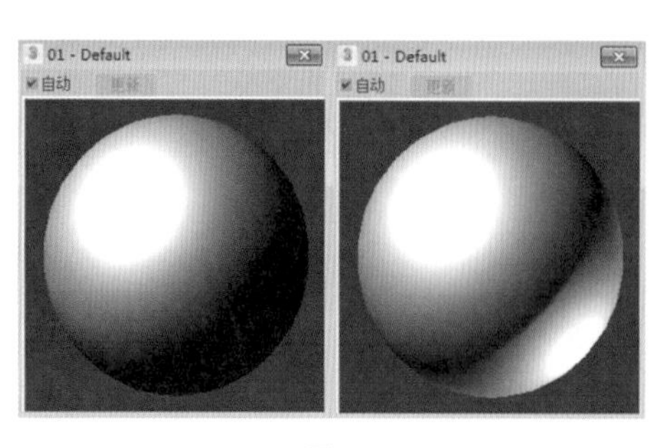

图 2-2

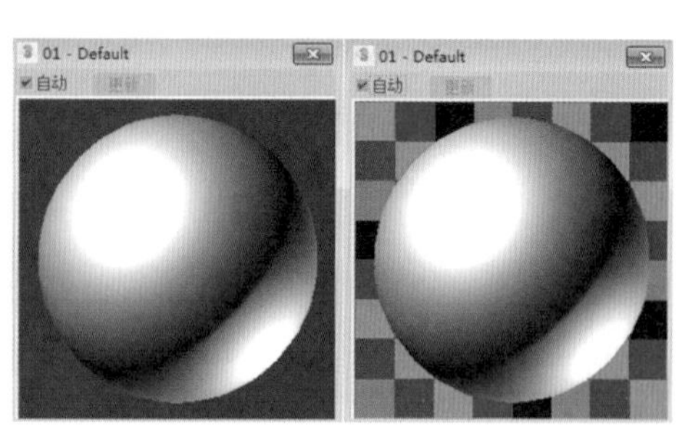

图 2-3

◎ 采样 UV 平铺■：使用该功能可以设置平铺贴图显示，对场景中几何体的平铺没有影响。长按该按钮，将会打开展开工具条，包括■ ▦ ▦ ▦ 这四种贴图重复类型。同样按住鼠标左键不放，并将光标移至所需类型图标上，放开鼠标左键即可选择使用。

知识点拨

平铺图案

使用此选项设置的平铺图案只影响示例窗，对场景中几何体上的平铺没有影响，效果由贴图自身坐标卷展栏中的参数进行控制。

◎ 视频颜色检查▥：用于检查示例对象上的材质颜色是否超过安全 NTSC 和 PAL 阈值。

◎ 生成预览▣：可以使用动画贴图向场景添加运动。单击“生成预览”按钮，将会打开“创建材质预览”对话框，从中可以设置预览范围、帧速率和图像输出的大小，如图 2-4 所示。

◎ 选项▧：单击该按钮可以打开“材质编辑器选项”对话框，如图 2-5 所示，在对话框中提供了控制材质和贴图在示例窗中的显示方式。

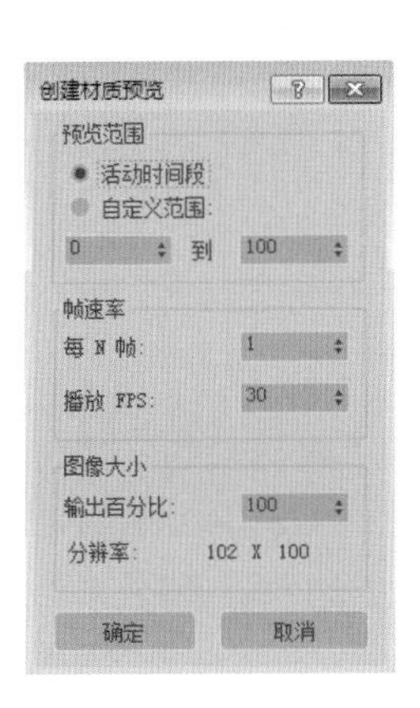

图 2-4

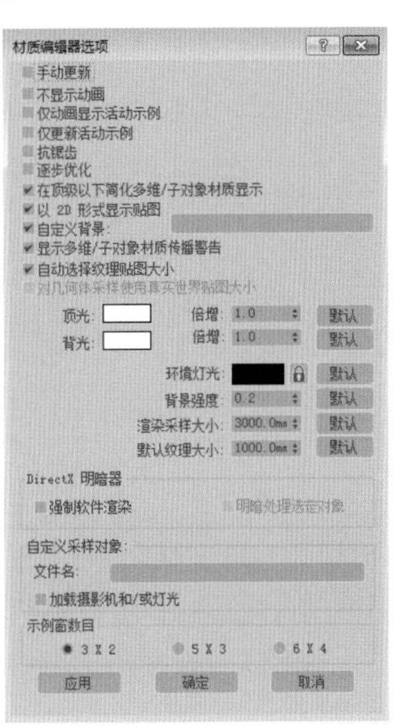

图 2-5

ACAA课堂笔记

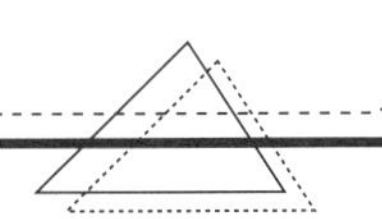

◎ 按材质选择：该按钮能够选择被赋予当前激活材质的对象。单击该按钮，可以打开“选择对象”对话框，如图 2-6 所示。所有应用该材质的对象都会在列表中高亮显示。另外，在该对话框中部显示了被赋予激活材质的隐藏对象。

◎ 材质 / 贴图导航器：单击该按钮，即可打开“材质 / 贴图导航器”对话框，如图 2-7 所示。在该对话框中可以选择各编辑层级的名称，同时“材质编辑器”中的参数区也随之切换到选择层级的参数区域。

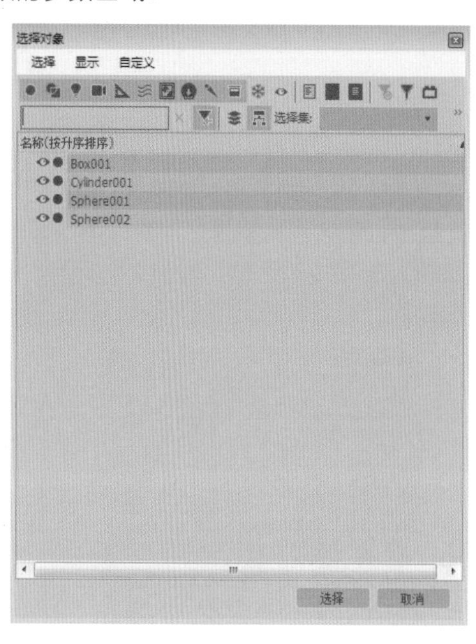

图 2-6

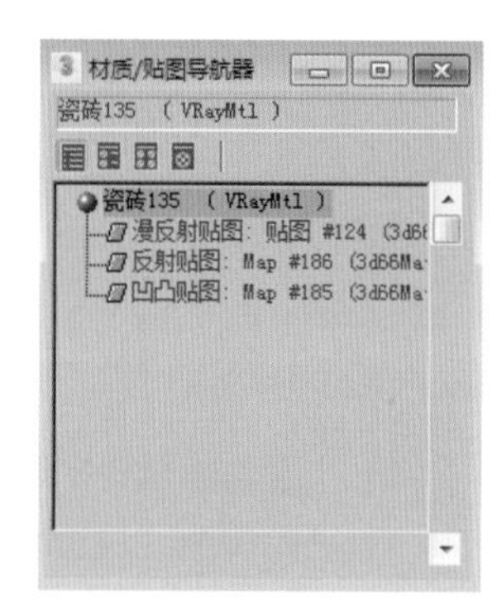

图 2-7

2. 水平工具栏

水平工具栏主要用于材质与场景对象的交互操作，如“将材质指定给选定对象”“在视口中显示明暗处理材质”等，如图 2-8 所示。下面将对水平工具栏中的选项进行介绍。

图 2-8

◎ 获取材质：单击该按钮，可以打开“材质 / 贴图浏览器”对话框。

◎ 将材质放入场景：可以在编辑材质之后更新场景中的材质。

◎ 将材质指定给选定对象：可以将活动示例窗中的材质应用于场景中当前选定的对象。

◎ 重置贴图 / 材质为默认设置：用于清除当前活动示例窗中的材质，使其恢复到默认状态。

◎ 生成材质副本：将当前选定材质生成副本，生成副本的材质将不再同步。

◎ 使唯一：可以使贴图实例成为唯一的副本，还可以使一个实例化的材质成为唯一的独立子材质，可以为该子材质提供一个新的材质名。

◎ 放入库：可以将选定的材质添加到当前库中，如图 2-9 所示。

◎ 材质 ID 通道：长按该按钮，可以打开材质 ID 通道工具栏，如图 2-10 所示。按住鼠标左键不放，并将光标移至所需材质 ID 上，松开鼠标左键，此时被选的材质 ID 将指定给材质，该效果可以被“Video Post 过滤器”用来控制后期处理的位置。

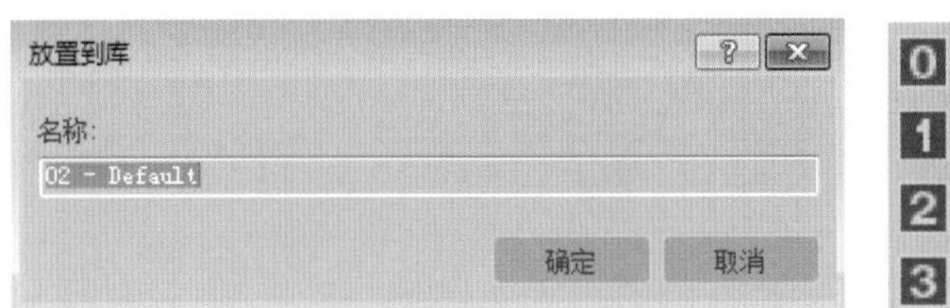

图 2-9

图 2-10

◎ 在视口中显示明暗处理材质：将材质指定给选定对象之后单击该按钮，可以使贴图在视图中的对象表面显示。
◎ 显示最终效果：可以查看所处级别的材质，而不查看所有其他贴图和设置的最终结果。
◎ 转到父对象：可以在当前材质中向上移动一个层级。
◎ 转到下一个同级项：将移动到当前材质中相同层级的下一个贴图或材质。
◎ 从对象拾取材质：可以在场景中的对象上拾取材质。

知识点拨

移除材质的注意事项

会移除材质颜色并将灰色阴影，将光泽度、不透明度等重置为其默认值。移除指定材质的贴图，如果处于贴图级别，该重置贴图为默认值。

2.1.2 菜单栏

“材质编辑器”菜单栏位于“材质编辑器”窗口的顶部，包括“模式”“材质”“导航”“选项”“实用程序”五个菜单，它提供了另一种调用各种“材质编辑器”工具的方式。

1. “模式”菜单

该菜单允许选择将某个“材质编辑器”界面置于活动状态，如图 2-11 所示。

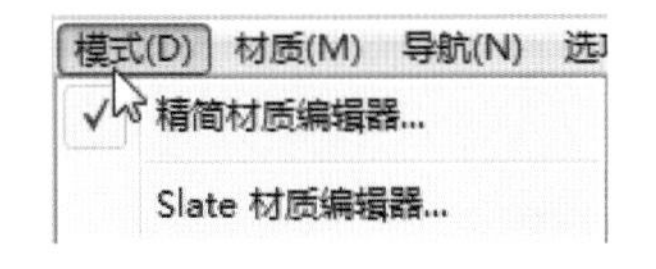

图 2-11

◎ 精简材质编辑器：用于显示精简界面。
◎ Slate 材质编辑器：用于显示 Slate 界面。

知识点拨

Slate 材质编辑器

“Slate 材质编辑器”是一个“材质编辑器”界面，它在设计和编辑材质时使用节点和关联以图形方式显示材质的结构，是“精简材质编辑器”的替代项。

“Slate 材质编辑器”最突出的特点包括：“材质 / 贴图浏览器”，可以在其中浏览材质、贴图、基础材质及贴图类型；当前活动视图，可以在其中组合材质与贴图；参数编辑器，可以在其中更改材质和贴图设置，参数面板，如图 2-12 所示。

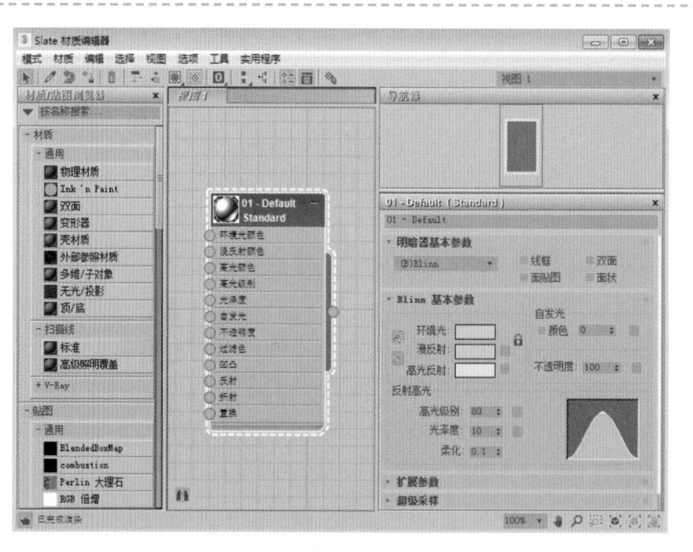

图 2-12

2. “材质”菜单

该菜单提供了最常用的“材质编辑器”工具，如图 2-13 所示。

图 2-13

◎ 获取材质：等同于“获取材质”按钮。
◎ 从对象选取：等同于“从对象拾取材质”按钮。
◎ 按材质选择：等同于“按材质选择”按钮。
◎ 在 ATS 对话框中高亮显示资源：如果活动材质使用的是已追踪的资源的贴图，则打开“资源追踪”对话框，同时资源高亮显示。
◎ 指定给当前选择：等同于“将材质指定给选定对象”按钮。
◎ 放置到场景：等同于“将材质放入场景”按钮。
◎ 放置到库：等同于“放入库”按钮。
◎ 更改材质 / 贴图类型：等同于“材质 / 贴图类型”按钮。
◎ 生成材质副本：等同于“生成材质副本”按钮。
◎ 启动放大窗口：等同于双击活动的示例窗或选择右键单击菜单中的“放大”命令。
◎ 另存为 .FX 文件：将材质另存为 FX 文件。
◎ 生成预览：等同于从“生成 / 播放 / 保存预览”弹出按钮中选择“生成预览”。
◎ 查看预览：等同于从“生成 / 播放 / 保存预览”弹出按钮中选择“播放预览”。
◎ 保存预览：等同于从“生成 / 播放 / 保存预览”弹出按钮中选择“保存预览”。
◎ 显示最终结果：等同于“显示最终结果”按钮。
◎ 视口中的材质显示为：打开一个子菜单，等同于“明暗处理视口标签”菜单上的“材质”子菜单。
◎ 重置示例窗旋转：使活动的示例窗对象回到其默认状态。
◎ 更新活动材质：如果启用“仅更新活动示例”设置，则选择此选项可更新其示例窗中的活动材质。

3.“导航”菜单

该菜单栏中提供了导航材质的层次工具，如图 2-14 所示。

◎ 转到父对象：等同于“转到父对象”按钮。

◎ 前进到同级：前进到同一级别。

◎ 后退到同级：后退到同一级别。

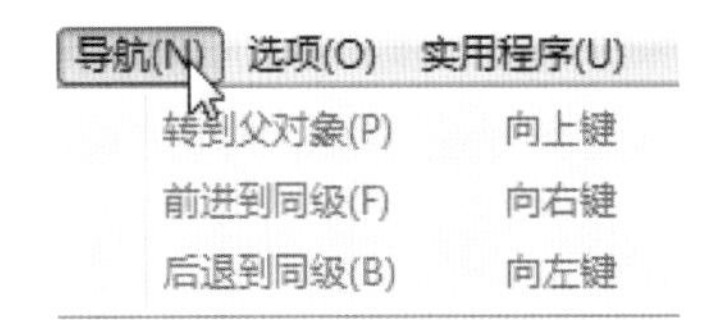

图 2-14

4.“选项”菜单

该菜单栏提供了一些附加的工具和显示选项，如图 2-15 所示。

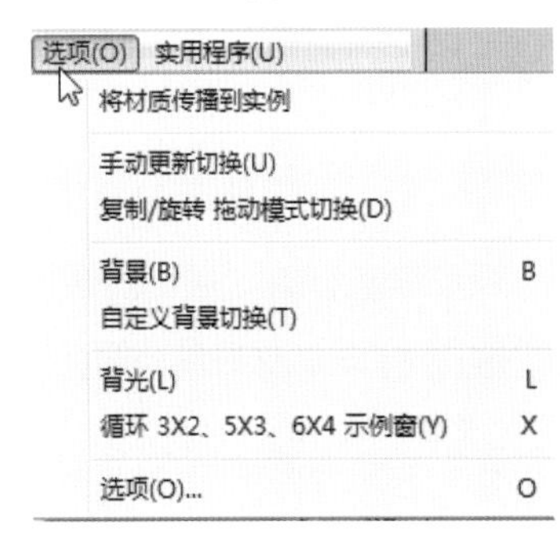

图 2-15

◎ 将材质传播到实例：启用此选项时，后续指定的材质将传播到场景中对象的所有实例，包括导入的 AutoCAD 块和基于 ADT 样式的对象，这些都是 DRF 文件中常见的对象类型。指定还会传播到用户在当前场景中制作的 Revit 对象的实例以及其他实例。

◎ 手动更新切换：等同于“材质编辑器选项”对话框中的“手动更新”选项。

◎ 复制 / 旋转 拖动模式切换：等同于在示例窗右键快捷菜单中选择“拖动 / 复制”或“拖动 / 旋转”命令。

◎ 背景：等同于“背景”按钮。

◎ 自定义背景切换：如果已使用“材质编辑器选项”对话框指定了自定义背景，此选项会切换显示。

◎ 背光：等同于“背光”按钮。

◎ 循环 3×2、5×3、6×4 示例窗：在示例窗右键快捷菜单上的同级选项之间循环切换。

◎ 选项：可打开“材质编辑器选项”对话框。

5.“实用程序”菜单

该菜单提供贴图渲染和按材质选择对象工具，如图 2-16 所示。

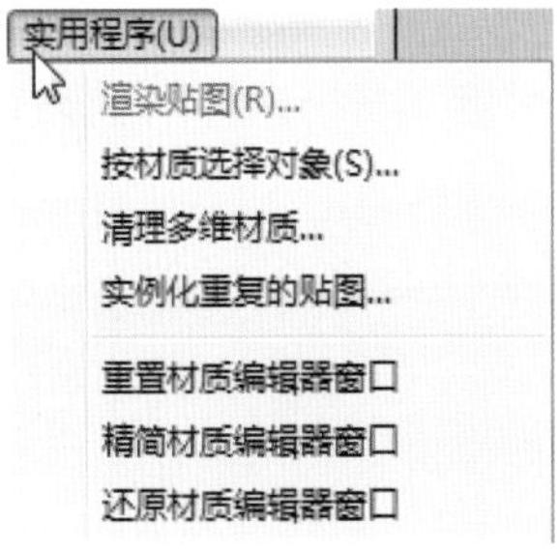

图 2-16

◎ 渲染贴图：等同于在示例窗右键快捷菜单上选择“渲染贴图”命令。

◎ 按材质选择对象：等同于“按材质选择”按钮。

◎ 清理多维材质：打开“清理多维材质”实用程序。

◎ 实例化重复的贴图：打开“实例化重复的贴图”实用程序。

◎ 重置材质编辑器窗口：用默认的材质类型替换“材质编辑器”中的所有材质。此操作不可撤销，但可以用“还原材质编辑器窗口”命令还原“材质编辑器”以前的状态。

◎ 精简材质编辑器窗口：将“材质编辑器”中所有未使用的材质设置为默认类型，只保留场景中的材质，并将这些材质移动到编辑器的第一个示例窗中。此操作不可撤销，但可以用“还原材质编辑器窗口”命令还原“材质编辑器”以前的状态。

◎ 还原材质编辑器窗口：当使用前两个命令之一时，3ds Max 将“材质编辑器”的当前状态保存在缓冲区中，使用该命令可以利用缓冲区的内容还原编辑器的状态。

2.1.3　材质示例窗

使用示例窗可以保持和预览材质及贴图，每个窗口可以预览 1 个材质或贴图。将材质从示例窗拖到视口中的对象上，可以将材质赋予场景对象。

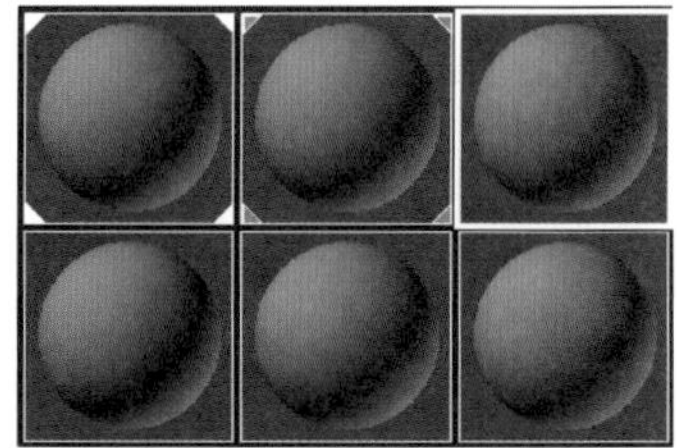

图 2-17

示例窗中样本材质的状态主要有 3 种。其中，实心三角形表示已应用于场景对象且该对象被选中，空心三角形则表示应用于场景对象但对象未被选中，无三角形表示未被应用的材质，如图 2-17 所示。

“材质编辑器”有 24 个示例窗。用户可以选择显示所有示例窗，也可以选择显示默认 6 个或 15 个示例窗。

实例：显示所有材质示例窗

下面将通过具体的操作，向用户介绍如何在“材质编辑器”中将 24 个示例窗全部显示。

Step01 打开“材质编辑器”，执行“选项”|“选项”命令，如图 2-18 所示。

Step02 在弹出的“材质编辑器选项”对话框的“示例窗数目”选项组中选中“6×4”单选按钮，设置完成后单击“确定”按钮，如图 2-19 所示。

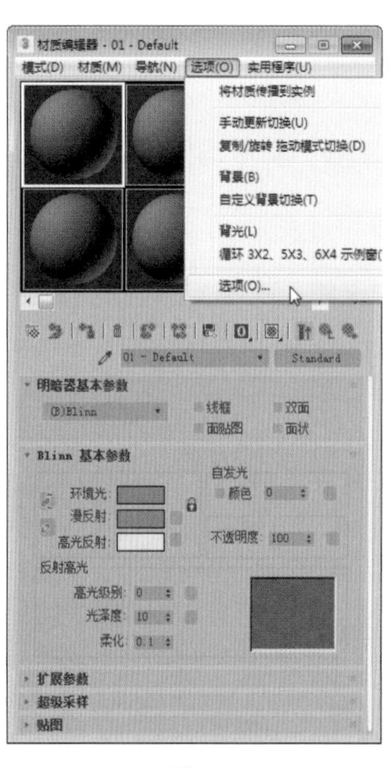

图 2-18

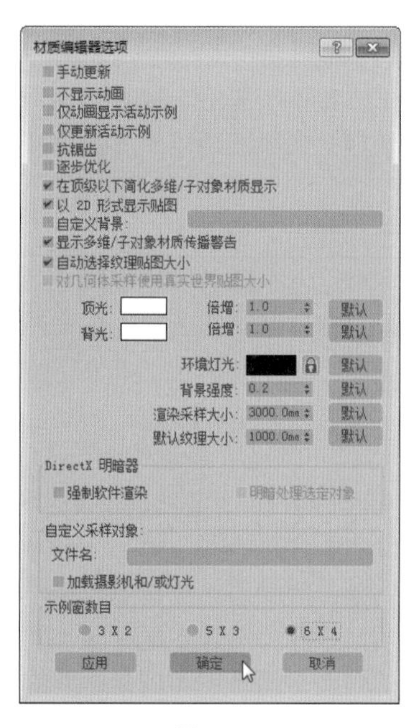

图 2-19

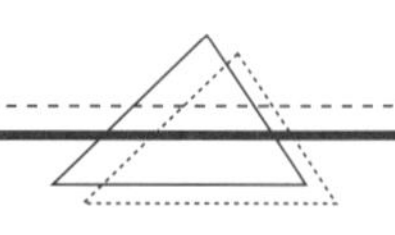

Step03 此时“材质编辑器”实例窗口将被更改为“6×4”模式，如图 2-20 所示。

除以上操作外，用户还可以在任意材质球上单击鼠标右键，在弹出的快捷菜单中选择所需的示例窗数值选项即可，如图 2-21 所示。

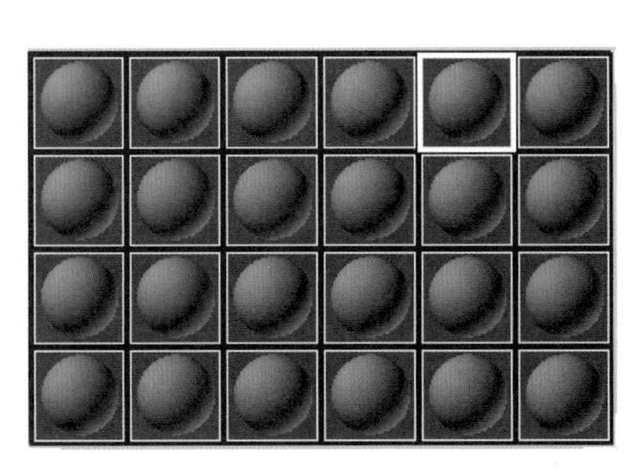

图 2-20

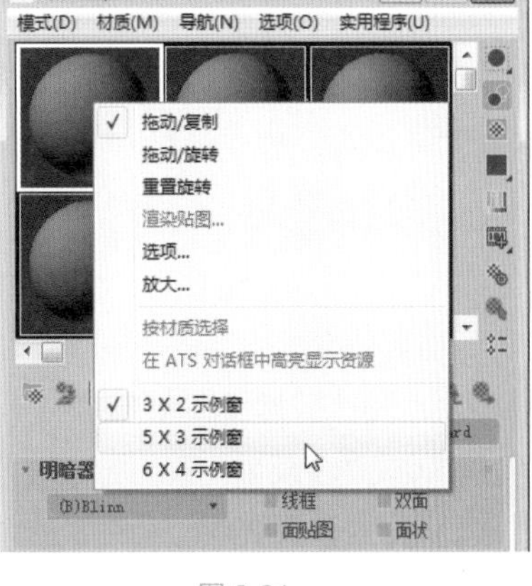

图 2-21

知识点拨

编辑材质的方法

虽然“精简材质编辑器”可以一次编辑至多 24 种材质，但场景可包含无限数量的材质。如果要编辑一种材质，且已将其应用于场景中的对象，则可以使用该示例窗从场景中获取其他材质（或创建新材质），然后对其进行编辑。

2.1.4 参数卷展栏

示例窗的下方是在 3ds Max 中使用最为频繁的区域——材质参数卷展栏，材质的明暗模式、着色方式以及基本属性的设置等都可以在这里进行，不同的材质类型具有不同的参数卷展栏。在各种贴图层级中，也会出现相应的卷展栏，这些卷展栏可以调整顺序。如图 2-22 所示为标准材质类型的卷展栏。

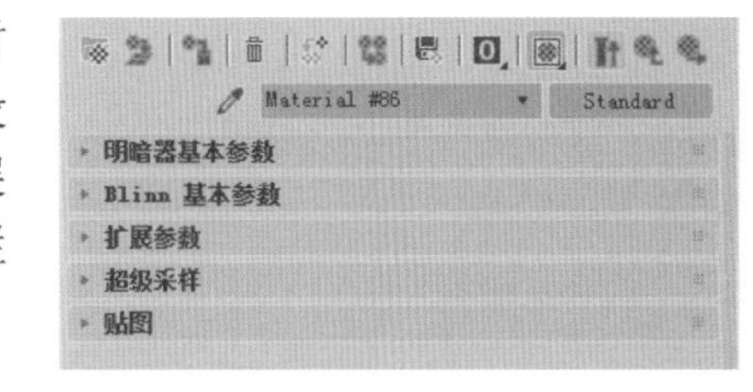

图 2-22

2.2 默认材质的基本参数

在 3d Max 中提供了 11 种材质类型，每一种材质都具有相应的功能，如默认的“标准”材质可以表现大多数真实世界中的材质。材质在很多方面的设置都是有共性的，在基于这些共同特点的同时，各种不同的材质又具备不同的特性，材质的设置也是根据这一特性来安排的。下面将对材质的基本属性进行介绍。

2.2.1 漫反射

在 3dx Max 中，漫反射会影响材质本身的颜色。按 M 键打开“材质编辑器”，在“Blinn 基本参数”卷展栏左下方则为漫反射的设置选项区域，如图 2-23 所示。

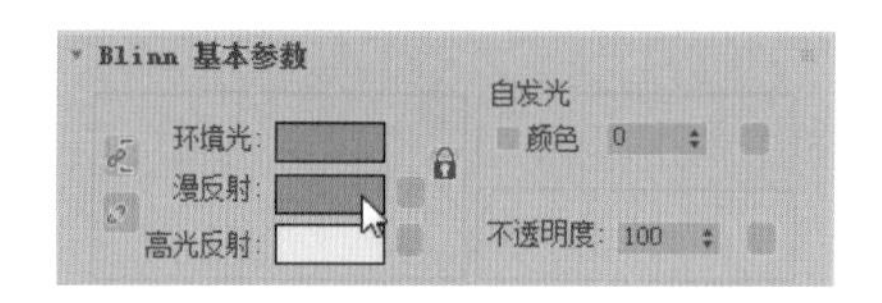

图 2-23

知识点拨

解除锁定

在默认的情况下，材质的环境光颜色和漫反射颜色是锁定在一起的，单击按钮可以解除锁定。

单击“漫反射”选项右侧色块，会开启“颜色选择器”，从中可以设置“漫反射”的颜色，如图 2-24 所示。在改变“漫反射”颜色的同时，“材质编辑器”中的材质球颜色也会随之改变，如图 2-25 所示。

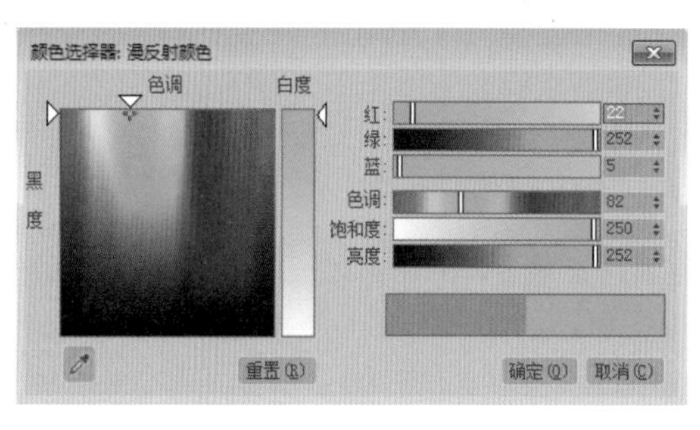

图 2-24

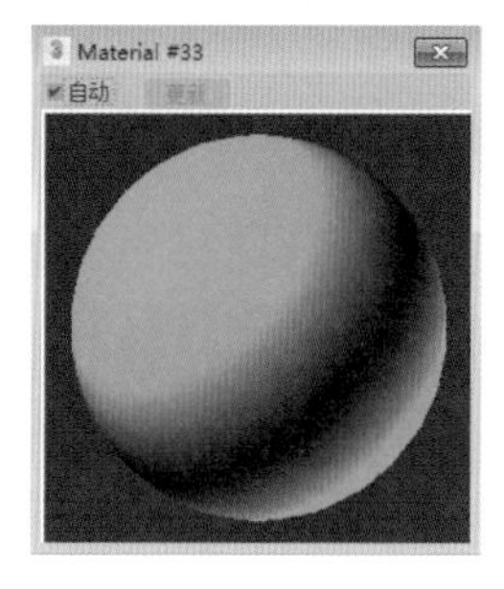

图 2-25

2.2.2 反射高光

反射高光就是材质球上的亮点，在“Blinn 基本参数”卷展栏的“反射高光”选项组中可以对材质的高光属性进行设置，如图 2-26 所示。

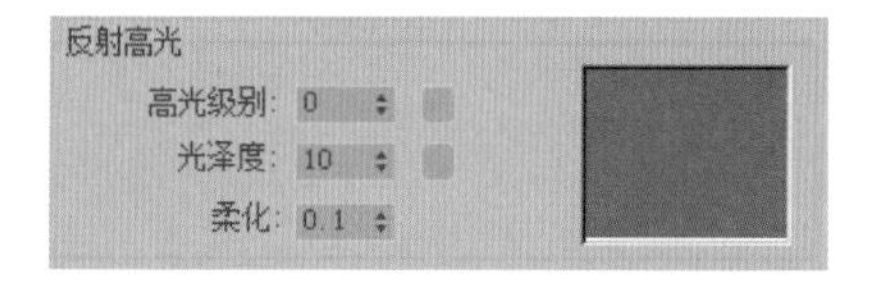

图 2-26

1. 高光级别

“高光级别”参数用来控制高光的强度，默认为 0，表示没有高光；参数越高，高光效果越强烈。当该参数为 0 时，没有高光效果，如图 2-27 所示。而将该参数设置为 50，如图 2-28 所示，材质球表面产生了强烈的高光效果。

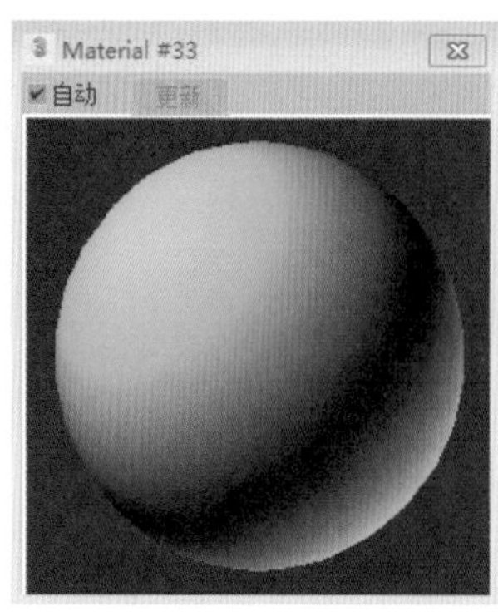

图 2-27

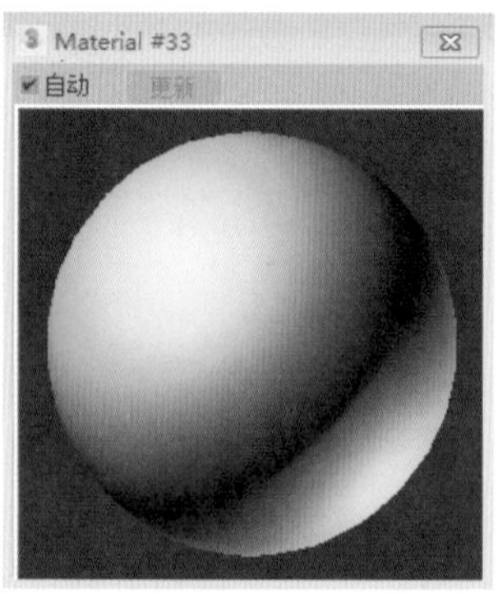

图 2-28

2. 光泽度

“光泽度”参数可以在 0 ～ 100 之间进行变换，用来控制高光的范围大小，较大的参数可以产生大范围的高光效果，但此时的高光点较小。当光泽度为 8 时，其高光效果如图 2-29 所示。当光泽度为 50 时，其高光效果如图 2-30 所示。可见，高光范围越大，高光点越小。

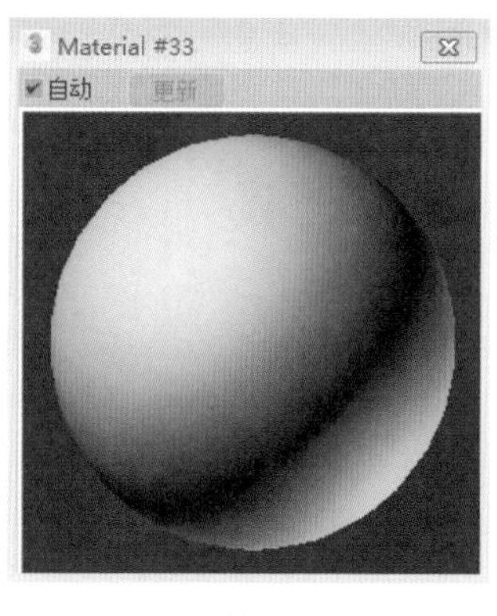

图 2-29

图 2-30

3. 柔化

“柔化”参数用来控制高光区域之间的过渡情况，它可以在 0 ～ 1 之间变化，参数值越大，过渡越平滑。当该值为 0 时，表现为十分尖锐的过渡，如图 2-31 所示。当该值为 1 时，表现为平滑的过渡，如图 2-32 所示。

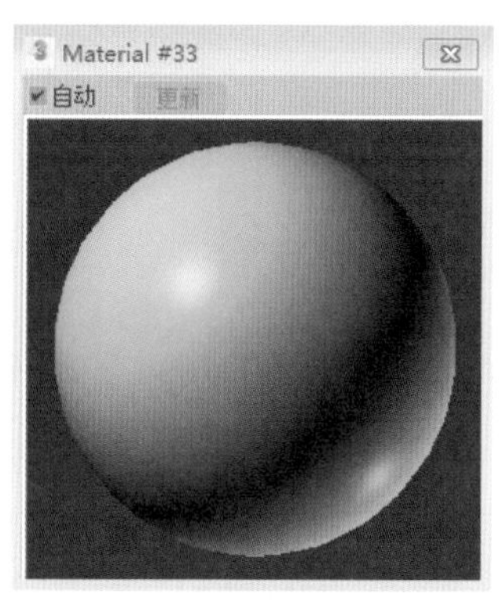

图 2-31

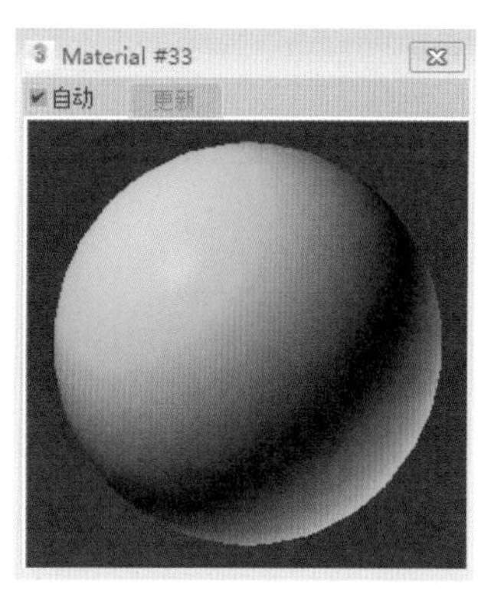

图 2-32

知识点拨

调整高光参数

对高光参数进行调节时，可以在参数右侧的高光图中观察到曲线的变化情况。降低光泽度，曲线将变宽；增加高光级别，曲线将会变高。

2.2.3　不透明度

不透明度数值可在 0 ～ 100 之间变化，0 表示全透明，100 表示不透明。在“Blinn 基本参数”卷展栏下可以对材质的“不透明度”进行修改。在使用透明材质时，通常配合背景图案使用，以便于观察透明效果。当不透明度为 80 时，材质球效果如图 2-33 所示。当不透明度为 30 时，材质球效果如图 2-34 所示。

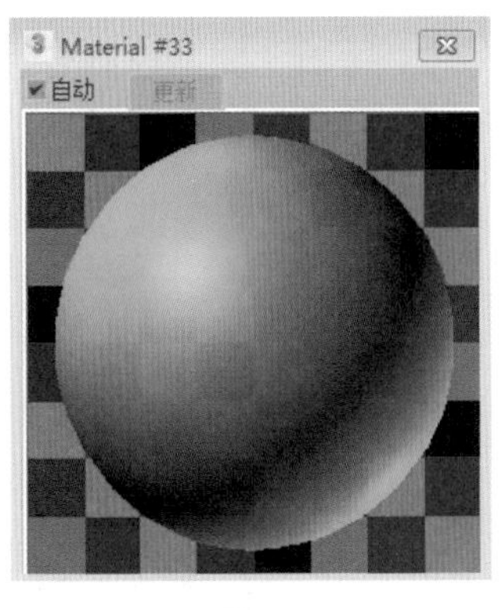

图 2-33

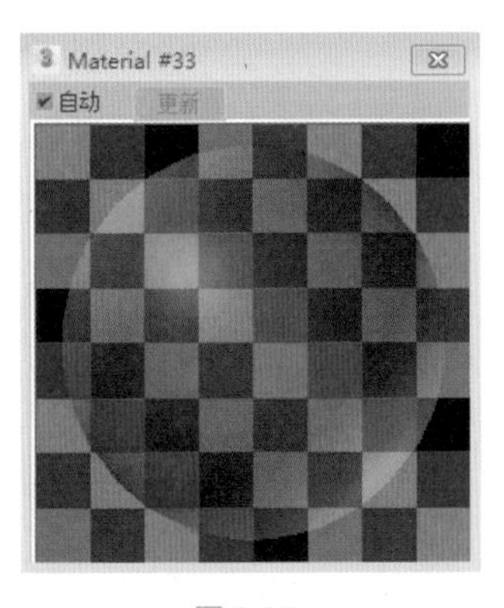

图 2-34

2.3 3ds Max 材质

用户可以按 M 键打开“材质编辑器”，在水平工具栏下方单击 Standard 按钮，如图 2-35 所示。打开“材质 / 贴图浏览器”对话框，3ds Max 提供了九种“通用”材质类型和两种“扫描线”材质类型，如图 2-36 所示。每一种材质都具有相应的功能，如默认的标准材质可以表现大多数真实世界中的材质。下面将对材质类型进行简单说明。

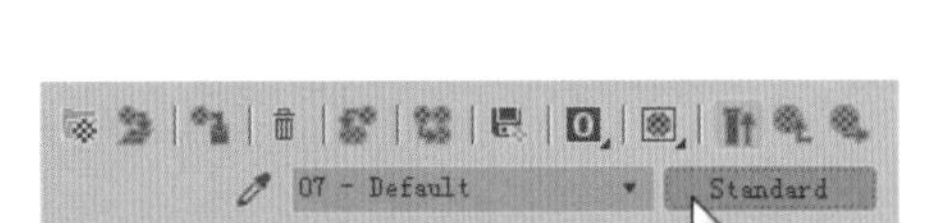

图 2-35

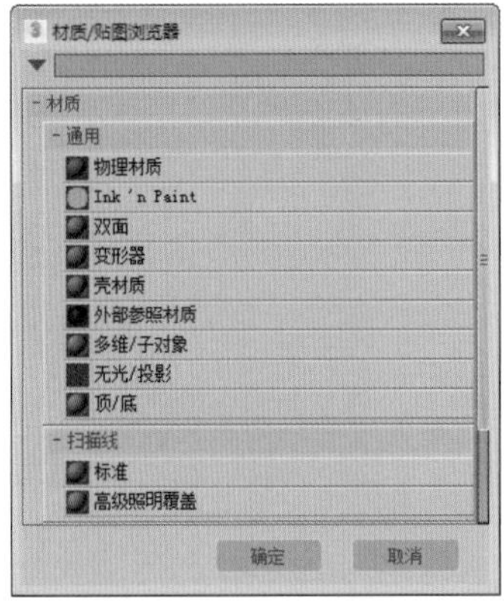

图 2-36

◎ 物理材质：“物理材质”多用于建筑设计中，可以提供非常逼真的效果。
◎ Ink’n Paint：通常用于制作卡通效果。
◎ 双面：可以为物体内外或正反表面分别指定两种不同的材质，如纸牌和杯子等。
◎ 变形器：配合“变形器”修改器一起使用，能产生材质融合的变形动画效果。
◎ 壳材质：配合“渲染到贴图”一起使用，可将“渲染到贴图”命令产生的贴图贴回物体。
◎ 外部参照材质：参考外部对象或参考场景运用材质。
◎ 多维 / 子对象：将多个子材质应用到单个对象的子对象。
◎ 无光 / 投影：主要作用是隐藏场景中的物体，渲染时也观察不到。不会对背景进行遮挡，但可以遮挡其他物体，并且能产生自身投影和接收投影的效果。

◎ 顶 / 底：可以为对象的顶部和底部指定两个不同的材质，并允许将两种材质混合在一起，得到类似“双面”材质的效果。

◎ 标准：系统默认的材质，是最常用的材质。

◎ 高级照明覆盖：可以直接控制材质的光能传递属性，其主要用于调整在光能传递或者光线跟踪中使用的材质以及产生特殊的效果。

2.3.1 物理材质

“物理材质”多用于建筑设计中，可以提供非常逼真的效果。“物理材质”可以与光度学灯光和光能传递一起使用。其主要参数面板如图 2-37 所示。

◎ 基础颜色和反射：对于非金属，它可能被视为漫反射颜色。对于金属，它就是金属本身的颜色。

◎ 透明度：控制材质的透明度。

◎ 子曲面散射：也被称为半透明颜色，通常与基础颜色相同。

◎ 发射：发射自发光的颜色，也受色温影响。

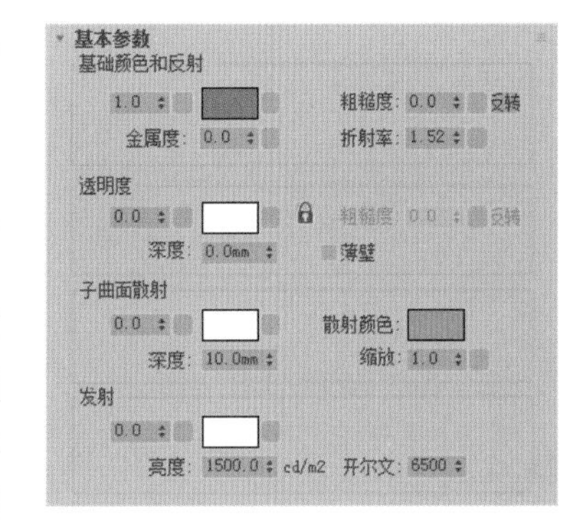

图 2-37

在“选择预设”下拉列表中又提供了 36 种材质模板，用户可以根据自身需要选择一个模板进行编辑，如图 2-38 所示。“物理材质”可以添加涂层，在有涂层的情况下将透过该颜色看到基本材质，如图 2-39 所示。“物理材质”贴图分为“特殊贴图”和“常规贴图”，如图 2-40 所示。下面将对“特殊贴图”进行简单介绍。

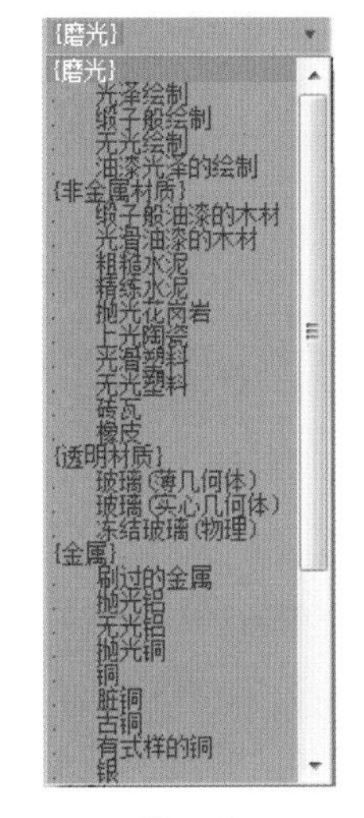

图 2-38

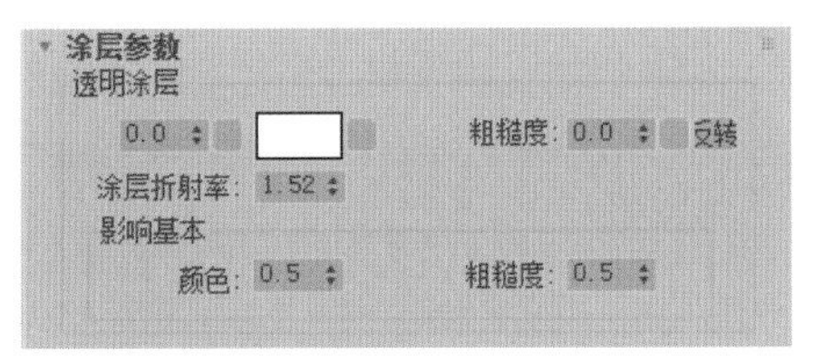

图 2-39

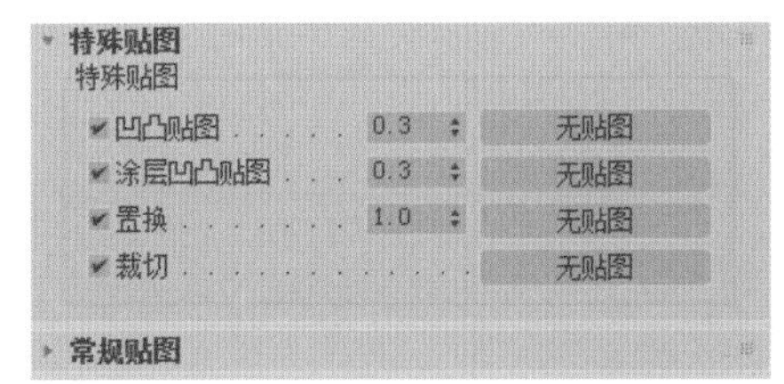

图 2-40

◎ 凹凸贴图：为材质添加“凹凸贴图”，并设置凹凸的强度。

◎ 涂层凹凸贴图：为涂层添加“凹凸贴图”，并设置凹凸的强度。

◎ 置换：为材质添加唯一贴图，并设置凹凸的强度。

◎ 裁切：为材质指定裁切贴图。

2.3.2 Ink’n Paint 材质

“Ink’n Paint”材质可以模拟卡通的材质效果，其参数面板如图 2-41 所示。

◎ 亮区/暗区/高光：用来调节材质的亮区/暗区/高光区域的颜色，可以在后面的贴图通道中加载贴图。

◎ 绘制级别：用来调整颜色的色阶。

◎ 墨水：控制是否开启描边效果。

◎ 墨水质量：控制边缘形状和采样值。

◎ 墨水宽度：设置描边的宽度。

◎ 最小值/最大值：设置墨水宽度的最小/大像素值。

◎ 可变宽度：勾选该选项后，可以使描边的宽度在最大值和最小值之间变化。

◎ 钳制：勾选该选项后，可以使描边宽度的变化范围限制在最大值与最小值之间。

◎ 轮廓：勾选该选项后，可以使物体外侧产生轮廓线。

◎ 重叠：当物体与自身的一部分相交叠时使用。

◎ 延伸重叠：与“重叠”类似，但多用在较远的表面上。

◎ 小组：用于勾画物体表面光滑组部分的边缘。

◎ 材质 ID：用于勾画不同材质 ID 之间的边界。

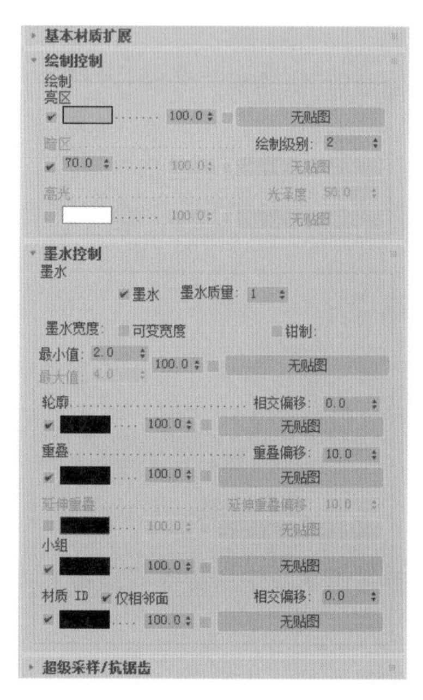

图 2-41

2.3.3 双面材质

在现实生活中，有许多物体都是双面的，即由内部和外部组成。“双面”材质可以为对象的前面和后面指定两个不同的材质，其参数卷展栏如图 2-42 所示。该展卷栏中各选项的含义介绍如下。

◎ 半透明：设置一个材质通过其他材质显示的数量值。当设置为 100% 时，可以在内部面上显示外部材质，在外部面上显示内部材质。当设置为中间值时，内部材质指定的百分比将下降，并显示在外部面上。

◎ 正面材质/背面材质：单击此选项，可以选择一面或另一面使用的材质。

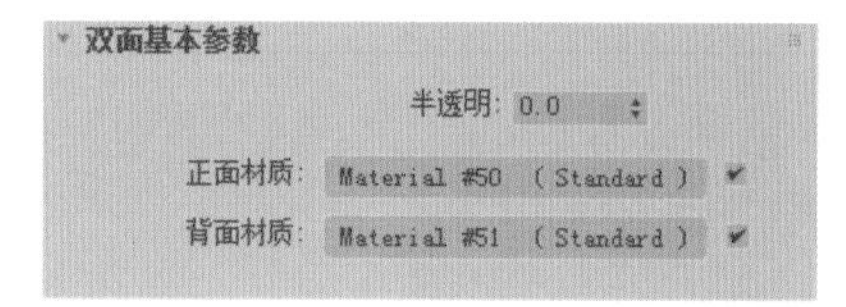

图 2-42

知识点拨

双面材质

双面材质可以为物体的两个面指定不同的纹理效果，而“双面”选项仅可以将材质应用到物体的两个面中。

ACAA课堂笔记

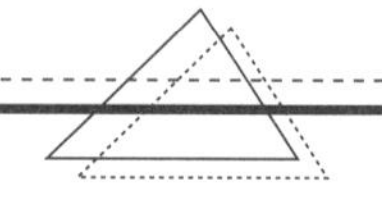

2.3.4 变形器材质

“变形器”材质与“变形”修改器相辅相成，“变形器”材质可以以变形几何体方式来混合材质。它可以用来模拟人物脸颊的红晕效果和额头的褶皱效果。“变形器”材质有 100 个材质通道，可以在 100 个通道上直接绘图，其参数面板如图 2-43 所示。

◎ 选择变形对象：单击该按钮，然后在视口中选中一个应用“变形”修改器的对象。

◎ 名称字段：显示应用“变形器”材质的对象的名称。

◎ 刷新：更新通道数据。

◎ 标记列表：显示在“变形”修改器中所保存的标记。

◎ 基础材质：单击该按钮，可为对象指定一个基础材质。

◎ 通道材质设置：可用的材质通道为 100 个。

◎ 材质开关：启用或禁用通道。禁用的通道不影响变形的效果。

◎ 始终：选中此单选按钮后，始终计算材质的变形结果。

◎ 渲染时：选中此单选按钮后，在渲染时对材质的变形结果进行计算。

◎ 从不计算：选中此单选按钮后，可绕过材质混合。

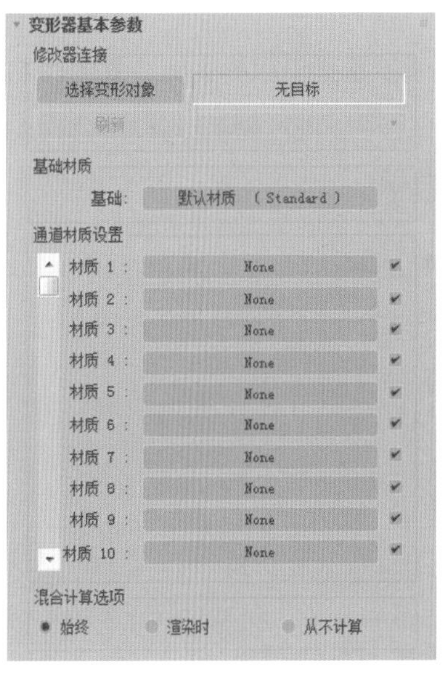

图 2-43

2.3.5 壳材质

“壳材质”经常用于纹理烘焙。其参数面板如图 2-44 所示。

◎ 原始材质：显示原始材质的名称。单击该按钮，可查看材质并调整设置。

◎ 烘焙材质：显示烘焙材质的名称。

◎ 视口：使用该选项，可以选择在明暗处理视口中出现的材质。

◎ 渲染：使用该选项，可以选择在渲染中出现的材质。

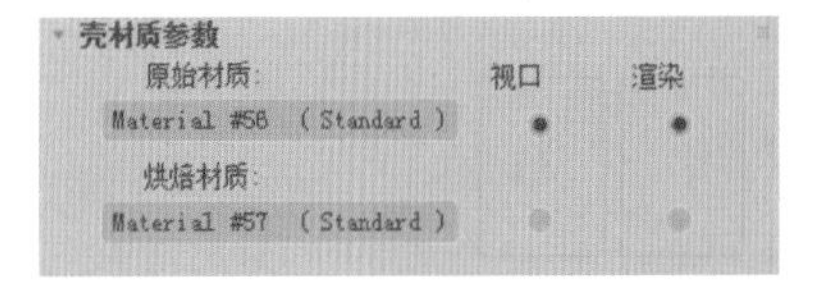

图 2-44

2.3.6 外部参照材质

利用外部参照材质，用户可以为局部材质指定外部参照对象，也就是使用另一个场景文件中的材质。其参数面板如图 2-45 所示。用户可以使用“覆盖材质”卷展栏为局部材质指定外部参照对象。

◎ “覆盖材质”卷展栏：用户可以选择一个本地材质以在外部参照对象上使用。

◎ “参数”卷展栏：将外部参照材质与外部参照记录和实体同步。

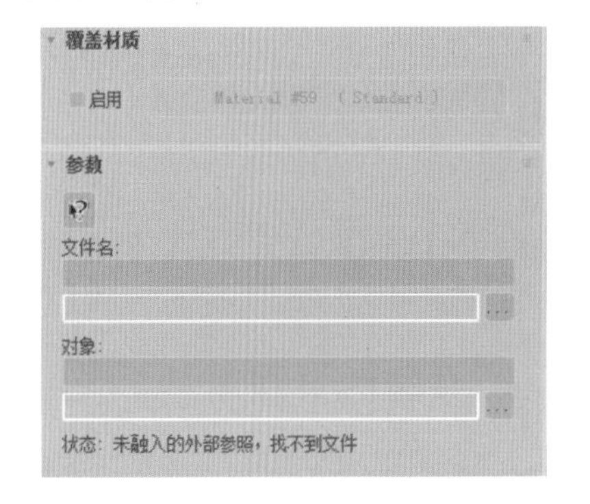

图 2-45

2.3.7 多维 / 子对象材质

“多维 / 子对象”材质可以将多个子材质按照相对应的 ID 号分配给一个对象，使对象的各个表面显示出不同的材质效果，多被用于包含许多贴图的复杂物体上。其参数面板如图 2-46 所示。

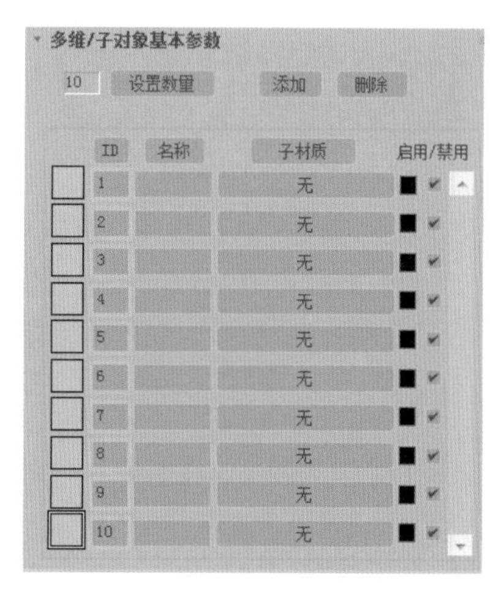

图 2-46

◎ 数量：此字段显示包含在多维 / 子材质对象材质中的子材质的数量中。

◎ 设置数量：设置构成材质的子材质的数量。

◎ 添加：单击此按钮可将新子材质添加到列表中。

◎ 删除：可从列表中移除当前选中的子材质。

◎ ID：单击按钮，将列表排序，其顺序开始于最低材质 ID 的子材质，结束于最高材质 ID。

◎ 名称：单击此按钮，将通过输入到“名称”列的名称排序。

◎ 子材质：单击此按钮，将通过显示于“子材质”按钮上的子材质名称排序。

知识点拨

多维 / 子对象材质的应用

如果该对象是可编辑网格，可以拖放材质到面不同的选中部分，并随时构建一个“多维 / 子对象”材质。

2.3.8 无光 / 投影材质

使用“无光 / 投影”材质可将整个对象转换为显示当前背景色或环境贴图的无光对象，其参数面板如图 2-47 所示。

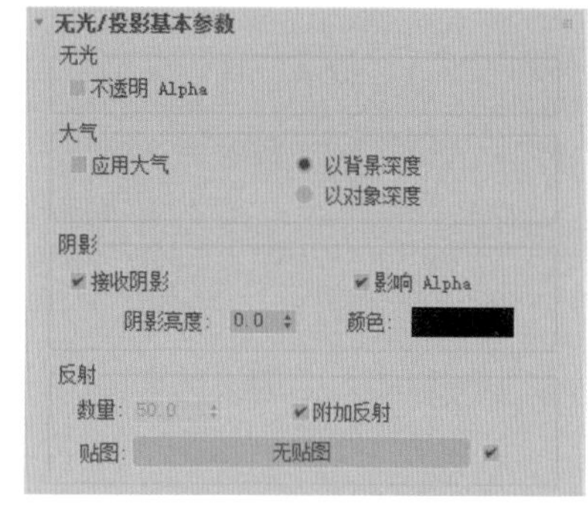

图 2-47

◎ 不透明 Alpha：确定无光材质是否显示在 Alpha 通道中。

◎ 应用大气：启用或禁用隐藏对象的雾效果。

◎ 接收阴影：渲染无光曲面上的阴影。

◎ 影响 Alpha：启用此选项后，将投射于无光材质上的阴影应用于 Alpha 通道。

◎ 阴影亮度：设置阴影的亮度。

◎ 数量：控制要使用的反射数量。

◎ 贴图：单击以指定反射贴图。

2.3.9 顶 / 底材质

使用“顶 / 底”材质可以为对象的顶部和底部指定两个不同的材质，并允许将两种材质混合在一起，得到类似“双面”材质的效果。“顶 / 底”材质参数提供了访问子材质、混合、坐标等参数，其参数卷展栏如图 2-48 所示。

该展卷栏中各选项的含义介绍如下。

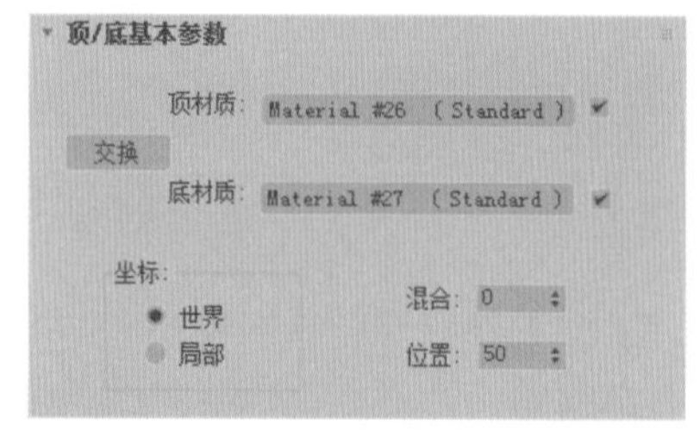

图 2-48

◎ 顶材质：可单击“顶材质”后的按钮，显示顶材质的命令和类型。

◎ 底材质：可单击“底材质”后的按钮，显示底材质的命令和类型。

◎ 坐标：用于控制对象如何确定顶和底的边界。

◎ 混合：用于混合顶材质和底材质之间的边缘。

◎ 位置：用于确定两材质在对象上划分的位置。

2.3.10 标准材质

“标准”材质是 3d Max 最常用的材质类型，可以模拟表面单一的颜色，或者通过添加贴图改变物体纹理，为表面建模提供非常直观的方式。使用“标准”材质时可以选择各种明暗器，为各种反射表面设置颜色以及使用贴图通道等，这些设置都可以在参数面板的卷展栏中进行，如图 2-49 所示。

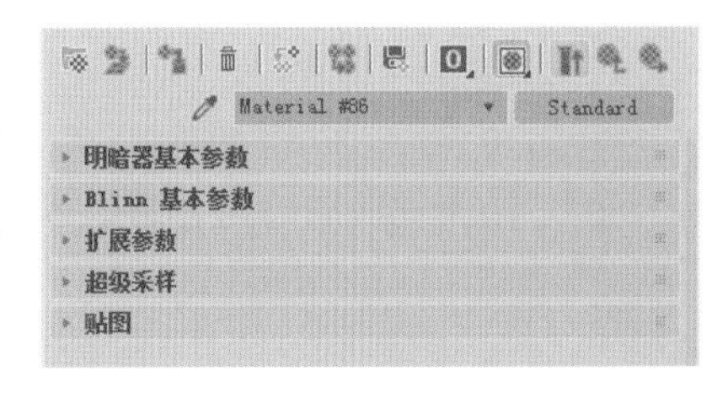

图 2-49

1. 明暗器

明暗器主要用于“标准”材质，可以选择不同的着色类型，以影响材质的显示方式，“明暗器基本参数”卷展栏中可以设置 8 个明暗类型，如图 2-50 所示。

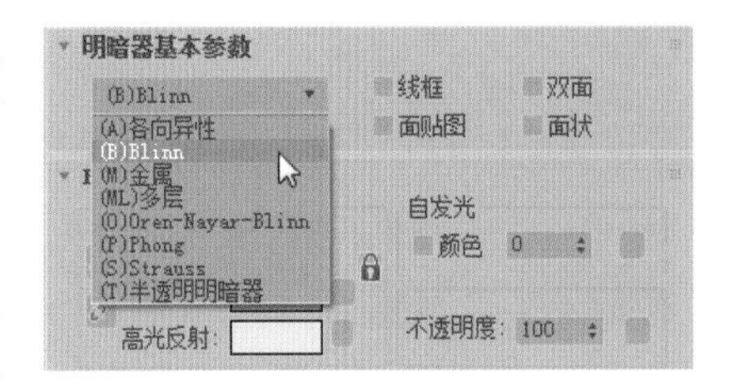

图 2-50

◎ 各向异性：该类型的各向异性测量应从两个垂直方向观看大小不同的高光之间的区别。当各向异性为 0 时，高光呈圆形显示；当各向异性为 100 时，高光呈线性显示，并由光泽度单独控制线性的长度。

◎ Blinn：使用该着色类型会创建带有一些发光度的平滑曲面，与“Phong”明暗器具有相同的功能，但它在数学上更精确，是“标准”材质的默认明暗器。

◎ 金属：提供效果逼真的金属表面，以及各种看上去像有机体的材质。由于没有单独的反射高光，该着色类型的高光颜色可以在材质的漫反射颜色和灯光颜色之间变化。

◎ 多层：通过层级两个各向异性高光，创建比各向异性更复杂的高光效果。

◎ Oren-Nayar-Blinn：类似“Blinn”，产生平滑的无光曲面，如模拟织物或陶瓦。

◎ Phong：与“Blinn”类似，能产生带有发光效果的平滑曲面，但不处理高光。

◎ Strauss：主要用于模拟非金属和金属曲面。

◎ 半透明明暗器：类似于“Blinn”明暗器，但是其还可用于指定半透明度，光线将在穿过材质时散射，可以使用半透明来模拟被霜覆盖的和被侵蚀的玻璃。

2. 颜色

在真实世界中，对象的表面通常反射许多颜色，“标准”材质也使用四色模型来模拟这种现象，主要包括环境光、漫反射、高光颜色和过滤颜色。

◎ 环境光：环境光颜色是对象在阴影中的颜色。

◎ 漫反射：漫反射是对象在直接光照条件下的颜色。

◎ 高光：高光是发亮部分的颜色。

◎ 过滤：过滤是光线透过对象所透射的颜色。

3. 扩展参数

在“扩展参数”卷展栏中提供了透明度和反射相关的参数，通过该卷展栏可以制作更具有真实效果的透明材质，该卷展栏包含“高级透明”“线框”和“反射暗淡”三个选项组 , 如图 2-51 所示。

◎ 高级透明：该选项组中提供的控件影响透明材质的不透明度衰减等效果。
◎ 线框：该选项组中的参数用于控制线框的单位和大小。
◎ 反射暗淡：该选项组提供的参数可使阴影中的反射贴图显得暗淡。

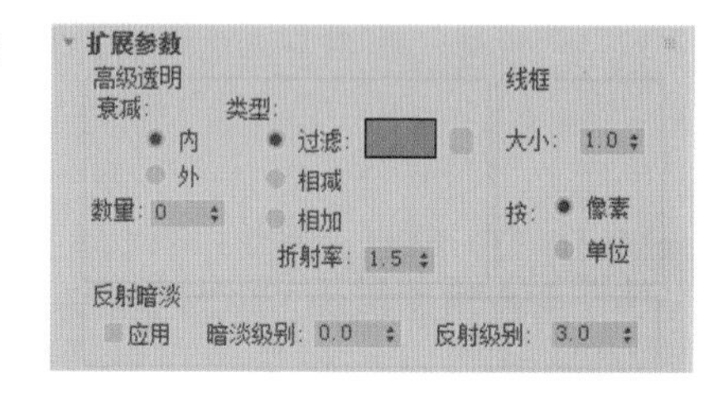

图 2-51

4. 贴图通道

在“贴图”卷展栏中，用户可以访问材质的各个组件。部分组件还会以实用贴图代替原有的颜色，如图 2-52 所示。

贴图

	数量	贴图类型
环境光颜色	100	无贴图
漫反射颜色	100	无贴图
高光颜色	100	无贴图
高光级别	100	无贴图
光泽度	100	无贴图
自发光	100	无贴图
不透明度	100	无贴图
过滤色	100	无贴图
凹凸	30	无贴图
反射	100	无贴图
折射	100	无贴图
置换	100	无贴图

图 2-52

5. 其他

“标准”材质还可以通过高光控件组控制表面接受高光的强度和范围，也可以通过其他选项组制作特殊的效果，如线框等。

2.3.11 高级照明覆盖材质

高级照明覆盖材质是基础材质的补充，基础材质可以是任何可渲染的材质，并且“高级照明覆盖”材质对普通渲染没有影响。它可以直接控制材质的光能传递属性，其主要是调整在光能传递或者光线跟踪中使用的材质以及产生特殊的效果。其参数面板如图 2-53 所示。

◎ 反射比：增大或降低材质反射的能量值。
◎ 颜色渗出：增加或减少反射颜色的饱和度。
◎ 透射比比例：增大或降低材质投射的能量值。
◎ 亮度比：参数大于 0 时，会缩放基础材质的自发光组件。使用该参数，可以令自发光对象在光能传递或光线跟踪解决方案中起作用。值不能小于 0。
◎ 间接灯光凹凸比：在间接照明的区域中，缩放基础材质的凹凸贴图效果。
◎ 基础材质：单击该按钮，可以转到“基础材质”面板。

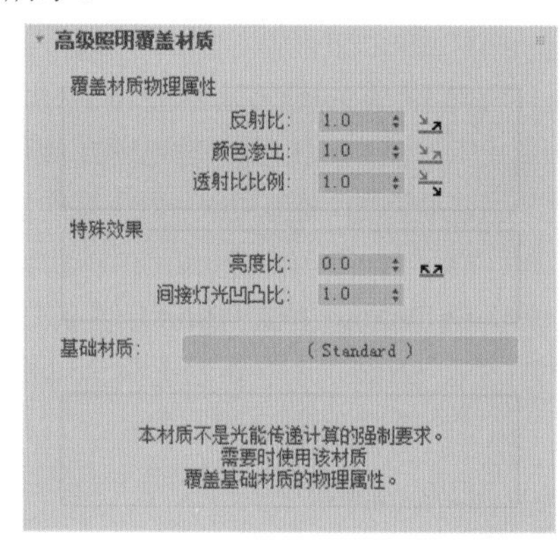

图 2-53

实例：利用多维 / 子对象材质制作茶壶材质

3ds Max 的“多维 / 子对象”材质可以将多个材质组合到一个材质中。本案例将利用“多维 / 子对象”材质来制作茶壶材质效果，操作步骤如下。

Step01 打开“多维茶壶素材”文件，执行“创建”|“几何体”|“标准基本体”命令，在“对象类型”卷展栏中单击“茶壶”按钮，在顶视图中创建茶壶，如图 2-54 所示。

Step02 在其“参数”卷展栏里设置“分段”为 20，“参数”面板如图 2-55 所示。

ACAA课堂笔记

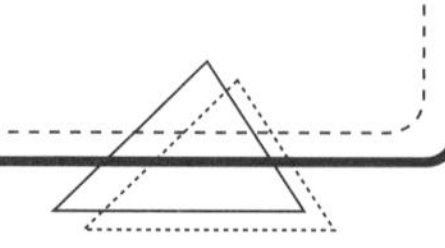

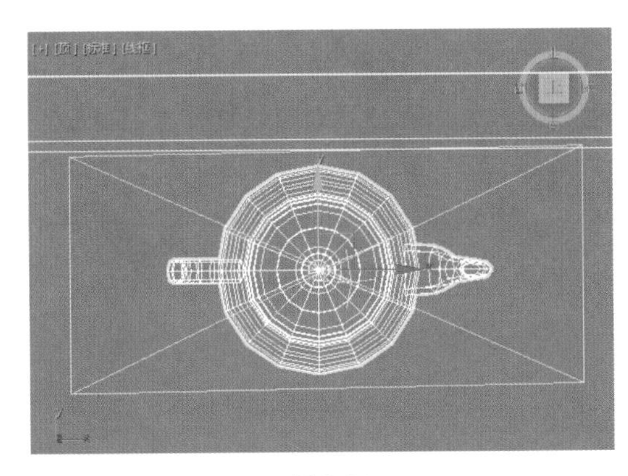

图 2-54

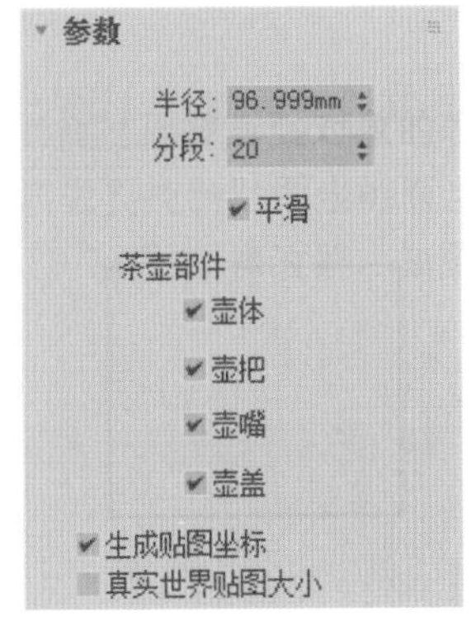

图 2-55

Step03 茶壶效果如图 2-56 所示。

Step04 在顶视图中单击鼠标右键，在弹出的快捷菜单中选择“转换为”|“转换为可编辑多边形”命令，如图 2-57 所示。

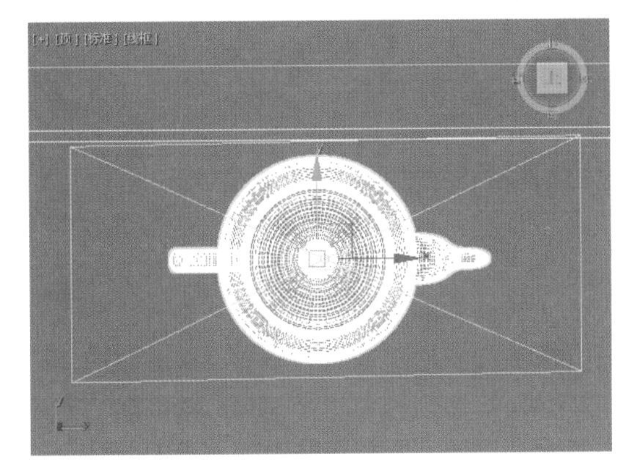

图 2-56

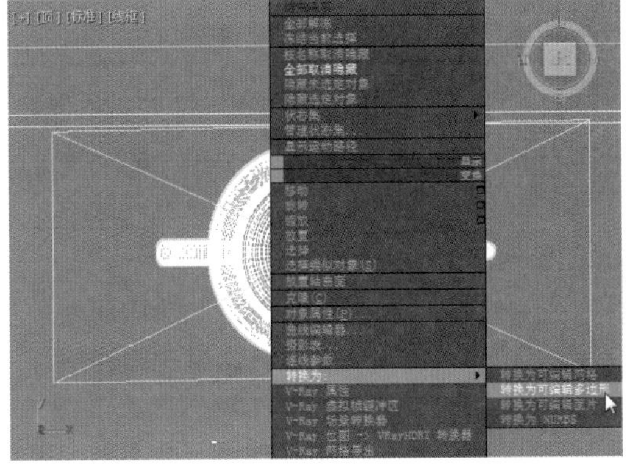

图 2-57

Step05 在“修改”命令面板的“修改器堆栈栏”中展开“可编辑多边形”卷展栏，在弹出的列表中选择“多边形”子层级，如图 2-58 所示。

Step06 在前视图中框选壶顶和壶沿的所有面，如图 2-59 所示。

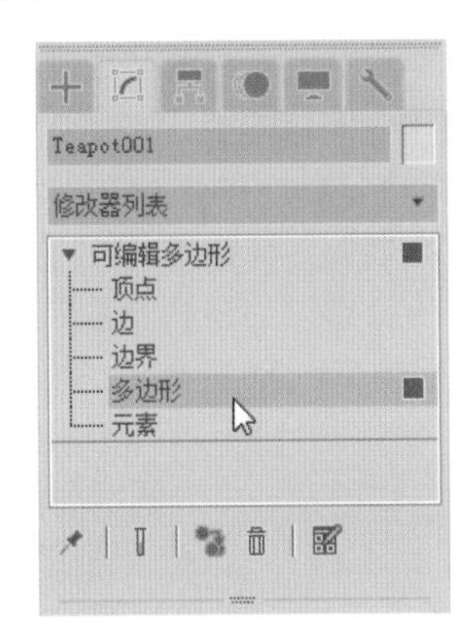

图 2-58

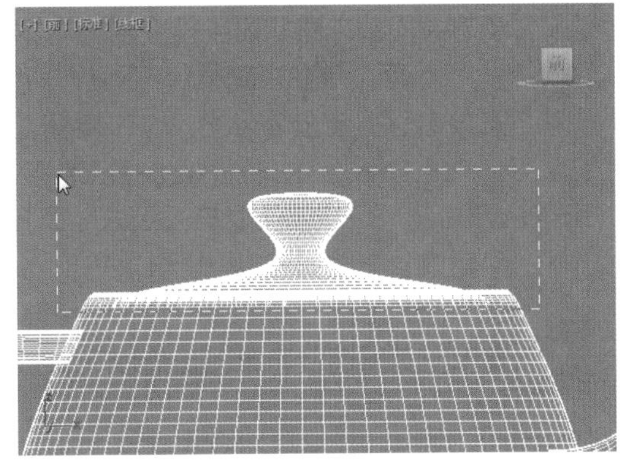

图 2-59

Step07 框选效果如图 2-60 所示。

Step08 在“可编辑多边形”卷展栏中切换到“元素”子层级，如图 2-61 所示。

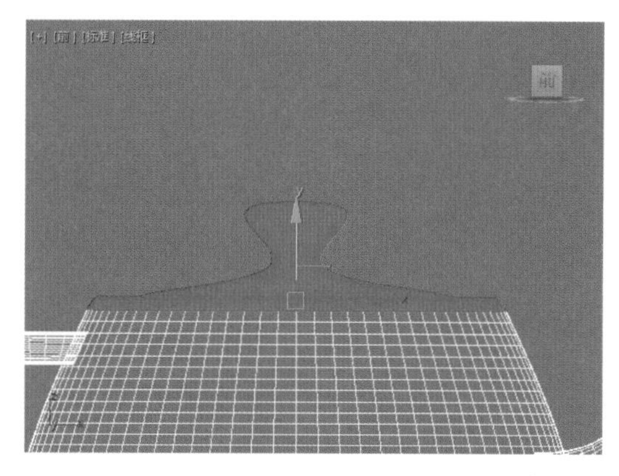

图 2-60

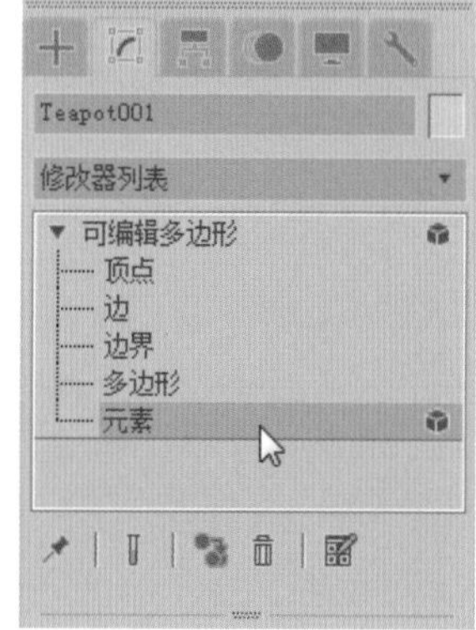

图 2-61

Step09 在前视图中按住 Alt 键单击壶盖进行减选，如图 2-62 所示。

Step10 再次切换到“多边形”子层级，按住 Ctrl 键框选壶顶，如图 2-63 所示。

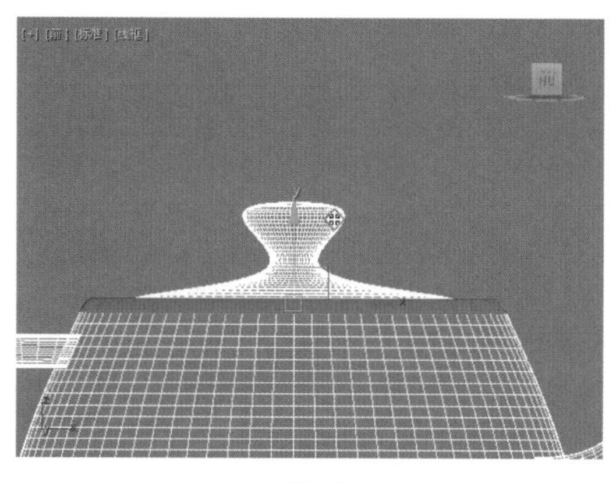

图 2-62

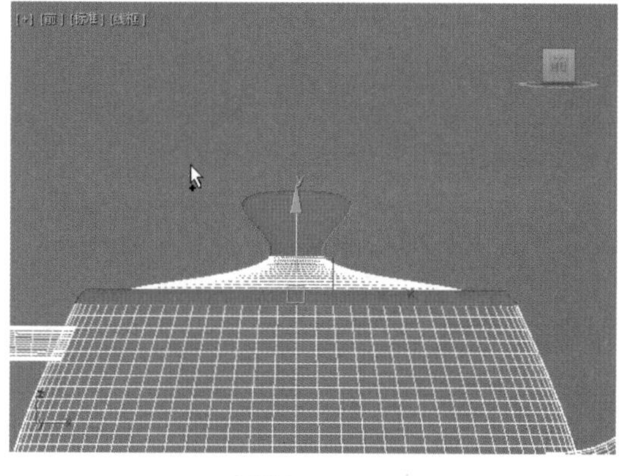

图 2-63

Step11 在“修改”命令面板中，展开“多边形：材质 ID”选项，设置“设置 ID”值为 2，如图 2-64 所示。

Step12 重复以上步骤，切换到“元素”子层级，选择壶身，如图 2-65 所示。

Step13 再次切换到“多边形”子层级，按住 Alt 键减选壶沿，如图 2-66 所示。

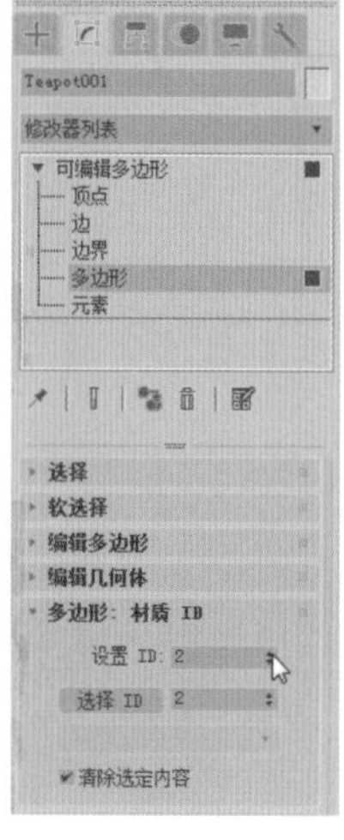

图 2-64

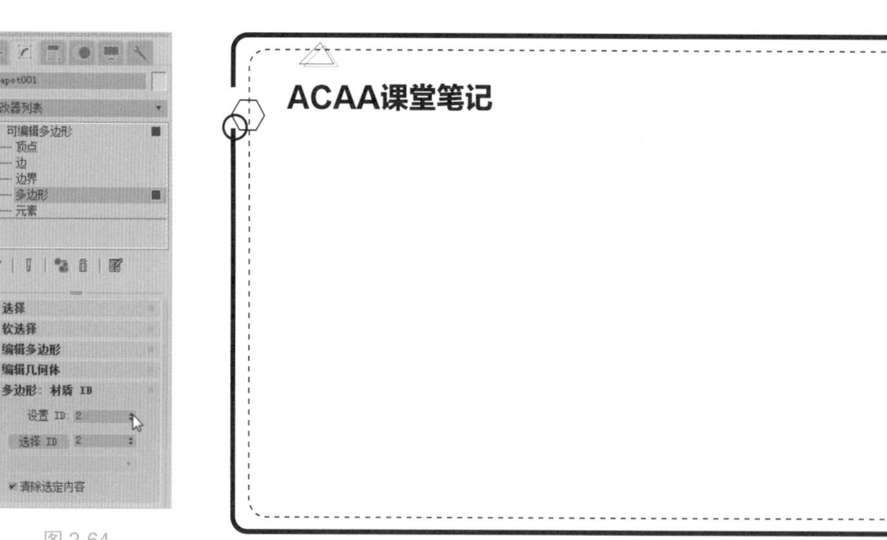

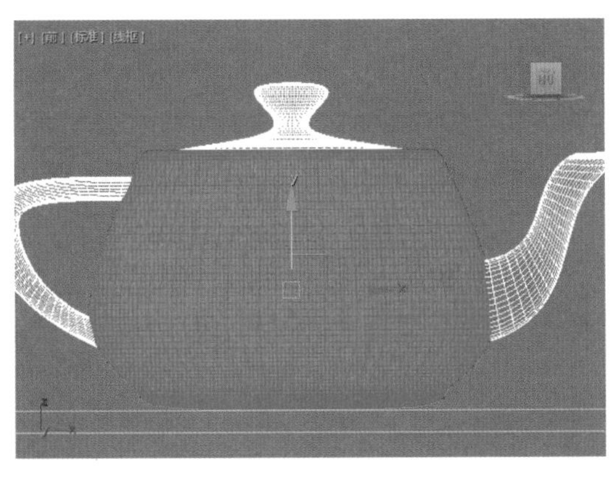

图 2-65

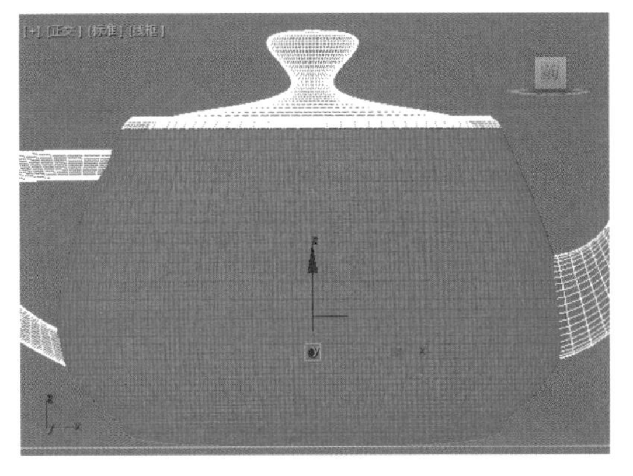

图 2-66

Step14 同理，展开“多边形：材质 ID”选项，设置“设置 ID”值为 3，如图 2-67 所示。

Step15 将“选择 ID”设置为 1，如图 2-68 所示。可以看到茶壶剩余部分 ID 自动设置为 1，如图 2-69 所示。

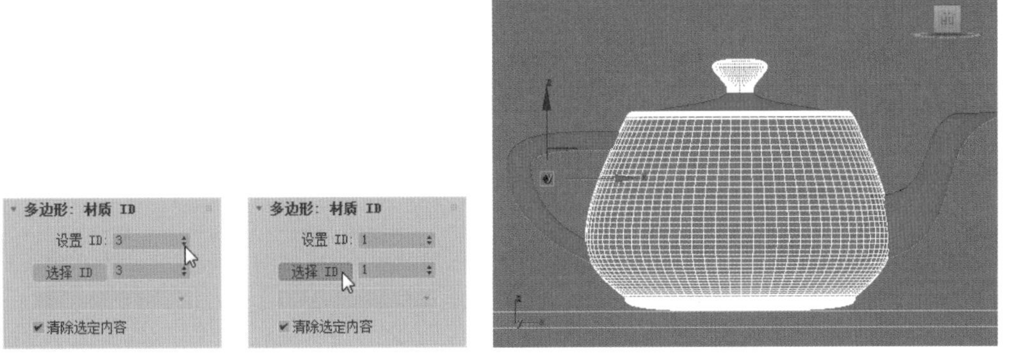

图 2-67　　图 2-68　　图 2-69

Step16 设置完成后，返回“可编辑多边形”层级，在视图中选中茶壶，按 M 键打开“材质编辑器”，单击水平工具栏下方的 Standard 按钮，如图 2-70 所示。

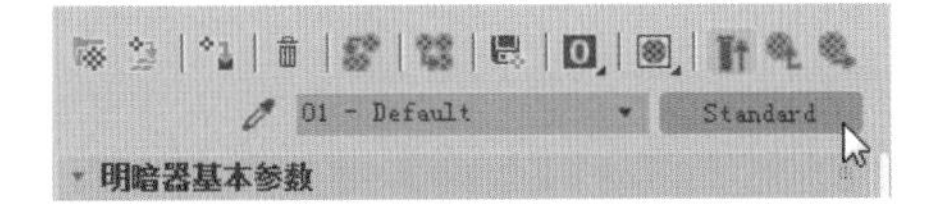

图 2-70

Step17 在弹出的“材质 / 贴图浏览器”对话框中将材质设置为“多维 / 子对象”，并单击“确定”按钮，如图 2-71 所示。

Step18 打开“多维 / 子对象基本参数”卷展栏，如图 2-72 所示。在此，单击 设置数量 按钮，弹出“设置材质数量”对话框，将“材质数量”设置为 6，单击“确定”按钮，如图 2-73 所示。

Step19 在“名称”选项框中输入材质名称“其他”，并单击“其他”后对应的“子材质”选项框，如图 2-74 所示。

Step20 在弹出的“材质 / 贴图浏览器”对话框中 , 将其子材质设置为“标准”，并单击“确定”按钮，如图 2-75 所示。

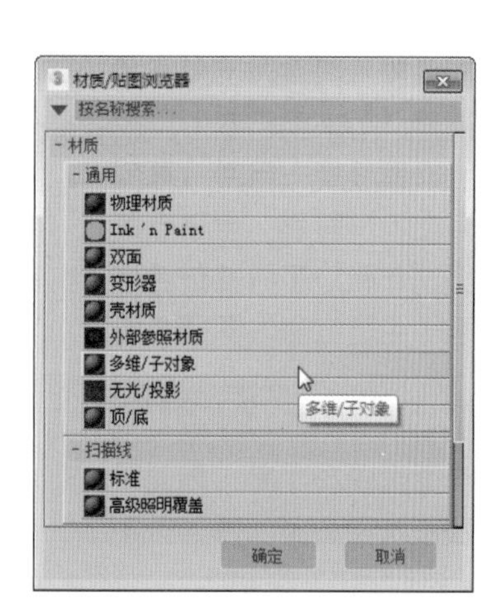

图 2-71

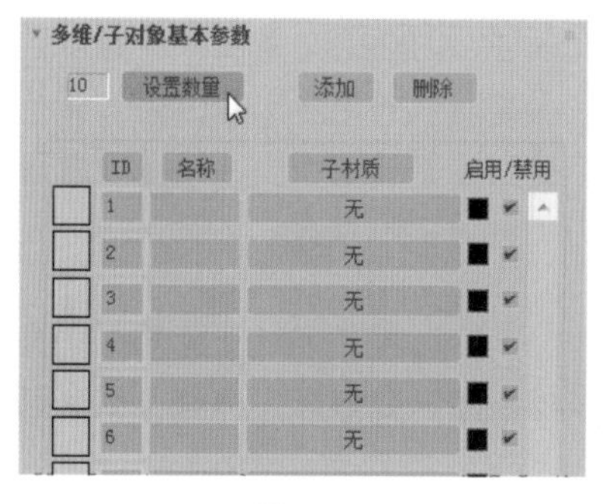

图 2-72

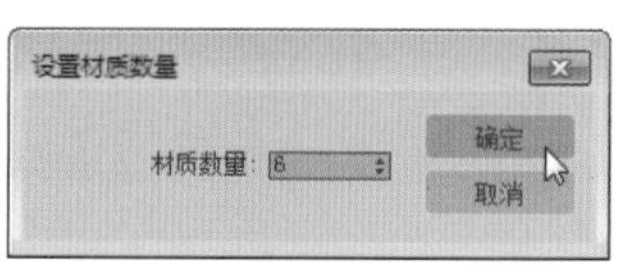

图 2-73

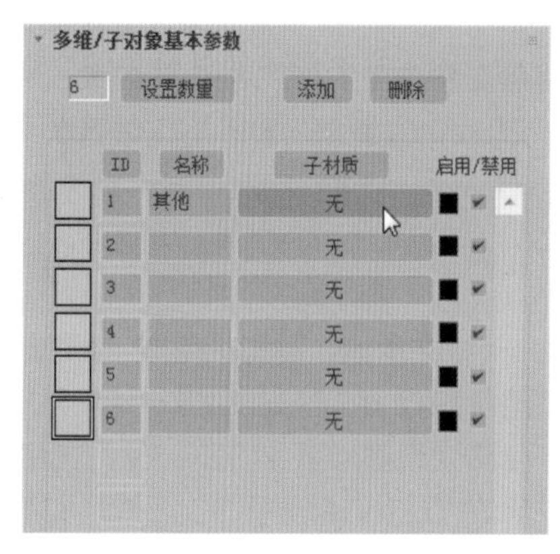

图 2-74

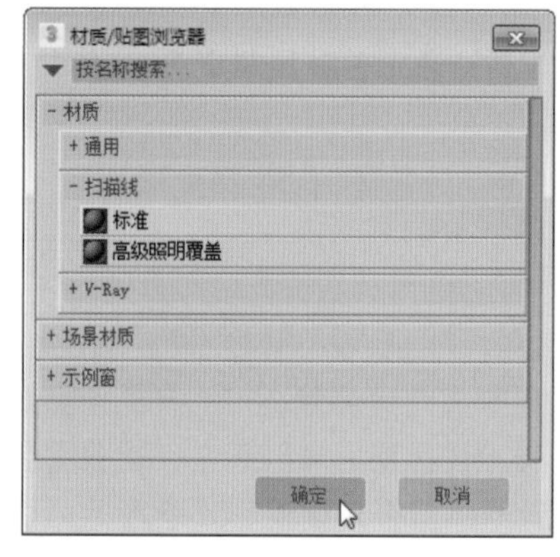

图 2-75

Step21 在其“Blinn 基本参数”卷展栏中单击“漫反射”后的■按钮，如图 2-76 所示。

Step22 弹出“材质 / 贴图浏览器”对话框，选择“位图”选项，单击“确定”按钮，如图 2-77 所示。

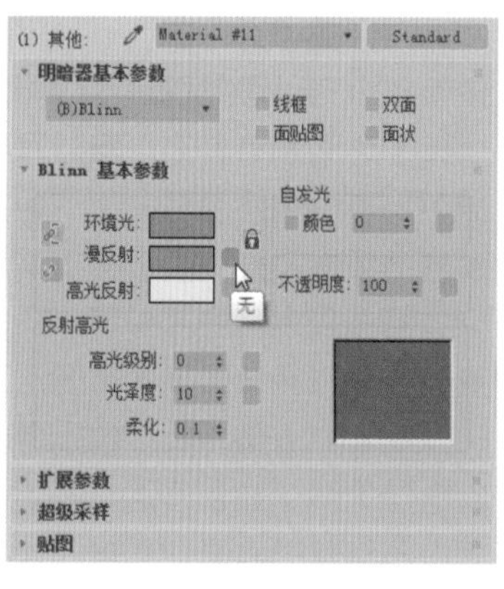

图 2-76

图 2-77

Step23 在打开的“选择位图图像文件”对话框中，选择所需的位图，单击“打开”按钮，如图 2-78 所示。

Step24 此时材质球如图 2-79 所示。

Step25 设置完成后单击■按钮，返回“标准”材质参数面板，在其“Blinn 基本参数”卷展栏中，将“高光级别”设置为 30，“光泽度”设置为 20，如图 2-80 所示。

Step26 此时材质球如图 2-81 所示。

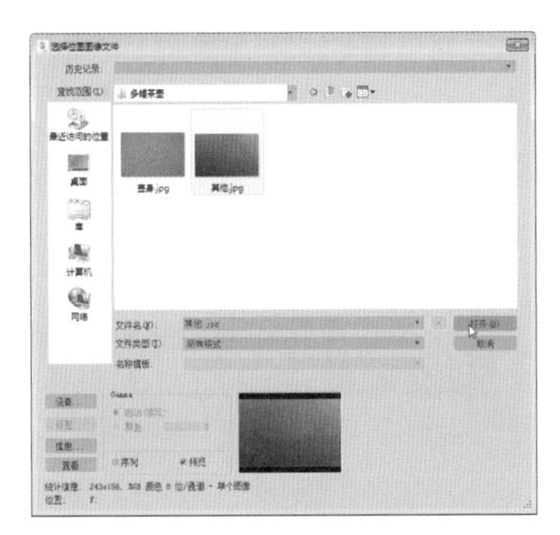

图 2-78

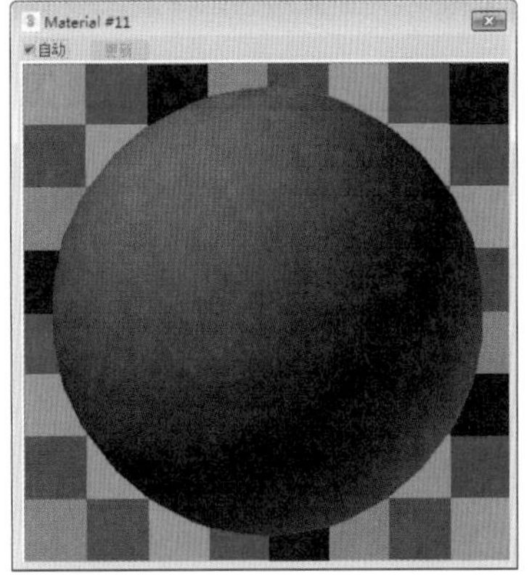

图 2-79

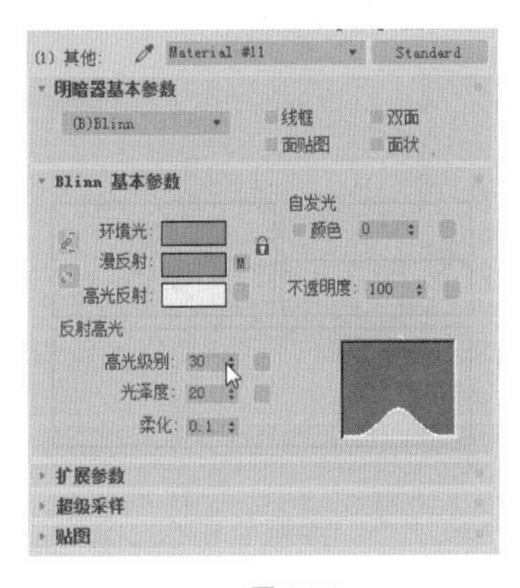

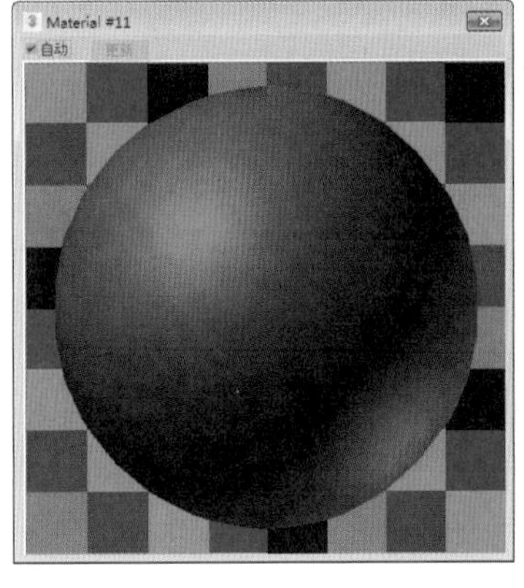

图 2-80

图 2-81

Step27 单击水平工具栏中的 按钮，将材质赋予到物体上，然后单击 按钮在视图中显示明暗处理，再单击 按钮返回“多维 / 子对象”参数面板，此时材质球如图 2-82 所示。

Step28 透视图茶壶效果如图 2-83 所示。

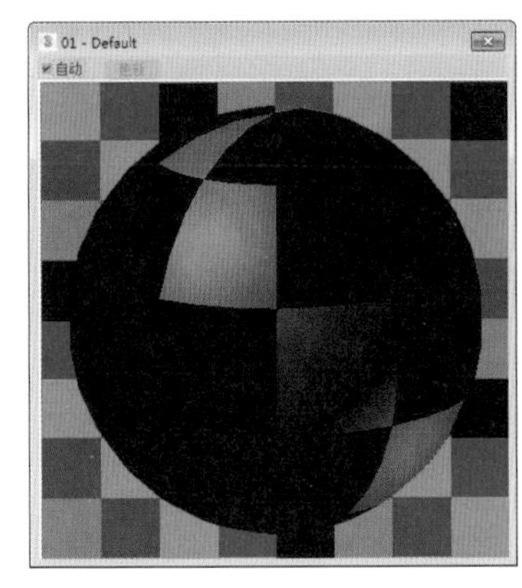

图 2-82

图 2-83

Step29 同理，创建材质“ID2”，将其名称设置为“壶沿”，选择“标准”材质类型，在“标准”材质的“Blinn 基本参数”卷展栏中设置“高光级别”为 40，“光泽度”为 20，如图 2-84 所示。

Step30 “环境光”和“漫反射”的颜色设置相同，参数如图 2-85 所示。

Step31 设置完成后将材质赋予物体，并在视图中显示明暗处理。返回“多维 / 子对象”参数面板，此时材质球效果如图2-86所示。

Step32 透视图茶壶效果如图2-87所示。

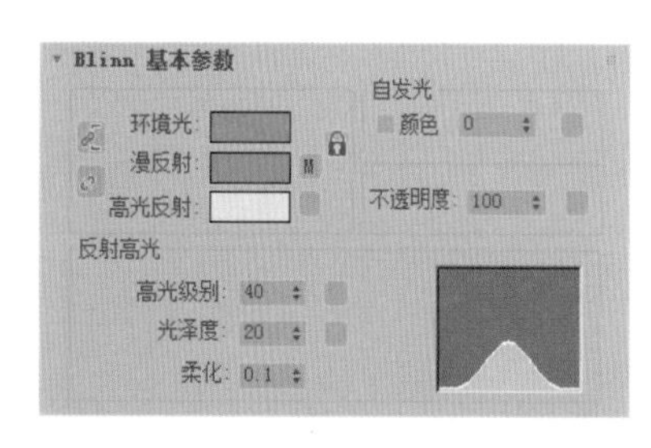

图2-84

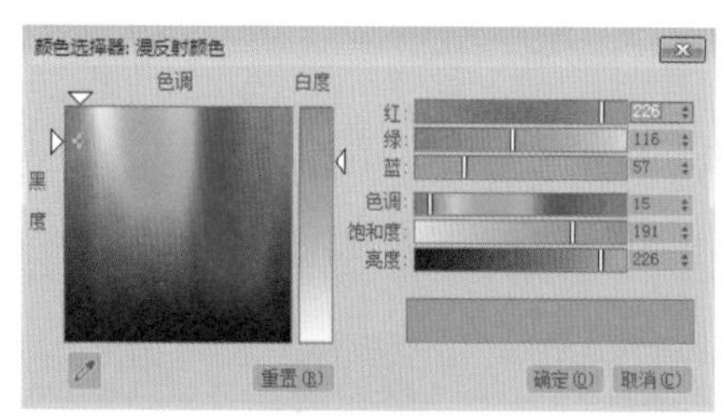

图2-85

图2-86

图2-87

Step33 创建材质"ID3"，将名称设置为壶身，选择"标准"材质类型，将"高光级别"设为25，"光泽度"设为15，并为"漫反射"通道添加位图，位图图像如图2-88所示。

Step34 设置完成后，"多维/子对象基本参数"面板如图2-89所示。

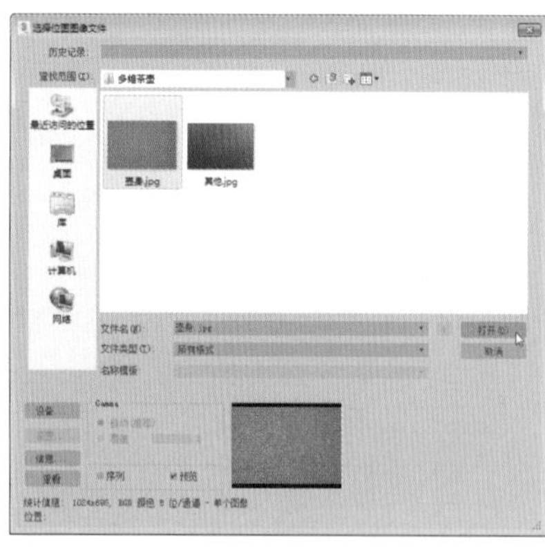
图2-88

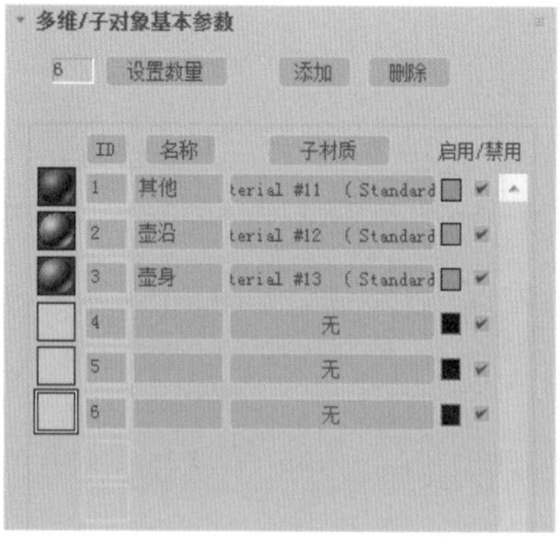

图2-89

Step35 此时材质球如图2-90所示。

Step36 切换到透视图，在工具栏中单击"渲染"按钮对物体进行渲染，渲染结果如图2-91所示。

Step37 在"修改器列表"中为物体添加"UVW贴图"，在其"参数"卷展栏中设置贴图方式为"球形"，如图2-92所示。

Step38 渲染物体，最终效果如图2-93所示。

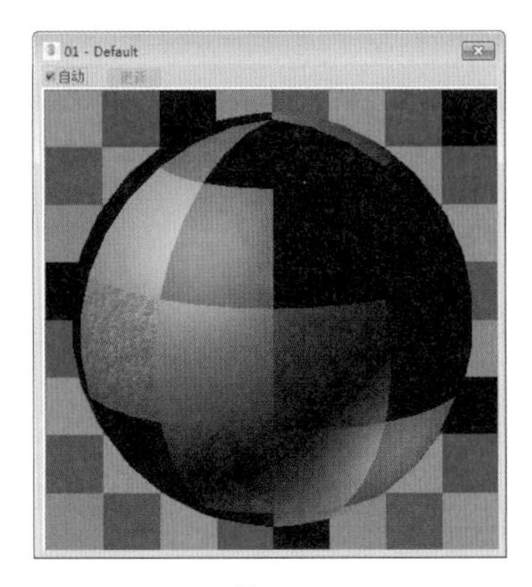

图 2-90

图 2-91

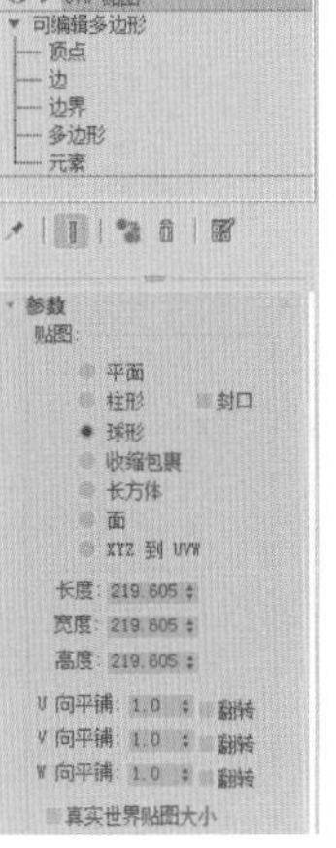
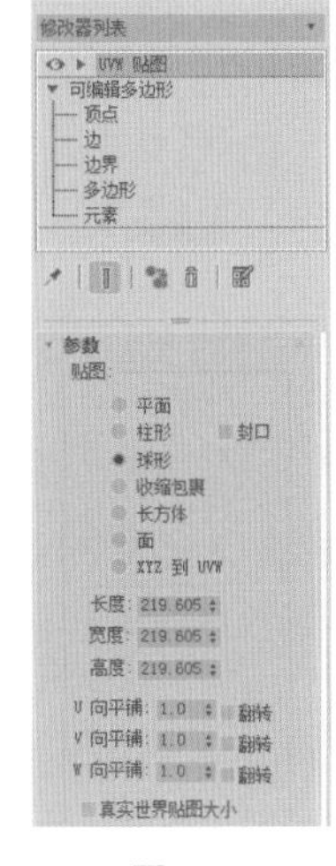

图 2-92

图 2-93

2.4 VRay 材质

VRay 材质是 3ds Max 中应用最为广泛的材质类型，是专门配合 VRay 渲染器使用的材质，其参数比较简单，功能却非常强大。VRay 材质最擅长制作带有反射或折射的材质，表现效果细腻真实，具有其他材质难以达到的效果，因此学好 VRay 材质的知识是很有必要的。

知识点拨

VRay 渲染器的应用

只有在选择了 VRay 渲染器后，才能在“材质 / 贴图浏览器”中查看 VRay 渲染器所提供的材质类型。

2.4.1 VRayMtl 材质

VrayMtl 材质是 VRay 渲染器的标准材质，基本上大部分材质效果都可以用这种材质类型来完成，反射和折射是该材质的两个比较重要的属性。在“材质 / 贴图浏览器”对话框中选择 VRayMtl 选项后，即可打开参数面板，如图 2-94 所示。

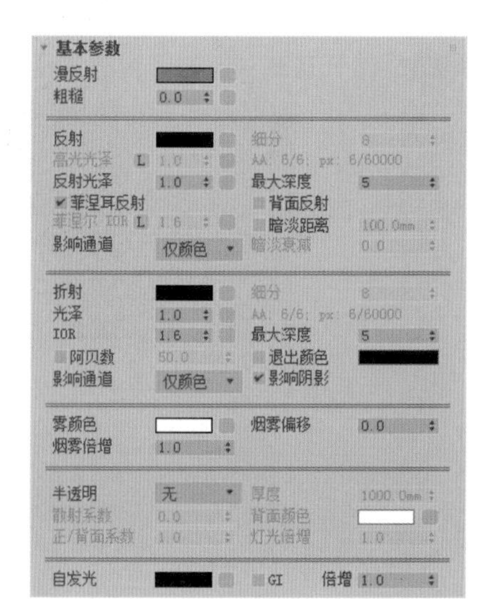

图 2-94

1. 漫反射

◎ 漫反射：控制材质的固有色。

◎ 粗糙：数值越大，粗糙效果越明显，可以用该选项来模拟绒布的效果。

2. 反射

◎ 反射：反射颜色控制反射强度，颜色越深，反射越弱，颜色越浅反射越强。

◎ 细分：用来控制反射的品质，数值越大，效果越好，但渲染速度越慢。

◎ 高光光泽：控制材质的高光大小。

◎ 反射光泽：该选项可以产生反射模糊的效果，数值越小，反射模糊效果越强烈。

知识点拨

反射光泽参数的设置

调整 VRayMtl 的“反射光泽”参数，能够控制材质的反射模糊程度，该参数默认为 1 时表示没有模糊。“细分”参数用来控制反射模糊的质量，只有当“反射光泽”度参数不为 1 时，该参数才起作用。

◎ 最大深度：是指反射的次数，数值越高，效果越真实，但渲染时间也越长。

◎ 菲涅耳反射：勾选该项后，反射强度减小。

◎ 背面反射：启用背面渲染反射，能使玻璃对象更加现实，但要牺牲额外的计算。

◎ 菲涅尔 IOR（折射率）：在菲涅耳反射中，菲涅尔现象的强弱衰减率可以用该选项来调节。

◎ 暗淡距离：该选项用来控制暗淡距离的数值。

◎ 暗淡衰减：该选项用来控制暗淡衰减的数值。

◎ 影响通道：该选项用来控制是否影响通道。

知识点拨

高光光泽度的设置

默认状态下，VRayMtl 材质的“高光光泽”处于不可编辑状态，当单击 L 按钮后，才可以解除锁定来对该参数进行设置。

3. 折射

◎ 折射：折射颜色控制折射的强度，颜色越深，折射越弱，颜色越浅，折射越强。

◎ 细分：控制折射的精细程度。

◎ 光泽：控制折射的模糊效果。数值越小，模糊程度越明显。

◎ IOR：折射率，可以调节折射的强弱衰减率。

◎ 最大深度：该选项用来控制反射的最大深度数值。

◎ 阿贝数：也称色散系数，用来衡量透明介质的光线色散程度。阿贝数就是用以表示透明介质色散能力的指数。一般来说，介质的折射率越大，色散越严重，阿贝数越小；反之，介质的折射率越小，色散越轻微。该选项控制是否使用色散。

◎ 退出颜色：当物体的折射次数达到最大次数时就会停止计算折射，这是由折射次数不够造成的，折射区域的颜色就用退出色来代替。

◎ 影响通道：该选项控制是否影响通道效果。

◎ 影响阴影：该选项用来控制透明物体产生的阴影。

◎ 雾颜色：该选项控制折射物体的颜色。

◎ 烟雾偏移：控制烟雾的偏移，较低的值会使烟雾向摄影机的方向偏移。

◎ 烟雾倍增：可以理解为烟雾的浓度。数值越大，雾越浓，光线穿透物体的能力越差。

知识点拨

折射选项的设置

“折射”选项组中的“最大深度”用来控制反射的最大次数，次数越多，反射越彻底，但是会增长渲染时间，通常保持默认的 5 就可以了。“退出颜色”的功能是，当折射次数达到最大值时就会停止计算，这时计算次数不够的区域就会用该颜色来代替。

4. 半透明

◎ 半透明：半透明效果的类型有三种，包括“硬（蜡）模型”“软（水）模型”和“混合模型”。

◎ 厚度：用来控制光线在物体内部被追踪的深度，也可理解为光线的最大穿透能力。

◎ 散射系数：物体内部的散射总量。

◎ 背面颜色：用来控制半透明效果的颜色。

◎ 正 / 背面系数：控制光线在物体内部的散射方向。

◎ 灯光倍增：设置光线穿透能力的倍增值。值越大，散射效果越强。

5. 自发光

◎ 自发光：该选项用来控制发光的颜色。

◎ GI：该选项用来控制是否开启全局照明。

◎ 倍增：该选项用来控制自发光的强度。

2.4.2 VRayMtl 转换器

VRayMtl 转换器其实就是给 VRay 标准材质附加了可以控制的间接光照属性，这样用户可以根据需要对场景中的个别对象进行明暗的调节。在常规的情况下，场景中的所有对象都处于相同的光照强度下，所以它们的明暗也都基本一致。如图 2-95 所示为 VRayMtl 转换器的参数卷展栏。

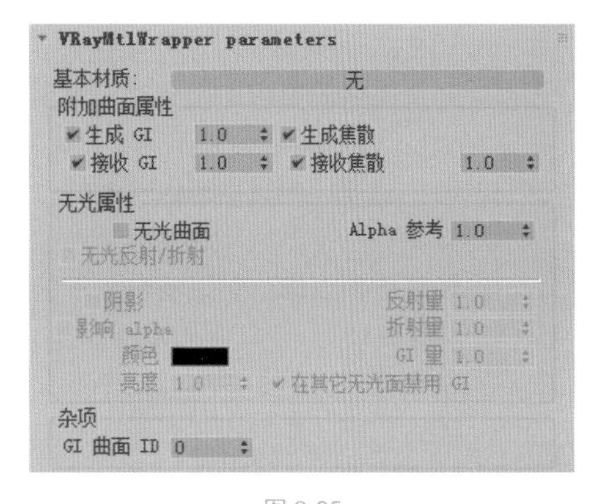

图 2-95

◎ 基本材质：用来设置转换器中使用的基础材质参数，此材质必须是 V-Ray 渲染器支持的材质类型。

◎ 附加曲面属性：这里的参数主要用来控制赋有材

质包裹器物体接收、生成全局照明属性和接收、生成焦散属性。

◎ 无光属性：目前 VRay 还没有独立的“不可见 / 阴影”材质，但是 VRayMtl 转换器里的这个选项可以模拟“不可见 / 阴影”效果。

◎ 杂项：用来设置全局照明曲面 ID 的参数。

2.4.3 VR- 灯光材质

VR- 灯光材质可以模拟物体发光发亮的效果，并且这种自发光效果可以对场景中的物体也产生影响，常用来制作顶棚灯带、霓虹灯、火焰等材质。其“参数”面板如图 2-96 所示。

◎ 颜色：控制自发光的颜色，后面的输入框用来设置自发光的强度。

◎ 不透明：可以在后面的通道中加载贴图。

◎ 背面发光：开启该选项后，物体会双面发光。

◎ 补偿摄影机曝光：控制相机曝光补偿的数值。

◎ 用不透明度倍增颜色：勾选该选项后，将按照控制不透明度与颜色相乘。

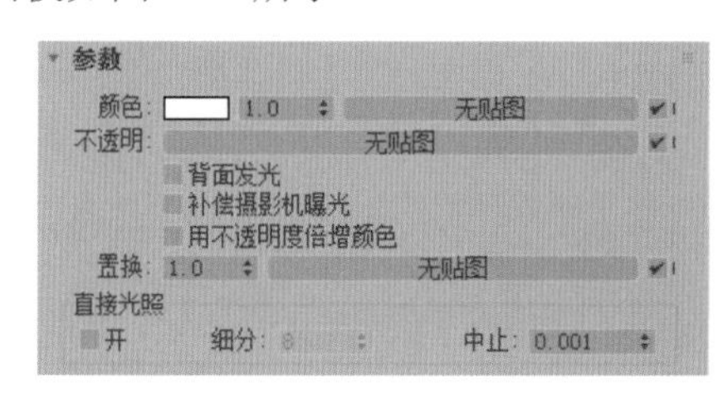

图 2-96

知识链接

VR- 灯光材质的应用

通常会使用 VRay 灯光材质来制作室内的灯带效果，这样可以避免场景中出现过多的 VRay 灯光，从而提高渲染的速度。

2.4.4 VRay 其他材质

VRay 材质类型非常多，除了上面介绍的几种材质外，还有 20 多种。下面将对一些常用材质进行简单介绍。材质列表如图 2-97 所示。

◎ MDL 材质：该材质可以控制材质编辑器。

◎ VRayGLSLMtl：可以用来加载 GLSL 着色器。

◎ VRayMtl：VRayMtl 材质是使用范围最为广泛的一种材质，常用于制作室内外效果图。其制作反射和折射的效果非常出色。

◎ VRayMtl 转换器：该材质可以有效避免色溢现象。

◎ VRayOSLMtl：可以控制着色语言的材质效果。

◎ VRayScannedMtl：这是根据真实材料扫描而来，精度非常高，适合对渲染效果要求非常高的艺术创造者。

◎ VRayVRmatMtl：跨平台材质，可以和其他软件交换材质。

◎ 凹凸材质：该材质可以控制材质凹凸。

◎ 双面材质：模拟带有双面属性的材质效果。

◎ 向量置换烘焙：可以制作向量的材质效果。

◎ 快速 SSS2：可以制作半透明的 SSS 物体材质效果，如皮肤。

◎ 散布体积：该材质主要用于散布体积的材质效果。

◎ 毛发材质：主要用于渲染头发和皮毛的材质。

图 2-97

◎ 混合材质：常用来制作两种材质混合在一起的效果，比如带有花纹的玻璃。
◎ 灯光材质：可以制作发光物体的材质效果。
◎ 点粒子材质：该材质主要用于制作点粒子的材质效果。
◎ 蒙皮材质：该材质可以制作蒙皮的材质效果。
◎ 薄片材质：薄片分布在物体表面，可以通过参数调整薄片颜色、方向等。
◎ 覆盖材质：该材质可以让用户更广泛地控制场景的色彩融合、反射、折射等。
◎ 车漆材质：主要用来模拟金属汽车漆的材质。
◎ 随机薄片材质：启用时，材质会模拟薄片随机分布在物体表面的效果。

综合实战：制作自发光效果

下面将利用以上所学 VRay 材质相关的知识制作台灯发光的效果。

Step01 打开素材文件，可以看到场景中显示的是原始的模型。选择摄影机视角，如图 2-98 所示。

Step02 按 M 键打开“材质编辑器”，选择一个空白材质球，设置其为 VRay“灯光材质”类型，如图 2-99 所示。

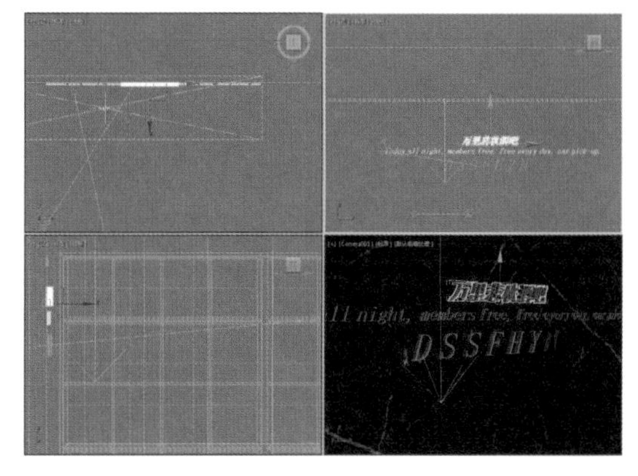

图 2-98

图 2-99

Step03 在其“参数”卷展栏中设置颜色和强度，如图 2-100 所示。

Step04 颜色设置如图 2-101 所示。

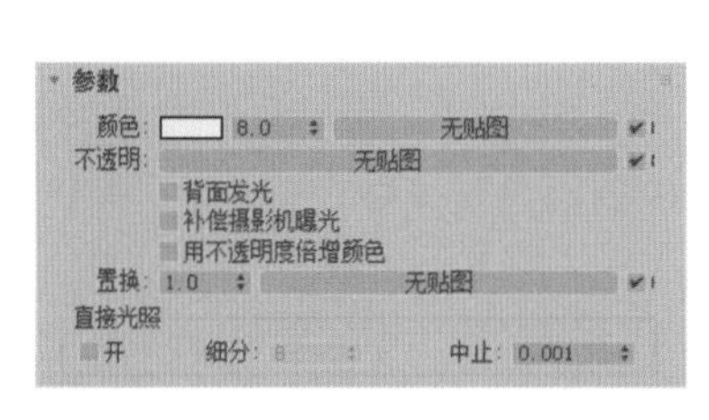

图 2-100

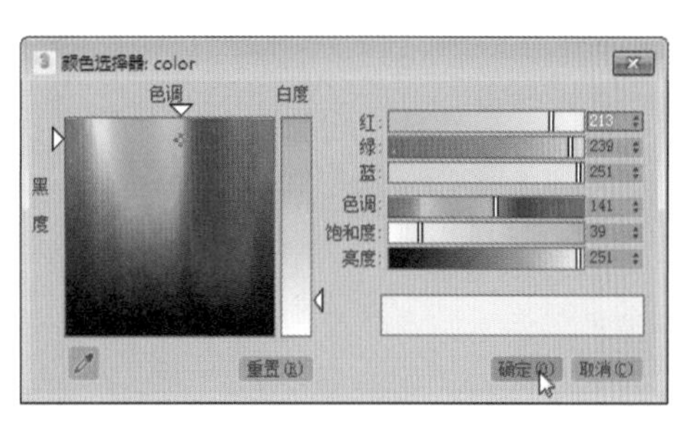

图 2-101

Step05 此时材质球如图 2-102 所示。

Step06 将材质赋予物体，渲染摄影机视角，渲染效果如图 2-103 所示。

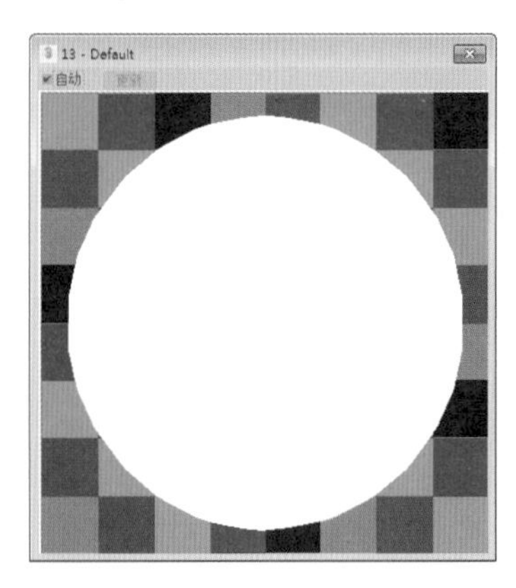

图 2-102　　　　图 2-103

Step07 同理，确认英文为选中状态，如图 2-104 所示。

Step08 选择一个空白材质球，设置其为 VRay“灯光材质”类型，在其“参数”卷展栏中设置颜色与强度，如图 2-105 所示。

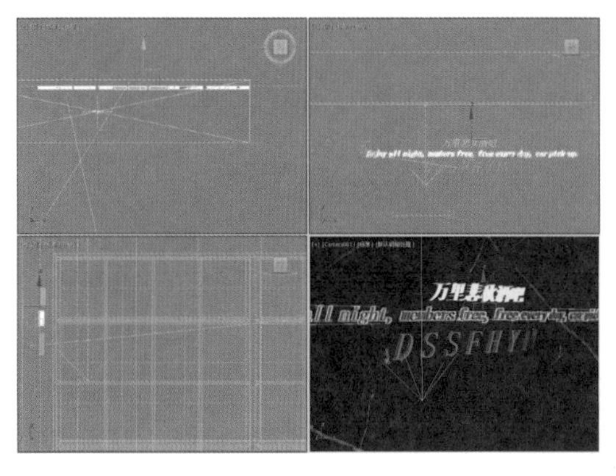

图 2-104　　　　图 2-105

Step09 颜色设置如图 2-106 所示。

Step10 将材质赋予物体，渲染摄影机视角，如图 2-107 所示。

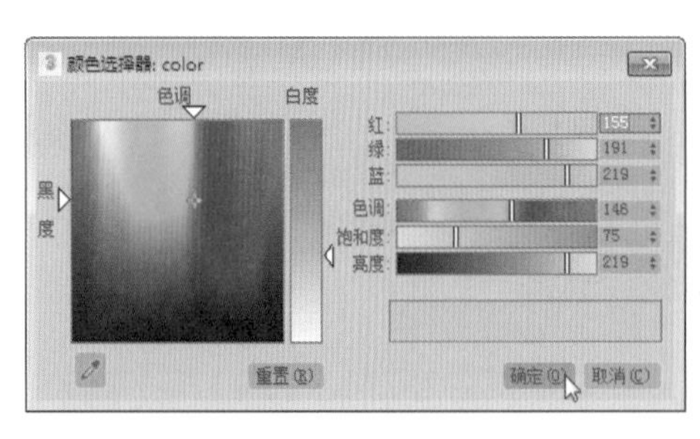

图 2-106　　　　图 2-107

Step11 同理，确认字母为选中状态，如图 2-108 所示。

Step12 选择一个空白材质球，设置其为 VRay“灯光材质”类型，在其“参数”卷展栏中设置颜色与强度，如图 2-109 所示。

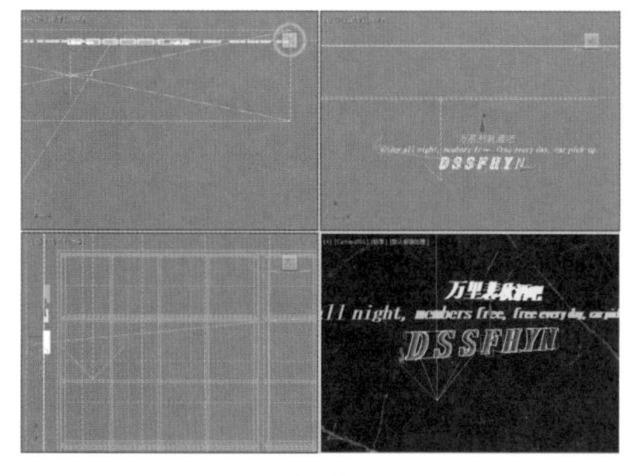

图 2-108

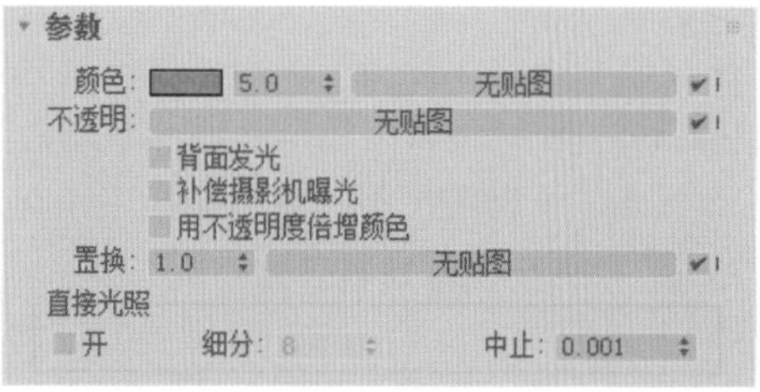

参数
颜色: 5.0
无贴图
不透明: 无贴图
背面发光
补偿摄影机曝光
用不透明度倍增颜色
置换: 1.0
无贴图
直接光照
开
细分: 8
中止: 0.001

图 2-109

Step13 颜色设置如图 2-110 所示。

Step14 材质球如图 2-111 所示。

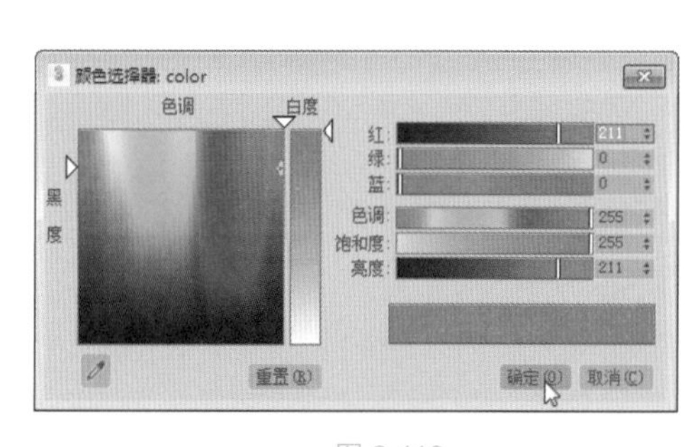

颜色选择器: color
色调
白度
黑
度
红: 211
绿: 0
蓝: 0
色调: 255
饱和度: 255
亮度: 211
重置(R)
确定(O)
取消(C)

图 2-110

15 - Default
自动

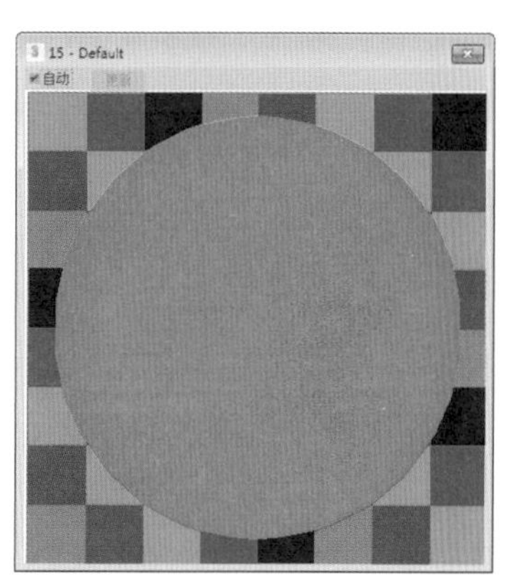

图 2-111

Step15 将材质赋予物体，渲染摄影机视角，效果如图 2-112 所示。

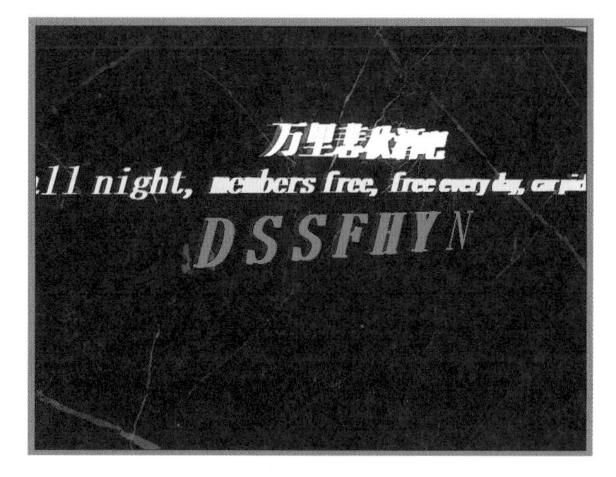

图 2-112

课后作业

一、选择题

（1）下列选项中，关于 3ds Max 材质的描述不正确的是（　　）。

A. 双面材质类型可以为物体内外或正反表面分别指定两种不同的材质

B. 合成材质最多可以合成 3 种材质

C. 在混合材质中，若将任意子材质设置为线框效果，则整个材质都会以线框形式显示

D. Ink’n Paint 材质可以模拟卡通的材质效果

（2）多维 / 子材质类型的参数面板中不包含（　　）。

A. 数量　　B. 主材质　　C. 添加　　D. 设置数量

（3）下列选项中，关于 VRay 材质的描述正确的是（　　）。

A. VRayMtl 材质是 VRay 渲染器的标准材质

B. VRay 材质并不用于制作带有反射或折射的材质

C. 选择 3ds 默认渲染器后，便能查看到 VRay 渲染器提供的材质类型

D. VR- 灯光材质并不能很好地模拟物体发光发亮的效果

（4）下列哪一项不属于 VRayMtl 材质“基本参数”卷展栏中的参数选项？（　　）

A. 漫反射　　B. 反射　　C. 折射　　D. 透明度

（5）在默认情况下，渐变贴图的颜色有（　　）。

A. 1 种　　B. 2 种　　C. 3 种　　D. 4 种

二、填空题

（1）用于将多个不同材质叠加在一起，常制作生锈的金属、岩石等材质是 _________。

（2）___________ 是 VRay 渲染器的标准材质。

（3）___________ 可以将多个子材质按照相对应的 ID 号分配给一个对象，使对象的各个表面显示出不同的材质效果。

三、操作题

通过本章所学知识，利用 VRayMtl 材质为闹钟制作不锈钢和玻璃材质，其场景及效果如图 2-113、图 2-114 所示。

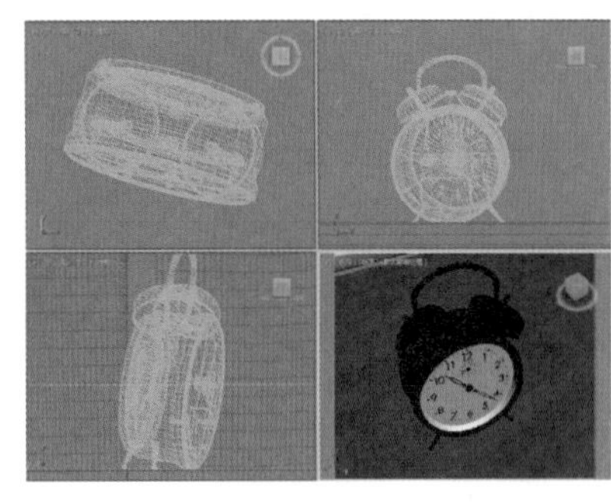

图 2-113

图 2-114

操作提示：

Step01 利用 VRayMtl 材质制作不锈钢材质，主要设置反射颜色、高光光泽度、反射光泽度等参数。

Step02 利用 VRayMtl 材质制作玻璃材质，主要设置漫反射颜色、折射颜色及折射率等参数。

第 3 章 常用贴图知识

内容导读

3ds Max 支持多种类型的贴图，不同的贴图类型拥有多种不同的贴图方式，会产生不同的贴图效果。贴图分为通用、扫描线、VRay 贴图、环境贴图，本章将向读者着重介绍通用贴图和 V-Ray 贴图。

学习目标

- 掌握贴图概述
- 掌握贴图与材质的关系
- 掌握常用贴图类型
- 掌握 VRay 贴图

3.1 贴图概述

贴图是指给物体表面贴上一张图片，它需要添加到相应的通道上才可以使用。当然，在 3ds Max 中的贴图不仅指图片（位图贴图），也可以是程序贴图。下面将向读者介绍贴图的基本概念。

3.1.1 贴图原理

贴图的原理非常简单，就是在材质表面包裹一层真实的纹理。将材质指定给对象后，对象的表面将会显示纹理并且被渲染，还可以通过贴图的明度变化模拟出对象的凹凸效果、反射效果以及折射效果，此外还可以使用贴图创建环境或者创建灯光投射。

3.1.2 贴图坐标与真实世界贴图

贴图坐标是以 U、V、W 轴表示的局部坐标。通常情况下，对象都拥有“生成贴图坐标”功能，启用此功能可提供默认贴图坐标，如图 3-1 所示。在进行场景渲染时，将自动启用默认贴图坐标。

真实世界贴图是一个默认情况下在 3ds Max 中禁用的替代贴图。真实世界贴图可以创建材质并在“材质编辑器”中指定纹理贴图的实际宽度和高度。

要使用真实世界贴图，首先必须将正确的 UV 纹理贴图坐标指定给几何体，同时 UV 空间的大小要与几何体的大小相对应。其次，将用于启用“使用真实世界比例”功能的复选框添加到用于生成纹理坐标的多个对话框和卷展栏中。任何用于启用“生成贴图坐标”功能的对话框或卷展栏也可用于启用“使用真实世界比例”功能，如图 3-2 所示。

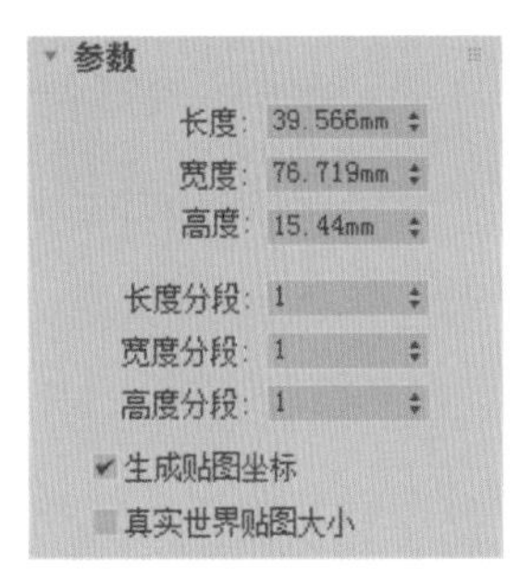

图 3-1

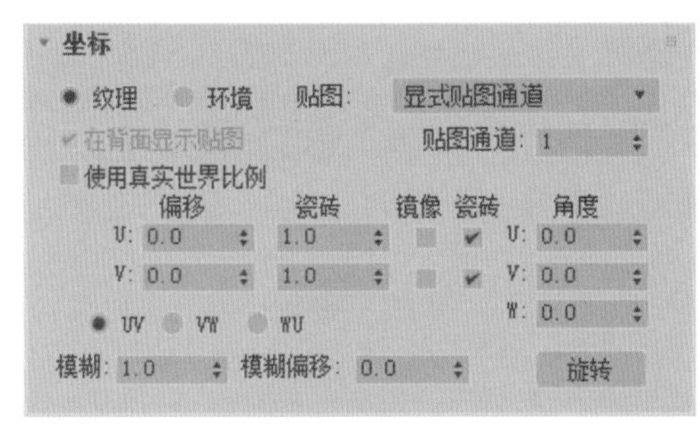

图 3-2

ACAA课堂笔记

3.1.3 贴图坐标与 UVW 贴图修改器

UVW 贴图修改器用于指定对象表面贴图坐标，以确定如何使材质投射到对象的表面。对象在使用了 UVW 贴图修改器后，会自动覆盖以前指定的坐标。当用户想要控制贴图坐标而当前物体没有自己的指定坐标或者需要应用贴图到次物体级别时，都可以使用 UVW 贴图修改器，如图 3-3、图 3-4、图 3-5 所示为使用 UVW 贴图修改器后的几种效果。

图 3-3

图 3-4

图 3-5

在“修改器列表”中添加了“UVW 贴图”修改器后，即可看到其参数面板，如图 3-6 所示。

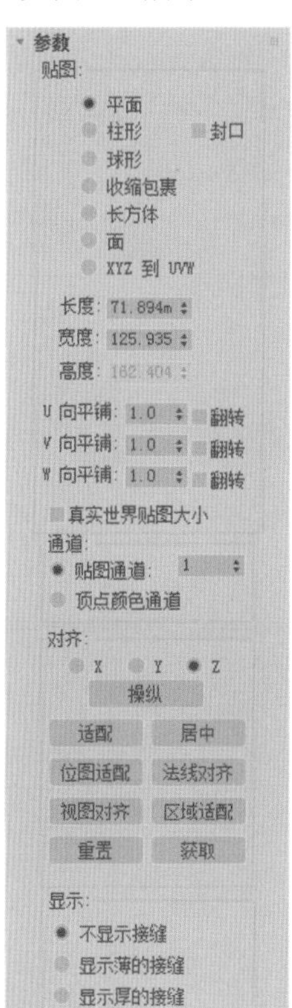

图 3-6

◎ 平面：在对象上的一个平面投影贴图，在某种程度上类似于投影幻灯片。

◎ 柱形：从圆柱体投影贴图，使用它包裹对象。位图结合处的缝是可见的，除非使用无缝贴图。

◎ 球形：通过从球体投影贴图来包围对象。在球体顶部和底部，位图边与球体两极交会处会看到缝和贴图奇点。球形投影用于基本形状为球形的对象。

◎ 收缩包裹：使用球形贴图，但是它会截去贴图的各个角，然后在一个单独极点将它们全部结合在一起，仅创建一个奇点。收缩包裹贴图用于隐藏贴图奇点。

◎ 长方体：从长方体的六个侧面投影贴图。每个侧面投影为一个平面贴图，且表面上的效果取决于曲面法线。从其法线几乎与其每个面的法线平行的最接近长方体的表面贴图每个面。

◎ 面：对对象的每个面应用贴图副本。使用完整矩形贴图来贴图共享隐藏边的成对面，使用贴图的矩形部分贴图不带隐藏边的单个面。

◎ XYZ 到 UVW：将 3D 程序坐标贴图到 UVW 坐标。这会将程序纹理贴到表面。如果表面被拉伸，3D 程序贴图也被拉伸。

◎ 长度、宽度、高度：指定 UVW 贴图 gizmo 的尺寸。

◎ U 向平铺、V 向平铺、W 向平铺：用于指定 UVW 贴图的尺寸以便平铺图像。

◎ 真实世界贴图大小：启用后，对应用于对象上的纹理贴图材质使用真实世界贴图。

◎ 操纵：启用时，gizmo 出现在能改变视口中的参数的对象上。当启用“真实世界贴图大小”时，仅可对“平面”与“长方体”类型贴图使用“操纵”。

◎ 适配：将 gizmo 适配到对象的范围并使其居中，以使其锁定到对象的范围。

◎ 居中：移动 gizmo，使其中心与对象的中心一致。

◎ 位图适配：显示标准的位图文件浏览器，可以拾取图像。

◎ 法线对齐：单击并在要应用修改器的对象曲面上拖动。

◎ 视图对齐：将贴图 gizmo 重定向为面向活动视口。图标大小不变。

◎ 区域适配：激活一个模式，从中可在视口中拖动以定义贴图 gizmo 的区域。

◎ 重置：删除控制 gizmo 的当前控制器，并插入使用“拟合”功能初始化的新控制器。

◎ 获取：在拾取对象以从中获得 UVW 时，从其他对象有效复制 UVW 坐标，一个对话框会提示是以绝对方式还是相对方式完成获得。

3.1.4 贴图与材质的关系

材质定义了物体的一些属性，比如说反射、折射、高光等，而贴图则进一步表现了材质的细节，模拟物体质地、纹理等其他效果。只有把贴图和材质完美结合，才能更好地表现物体的质感。

3.2 3ds Max 贴图类型

3ds Max 常用的贴图类型有很多。在“材质编辑器”中打开“贴图”卷展栏，就可以在任意通道中添加贴图来表现物体的属性，如图 3-7 所示。在打开的“材质 / 贴图浏览器”对话框中用户可以看到有多种贴图类型，如图 3-8、图 3-9 所示。

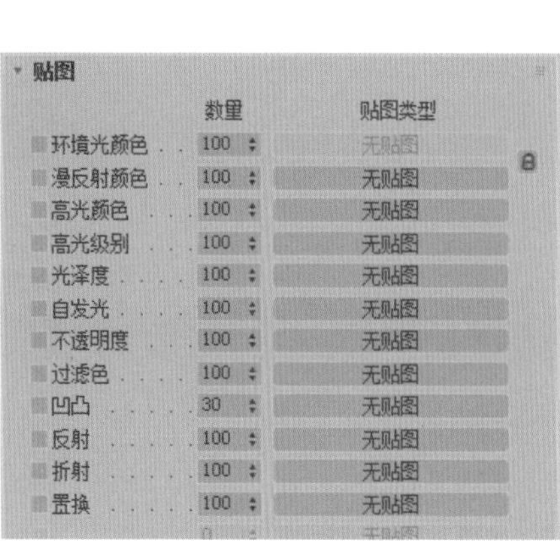

图 3-7

图 3-8

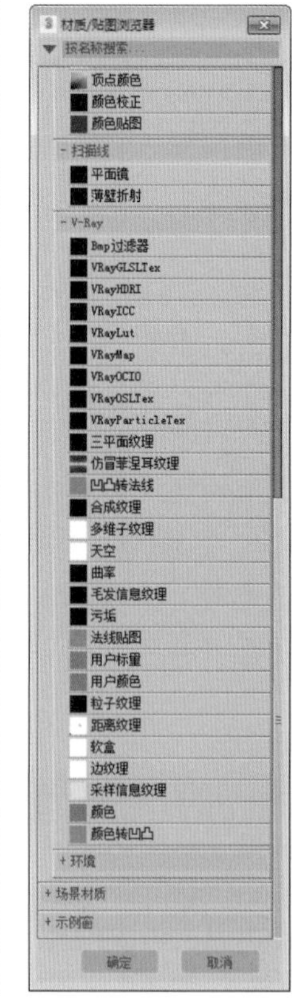

图 3-9

1. 通用贴图

◎ BlendedBoxMap：混合框贴图，给物体不同面贴上不同的颜色或者贴图。

◎ combustion：视频合成软件，用于动画合成，可以和 3ds Max 交互操作。

◎ Perlin 大理石：通过两种颜色混合，产生类似于珍珠岩纹理的效果。

◎ RGB 倍增：主要配合凹凸贴图一起使用，允许将两种颜色或贴图的颜色进行相乘处理，从而增加图像的对比度。

◎ RGB 染色：通过三个颜色通道来调整贴图的色调。

◎ ShapeMap：它可以帮助用户快速地把任意形状的几何纹理或 3D 纹理贴合到复杂的形体表面并保持良好的均匀度，并且配合 GH 的参数化控制直观和实时地进行表面纹理调整和变化控制。

◎ Substance：使用包含 Substance 参数化纹理的库，可获得各种范围的材质。

◎ TextMap：文本贴图。

◎ 位图：这是比较常用的贴图类型，它支持多种图片格式及视频格式的文件，包括 AVI、BMP、CIN、JPG、TIF 等。“位图”贴图通常用在漫反射、凹凸、反射、折射等贴图通道中。

◎ 凹痕：可以作为凹凸贴图，产生一种风化和腐蚀的效果。

◎ 合成：可以将两个或两个以上的子材质叠加在一起。

◎ 向量置换：“向量置换”贴图允许在三个维度上置换网格，这与之前允许沿曲面法线进行置换的方法成鲜明对比。

◎ 向量贴图：使用该贴图，可以将基于向量的图形（包括动画）用作对象的纹理。

◎ 噪波：通过两种颜色或贴图的随机混合，产生一种无序的杂点效果。

◎ 多平铺：通过“多平铺”贴图，可以同时将多个纹理平铺加载到 UV 编辑器。

◎ 大理石：产生岩石断层效果。

◎ 平铺：可以模拟类似带有缝隙的瓷砖的效果。

◎ 斑点：常用于制作岩石表面，通常用在漫反射通道和凹凸通道。

◎ 木材：常用于制作木材纹理效果。

◎ 棋盘格：由两种方格颜色组成，默认颜色为黑色和白色。

◎ 每像素摄影机贴图：将渲染后的图像作为物体的纹理贴图，以当前摄影机方向贴在物体上，可以进行快速渲染。

◎ 波浪：可创建波状的、类似水纹的贴图效果。

◎ 泼溅：产生类似于油彩飞溅的效果。

◎ 混合：将两种贴图混合在一起，常用来制作一些多个材质渐变融合或覆盖的效果。

◎ 渐变：使用三种颜色创建渐变图像。

◎ 渐变坡度：可以产生多色渐变效果。

◎ 旋涡：可以创建两种颜色的旋涡图形。

◎ 灰泥：用于制作腐蚀生锈的金属和物体破败的效果。

◎ 烟雾：产生丝状、雾状或者絮状等无序的纹理效果。

◎ 粒子年龄：专用于粒子系统，通常用来制作彩色粒子流动的效果。

◎ 粒子运动模糊：根据粒子速度产生模糊效果。

◎ 纹理对象遮罩：在原有的贴图上再添加贴图进行遮罩。

◎ 细胞：可以生成用于各种视觉效果的细胞图案。

◎ 衰减：产生两色过渡效果，这是比较重要的贴图。

◎ 贴图输出选择器：这是连接材质的中介，用于告诉材质将使用哪一张贴图输出。
◎ 输出：专门用来弥补某些输出设置的贴图类型。
◎ 遮罩：使用一张贴图作为遮罩。
◎ 顶点颜色：根据材质或原始顶点颜色来调整 RGB 或 RGBA 纹理。
◎ 颜色校正：可以调节材质的色调、饱和度、亮度与对比度。
◎ 颜色贴图：设定颜色，好的颜色贴图在贴图上就能够看出各部分的材质类型。

2. 扫描线贴图

◎ 平面镜：使物体的表面产生类似于镜面反射的效果。
◎ 薄壁折射：配合折射贴图一起使用，能产生透镜变形的折射效果。

知识点拨

显示背面贴图功能的应用

在视口中，无论是否启用了“显示背面贴图”功能，平面贴图都将投影到对象的背面。为了将其覆盖，必须禁用“平铺”设置。

3. VRay 贴图

◎ Bmp 过滤器：作用过滤标准图像文件
◎ VRayGLSLTex：VRayGLSLTex 纹理贴图可以用来加载 GLSL 着色器并直接采用 V-Ray 渲染。
◎ VRayHDRI：VRayHDRI 可以翻译为高动态范围贴图，主要用来设置场景的环境贴图。
◎ VRayICC：VRayICC 是一个 V-LUT 实用节点，允许将 ICC 配置文件应用于任何纹理。
◎ VRayLut：可以添加 lut 文件。
◎ VRayMap：地图贴图，在参数中可以添加环境贴图。
◎ VRayOCIO：这是一种允许用户应用的纹理。
◎ VRayOSLTex：可以添加着色器文件。
◎ VRayParticleTex：粒子映射贴图。
◎ 三平面纹理：可以把纹理从三个方向投射到物体上，例如可以制作拉丝金属。
◎ 仿冒菲涅耳纹理：在其参数面板中可以调整正面和侧反射率及曲线。
◎ 凹凸转法线：添加凹凸贴图，可以控制空间模式。
◎ 合成纹理：可通过两个通道中贴图色度、灰度的不同来进行减、乘、除等操作。
◎ 多维子纹理：可以把多种纹理贴图应用到一个物体上。
◎ 天空：可以调节出场景背景环境为天空的贴图效果。
◎ 曲率：调整细分、比例等。
◎ 毛发信息纹理：用于给类似毛发的物体制作纹理。
◎ 污垢：可以用来模拟真实物理世界中物体上的污垢效果。
◎ 法线贴图：在其参数面板可以控制法线贴图和凹凸贴图的值。
◎ 用户标量：调整标量。
◎ 用户颜色：调整颜色。
◎ 粒子纹理：用于粒子纹理贴图。
◎ 距离纹理：制作有距离感的纹理。
◎ 软盒：模拟真实的硬度变化。
◎ 边纹理：这是一个非常简单的材质，效果和 3ds Max 里的线框材质类似。

◎ 采样信息纹理：设置采样的纹理。

◎ 颜色：可以用来设定任何颜色。

◎ 颜色转凹凸：调整颜色凹凸值。

3.2.1 位图贴图

“位图”贴图模拟的材质效果如图 3-10 所示，“位图”贴图是由彩色像素的固定矩阵生成的图像，可以用来创建多种材质，也可以使用动画或视频文件替代位图来创建动画材质。“位图”贴图的参数卷展栏如图 3-11 所示。

图 3-10

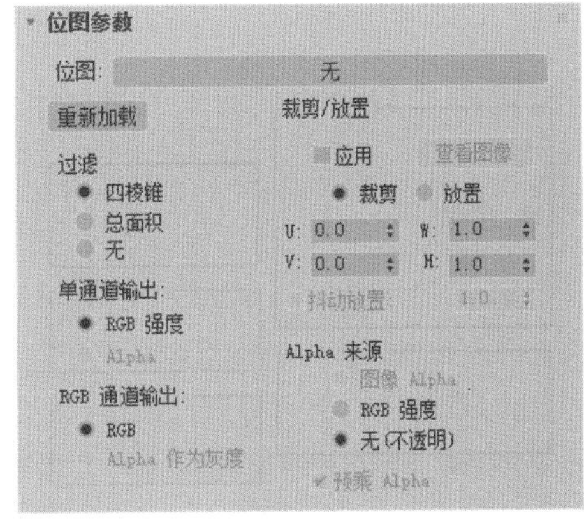

图 3-11

◎ 位图：用于选择“位图”贴图，通过标准文件浏览器选择位图。选中之后，该按钮上会显示位图的路径名称。

◎ 重新加载：对使用相同名称和路径的位图文件进行重新加载。在绘图程序中更新位图后，无须使用文件浏览器重新加载该位图。

◎ 四棱锥：四棱锥过滤方法，在计算的时候占用较少的内存，运用最为普遍。

◎ 总面积：总面积过滤方法，在计算的时候占用较多的内存，但能产生比四棱锥过滤方法更好的效果。

◎ RGB 强度：使用贴图的红、绿、蓝通道强度。

◎ Alpha：使用贴图 Alpha 通道的强度。

◎ 应用：启用该选项，可以应用裁剪或减小尺寸的位图。

◎ 裁剪 / 放置：控制贴图的应用区域。

知识点拨

位图参数介绍

“过滤”选项组用来选择抗锯齿位图中平均使用的像素方法。“Alpha 来源”选项组中的参数用于根据输入的位图确定输出 Alpha 通道的来源。

3.2.2 平铺贴图

“平铺”贴图是专门用来制作砖块效果的，常用在“漫反射”通道中。在“标准控制”卷展栏中，有已定义的建筑砖图案，当然也可以自定义图案，如图 3-12 所示。

在“高级控制”卷展栏中可以设置其颜色、间距等参数，也可以为平铺与砖缝的纹理添加贴图，如图 3-13 所示。

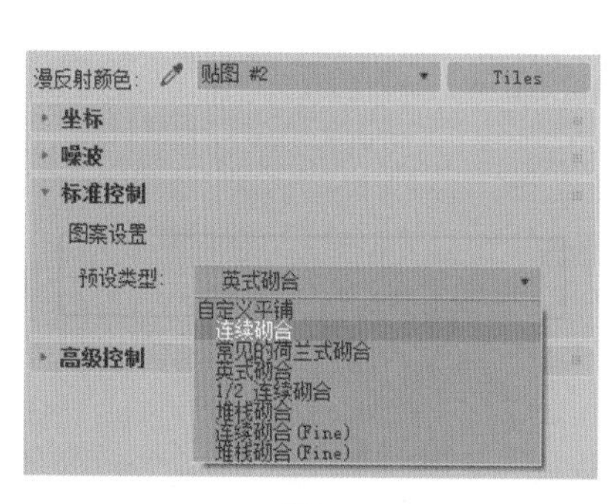

图 3-12

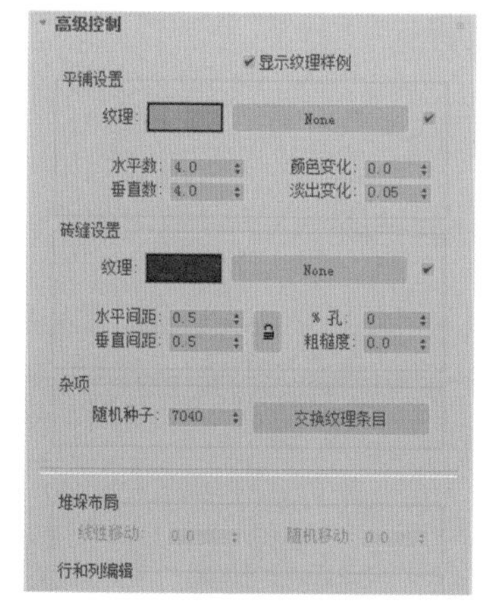

图 3-13

◎ 预设类型：列出定义的建筑瓷砖砌合、图案、自定义图案，这样可以通过选择“高级控制”和“堆垛布局”中的选项来设计自定义的图案。

◎ 显示纹理样例：更新并显示贴图指定给瓷砖或砖缝的纹理。

◎ 纹理：控制用于瓷砖的当前纹理贴图的显示。

◎ 水平数 / 垂直数：控制行 / 列的瓷砖数。

◎ 颜色变化 / 淡出变化：控制瓷砖的颜色 / 淡出变化。

◎ 纹理：控制砖缝的当前纹理贴图的显示。

◎ 水平间距 / 垂直间距：控制瓷砖间的水平 / 垂直砖缝的大小。

◎ 粗糙度：控制砖缝边缘的粗糙度。

知识点拨

平铺贴图的应用

默认状态下，贴图的水平间距和垂直间距是锁定在一起的，用户可以根据需要解开锁定来单独对它们进行设置。

■ 实例：利用平铺贴图制作地砖效果

利用“平铺”贴图制作效果时，平铺与砖缝的“纹理”设置既可以是颜色，也可以是贴图。下面将利用“平铺”贴图制作地砖效果。

ACAA课堂笔记

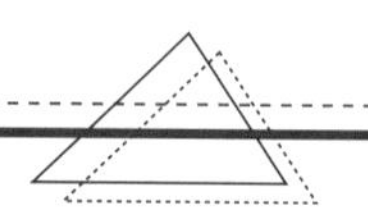

Step01 打开“平铺素材”文件，如图 3-14 所示。

Step02 按 M 键打开“材质编辑器”，选择一个空白材质球，设置其为“VRayMtl”材质，在其“贴图”卷展栏单击“漫反射”通道，如图 3-15 所示。

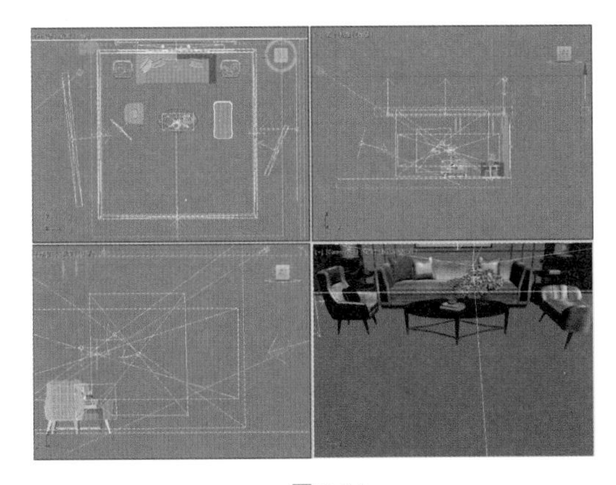

图 3-14

图 3-15

Step03 在弹出的“材质 / 贴图浏览器”对话框中选择“平铺”并单击“确定”按钮，如图 3-16 所示。

Step04 在其“标准控制”卷展栏中设置图案类型为“堆栈砌合”，在其“高级控制”卷展栏中给平铺“纹理”添加“位图贴图”并设置“水平数”与“垂直数”，再设置砖缝颜色和水平间距与垂直间距，如图 3-17 所示。

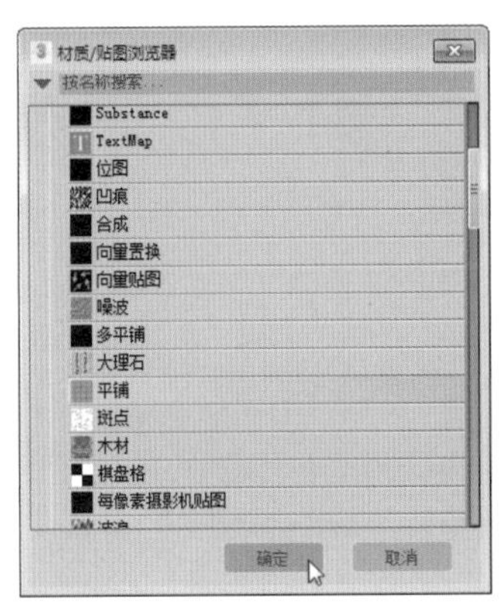

图 3-16

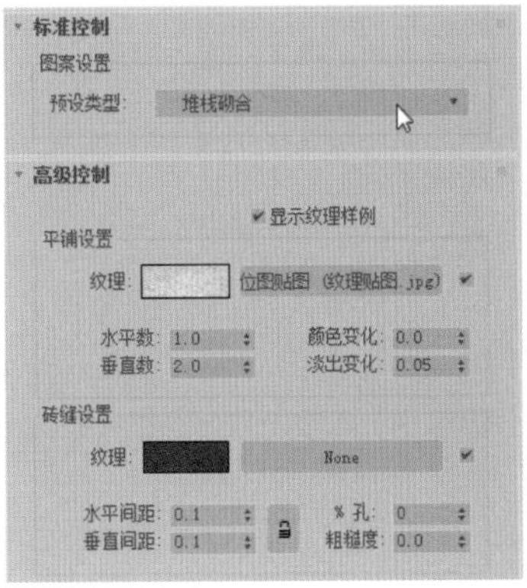

图 3-17

Step05 平铺纹理通道添加的“位图”贴图如图 3-18 所示。

Step06 砖缝纹理颜色设置如图 3-19 所示

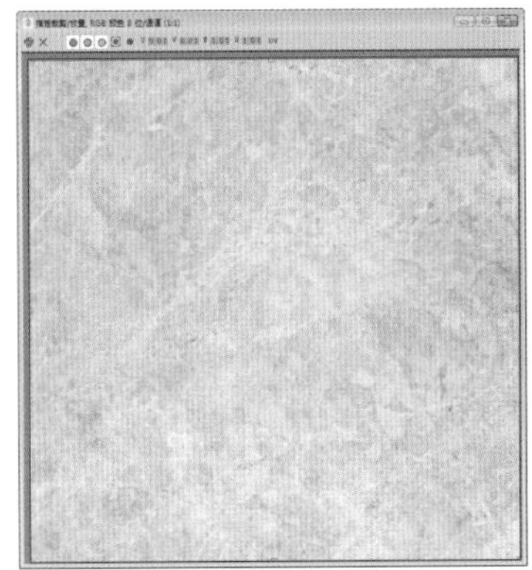

图 3-18

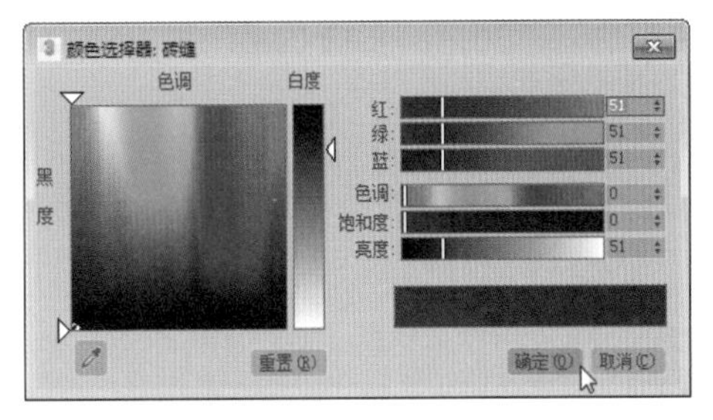

图 3-19

Step07 此时地砖材质球效果如图 3-20 所示。

Step08 继续给地砖加上凹凸效果，在“贴图”卷展栏中给“凹凸”通道添加平铺贴图，并设置“凹凸”值，如图 3-21 所示。

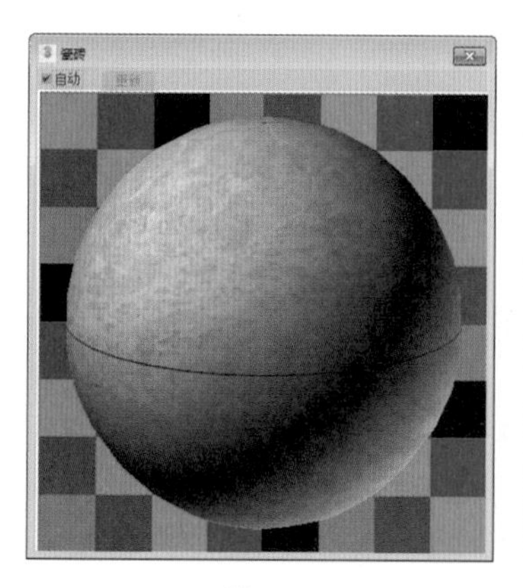

图 3-20

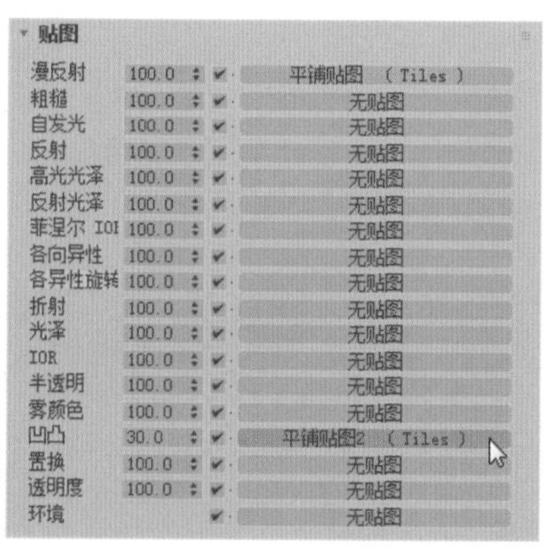

图 3-21

Step09 “凹凸”通道添加的平铺贴图的图案类型也设为“堆栈砌合”，平铺与砖缝的颜色为默认，“水平数”与“垂直数”“水平间距”与“垂直间距”的设置如图 3-22 所示。

Step10 此时地砖材质球效果如图 3-23 所示。

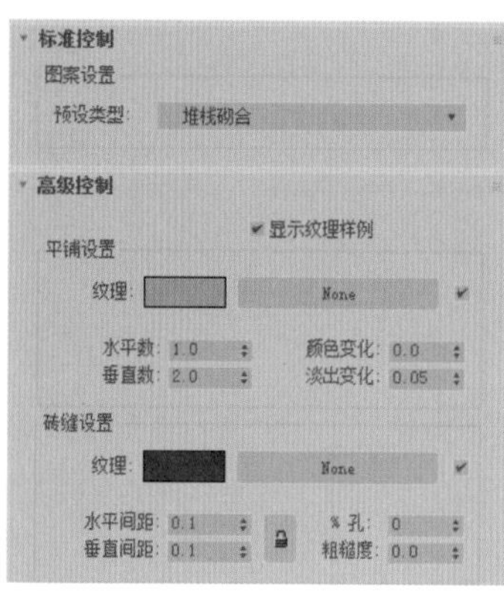

图 3-22

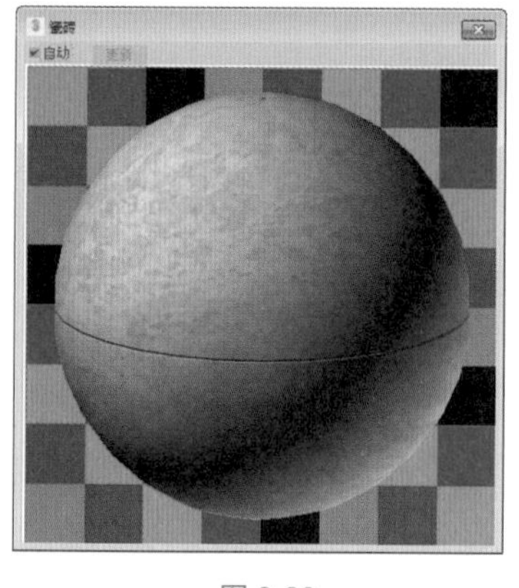

图 3-23

Step11 转到父对象“VRayMtl”参数面板，设置反射颜色与反射参数，如图 3-24 所示。

Step12 反射颜色设置如图 3-25 所示。

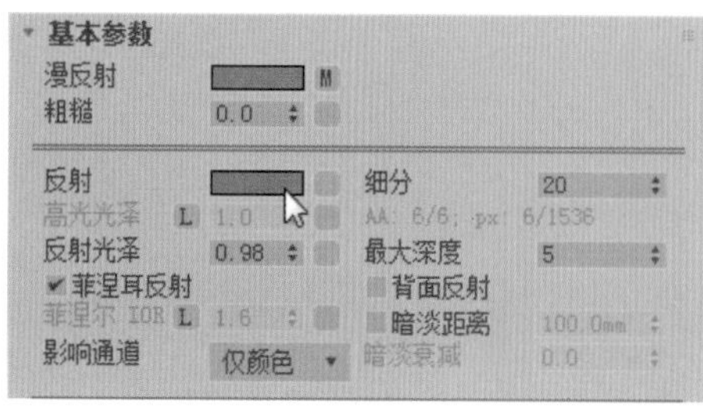

图 3-24

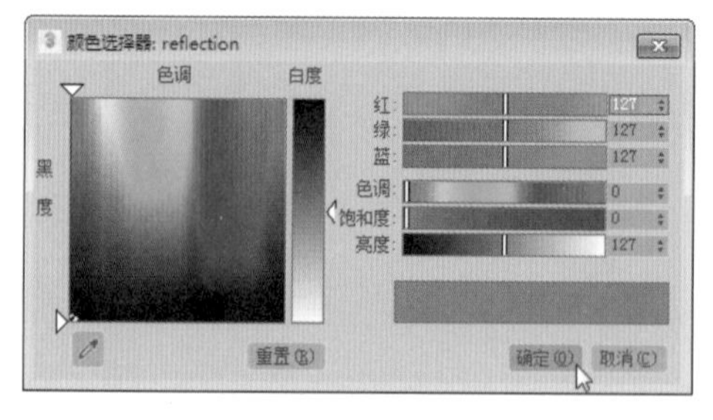

图 3-25

Step13 在“BRDF”卷展栏中，类型设为“Blinn”，在“选项”卷展栏中取消勾选“光泽菲涅耳”复选框，并设置“中止”值，如图 3-26 所示。

Step14 此时材质球如图 3-27 所示。

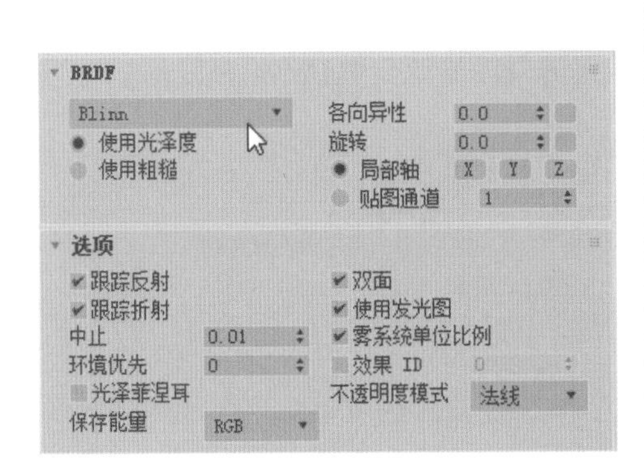

图 3-26

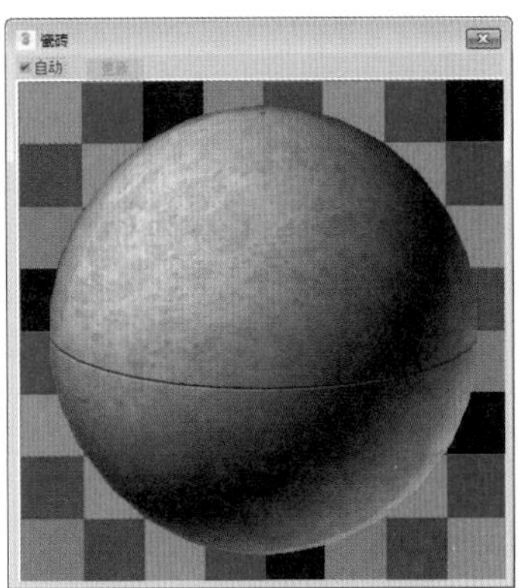

图 3-27

Step15 将材质赋予对象，渲染摄影机视口，渲染效果如图 3-28 所示。

图 3-28

3.2.3 棋盘格贴图

“棋盘格”贴图是将两色的棋盘图案应用于材质，默认贴图是黑白方块图案，但允许贴图替换颜色，效果如图 3-29 所示。“棋盘格参数”设置面板如图 3-30 所示。

图 3-29

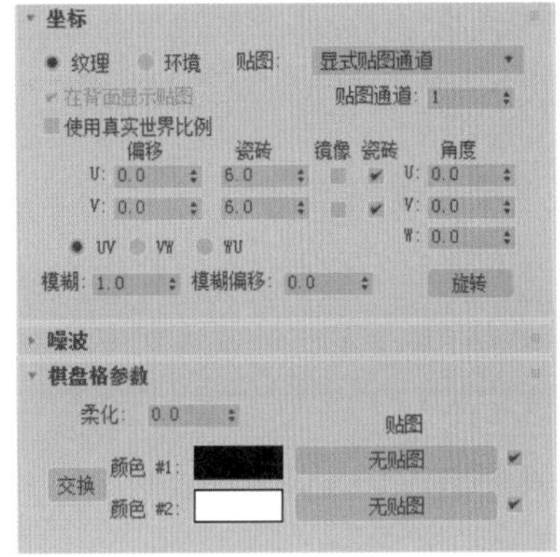

图 3-30

◎ 偏移：控制贴图的位置。
◎ 瓷砖：控制行 / 列的格子数。
◎ 角度：控制贴图的角度变化。
◎ 柔化：模糊方格之间的边缘，很小的柔化值就能生成很明显的模糊效果。
◎ 交换：单击该按钮，可交换方格的颜色。
◎ 颜色：用于设置方格的颜色，允许使用贴图代替颜色。
◎ 贴图：选择要在棋盘格颜色区内使用的贴图。

3.2.4 渐变贴图

“渐变”贴图是指一种颜色到另一种颜色的明暗过渡，也可以指定两种或三种颜色线性或径向渐变效果，效果如图 3-31 所示。“渐变参数”设置面板如图 3-32 所示。

图 3-31

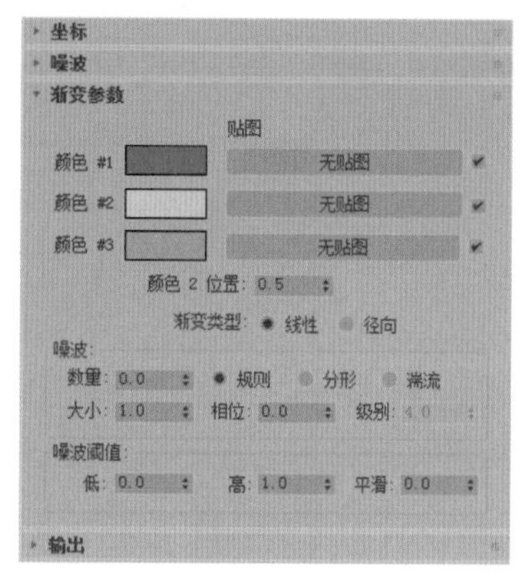

图 3-32

◎ 颜色 #1 ～ #3：设置渐变在中间进行插值的三个颜色。
◎ 贴图：显示贴图而不是颜色。贴图采用混合渐变颜色相同的方式来混合到贴图渐变中，可以在每个窗口中添加嵌套程序，以生成 5 色、7 色、9 色渐变或更多的渐变。
◎ 颜色 2 位置：控制中间颜色的中心点。
◎ 渐变类型：线性基于垂直位置插补颜色。径向基于平行位置插补颜色。

知识点拨

交换颜色

通过将一个色样拖动到另一个色样上可以交换颜色，单击“复制或交换颜色”对话框中的“交换”按钮完成操作。若需要反转渐变的总体方向，则可交换第一种和第三种颜色。

3.2.5 渐变坡度贴图

“渐变坡度”贴图可以随机控制颜色种类的个数。在渐变栏的空白位置单击鼠标即可添加新的标志，效果如图 3-33 所示，“渐变坡度参数”设置面板如图 3-34 所示。

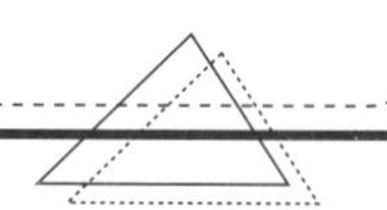

图 3-33

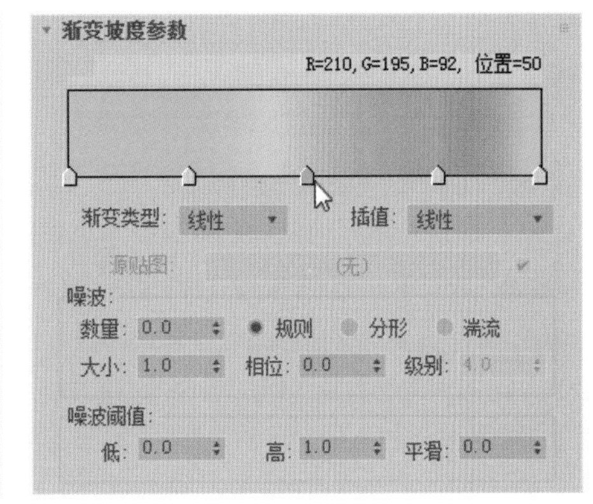

图 3-34

◎ 渐变栏：可以在渐变栏中设置渐变的颜色。
◎ 渐变类型：选择渐变的类型。
◎ 插值：选择插值的类型。
◎ 数量：基于渐变坡度颜色的交互，将随机噪波应用于渐变。
◎ 规则：生成普通噪波。
◎ 分形：使用分形算法生成噪波。
◎ 湍流：生成应用绝对值函数来制作故障线条的分型噪波。
◎ 大小：设置噪波功能的比例。此值越小，噪波碎片也就越小。
◎ 相位：控制噪波函数的动画速度。
◎ 级别：设置湍流的分形迭代次数。
◎ 低 / 高：设置低 / 高阈值。
◎ 平滑：用以生成从阈值到噪波值较为平滑的变换。

知识点拨

对于一个给定的位置，可以有多个标志。如果在同一位置上有两个标志，那么在两种颜色之间会出现轻微边缘。如果同一个位置上有 3 个或者更多的标志，边缘就为实线。

3.2.6　衰减贴图

“衰减”贴图可以模拟对象表面由深到浅或者由浅到深的过渡效果，如图 3-35 所示。在创建不透明的衰减效果时，“衰减”贴图提供了更大的灵活性，“衰减参数”设置面板如图 3-36 所示。

图 3-35

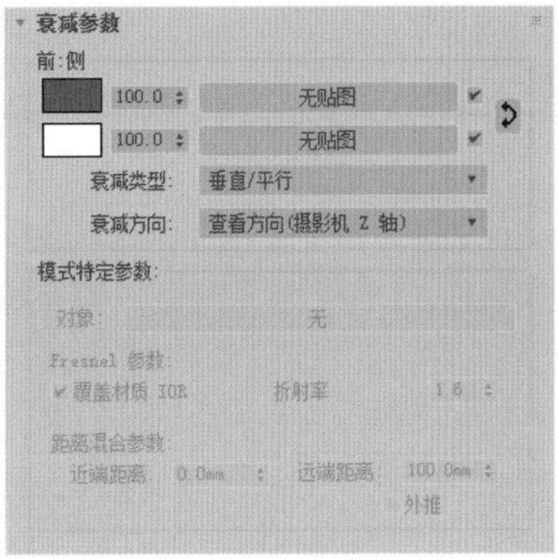

图 3-36

◎ 前 : 侧：用来设置衰减贴图的前通道和侧通道参数。

◎ 衰减类型：设置衰减的方式，共有垂直 / 平行、朝向 / 背离、Fresnel、阴影 / 灯光、距离混合 5 个选项。

◎ 衰减方向：设置衰减的方向。

◎ 对象：从场景中拾取对象并将其名称放到按钮上。

◎ 覆盖材质 IOR：允许更改为材质所设置的折射率。

◎ 折射率：设置一个新的折射率。

◎ 近端距离：设置混合效果开始的距离。

◎ 远端距离：设置混合效果结束的距离。

◎ 外推：启用此选项之后，效果会超出“近端距离”和“远端距离”。

在“衰减参数”卷展栏中，用户可以对衰减贴图的两种颜色进行设置，并且提供了如图 3-37 所示的 5 种衰减类型，默认状态下使用的是“垂直 / 平行”。

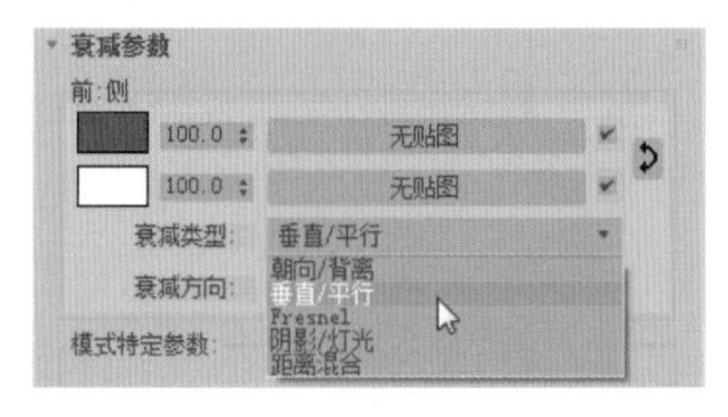

图 3-37

知识点拨

Fresnel 类型

Fresnel 类型是基于折射率来调整贴图衰减效果的，在面向视图的曲面上产生暗淡反射，在有角的面上产生较为明亮的反射，创建像玻璃面一样的高光。

3.2.7 泼溅贴图

“泼溅”贴图在对象表面生成分形图案，通常用于生成类似泼溅的效果，效果如图 3-38 所示。“泼溅参数”设置面板如图 3-39 所示。

图 3-38

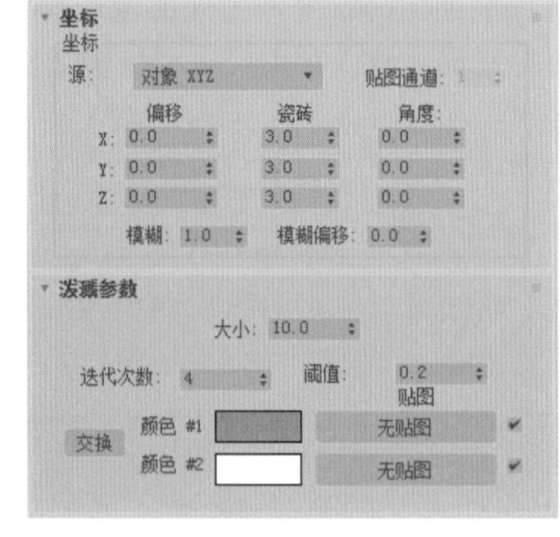

图 3-39

◎ 大小：调整泼溅的大小。

◎ 迭代次数：计算分形的次数。数值越大，次数越多，泼溅越丰富，计算时间也会越长。

◎ 阈值：设置颜色 #1 与颜色 #2 混合量的值。

◎ 交换：交换两个颜色或贴图的位置。

◎ 颜色 #1：表示背景的颜色。

◎ 颜色 #2：表示泼溅的颜色。

◎ 贴图：为颜色 #1 或颜色 #2 添加位图或程序贴图以覆盖颜色。

3.2.8 烟雾贴图

“烟雾”贴图可以创建随机的、形状不规则的图案，类似于烟雾的效果，其主要用于设置动画的不透明贴图，如图 3-40 所示。“烟雾参数”面板如图 3-41 所示。

图 3-40

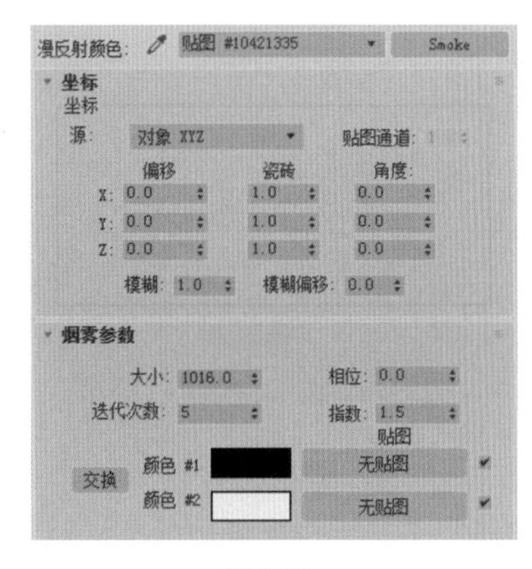

图 3-41

◎ 大小：更改烟雾团的比例。

◎ 迭代次数：用于控制烟雾的质量，参数越高，烟雾效果就越精细。

◎ 相位：转移烟雾图案中的湍流。

◎ 指数：使代表烟雾的颜色 #2 更加清晰、更加缭绕。

◎ 交换：交换颜色。

◎ 颜色 #1：表示效果的无烟雾部分。

◎ 颜色 #2：表示烟雾。

知识点拨

烟雾贴图的应用

烟雾贴图一般用于设置动画的不透明贴图，以模拟一束光线中的烟雾效果或其他云状流动贴图效果。

ACAA课堂笔记

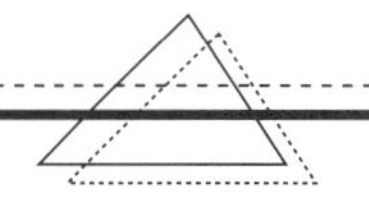

3.2.9 噪波贴图

“噪波”贴图可以产生随机的噪波波纹纹理。用户可以通过设置“噪波参数”卷展栏来制作出紊乱不平的表面，如水波纹、草地、墙面、毛巾等都可以用“噪波”贴图来制作。“噪波参数”设置面板如图 3-42 所示。材质球效果如图 3-43 所示。

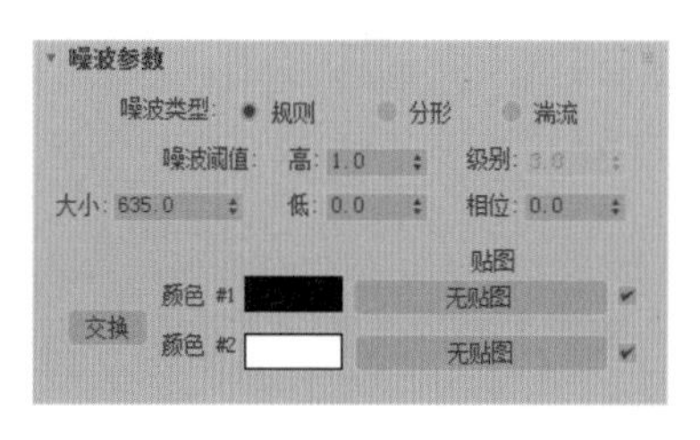

图 3-42

图 3-43

◎ 噪波类型：共有三种类型，分别是规则、分形和湍流。

◎ 大小：以 3ds Max 为单位设置噪波函数的比例。

◎ 噪波阈值：控制噪波的效果。

◎ 级别：决定有多少分形能量用于分形和湍流噪波阈值。

◎ 相位：控制噪波函数的动画速度。

◎ 交换：交换两个颜色或贴图的位置。

◎ 颜色 #1/ 颜色 #2：从这两个主要噪波颜色中选择，通过所选的两种颜色来生成中间颜色值。

3.2.10 细胞贴图

“细胞”贴图是一种程序贴图，生成各种类似细胞的表面纹理，例如马赛克、鹅卵石等。在“材质编辑器”示例窗中不能很清楚地展现细胞效果，将贴图指定给几何体并渲染场景会得到想要的效果。“细胞参数”设置面板如图 3-44 所示。材质球效果如图 3-45 所示。

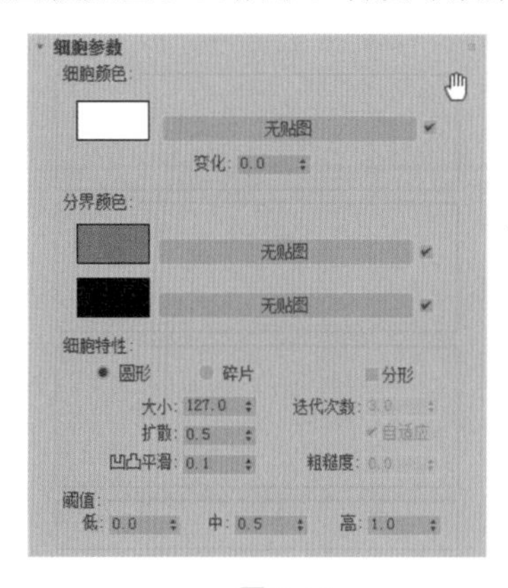

图 3-44

图 3-45

◎ 细胞颜色：该选项组中的参数主要用来设置细胞的颜色。其中，“颜色”为细胞选择一种颜色。“变化”选项表示通过随机改变红、绿、蓝颜色值来更改细胞的颜色。

◎ 分界颜色：设置细胞的分界颜色。

◎ 细胞特性：该选项组中的参数主要用来设置细胞的一些特征属性。

◎ 阈值：该选项组中的参数用来限制细胞和分解颜色的大小。其中，“低”表示调整细胞最低大小；“中”表示相对于第 2 分界颜色，调整最初分界颜色的大小；“高”表示调整分界的总体大小。

知识点拨

粗糙度的设置

“细胞特性”选项组中的“粗糙度”用来控制凹凸的粗糙程度。粗糙度为 0 时，每次迭代均为上一次迭代强度的一半，大小也为上一次的一半。随着粗糙度的增加，每次迭代的强度和大小都更加接近上一次迭代。当粗糙度为最大值 1.0 时，每次迭代的强度和大小均与上一次迭代相同。

3.2.11 遮罩贴图

使用“遮罩”贴图，可以在曲面上通过一种材质查看另一种材质。遮罩控制应用到曲面的第二个贴图的位置，其参数面板如图 3-46 所示。

◎ 贴图：选择或创建要通过遮罩查看的贴图。

◎ 遮罩：选择或创建用作遮罩的贴图。

◎ 反转遮罩：反转遮罩的效果，以使白色变为透明，黑色显示已应用的贴图。

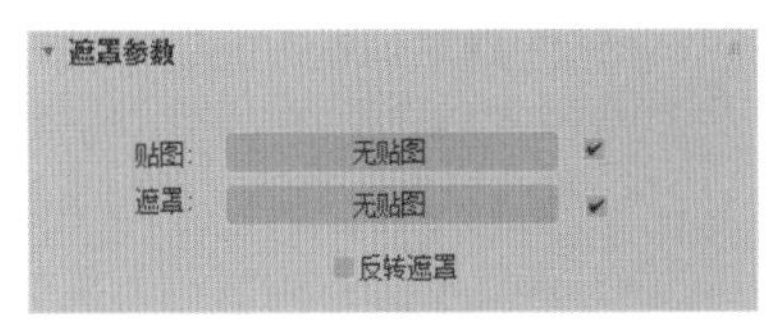

图 3-46

3.3 VRay 贴图

VRay 贴图共有 28 种，本节将对常用的 VRayHDRI 贴图、VRay 天空贴图、VRay 边纹理贴图的知识进行简单介绍。

3.3.1 VRayHDRI 贴图

VRayHDRI 贴图是比较特殊的一种贴图，可以模拟真实的 HDRI 环境，常用于反射或折射较为明显的场景。其参数设置面板如图 3-47 所示。

◎ 位图：单击后面的...按钮，可以指定一张 HDRI 贴图。

◎ 贴图类型：用于控制 HDRI 的贴图方式。共分为成角贴图、立方环境贴图、球状环境贴图、球体反射、直接贴图通道 5 类。

◎ 水平旋转：控制 HDRI 在水平方向的旋转角度。

◎ 水平翻转：让 HDRI 在水平方向上翻转。

◎ 垂直旋转：控制 HDRI 在垂直方向的旋转角度。

◎ 垂直翻转：让 HDRI 在垂直方向上翻转。

◎ 全局倍增：用来控制 HDRI 的亮度。

◎ 渲染倍增：设置渲染时的光强度倍增。

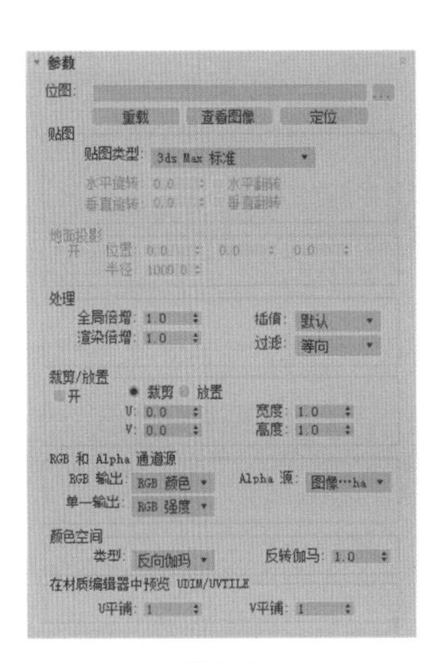

图 3-47

◎ 插值：选择插值方式，包括双线性、两次立方、双两次、默认。

3.3.2 VRay 天空贴图

VRay 天空贴图可以模拟天空浅蓝色的渐变效果，并且可以控制天空的亮度。其参数面板如图 3-48 所示。

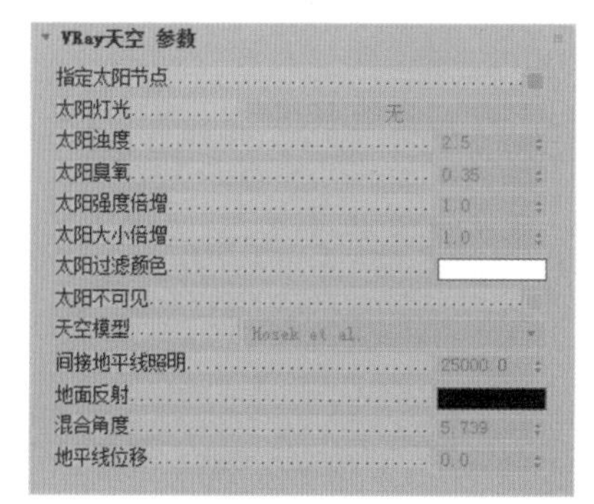

图 3-48

◎ 指定太阳节点：当不勾选该项时，贴图的参数将从场景中的“VR 太阳”参数里自动匹配；勾选该项时，用户可以从场景中选择不同的光源，这种情况下，“VR 太阳”将不再控制“VRay 天空”的效果，“VRay 天空”将用自身的参数来改变天光效果。

◎ 太阳灯光：单击后面的按钮，可以选择太阳光源。

◎ 太阳浊度：控制太阳的浑浊度。

◎ 太阳臭氧：控制太阳臭氧层的厚度。

◎ 太阳强度倍增：控制太阳的亮点。

◎ 太阳大小倍增：控制太阳的阴影柔和度。

◎ 太阳过滤颜色：控制太阳的颜色。

◎ 太阳不可见：控制太阳本身是否可见。

◎ 天空模型：可以选择天空的模型类型。

◎ 间接地平线照明：间接控制水平照明的强度。

◎ 地面反射：控制地面反射的颜色。

◎ 混合角度：控制混合曲线的作用。

◎ 地平线位移：控制地平线位移的值

3.3.3 VR 边纹理贴图

“VR 边纹理”贴图可以模拟制作物体表面的网格颜色效果，参数面板如图 3-49 所示。

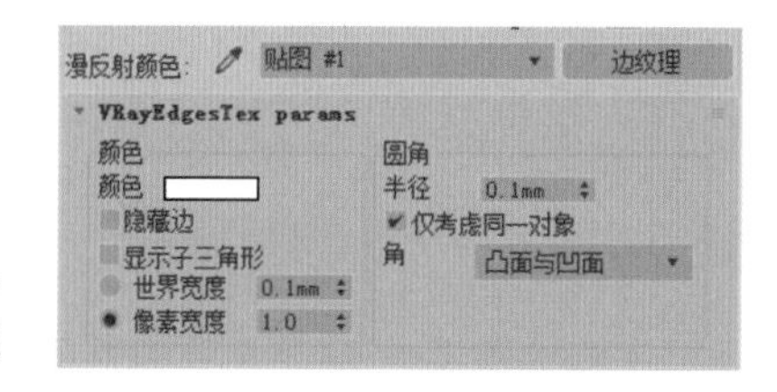

图 3-49

◎ 颜色：设置边线的颜色。

◎ 隐藏边：当勾选该项时，物体背面的边线也将被渲染出来。

◎ 世界宽度 / 像素宽度：决定边线的宽度，主要分为世界和像素两个单位。

实例：VR 边纹理贴图的应用

本实例将通过表现一个线框场景，来详细讲述 VR 边纹理贴图的使用。

Step01 打开素材文件，如图 3-50 所示。

Step02 按 M 键打开“材质编辑器”，选择一个空白材质球，设置为“VRayMtl”材质，为“漫反射”通道添加“VR 边纹理”贴图，再设置漫反射颜色，如图 3-51 所示。

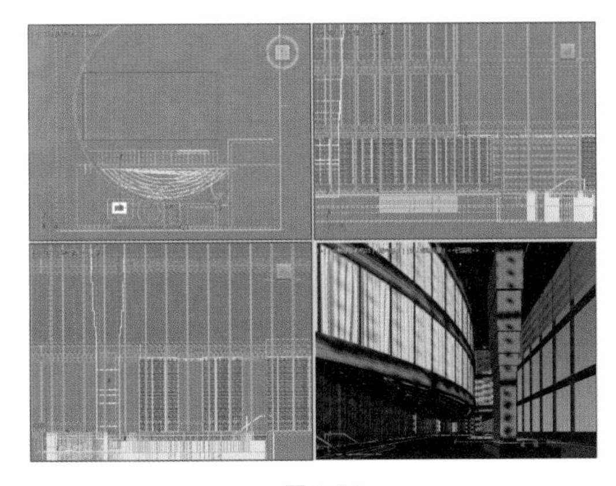

图 3-50

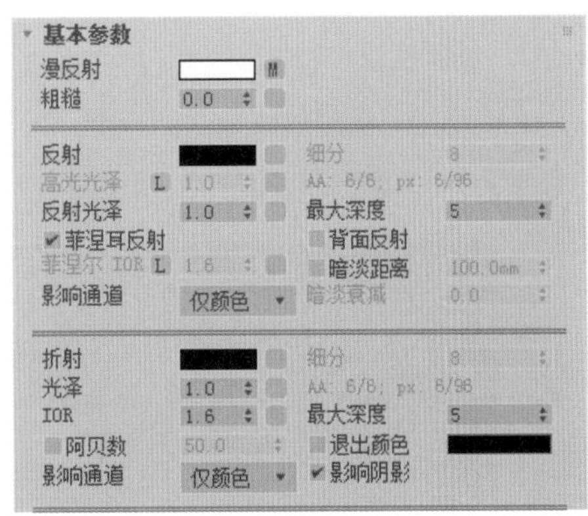

图 3-51

Step03 漫反射颜色设置如图 3-52 所示。

Step04 进入 VR 边纹理参数面板，设置“颜色”为黑色，再设置“像素宽度”为 0.5，如图 3-53 所示。

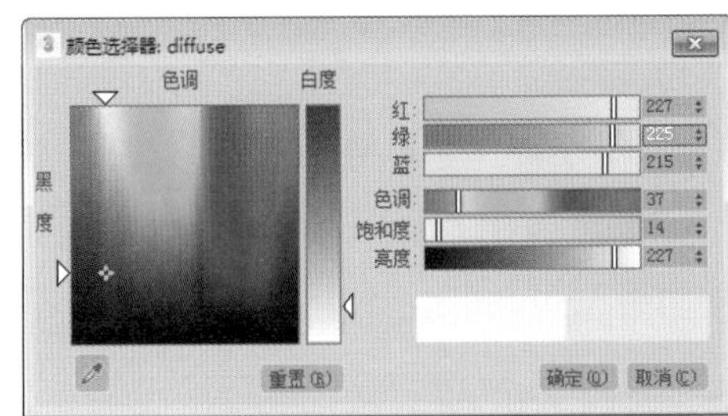

图 3-52

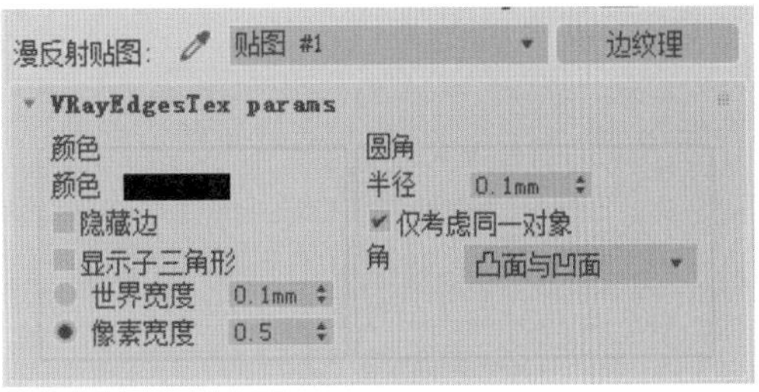

图 3-53

Step05 创建好的材质球效果如图 3-54 所示。

Step06 按 Ctrl+A 组合键，全选场景中的物体，将创建的材质指定给全部对象，渲染场景，效果如图 3-55 所示。

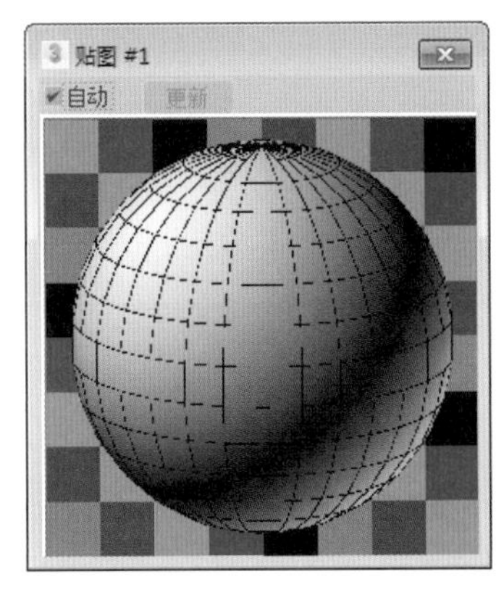

图 3-54

图 3-55

综合实战：沙发一角的贴图应用

在室内效果中，沙发一角的制作非常重要，下面将分别给沙发、抱枕、墙面制作贴图。具体操作步骤介绍如下。

Step01 打开“实战素材”文件，切换到摄像机视图，如图 3-56 所示。

Step02 按 M 键打开“材质编辑器”，选择一个空白材质球，设置为“VRayMtl”材质类型，在其“基本参数”卷展栏中单击“漫反射”贴图通道，如图 3-57 所示。

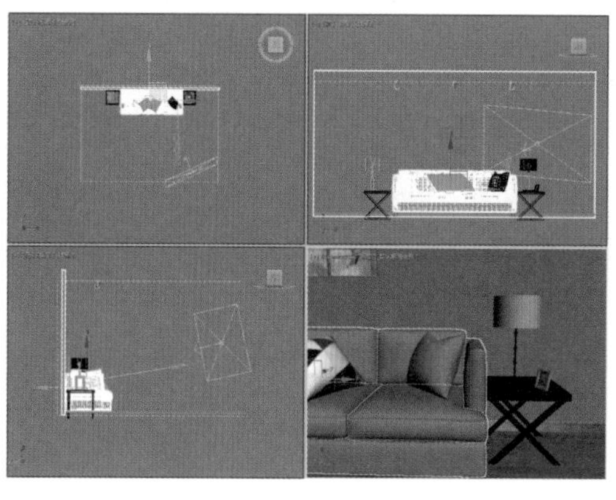

图 3-56

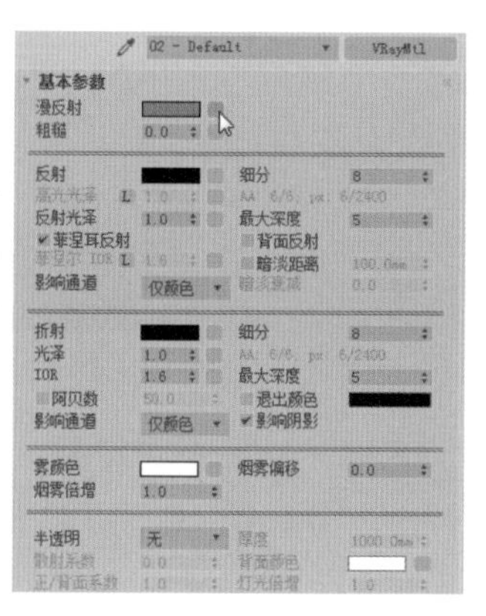

图 3-57

Step03 在弹出的“材质 / 贴图浏览器”对话框中选择“衰减”贴图，并单击“确定”按钮，如图 3-58 所示。

Step04 在“衰减参数”设置面板中添加“位图”贴图，如图 3-59 所示。

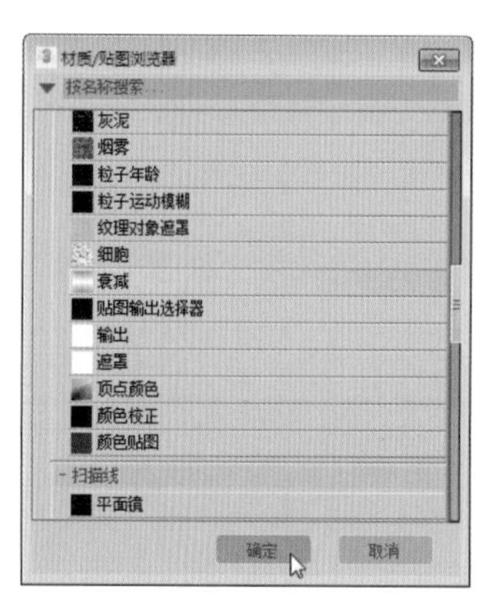

图 3-58

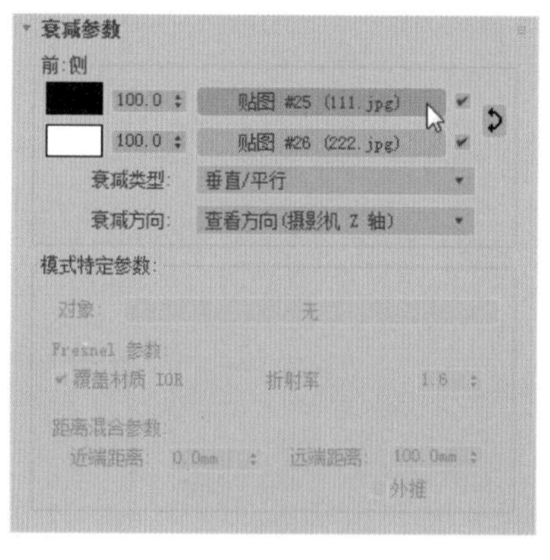

图 3-59

ACAA课堂笔记

Step05 添加的“位图”贴图如图 3-60 所示。

Step06 在“衰减”参数设置面板中调整“混合曲线”，如图 3-61 所示。

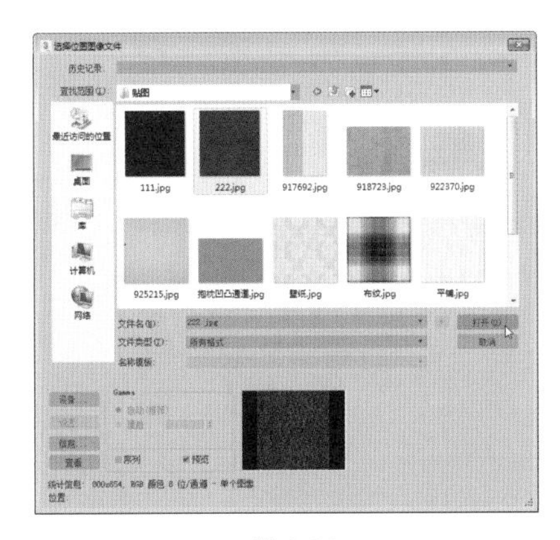

图 3-60

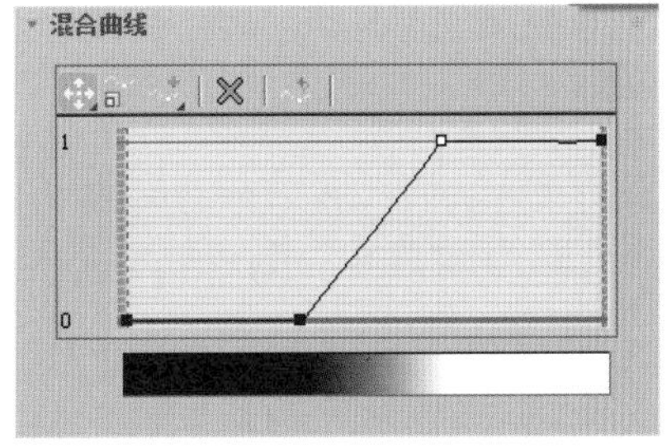

图 3-61

Step07 返回 VRayMtl 参数面板，调整其参数设置，如图 3-62 所示。

Step08 此时材质球如图 3-63 所示。

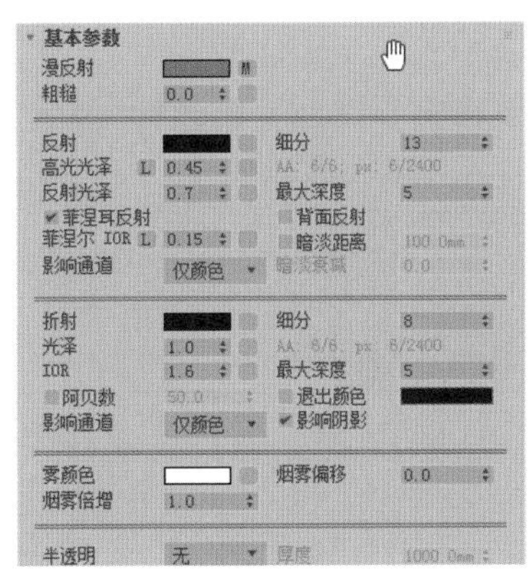

图 3-62

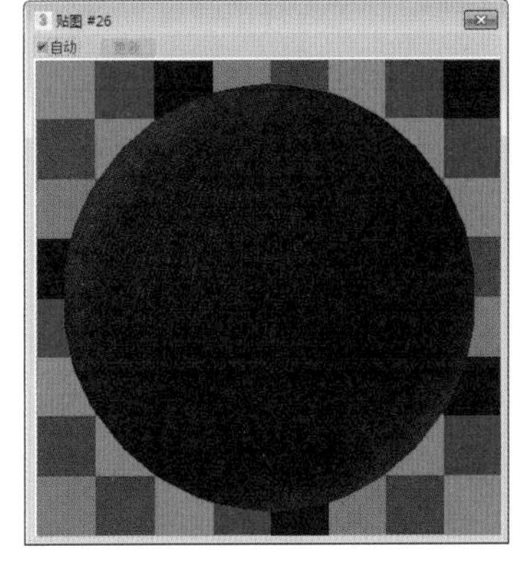

图 3-63

Step09 将材质赋予沙发，在“修改器列表”中为物体添加“UVW 贴图”，贴图方式设置为“长方体”，“U 向平铺”“V 向平铺”“W 向平铺”都设置为 6，如图 3-64 所示。

Step10 选中抱枕模型，选择一个空白材质球，设置为“VRayMtl”材质类型；在“贴图”卷展栏中为“漫反射”通道添加“衰减”贴图，为“凹凸”通道添加“位图”贴图，如图 3-65 所示。

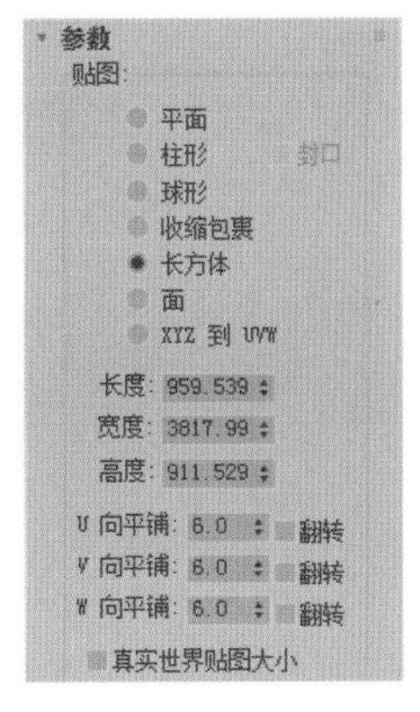

图 3-64

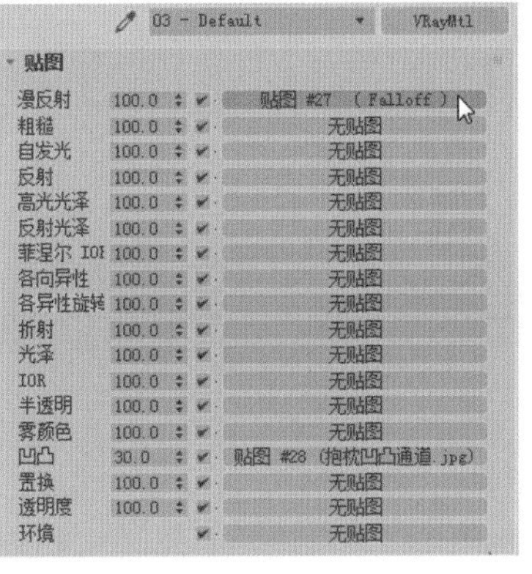

图 3-65

Step11 单击漫反射颜色通道，进入“衰减参数”设置面板，为衰减通道 1 添加“棋盘格”贴图，设置衰减通道 2 的颜色，如图 3-66 所示。

Step12 单击衰减颜色 1 贴图通道，进入“棋盘格参数”卷展栏，为“颜色 #1”通道添加“位图”贴图，“颜色 #2”设置为黑色，如图 3-67 所示。

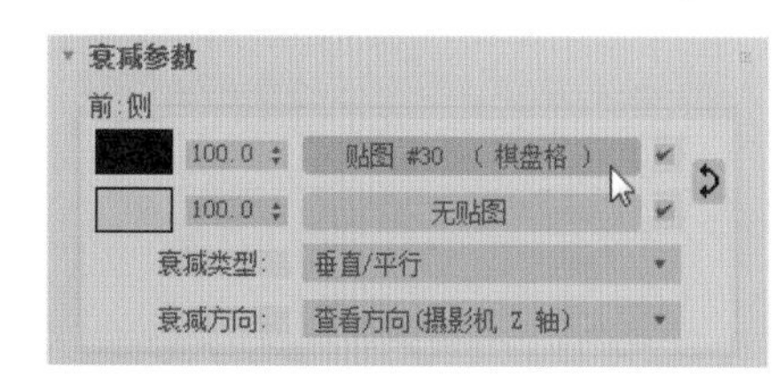

图 3-66

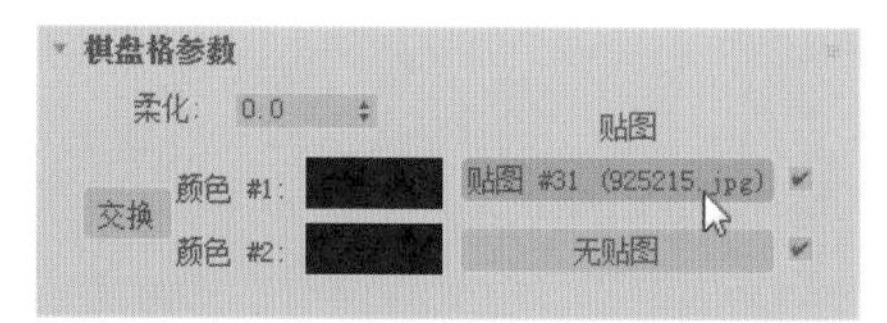

图 3-67

Step13 添加的“位图”贴图如图 3-68 所示。

Step14 衰减通道 2 的颜色设置如图 3-69 所示

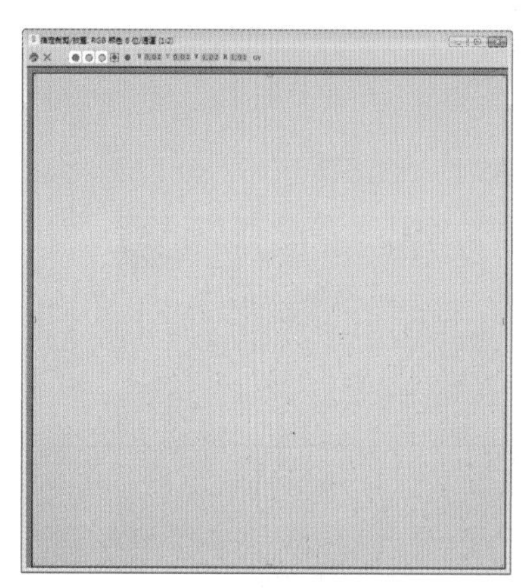

图 3-68

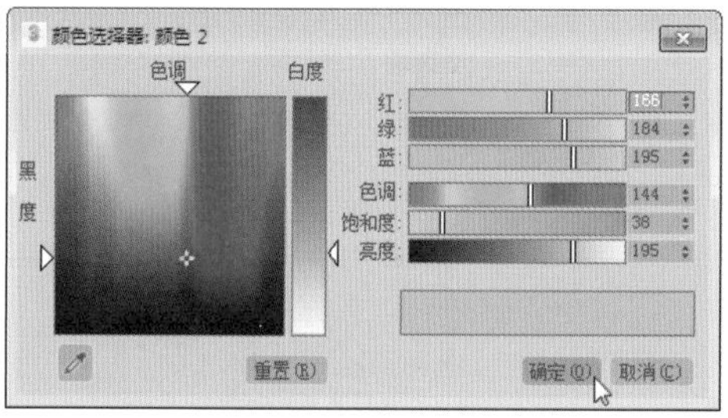

图 3-69

Step15 “凹凸”通道添加的位图贴图如图 3-70 所示。

Step16 制作好的抱枕材质球效果如图 3-71 所示。

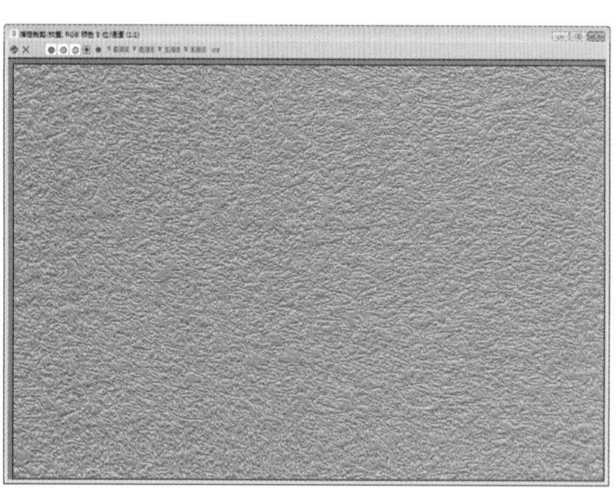

图 3-70

图 3-71

Step17 返回 VRayMtl 参数面板，将材质赋予抱枕，为抱枕添加“UVW 贴图”，贴图方式设为“平面”，“U 向平铺”“V 向平铺”“W 向平铺”都设为 3，如图 3-72 所示。

Step18 此时抱枕设置完成，渲染效果如图 3-73 所示。

图 3-72

图 3-73

Step19 选择一个空白材质球，设置为“VRayMtl”材质，“基本参数”设置如图 3-74 所示。

Step20 为“漫反射”通道添加“位图”贴图，在“选择位图图像文件”对话框中选择“壁纸”图片，并单击“打开”按钮，如图 3-75 所示。

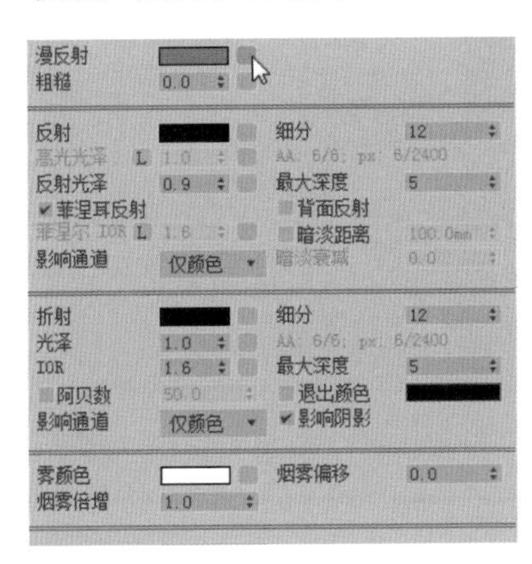

图 3-74

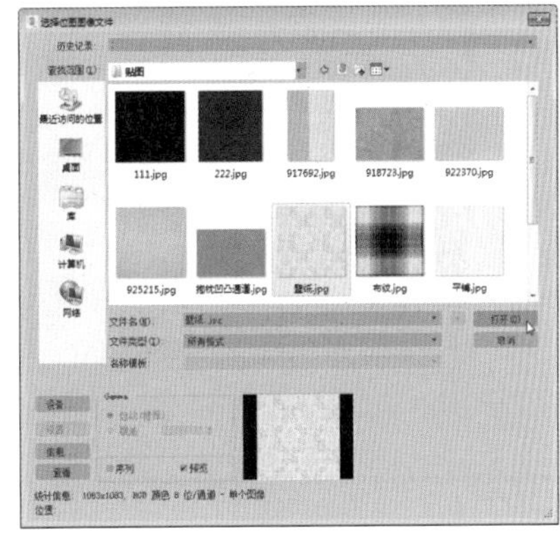

图 3-75

Step21 创建好的材质球效果如图 3-76 所示。

Step22 将制作好的材质指定给墙面，为墙面添加“UVW 贴图”，设置贴图方式为“长方体”，“U 向平铺”“V 向平铺”“W 向平铺”都设为 2，如图 3-77 所示。

图 3-76

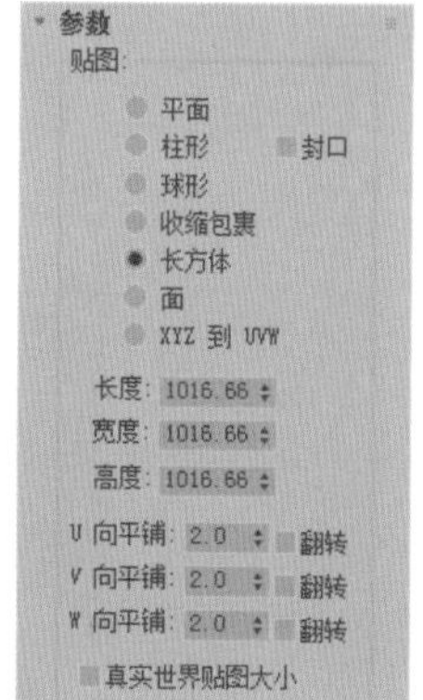

图 3-77

Step23 单击“渲染”按钮进行最终渲染，效果如图 3-78 所示。

图 3-78

ACAA课堂笔记

课后作业

一、选择题

（1）下列选项中，关于贴图的描述不正确的是（　　）。

A. 在 3ds Max 中的贴图仅指图片，也就是位图贴图

B. 每一个贴图都拥有一个空间位置

C. 贴图的原理非常简单，就是在材质表面包裹一层真实的纹理

D. 贴图不能够单独存在，只能依附在某种材质上

（2）不属于 UVW 贴图修改器参数面板中的参数选项是（　　）。

A. 平面　　B. 球形　　C. 柱形　　D. 圆形

（3）关于 VRay 贴图的描述，正确的是（　　）。

A. VRayHDRI 贴图是比较特殊的一种贴图，不能模拟真实的 HDR 环境

B. VRayHDRI 贴图常用于反射或折射较为明显的场景

C. VR 边纹理贴图可以模拟制作物体表面的颜色效果

D. VRay 天空贴图可以模拟浅蓝色渐变的天空效果，但不能控制亮度

（4）下列选项中，哪一项不是光线跟踪参数？（　　）

A. 折射　　B. 自动扫描　　C. 反射　　D. 反射 / 折射材质 ID

（5）要为类似圆柱体的模型环绕贴图，应选择（　　）贴图方式。

A. 平面　　B. 柱形　　C. 球形　　D. 收缩包裹

二、填空题

（1）_________ 可以创建随机的、形状不规则的图案。

（2）_________ 可以模拟对象表面由深到浅或者由浅到深的过渡效果。

（3）_________ 可以生成各种类似细胞的表面纹理。

（4）_________ 可从一种颜色到另一种颜色进行明暗过渡，也可以为渐变指定两种或三种颜色。

三、操作题

利用本章所学知识，通过裁剪位图贴图制作装饰画材质，其效果如图 3-79 和图 3-80 所示。

图 3-79

图 3-80

操作提示：

Step01 利用 VRayMtl 材质制作装饰画材质，为“漫反射”通道添加位图贴图。

Step02 在“位图参数”卷展栏中勾选“应用”复选框，再单击“查看图像”按钮，在打开的贴图预览框中指定图像裁剪区域。

第4章 3ds Max 光源知识

内容导读

光的种类很多，主要包括自然光、人造光。其中，自然光是指如太阳光、闪电、月光等自然形成的光，而人造光是指如吊灯、射灯、台灯等人为制造的光。本章将对 3ds Max 的灯光知识进行详细介绍，包括标准灯光、光度学灯光、VRay 灯光以及灯光阴影类型等。

学习目标

- 掌握标准灯光
- 掌握光度学灯光
- 掌握阴影知识
- 掌握 VRay 灯光的使用

4.1 初识灯光

灯光有助于引导观众的眼睛到达特定的位置，不同颜色灯光的搭配可以为场景营造不同的氛围，如室内常用的偏黄色的暖光，会给人一种温馨的感觉。灯光对于整个图像的外观是至关重要的。用户通过搭配使用多种类型的灯光，可以为场景提供更大的深度，展现丰富的层次。

3ds Max 中的灯光有很多属性，其中包括颜色、形状、方向、衰减等。通过选择合适的灯光类型，设置准确的灯光参数，可以模拟出真实的照明效果。按照灯光层次，一般可以将场景中的光源分为关键光、补充光和背景光三种。

1. 关键光

在一个场景中，其主要光源通常称为关键光。关键光不一定只是一个光源，也未必像点光源一样固定于一个地方，但是它一定是照明的主要光源。关键光是光照中的主要部分，其应用也最广泛。它是场景中最主要、最光亮的光，负责照亮主角。所以关键光的选择极其重要，是光照质量的决定性因素，是角色感情的重要表现因素。

2. 补充光

补充光用来填充场景的黑暗和阴影区域。关键光在场景中是最引人注目的光源，而补充光的光线可以提供景深和逼真的感觉，如台灯、装饰灯等。

比较重要的补充光来自天然漫反射，这种类型的灯光通常称为环境光。在 3ds Max 中，模拟环境光的办法是，在场景中把低强度的灯光放在合理的位置上，这种类型的辅助光能适当减少阴影区域，并向不能被关键光直接照射的下边和角落提供一些光线；也可以将其放置在关键光相对的位置，用以柔化阴影。

3. 背景光

背景光通常作为边缘光，通过照亮对象的边缘将目标对象从背景中区分开。背景光经常放置在四分之三关键光的正对面，对物体的边缘起作用，引起很小的反射高光区。如果 3D 场景中的模型由很多小的圆角边缘组成，这种高光会增加场景的可信性。

4.2 标准灯光

标准灯光是 3d Max 软件自带的灯光，它包括“目标聚光灯”“自由聚光灯”“目标平行光”“自由平行光”“泛光”“天光”6 种类型。下面具体介绍常用灯光的基本知识。

4.2.1 聚光灯

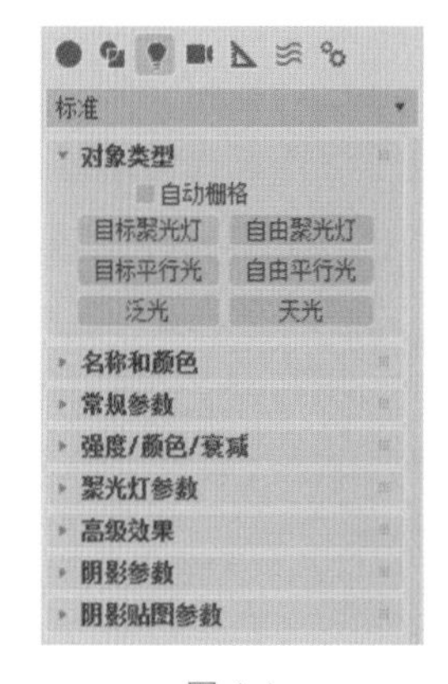

图 4-1

聚光灯是 3ds Max 中最常用的灯光类型，包括“目标聚光灯”和“自由聚光灯”两种。二者都是由一个点向一个方向照射，其中“目标聚光灯”有目标点，“自由聚光灯”没有目标点。

聚光灯的主要参数包括“常规参数”“强度/颜色/衰减”“聚光灯参数”“高级效果”“阴影参数”“阴影贴图参数”，如图 4-1 所示。下面将以“目标聚光灯”为例对其主要参数进行详细介绍。

1. 常规参数

“常规参数”卷展栏主要控制标准灯光的开启与关闭以及阴影，如图 4-2 所示。其中各选项的含义介绍如下。

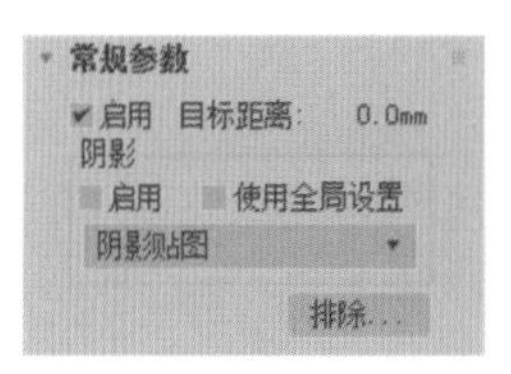

图 4-2

◎ 启用：控制是否开启灯光。

◎ 目标距离：指光源到目标对象的距离。

◎ 阴影→启用：控制是否开启灯光阴影。

◎ 使用全局设置：如果启用该选项，该灯光投射的阴影将影响整个场景的阴影效果。如果关闭该选项，则必须选择渲染器使用哪种方式来生成特定的灯光阴影。

◎ 阴影类型：切换阴影类型以得到不同的阴影效果。阴影类型有六种，选择不同的类型，都会有相应的参数设置，如图 4-3 所示。

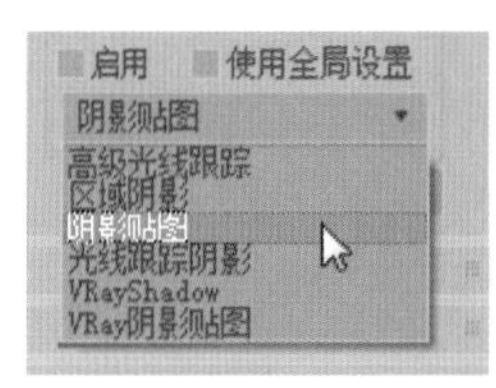

图 4-3

◎ 排除：将选定的对象排除于灯光效果之外。

2. 强度 / 颜色 / 衰减

在“目标聚光灯”的“强度/颜色/衰减”卷展栏中，可以对灯光最基本的属性进行设置，如图 4-4 所示。其中各选项的含义介绍如下。

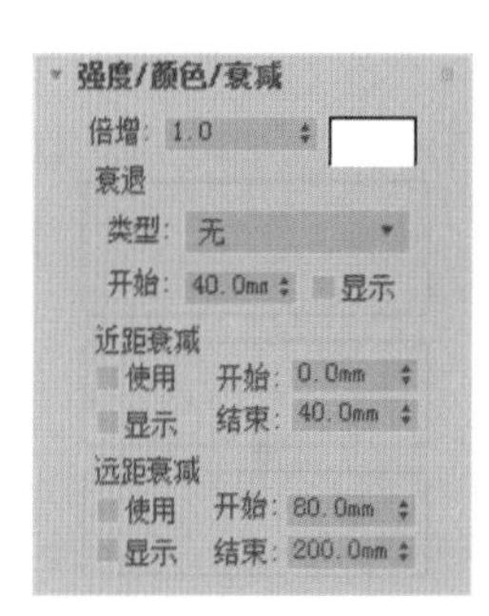

图 4-4

◎ 倍增：该参数可以将灯光功率放大一个正或负的量。

◎ 颜色：单击色块，可以设置灯光发射光线的颜色。

◎ 类型：指定灯光的衰退方式，有“无”“倒数”“平方反比”三种。

◎ 开始：设置灯光开始衰退的距离。

◎ 显示：在视口中显示灯光衰退的效果。

◎ 近距衰减：该选择项组中提供了控制灯光强度淡入的参数。

◎ 远距衰减：该选择项组中提供了控制灯光强度淡出的参数。

知识点拨

解决灯光衰减的方法

灯光衰减时，距离灯光较近的对象可能过亮，距离灯光较远的对象可能过暗。这个问题可通过不同的曝光方式解决。

3. 聚光灯参数

“聚光灯参数”卷展栏主要控制聚光灯的聚光区及衰减区，如图 4-5 所示。其中各选项的含义介绍如下。

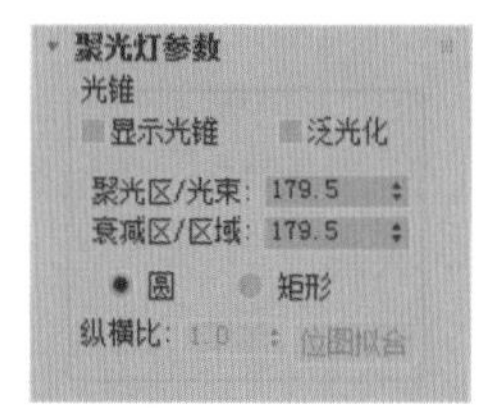

图 4-5

◎ 显示光锥：启用或禁用圆锥体的显示。

◎ 泛光化：启用该选项后，灯光在所有方向上投影灯光，但是投影和阴影只发生在其衰减圆锥体内。

◎ 聚光区 / 光束：调整灯光圆锥体的角度。

◎ 衰减区 / 区域：调整灯光衰减区的角度。

◎ 圆 / 矩形：确定聚光区和衰减区的形状。如果想要一个标准圆形的灯光，应选择圆；如果想要一个矩形的光束（如灯光通过窗户或门投影），应选择矩形。

◎ 纵横比：设置矩形光束的纵横比。

◎ 位图拟合：如果灯光的投影纵横比为矩形，应该设置纵横比以匹配特定的位图。当灯光用作投影灯时，该选项非常有用。

4. 阴影参数

阴影参数直接在“阴影参数”卷展栏中进行设置，通过设置阴影参数，可以使对象投影产生密度不同或颜色不同的阴影效果，如图 4-6 所示。各参数选项的含义介绍如下。

◎ 颜色：单击色块，可以设置灯光投射的阴影颜色，默认为黑色。

◎ 密度：用于控制阴影的密度，值越小阴影越淡。

◎ 贴图：使用贴图可以将各种程序贴图与阴影颜色进行混合，产生更复杂的阴影效果。

◎ 灯光影响阴影颜色：灯光颜色将与阴影颜色混合在一起。

◎ 大气阴影：应用该选项组中的参数，可以使场景中的大气效果也产生投影，并且能够控制投影的不透明度和颜色量。

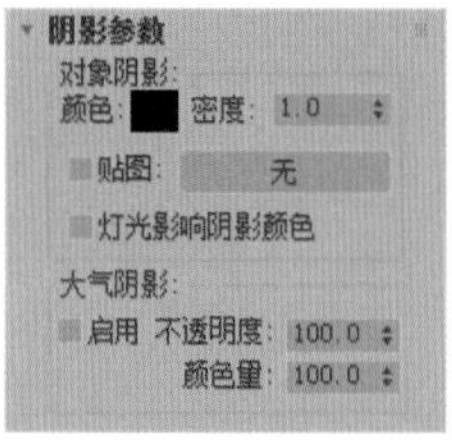

◎ 不透明度：调节阴影的不透明度。

◎ 颜色量：调整颜色和阴影颜色的混合量。

图 4-6

“自由聚光灯”和“目标聚光灯”的参数基本是一致的，唯一区别在于“自由聚光灯”没有目标点，因此只能通过旋转来调节灯光的角度。

4.2.2 平行光

平行光包括“目标平行光”和“自由平行光”两种，主要用于模拟太阳在地球表面投射的光线，即以一个方向投射的平行光。“目标平行光”是具有方向性的灯光，常用来模拟太阳光的照射效果，当然也可以模拟美丽的夜色。

平行光的主要参数包括“常规参数”“强度 / 颜色 / 衰减”“平行光参数”“高级效果”“阴影参数”“阴影贴图参数”，如图 4-7 所示。其参数含义与聚光灯参数基本一致，这里就不再进行重复讲解。

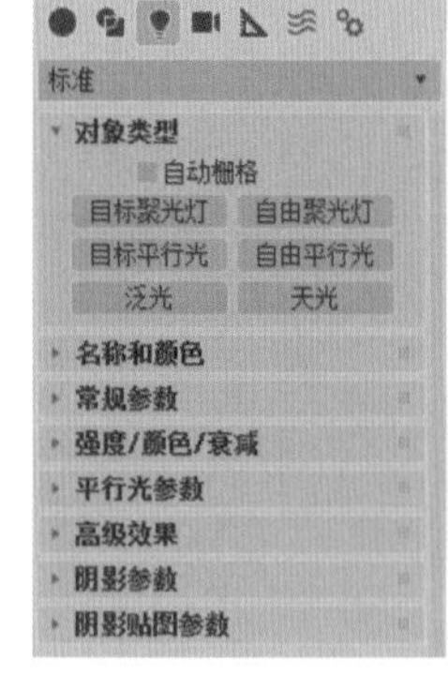

图 4-7

4.2.3 泛光

“泛光”的特点是以一个点为发光中心，向外均匀地发散光线，常用来制作灯泡灯光、蜡烛光等。“泛光”的主要参数包括“常规参数”“强度 / 颜色 / 衰减”“高级效果”“阴影参数”“阴影贴图参数”，如图 4-8 所示。其参数含义与聚光灯参数基本一致，这里就不再进行重复讲解。

知识点拨

泛光的应用

当“泛光”应用光线跟踪阴影时，渲染速度比聚光灯要慢，但渲染效果一致，所以在场景中应尽量避免这种情况。

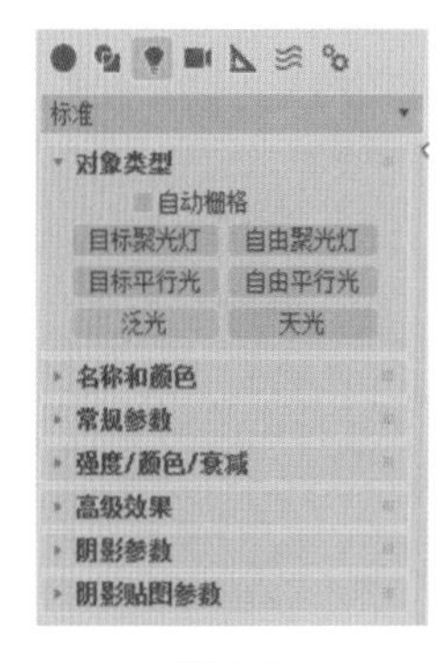

图 4-8

4.2.4 天光

“天光”灯光通常用来模拟较为柔和的灯光效果，也可以设置天空的颜色或将其指定为贴图，对天空建模作为场景上方的圆屋顶。如图 4-9 所示为“天光参数”卷展栏，其中各选项的含义介绍如下。

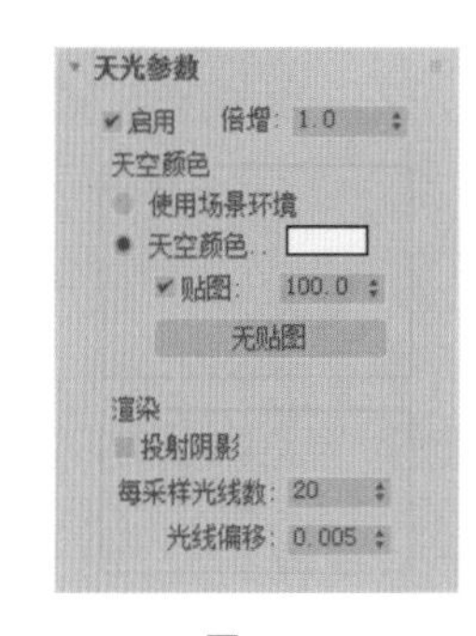

图 4-9

◎ 启用：启用或禁用灯光。

◎ 倍增：将灯光的功率放大一个正或负的量。

◎ 使用场景环境：使用场景环境面板上设置的环境给光上色。

◎ 天空颜色：单击色样可显示颜色选择器，并选择为天光染色。

◎ 贴图控件：使用贴图影响天光颜色。

◎ 投射阴影：使用天光投射阴影。默认为禁用。

◎ 每采样光线数：用于计算落在场景中指定点上天光的光线数。

◎ 光线偏移：对象可以在场景中指定点上投射阴影的最短距离。

实例：太阳光源效果的制作

本案例是客厅场景，这里将添加“目标平行光”以表现太阳光源，使场景效果变成白天的阳光效果，具体操作步骤介绍如下。

Step01 打开平行光素材文件，如图 4-10 所示。

Step02 渲染摄影机视角，效果如图 4-11 所示。

图 4-10

图 4-11

ACAA课堂笔记

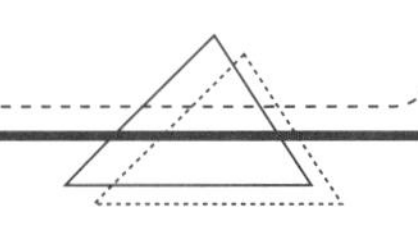

Step03 在顶视图中创建“目标平行光”，如图 4-12 所示。

Step04 通过多个视图调整平行光射入，如图 4-13 所示。

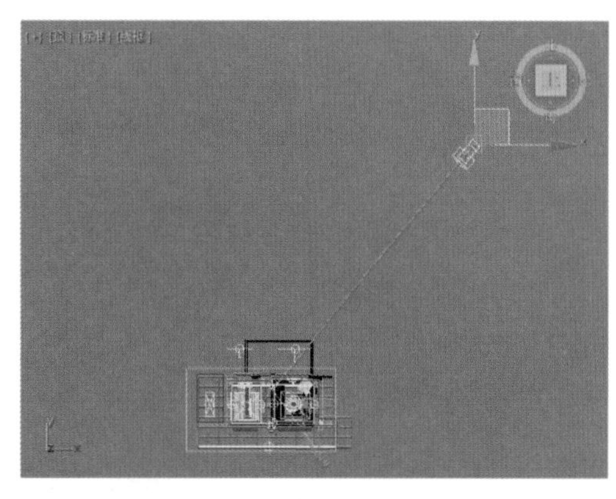

图 4-12

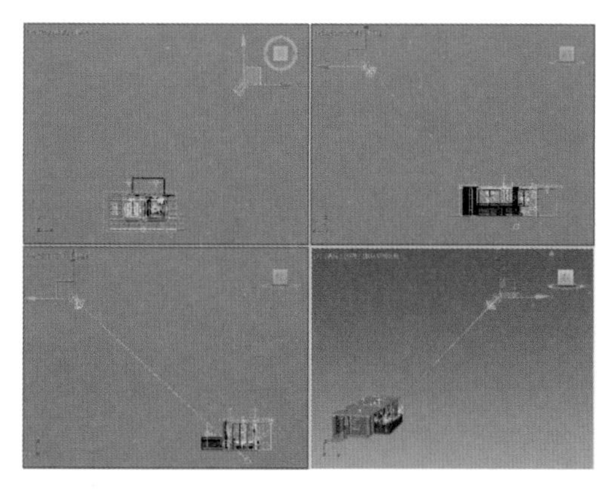

图 4-13

Step05 在“常规参数”卷展栏中启用阴影，设置为“VRayShadow”模式，在“平行光参数”卷展栏中设置光锥的形状与大小，如图 4-14 所示。

Step06 渲染场景，添加了“目标平行光”后的效果如图 4-15 所示。

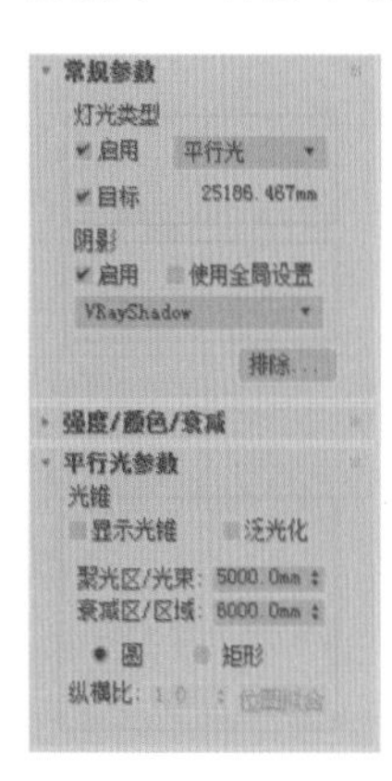

图 4-14

图 4-15

Step07 在“强度 / 颜色 / 衰减”卷展栏调整灯光强度及灯光颜色，如图 4-16 所示。

Step08 灯光颜色参数设置如图 4-17 所示。

图 4-16

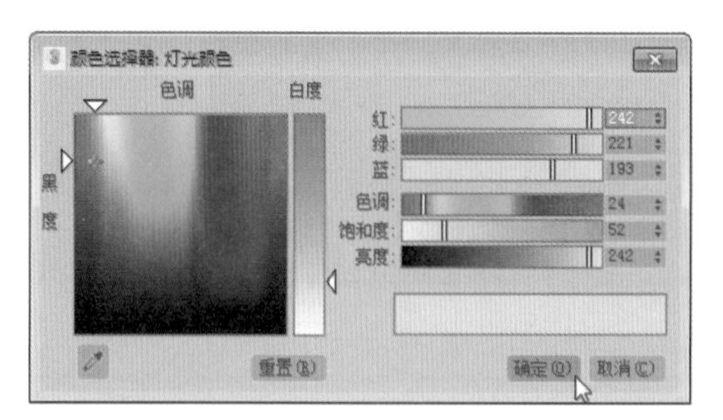

图 4-17

Step09 再次渲染场景，效果如图 4-18 所示。

图 4-18

4.3 光度学灯光

光度学灯光和标准灯光的创建方法基本相同，在“参数”卷展栏中可以设置灯光的类型，并导入外部灯光文件模拟真实灯光效果，光度学灯光包括目标灯光、自由灯光和太阳定位器三种灯光类型。

4.3.1 目标灯光

目标灯光是效果图制作中常用的一种灯光类型，常用来模拟制作射灯、筒灯等，可以增加画面的灯光层次。

目标灯光的主要参数包括“常规参数”“强度 / 颜色 / 衰减”“图形 / 区域阴影”“阴影参数”“阴影贴图参数”和“高级效果”，如图 4-19 所示。下面将对主要参数进行详细介绍。

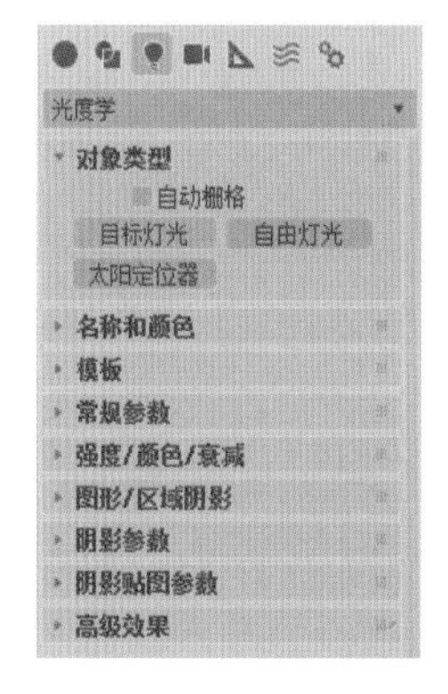

图 4-19

1. 常规参数

该卷展栏中的参数用于启用和禁用灯光及阴影，并排除或包含场景中的对象。在这里，用户还可以设置灯光分布的类型。如图 4-20 所示为“常规参数”卷展栏，其中各选项的含义介绍如下。

图 4-20

- ◎ 启用：启用或禁用灯光。
- ◎ 目标：启用该选项后，目标灯光才有目标点。
- ◎ 目标距离：用来显示目标的距离。
- ◎ 阴影→启用：控制是否开启灯光的阴影效果。
- ◎ 使用全局设置：启用该选项后，该灯光投射的阴影将影响整个场景的阴影效果。
- ◎ 阴影类型：设置渲染场景时使用的阴影类型。包括“高级光线跟踪”“区域阴影”“阴影贴图”“光线跟踪阴影”“VRayShadow（VRay 阴影）”和“VRay 阴影贴图”几种类型。

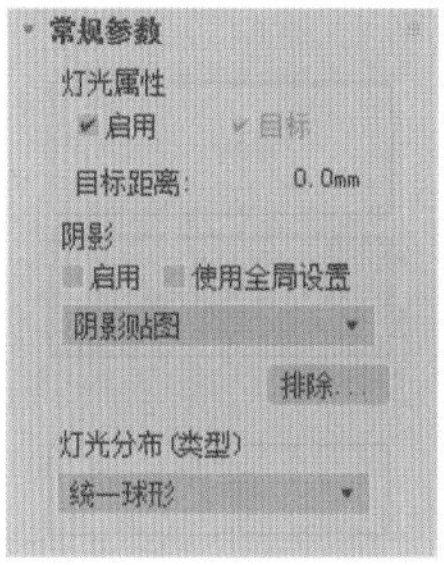

◎ 排除：将选定的对象排除于灯光效果之外。

◎ 灯光分布（类型）：设置灯光的分布类型，包括“光度学 Web”“聚光灯”“统一漫反射”“统一球形”4 种类型。

2. 分布（光度学 Web）

光度学 Web 分布是以 3D 的形式表示灯光的强度，当使用光域网分布创建或选择光度学灯光时，“修改”面板上将显示“分布 (光度学 Web)”卷展栏，使用这些参数可以选择光域网文件并调整 Web 的方向。如图 4-21 所示为“分布 (光度学 Web）”卷展栏，其中各选项的含义介绍如下。

◎ Web 图：在选择光度学文件之后，该缩略图将显示灯光分布图案的示意图。

◎ 选择光度学文件：单击此按钮，可选择用作光度学 Web 的文件，该文件可采用 IES、LTLI 或 CIBSE 格式。一旦选择某一个文件后，该按钮上会显示文件名。

◎ X 轴旋转：沿着 X 轴旋转光域网。

◎ Y 轴旋转：沿着 Y 轴旋转光域网。

◎ Z 轴旋转：沿着 Z 轴旋转光域网。

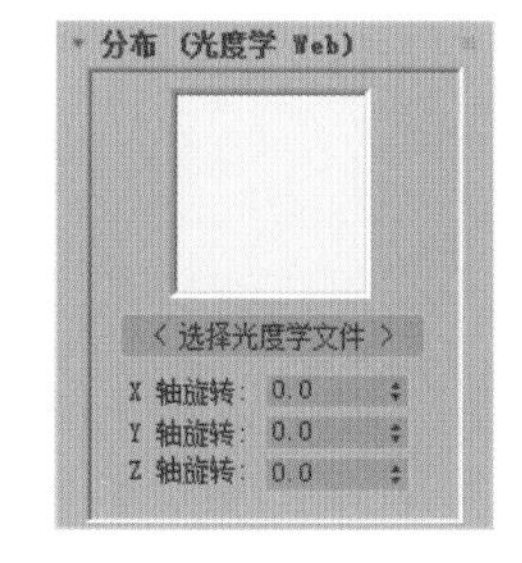

图 4-21

3. 强度 / 颜色 / 衰减

通过“强度 / 颜色 / 衰减”卷展栏，可以设置灯光的颜色和强度。此外，用户还可以设置衰减极限。如图 4-22 所示为“强度 / 颜色 / 衰减”卷展栏，其中各选项的含义介绍如下。

◎ 灯光选项：拾取常见灯规范，使之近似于灯光的光谱特征。默认为 D65 Illuminant 基准白色。

◎ 开尔文：通过调整色温微调器设置灯光的颜色。

◎ 过滤颜色：使用颜色过滤器模拟置于光源上的过滤色的效果。

◎ 强度：在物理数量的基础上指定光度学灯光的强度或亮度。

◎ 结果强度：用于显示暗淡所产生的强度，并使用与“强度”选项组相同的单位。

◎ 暗淡百分比：该值会指定用于降低灯光强度的倍增。如果值为 100%，则灯光具有最大强度；百分比较低时，灯光较暗。

◎ 远距衰减：用户可以设置光度学灯光的衰减范围。

◎ 使用：启用灯光的远距衰减。

◎ 开始：设置灯光开始淡出的距离。

◎ 显示：在视口中显示远距衰减范围设置。

◎ 结束：设置灯光减为 0 的距离。

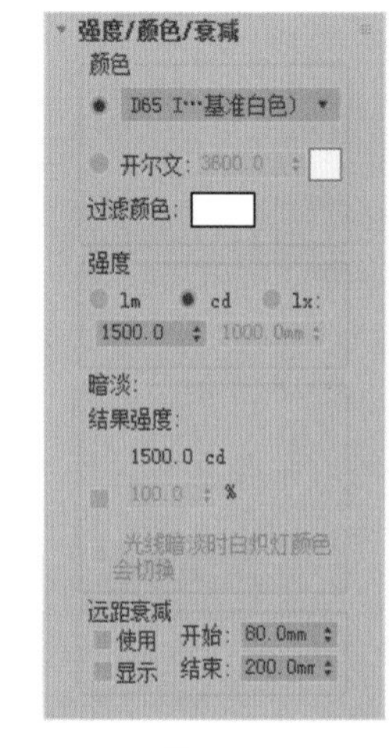

图 4-22

知识点拨

远距衰减功能的应用

如果场景中存在大量的灯光，则使用“远距衰减”，可以限制每个灯光所照场景的比例。例如，如果办公区域存在几排顶上照明，则通过设置“远距衰减”范围，可在渲染接待区域而非主办公区域时，无须计算灯光照明。再如，楼梯的每个台阶上可能都存在嵌入式灯光，如同剧院所布置的一样。将这些灯光的“远距衰减”设置为较小的值，可在渲染整个剧院时不计算它们各自的照明。

4.3.2 自由灯光

自由灯光与目标灯光相似，唯一的区别就在于自由灯光没有目标点。如图 4-23 所示为自由灯光的“常规参数”设置面板。

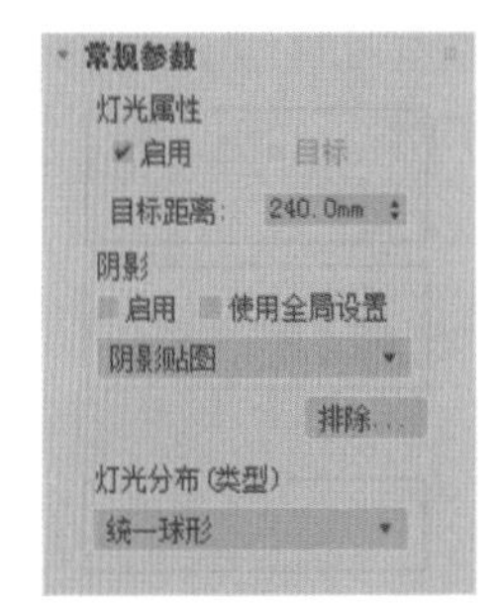

图 4-23

知识点拨

巧妙调整灯光位置

用户可以使用变换工具或者灯光视口定位灯光对象和调整其方向，也可以使用“放置高光”命令来调整灯光的位置。

4.3.3 太阳定位器

太阳定位器是 3ds Max 2018 版本增加的一个灯光类型，它通过设置太阳的距离、日期和时间、气候等参数模拟现实生活中真实的太阳光照，如图 4-24 所示。

1. 显示

“显示”卷展栏控制太阳的半径、北向偏移的角度和太阳的距离等基本参数。如图 4-24 所示为“显示”卷展栏，其中各选项的含义介绍如下。

◎ 显示：控制是否在视图中用指南针显示方向。

◎ 半径：控制指南针显示方向的半径。

◎ 北向偏移：控制指南针方向相对于北的偏移（这里的北遵循“上北下南”定律）。

◎ 距离：控制太阳与目标之间的距离。

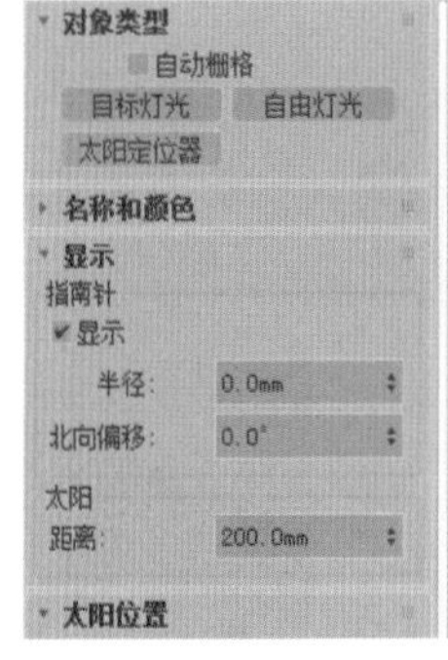

图 4-24

2. 太阳位置

“太阳位置”卷展栏设置太阳的日期和时间、气候等参数模拟现实真实的太阳光照，如图 4-25 所示。

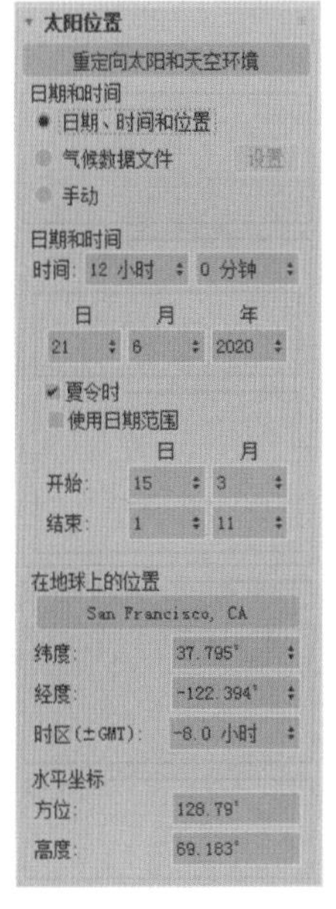

图 4-25

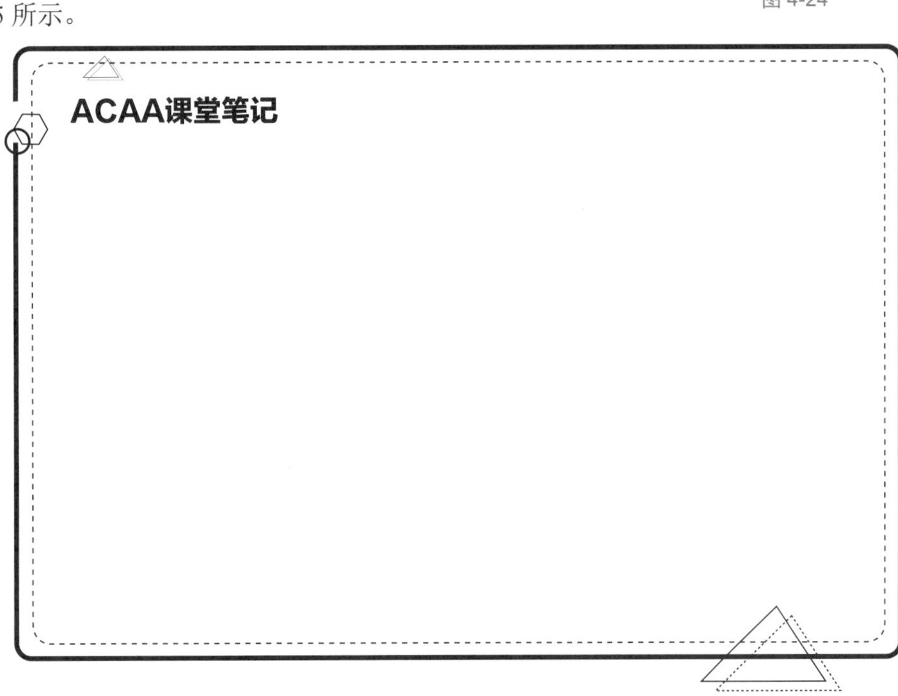

■ 实例：射灯光源效果的制作

本案例将利用“自由灯光”结合光域网来表现射灯光源效果，这在室内设计效果图的制作中应用非常广泛。下面介绍具体的操作步骤。

Step01 打开“射灯素材”文件，如图 4-26 所示。

Step02 渲染摄影机视角，效果如图 4-27 所示。

图 4-26

图 4-27

Step03 在“创建”命令面板中执行“灯光”|“光度学”|“自由灯光”，在场景中创建一盏自由灯光，调整灯光角度及位置，如图 4-28 所示。

Step04 渲染场景，效果如图 4-29 所示。场景中的光源出现了曝光。

图 4-28

图 4-29

Step05 选中“自由灯光”，在其“修改”命令面板中打开“常规参数”卷展栏，启用“VRayShadow”（VR 阴影），设置“灯光分布类型”为“光度学 Web”，如图 4-30 所示。

ACAA课堂笔记

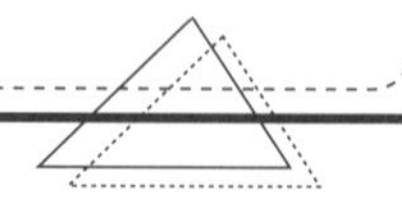

Step06 打开“分布 (光度学 Web)”卷展栏，添加光域网文件，如图 4-31 所示。

Step07 光域网文件如图 4-32 所示。

图 4-30

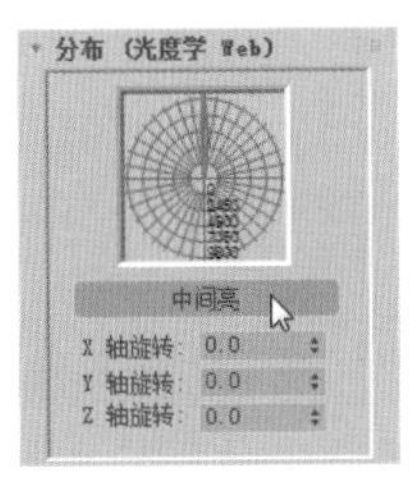

图 4-31

图 4-32

Step08 再次渲染场景，效果如图 4-33 所示。

Step09 在“强度 / 颜色 / 衰减”卷展栏调整灯光强度和灯光颜色，如图 4-34 所示。

图 4-33

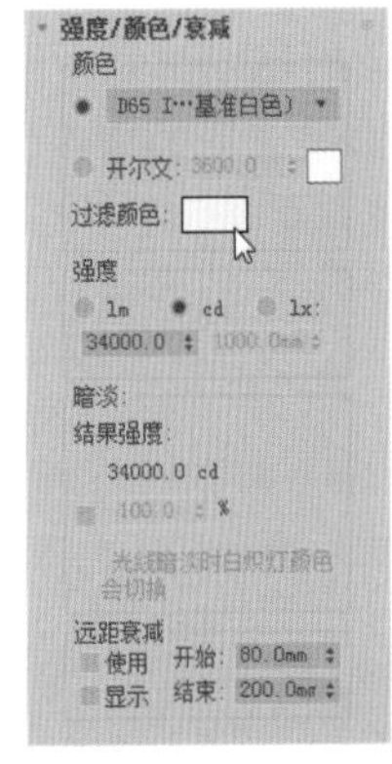

图 4-34

Step10 灯光颜色参数设置如图 4-35 所示。

Step11 渲染场景，效果如图 4-36 所示。

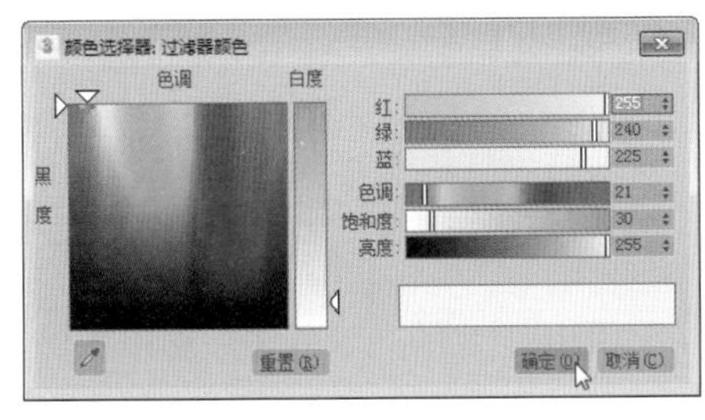

图 4-35

图 4-36

Step12 复制灯光，调整位置，最终渲染结果如图 4-37 所示。

图 4-37

■ 实例：光域网的使用

光域网是模拟真实场景中灯光发光的分布形状而做的一种特殊的光照文件，用于结合光能传递渲染。通俗地讲，我们可以把光域网理解为灯光贴图。光域网文件的后缀名为 .ies，用户可以从网上进行下载。它能使渲染出来的射灯效果更真实，层次更明显，效果更好。下面通过一个实例来介绍光域网的使用，操作步骤如下。

Step01 在“创建”命令面板中执行“灯光”|“光度学”|“目标灯光”，在场景中创建一个目标灯光，如图 4-38 所示。

Step02 进入“修改”命令面板，在“常规参数”卷展栏中设置灯光分布类型为“光度学 Web”，下方会多出一个“分布（光度学 Web）”区域，如图 4-39 所示。

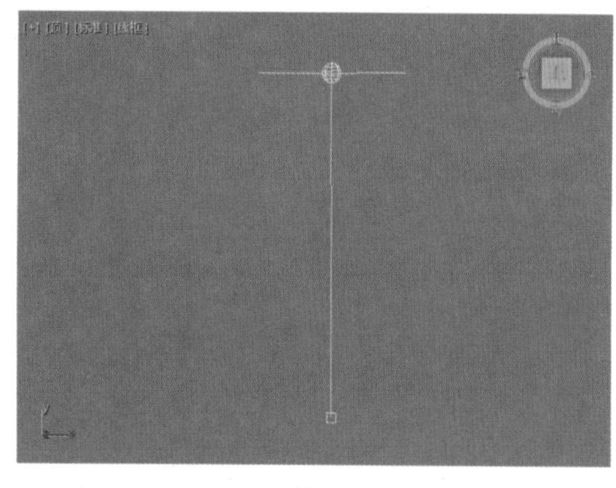

图 4-38

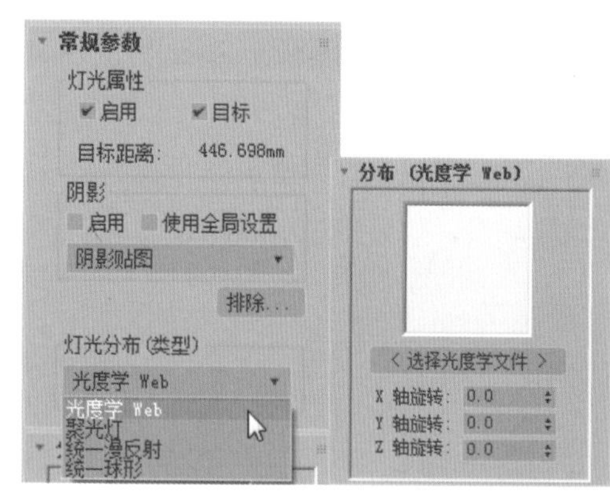

图 4-39

Step03 单击“选择光度学文件”按钮，打开“打开光域 Web 文件”对话框，选择合适的光域 Web 文件即可，如图 4-40 所示。

Step04 光域网文件是 .ies 格式，我们并不能看到效果，但是在下载的光域网文件夹中能够找到各个光域网文件所渲染出来的对应效果图片，如图 4-41 所示。根据场景需要及灯光性质，选择正确的光域网即可。

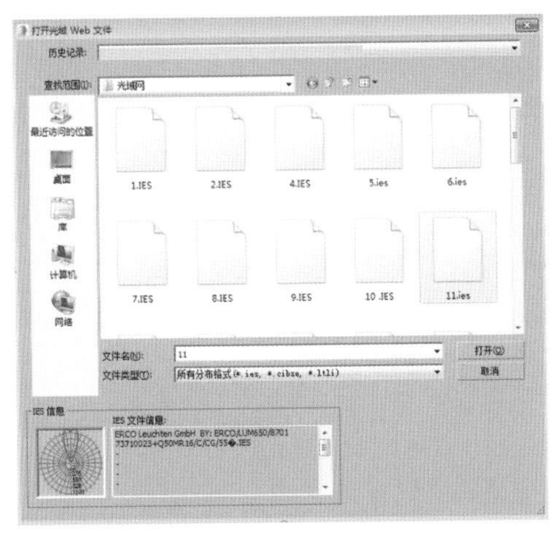

图 4-40

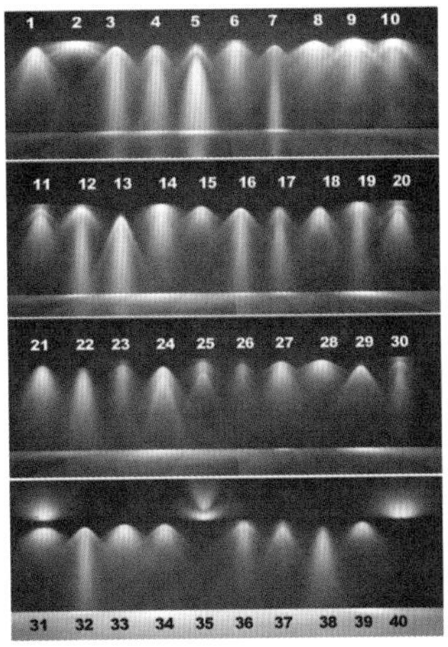

图 4-41

4.4 VRay 灯光概述

VRay 渲染器是最常用的渲染器，“VR- 灯光”是 VRay 渲染器的专属灯光类型，VRay 灯光包括“VR- 灯光”“VRayIES”“VRay 天空”“VRay 太阳”4 种类型，其中“VR- 灯光”和“VRay 太阳”最为常用。

4.4.1 VR- 灯光

“VR- 灯光”是 VRay 渲染器自带的灯光之一，它的使用频率比较高。默认的光源形状为具有光源指向的矩形光源，如图 4-42 所示。“VR- 灯光”参数面板如图 4-43 所示。

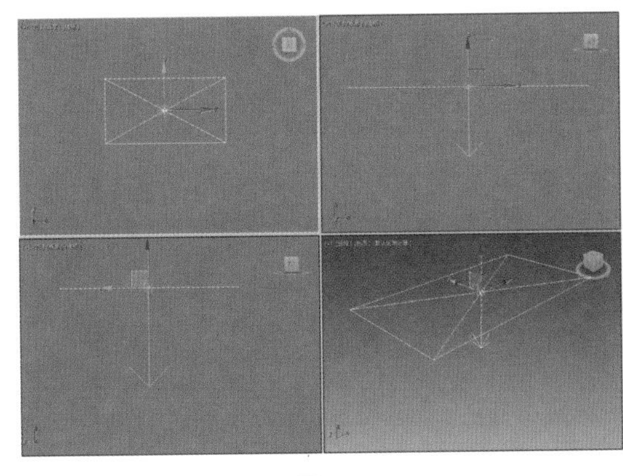

图 4-42

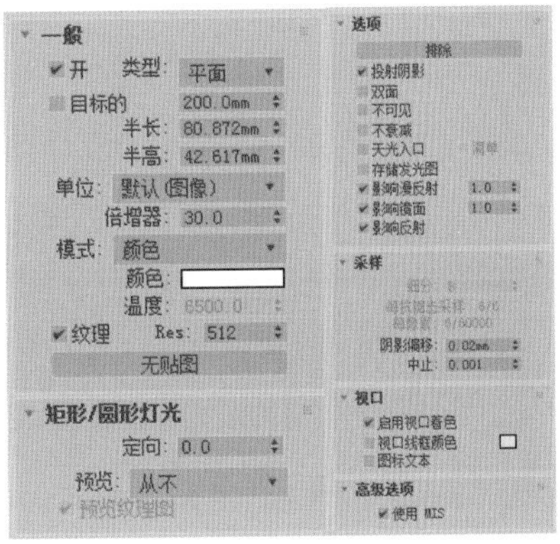

图 4-43

在上述参数面板中，各选项的含义介绍如下。

◎ 开：灯光的开关。勾选此复选框，灯光才被开启。

◎ 类型：有 5 种灯光类型可以选择，分别为平面、穹顶、球体、网格、圆形。

◎ 目标的：指向目标箭头的长度。

◎ 半长：面光源长度的一半。

◎ 半高：面光源高度的一半。
◎ 单位：VRay 的默认单位，以灯光的亮度和颜色来控制灯光的光照强度。
◎ 倍增器：用于控制光照的强弱。
◎ 模式：可选择颜色或者色温。
◎ 颜色：光源发光的颜色。
◎ 温度：光源的温度控制，温度越高，光源越亮。
◎ 纹理：可以给灯光添加纹理贴图。
◎ 投射阴影：控制灯光是否投射阴影，默认勾选。
◎ 双面：控制是否在面光源的两面都产生灯光效果。
◎ 不可见：用于控制是否在渲染的时候显示 VRay 灯光的形状。
◎ 不衰减：勾选此复选框，灯光强度将不随距离而减弱。
◎ 天光入口：勾选此复选框，将把 VRay 灯光转化为天光。
◎ 存储发光图：勾选此复选框，同时为发光图命名并指定路径，这样 VRay 灯光的光照信息将保存。
◎ 影响漫反射：控制灯光是否影响材质属性的漫反射。
◎ 影响镜面：控制灯光是否影响材质属性的高光。
◎ 影响反射：控制灯光是否影响材质属性的反射。
◎ 细分：控制 VRay 灯光的采样细分。
◎ 阴影偏移：控制物体与阴影偏移距离。
◎ 视口：控制视口的颜色。

下面通过简单的场景测试来对“VR- 灯光”的一些重要参数进行说明，如图 4-44 所示为灯光测试场景。

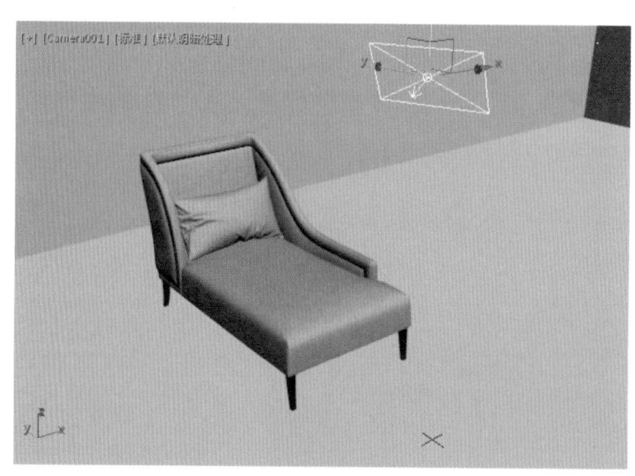

图 4-44

ACAA课堂笔记

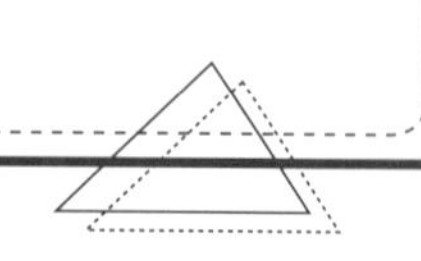

渲染场景，如图 4-45、图 4-46 所示为未勾选“双面”复选框和勾选了“双面”复选框的对比效果。该复选框用来控制灯光是否双面发光。

图 4-45

图 4-46

如图 4-47、图 4-48 所示为未勾选“不可见”复选框和勾选了“不可见”复选框的对比效果。该复选框控制是否显示“VR- 灯光”的形状。

图 4-47

图 4-48

如图 4-49、图 4-50 所示为未勾选“不衰减”复选框和勾选了“不衰减”复选框的对比效果。勾选该复选框后，光线没有衰减，整个场景非常明亮且不真实。

图 4-49

图 4-50

知识点拨

测试的重要性

关于其他选项的应用，读者可以自己做测试，这样会更深刻地理解它们的用途。测试是学习 VRay 最有效的方法，只有通过不断的测试，才能真正理解每个参数的含义，这样才能做出逼真的效果。所以读者应避免死记硬背，要从原理层次去理解参数，这才是学习 VRay 的方法。

4.4.2 VRayIES

VRayIES 是室内设计中常用到的灯光，效果如图 4-51 所示。“VRayIES”是 VRay 渲染器用于添加 IES 光域网文件的光源。选择了光域网文件（*.IES），那么在渲染过程中光源的照明就会按照选择的光域网文件中的信息来表现，就可以做出普通照明无法做到的散射、多层反射、日光灯等效果。

“VRayIES 参数”卷展栏如图 4-52、图 4-53 所示，其中参数含义与“VR- 灯光”和“VRay 太阳”类似。

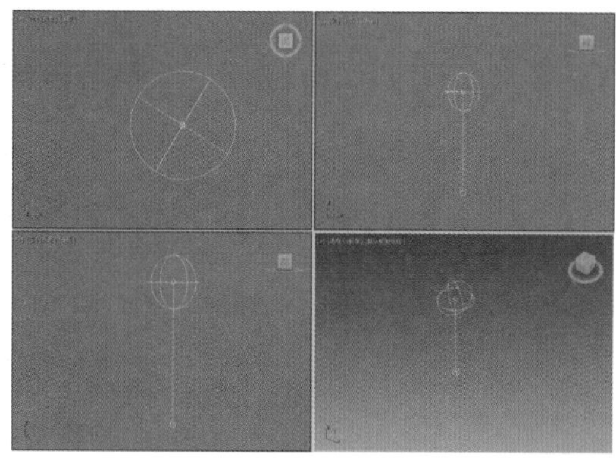

图 4-51

图 4-52

图 4-53

4.4.3 VRay 太阳和 VRay 天空

“VRay 太阳”和“VRay 天空”可以模拟物理世界里的真实阳光和天光的效果，它们的变化主要是随着“VRay 太阳”位置的变化而变化的。

“VRay 太阳”是 VRay 渲染器用于模拟太阳光的，创建“VRay 太阳”时，会自动弹出添加环境贴图选择框，如图 4-54 所示。“VRay 太阳 参数”卷展栏如图 4-55 所示。

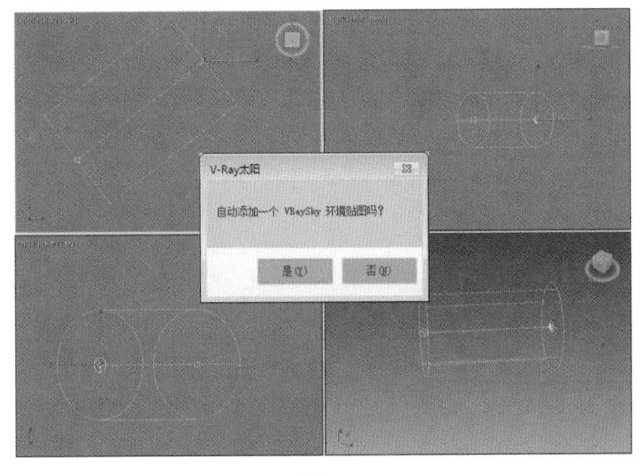

图 4-54

图 4-55

在上述参数面板中，常用选项的含义介绍如下。

◎ 启用：此选项用于控制阳光的开光。

◎ 不可见：用于控制在渲染时是否显示 VRay 太阳的形状。

◎ 浑浊：影响太阳和天空的颜色倾向。当数值较小时，天空晴朗干净，颜色倾向为蓝色；当数值较大时，空气浑浊，颜色倾向为黄色甚至橘黄色。

◎ 臭氧：表示空气中的氧气含量。较小的值使阳光会发黄，较大的值使阳光会发蓝。

◎ 强度倍增：用于控制阳光的强度。

◎ 大小倍增：控制太阳的大小，主要表现在控制投影的模糊程度。较大的值，阴影会比较模糊。

◎ 阴影细分：用于控制阴影的品质。较大的值，模糊区域的阴影将会比较光滑，没有杂点。

◎ 阴影偏移：用来控制物体与阴影偏移距离，较高的值会使阴影向灯光的方向偏移。如果该值为 1.0，阴影无偏移；如果该值大于 1.0，阴影远离投影对象；如果该值小于 1.0，阴影靠近投影对象。

◎ 光子发射半径：用于设置光子放射的半径。这个参数和 photon map 计算引擎有关。

4.5 3ds Max 灯光阴影类型

对于标准灯光中的“目标 / 自由聚光灯”“目标 / 自由平行光”“泛光”和光度学灯光中的“目标灯光”“自由灯光”，在“常规参数”卷展栏中，除了可以对灯光进行开关设置外，还可以选择不同形式的阴影方式，使对象产生密度不同或颜色不同的阴影效果。

4.5.1 阴影贴图

“阴影贴图”是最常用的阴影生成方式，它能产生柔和的阴影，且渲染速度快。不足之处是会占用大量的内存，并且不支持使用透明度或不透明度贴图的对象。使用“阴影贴图”，灯光参数面板中会出现如图 4-56 所示的“阴影贴图参数”卷展栏。

阴影渲染效果，如图 4-57 所示。卷展栏中各选项的含义介绍如下。

◎ 偏移：位图偏移面向或背离阴影投射对象移动阴影。

◎ 大小：设置用于计算灯光的阴影贴图大小。

◎ 采样范围：采样范围决定阴影内平均有多少区域，影响柔和阴影边缘的程度。范围为 0.01 ～ 50.0。

◎ 绝对贴图偏移：勾选该复选框，阴影贴图的偏移未标准化，以绝对方式计算阴影贴图偏移量。

◎ 双面阴影：勾选该复选框，计算阴影时背面将不被忽略。

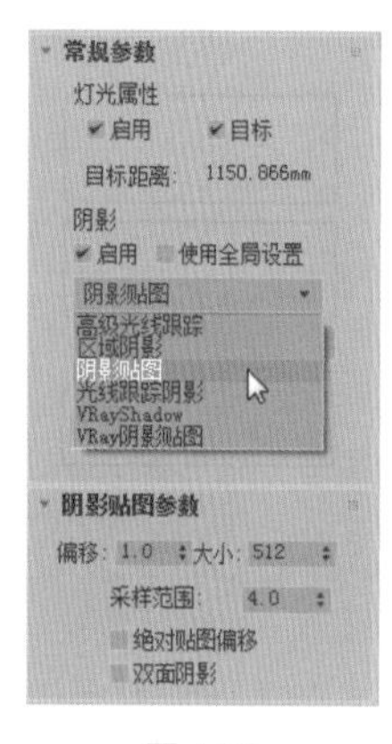

图 4-56

图 4-57

4.5.2 区域阴影

所有类型的灯光都可以使用“区域阴影”参数。创建“区域阴影”，需要设置“虚设”区域阴影的虚拟灯光的尺寸。使用“区域阴影”后，会出现相应的参数卷展栏，在卷展栏中可以选择产生阴影的灯光类型并设置阴影参数，如图 4-58 所示。

阴影渲染效果，如图 4-59 所示。其中，展卷栏中各选项的含义介绍如下。

◎ 基本选项：在该选项组中可以选择生成区域阴影的方式，包括简单、矩形灯、圆形灯、长方体形灯光、球形灯等多种方式。

◎ 阴影完整性：用于设置在初始光束投射中的光线数。

◎ 阴影质量：用于设置在半影（柔化区域）区域中投射的光线总数。

◎ 采样扩散：用于设置模糊抗锯齿边缘的半径。

◎ 阴影偏移：用于控制阴影和物体之间的偏移距离。

◎ 抖动量：用于向光线位置添加随机性。

◎ 区域灯光尺寸：该选项组提供尺寸参数来计算区域阴影，该组参数并不影响实际的灯光对象。

图 4-58

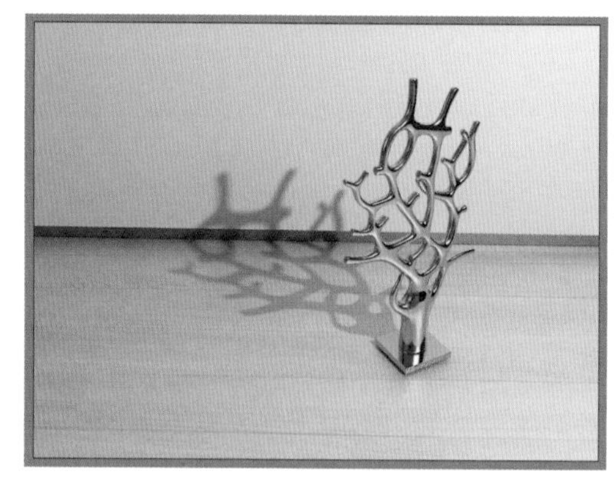

图 4-59

4.5.3 光线跟踪阴影

使用“光线跟踪阴影”功能可以获得透明度和不透明度贴图，产生清晰的阴影。但该阴影类型

渲染计算速度较慢，不支持柔和的阴影效果。选择“光线跟踪阴影”选项后，参数面板中会出现相应的卷展栏，如图 4-60 所示。阴影渲染效果如图 4-61 所示。

◎ 光线偏移：该参数用于设置光线跟踪偏移，即面向或背离阴影投射对象移动阴影的多少。

◎ 双面阴影：勾选该复选框，计算阴影时，其背面将不被忽略。

◎ 最大四元树深度：该参数可调整四元树的深度。增大四元树深度值可以缩短光线跟踪时间，但却要占用大量的内存空间。四元树是一种用于计算光线跟踪阴影的数据结构。

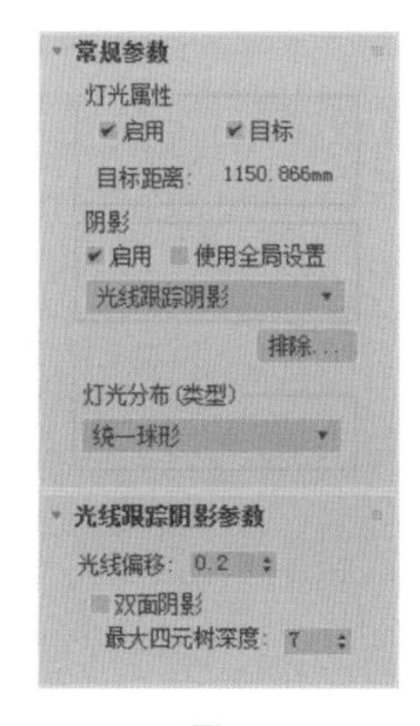

图 4-60

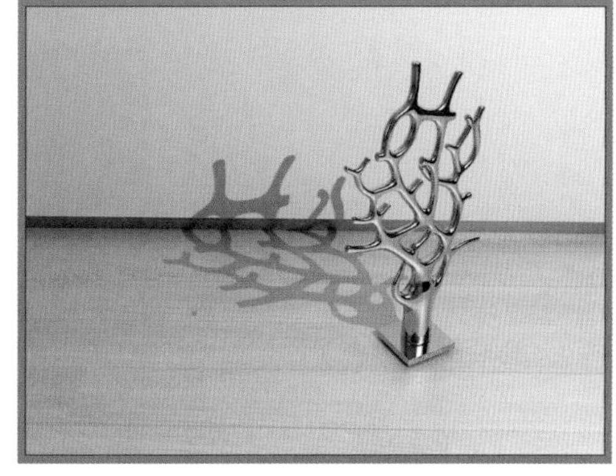

图 4-61

4.5.4 VRayShadow（VR 阴影）

在 3ds Max 标准灯光中，“VR 阴影”是其中一种阴影模式。在室内外等场景的渲染过程中，通常是将 3ds Max 的灯光设置为主光源，再配合“VR 阴影”进行画面的制作，因为“VR 阴影”产生的模糊阴影的计算速度要比其他类型的阴影速度快。

选择“VR 阴影”选项后，参数面板中会出现相应的卷展栏，如图 4-62 所示。阴影渲染效果如图 4-63 所示。

◎ 透明阴影：当物体的阴影是由一个透明物体产生时，该选项十分有用。

◎ 偏移：给顶点的光线追踪阴影偏移。

◎ 区域阴影：打开或关闭面阴影。

◎ 盒：假定光线是由一个长方体发出的。

◎ 球体：假定光线是由一个球体发出的。

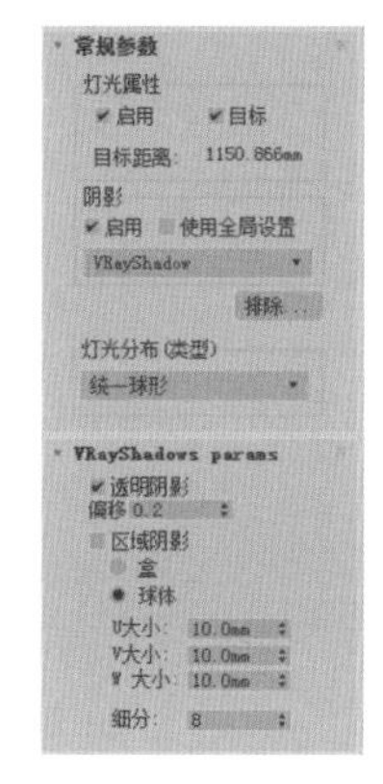

图 4-62

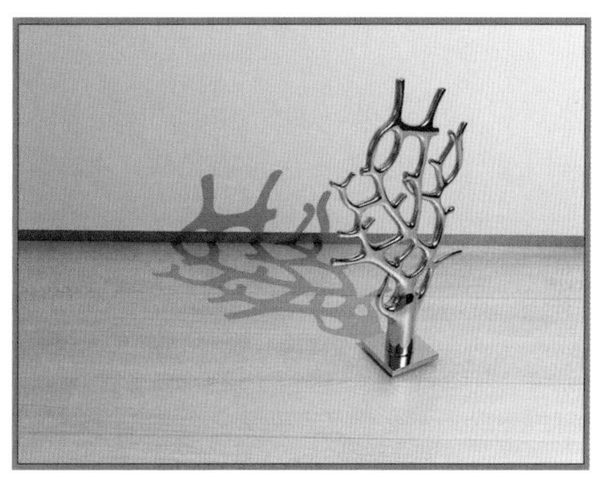

图 4-63

综合实战：为书房场景创建光源

本案例中将利用“VR- 灯光”相关类型来表现灯带、台灯光源效果和室内外补光，利用“目标平行光”来表现太阳光源效果，具体操作步骤介绍如下。

Step01 打开素材文件，如图 4-64 所示。

Step02 渲染摄影机 005 视口，效果如图 4-65 所示 , 可以看到书房内比较暗。

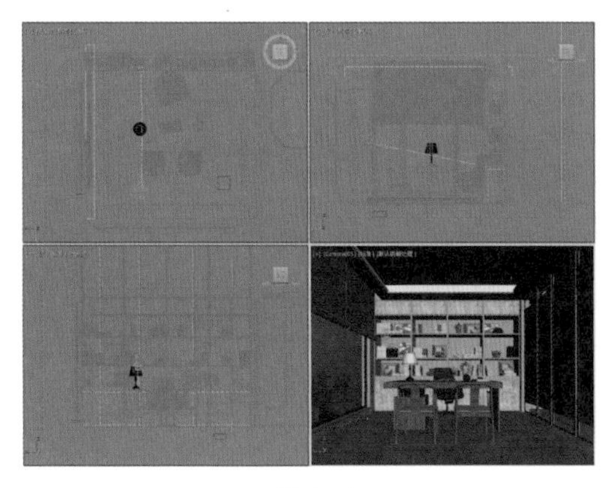

图 4-64

图 4-65

Step03 在顶视图中创建“VR- 灯光”，调整灯光位置到吊顶槽里，如图 4-66 所示。

Step04 按住 Shift 键拖动灯光进行实例复制，调整灯光位置，如图 4-67 所示。

图 4-66

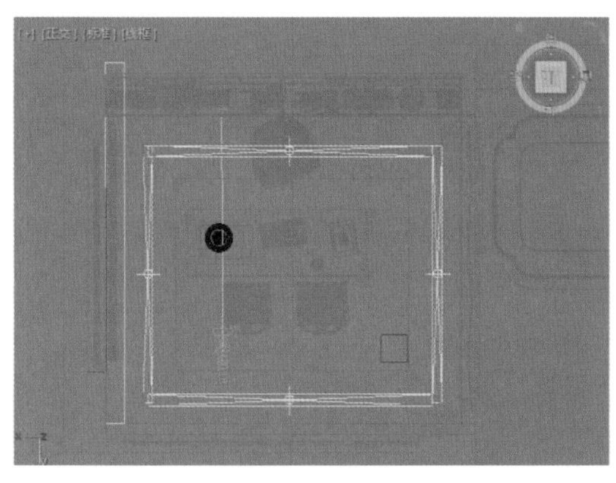

图 4-67

Step05 渲染摄影机 005 视口，效果如图 4-68 所示，可以看到灯光过亮。

Step06 选中创建的灯光，在“修改”命令面板中调整灯光参数，如图 4-69 所示。

ACAA课堂笔记

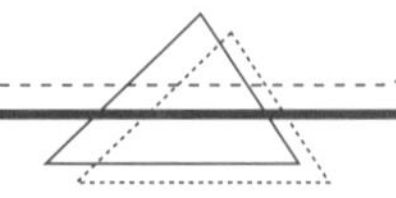

图 4-68

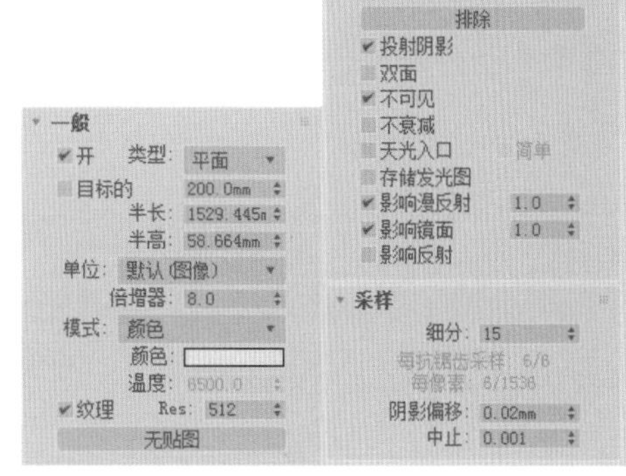

图 4-69

Step07 颜色设置如图 4-70 所示。

Step08 再次渲染摄影机 005 视口，效果如图 4-71 所示。

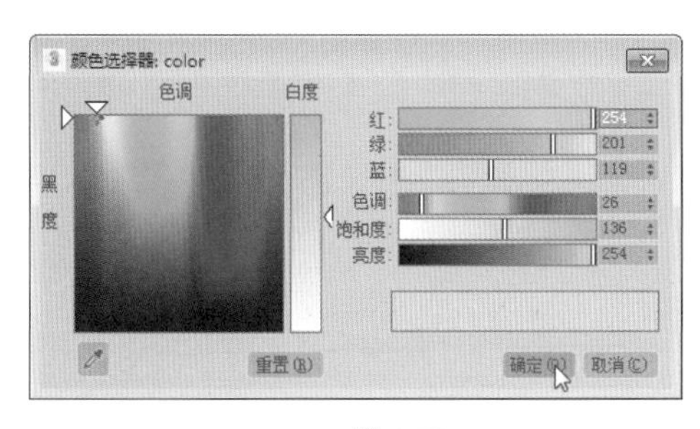

图 4-70

图 4-71

Step09 复制灯光到书柜槽，旋转灯光方向，调整灯光的“半长”“半高”“倍增器”参数，如图 4-72 所示。

Step10 灯光的参数如图 4-73 所示。

图 4-72

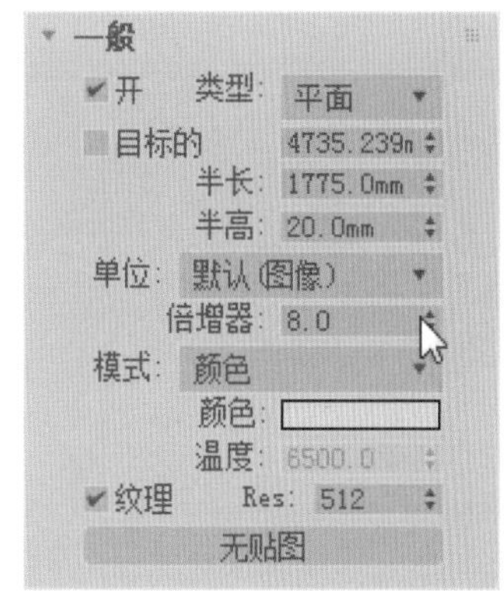

图 4-73

Step11 实例复制灯光，调整灯光位置，如图 4-74 所示。

Step12 渲染摄影机 005 视口，效果如图 4-75 所示。

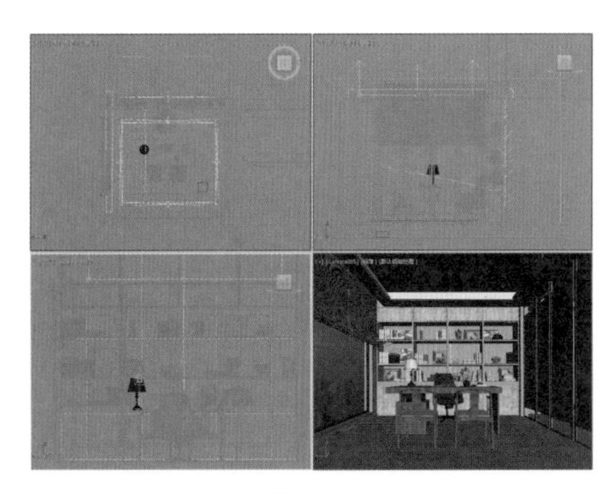

图 4-74

图 4-75

Step13 在顶视图中创建“VR- 灯光”，在其“一般”参数卷展栏中设置灯光“类型”为“球体”，并调整到合适的位置，如图 4-76 所示。

Step14 渲染摄影机 006 视角，如图 4-77 所示。

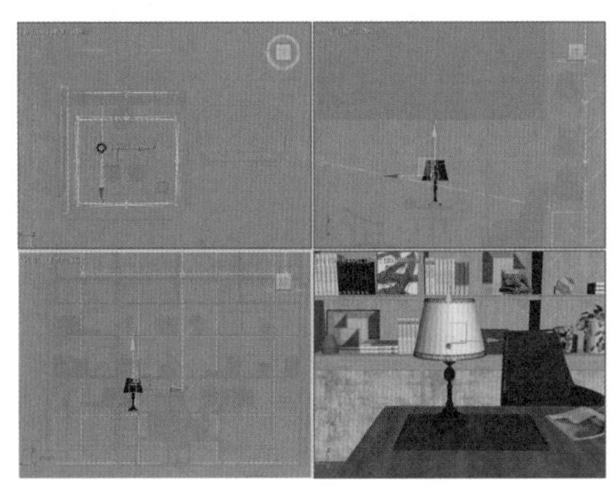

图 4-76

图 4-77

Step15 调整灯光参数，如图 4-78 所示。

Step16 灯光颜色设置如图 4-79 所示。

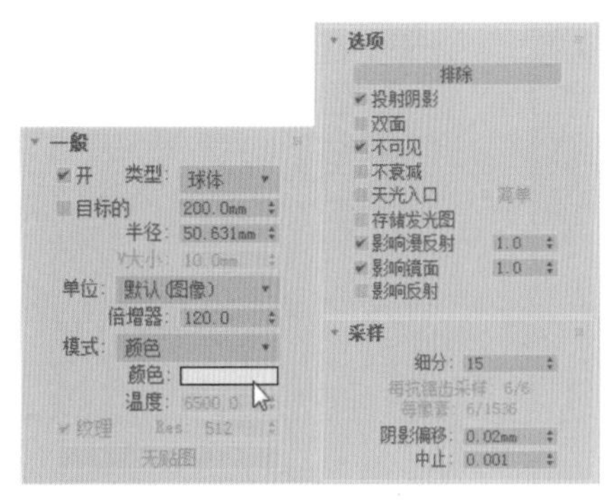

图 4-78

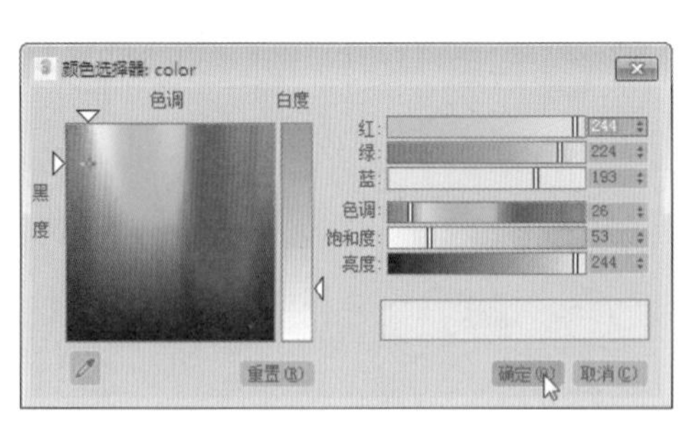

图 4-79

Step17 再次渲染摄影机 006 视角，效果如图 4-80 所示，这时的光源效果较为柔和。

Step18 将视角更改到摄影机 005 视角，渲染效果如图 4-81 所示。

图 4-80

图 4-81

Step19 下面将利用“目标平行光”为书房添加太阳光照射效果。如图 4-82 所示，在顶视图创建“目标平行光”，并通过多个视图调整平行光射入角度。

Step20 在其“常规参数”卷展栏中，启用“阴影”，设为“VRayShadow”，如图 4-83 所示。

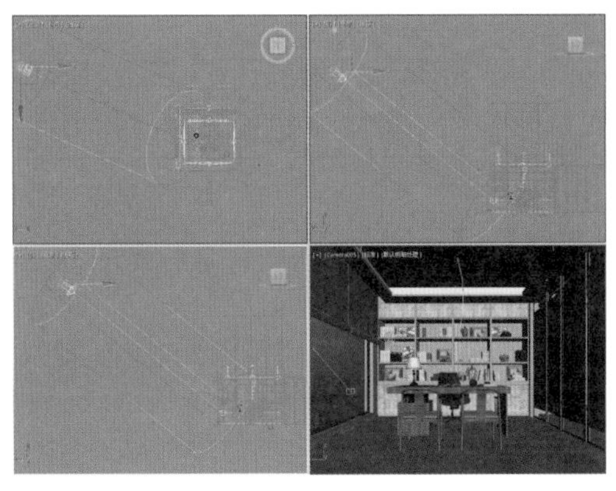

图 4-82

图 4-83

Step21 在其“强度 / 颜色 / 衰减”卷展栏里设置颜色，如图 4-84 所示。

Step22 颜色设置如图 4-85 所示。

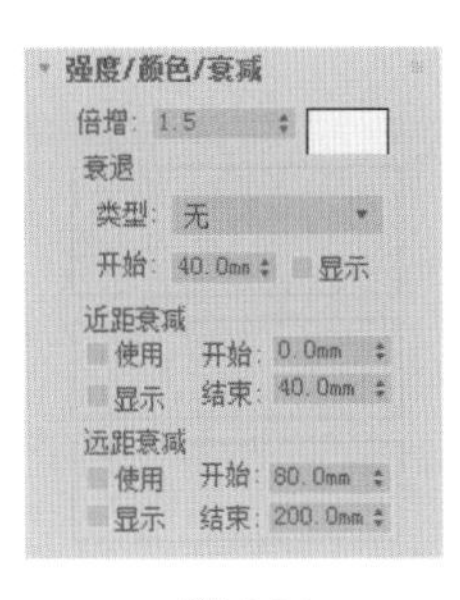

图 4-84

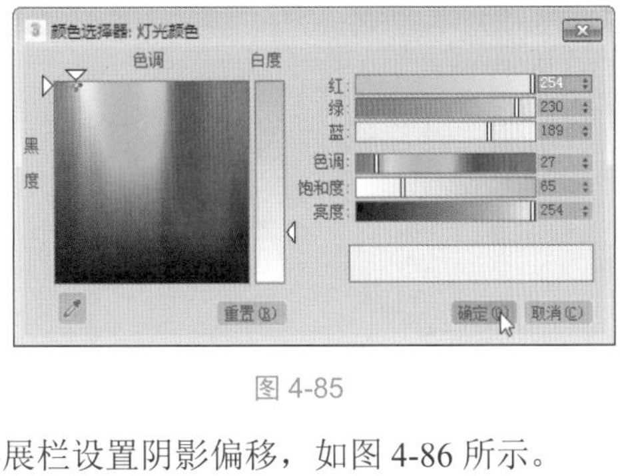

图 4-85

Step23 在其“VRayShadows params”卷展栏设置阴影偏移，如图 4-86 所示。

Step24 在视图中创建一个“VR- 灯光”并调整其位置，用来模拟室外环境光对室内的影响，如图 4-87 所示。

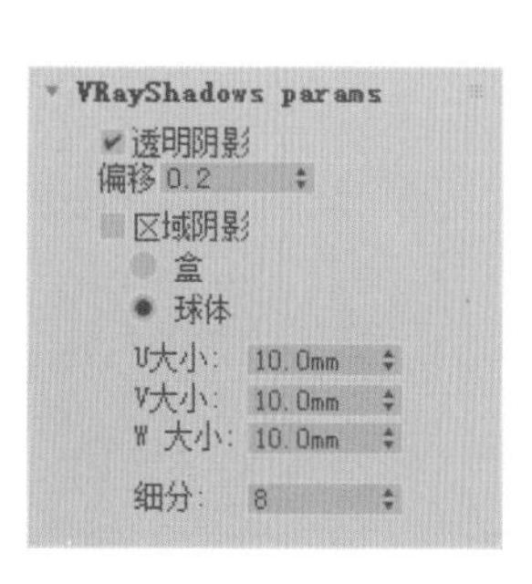

图 4-86

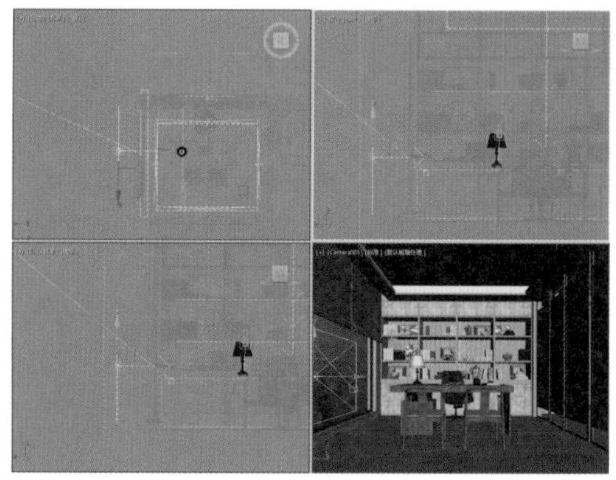

图 4-87

Step25 灯光的参数设置如图 4-88 所示。

Step26 同理，在顶视图中创建一个“VR- 灯光”并调整其位置，“倍增值”设为 4，如图 4-89 所示。

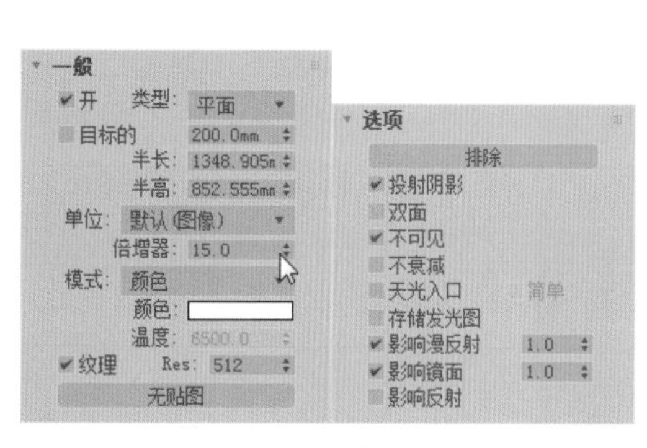

图 4-88

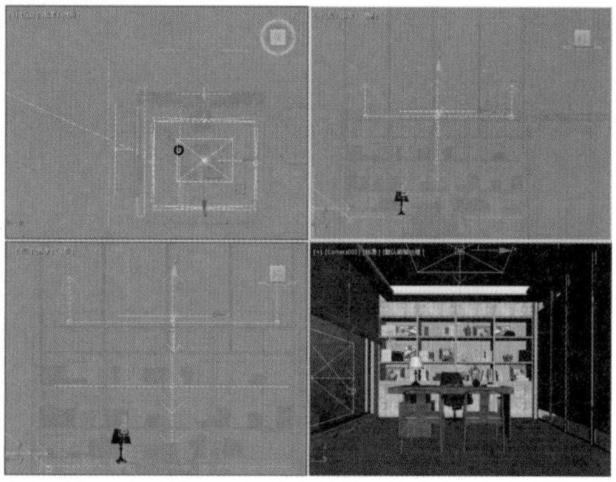

图 4-89

Step27 再次渲染摄影机 005 视口，最终效果如图 4-90 所示。

图 4-90

课后作业

一、选择题

（1）以下哪一个不属于 3ds Max 中默认灯光类型？（　　）

A. Omni　　B. Target Spot　　C. Free Direct　　D. Brazil-Light

（2）火焰、雾、光学特效可以在以下哪个视图中正常渲染？（　　）

A. Top　　B. Front　　C. Camera　　D. Back

（3）下面哪种灯光不能控制发光范围？（　　）

A. 泛光灯　　B. 聚光灯　　C. 直射灯　　D. 天光

（4）3ds Max 对没有放置任何灯光的场景采用默认照明，使用的灯光类型是（　　）。

A. 泛光灯　　B. 聚光灯　　C. 平行灯光　　D. 环境光

（5）下面关于编辑修改器的说法正确的是（　　）。

A. 编辑修改器只可以作用于整个对象

B. 编辑修改器只可以作用于对象的某个部分

C. 编辑修改器可以作用于整个对象，也可以作用于对象的某个部分

D. 以上答案都不正确

二、填空题

（1）3ds Max 的标准灯光分别是 ________、________、________、________、________、________、________ 和 ________ 等多种标准灯光。

（2）添加灯光是场景描绘中必不可少的一个环节。通常在场景中表现照明效果应添加 ________；若需要设置舞台灯光，应添加 ________。

（3）3ds Max 的三大要素是 ________、________、________。

（4）照明是将主灯光放置在 ________ 的侧面，让主灯光照射物体，也叫 3/4 照明、1/4 照明或 45° 照明。

三、操作题

结合本章所学的知识，利用 VRay 球形灯光为场景制作台灯光源效果，如图 4-91 和图 4-92 所示。

图 4-91

图 4-92

操作提示：

Step01 创建 VRay 球形灯光，放置到台灯灯罩内。

Step02 调整灯光半径、颜色及强度等参数。

第5章 摄影机技术

内容导读

本章将为用户介绍摄影机技术。在 3ds Max 中，通过创建摄影机可以确定作品画面的角度、景深、运动模糊，增强透视等各种效果。摄影机的应用是效果图制作过程中重要的一个环节，在设计创作中，可以通过切换透视和摄影机视角来观察局部与整体的效果。本章将详细地介绍关于摄影机的知识，从而为以后的创作奠定良好的基础。

学习目标

- 掌握摄影机的理论
- 掌握标准摄影机的应用
- 掌握 VRay 摄影机的应用

5.1 摄影机基础知识

在学习 3ds Max 的具体类型和参数之前，首先需要了解摄影机的相关理论知识。摄影机是通过光学成像原理形成影像并使用底片记录影像的设备，是记录画面的主要工具。

5.1.1 摄影机基本知识

真实世界中的摄影机是使用镜头将环境反射的灯光聚焦到具有灯光敏感性曲面的焦点平面，3ds Max 中摄影机相关的参数主要包括焦距和视野。

1）焦距

焦距是指镜头和灯光敏感性曲面的焦点平面之间的距离。焦距影响成像对象在图片上的清晰度。焦距越小，图片中包含的场景越多。焦距越大，图片中包含的场景越少，但会显示远距离成像对象的更多细节。

2）视野

视野控制摄影机可见场景的数量，以水平线度数进行测量。视野与镜头的焦距直接相关，例如 35mm 的镜头显示水平线约为 54°，焦距越大，则视野越窄，焦距越小，则视野越宽。

5.1.2 构图原理

构图无论是在摄影中，还是在设计的创作中都是尤为重要的。构图是设计作品的第一步，构图合理与否直接影响整个作品的冲击力、作品情感。

1）聚焦构图

聚焦构图即指多个物体聚焦在一点的构图方式，会产生刺激、冲击的画面效果。

2）对称构图

对称构图是最常见的构图方式，是指画面的上下对称或左右对称，会产生较为平衡的画面效果。

3）曲线构图

曲线构图是指画面中的主体物以曲线的位置划分，可以让画面产生唯美的效果。

4）对角线构图

水平线构图给人一种静态的、平静的感觉，而倾斜的对角线构图给人一种戏剧的感觉。

5）黄金分割构图

黄金比又称黄金律，是指事物各部分间有一定的数学比例关系，即将整体一分为二，较大部分占据整体的 61.8%。

6）三角形构图

三角形构图是指以三个视觉中心为景物的主要位置，形成一个稳定的三角形，给人一种稳定、平稳的感觉。

5.2 标准摄影机

3ds Max 的标准摄影机共分为 3 种类型——物理摄影机、目标摄影机和自由摄影机。摄影机可以从特定的观察点来观察场景，模拟真实世界中的静止图像、运动图像或视频，并能够制作某些特殊的效果，如景深和运动模糊等。本节主要介绍摄影机的相关基本知识与实际应用操作等。

5.2.1 物理摄影机

物理摄影机可模拟用户熟悉的真实摄影机设置，例如快门速度、光圈、景深和曝光等。物理摄影机借助增强的控件和额外的视口内反馈，让创建逼真的图像和动画变得更加容易。它将场景的帧设置与曝光控制和其他效果集成在一起，是用于真实照片级渲染的最佳摄影机类型。

1. 基本参数

物理摄影机的“基本”参数面板如图 5-1 所示，其中各个参数的含义介绍如下。

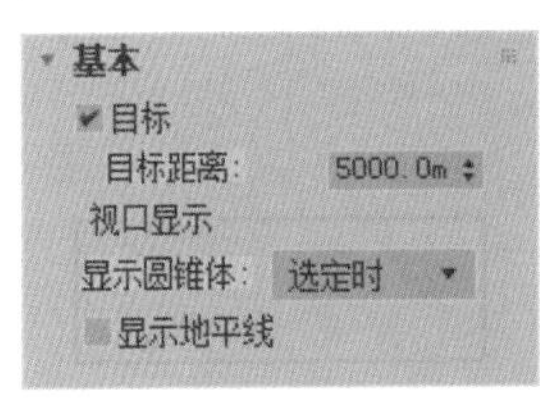

图 5-1

- ◎ 目标：默认开启，启用该选项后，摄影机包括目标对象，并与目标摄影机的行为相似。
- ◎ 目标距离：设置目标与焦平面之间的距离，会影响聚焦、景深等。
- ◎ 显示圆锥体：在显示摄影机圆锥体时，有“选定时”“始终”或“从不”3 种方式。
- ◎ 显示地平线：启用该选项后，地平线在摄影机视口中显示为水平线（假设摄影机帧包括地平线）。

2. 物理摄影机参数

“物理摄影机”参数面板如图 5-2 所示，各个参数的含义如下。

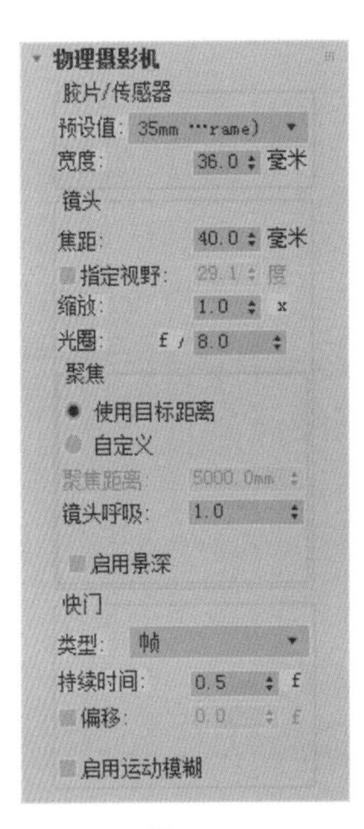

图 5-2

- ◎ 预设值：选择胶片模型或电荷耦合传感器。选项包括 35mm 胶片，以及多种行业标准专业设置。每个设置都有其默认宽度值。“自定义”选项用于选择任意宽度。
- ◎ 宽度：可以手动调整帧的宽度。
- ◎ 焦距：设置镜头的焦距，默认值为 40mm。
- ◎ 指定视野：启用该选项时，可以设置新的视野值。默认的视野值取决于所选的胶片 / 传感器“预设值”。
- ◎ 缩放：在不更改摄影机位置的情况下缩放镜头。
- ◎ 光圈：将光圈设置为光圈数，或“F 制光圈”。此值将影响曝光和景深。光圈值越低，光圈越大且景深越窄。
- ◎ 镜头呼吸：通过将镜头向焦距方向移动或远离焦距方向来调整视野。值为 0.0 表示禁用此效果。
- ◎ 启用景深：启用该选项时，摄影机在不等于焦距的距离上生成模糊效果。景深效果的强度基于光圈设置。
- ◎ 类型：选择测量快门速度使用的单位，“帧”（默认设置）通常用于计算机图形；“分”或“分秒”通常用于静态摄影；“度”通常用于电影摄影。

◎ 持续时间：根据所选的单位类型设置快门速度。该值可能影响曝光、景深和运动模糊。
◎ 偏移：启用该选项时，指定相对于每帧的开始时的快门打开时间，更改此值会影响运动模糊。
◎ 启用运动模糊：启用该选项后，摄影机可以生成运动模糊效果。

3. 曝光参数

“曝光”参数面板如图 5-3 所示，各个参数的含义如下。

◎ 曝光控制已安装：单击以使物理摄影机曝光控制处于活动状态。
◎ 手动：通过 ISO 值设置曝光增益。当此选项处于活动状态时，通过此值、快门速度和光圈设置计算曝光。该数值越高，曝光时间越长。
◎ 目标：设置与三个摄影曝光值的组合相对应的单个曝光值。每次增加或降低 EV 值，也会相应减少或增加有效的曝光。因此，值越高，生成的图像越暗；值越低，生成的图像越亮。默认设置为 6.0。
◎ 光源：按照标准光源设置色彩平衡。
◎ 温度：以色温形式设置色彩平衡，以开尔文度表示。
◎ 自定义：用于设置任意色彩平衡。单击色样以打开“颜色选择器”，可以从中设置希望使用的颜色。
◎ 启用渐晕：启用时，渲染模拟在胶片平面边缘出现的变暗效果。
◎ 数量：增加此数量可以增加渐晕效果。

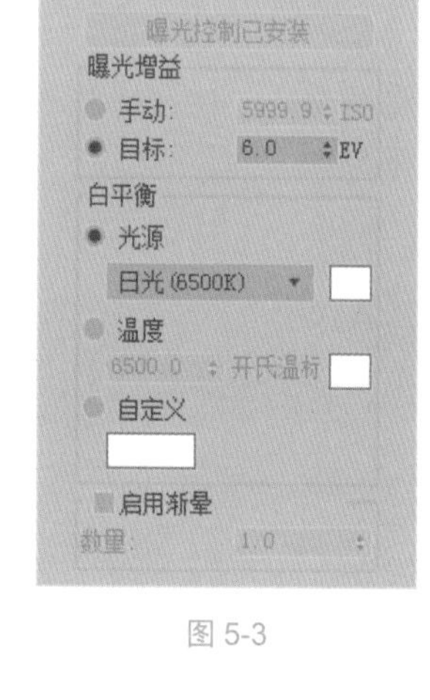

图 5-3

4. 散景（景深）参数

“散景（景深）”参数面板如图 5-4 所示，各个参数的含义如下。

◎ 圆形：散景效果基于圆形光圈。
◎ 叶片式：散景效果使用带有边的光圈。使用“叶片”值设置每个模糊圈的边数，使用“旋转”值设置每个模糊圈旋转的角度。
◎ 自定义纹理：使用贴图来用图案替换每种模糊圈。将纹理映射到与镜头纵横比相匹配的矩形，会忽略纹理的初始纵横比。
◎ 中心偏移（光环效果）：使光圈透明度向中心（负值）或边（正值）偏移。正值会增加对焦区域的模糊量，而负值会减小模糊量。
◎ 光学渐晕（CAT 眼睛）：通过模拟猫眼效果使帧呈现渐晕效果。
◎ 各向异性（失真镜头）：通过垂直（负值）或水平（正值）拉伸光圈模拟失真镜头。

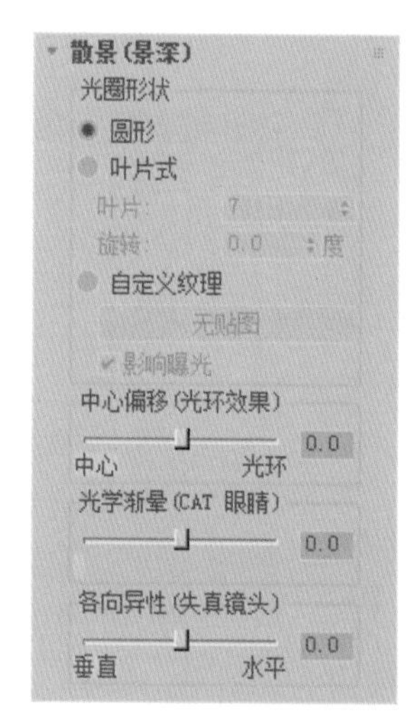

图 5-4

■ 实例：创建物理摄影机

物理摄影机是比较常用的摄影机，它由摄影机和目标点组成，下面介绍物理摄影机的创建方法。

Step01 打开“创建物理摄影机”素材文件，如图 5-5 所示。

Step02 执行“创建”|“摄影机”|“标准”命令，在“对象类型”卷展栏中单击“物理”按钮，如图 5-6 所示。

Step03 在顶视图中创建物理摄影机，如图 5-7 所示。

Step04 调整摄影机角度，如图 5-8 所示。

图 5-5

图 5-6

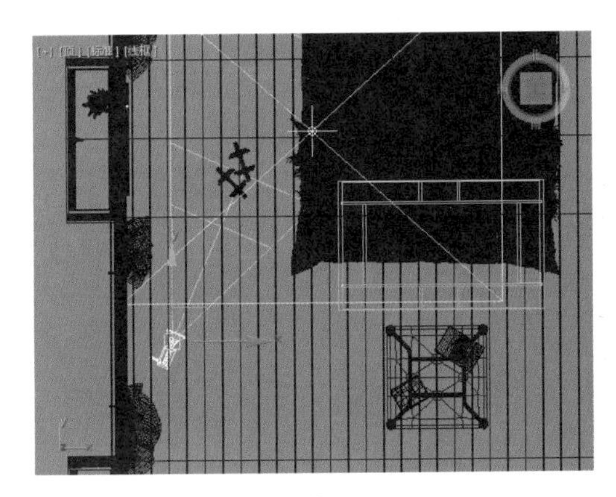

图 5-7

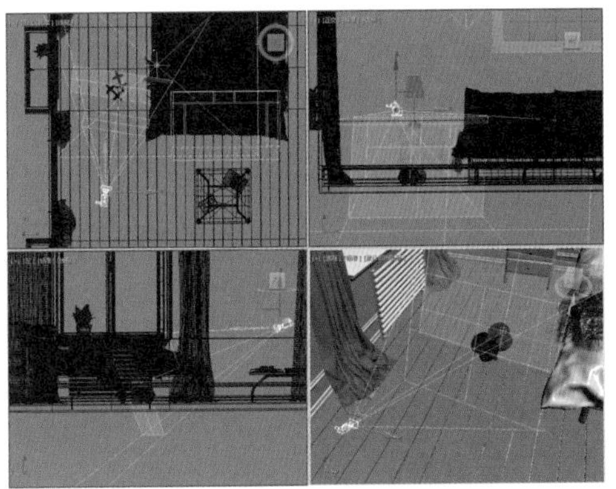

图 5-8

Step05 切换到透视视口，再按 C 键切换到摄影机视口，如图 5-9 所示。

Step06 渲染摄影机视角，渲染效果如图 5-10 所示。

图 5-9

图 5-10

Step07 在“物理摄影机”卷展栏中调整“焦距”值为 47 毫米，如图 5-11 所示。

Step08 此时摄影机视口如图 5-12 所示。焦距越大，镜头越近。

Step09 在“物理摄影机”卷展栏中勾选“启用景深”复选框，如图 5-13 所示。

Step10 在“散景（景深）”卷展栏中设置“中心偏移（光环效果）”为 100，“光学渐晕（CAT 眼睛）”

为 3，如图 5-14 所示。

Step11 渲染摄影机视口，效果如图 5-15 所示。可以看到中心较清楚，边缘模糊。

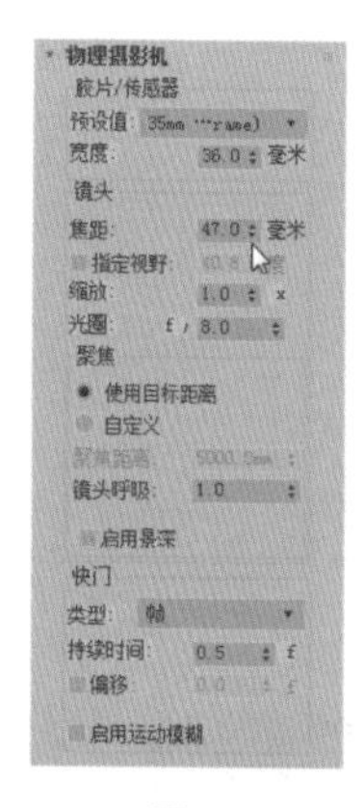

图 5-11

图 5-12

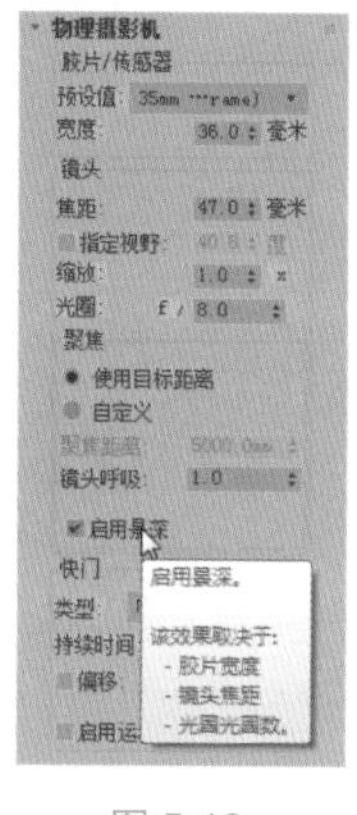

图 5-13

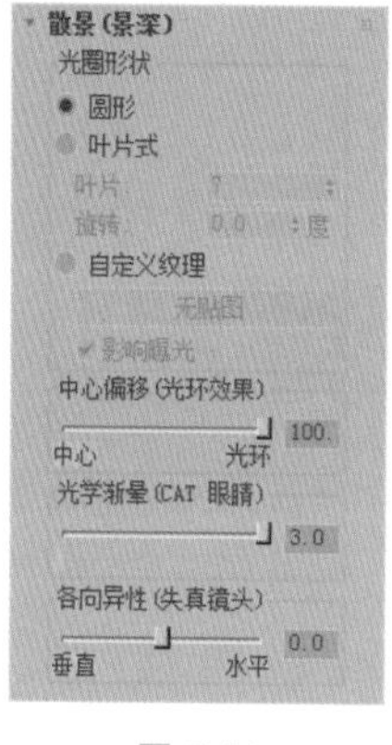

图 5-14

图 5-15

Step12 在“散景（景深）”卷展栏中设置“中心偏移（光环效果）”为 0，“光学渐晕（CAT 眼睛）”为 3，如图 5-16 所示。

Step13 渲染摄影机视口，效果如图 5-17 所示。这里不做最终效果渲染，用户可亲自调试各个参数，这样才能真正了解参数的意义，才能做出更优秀的作品。

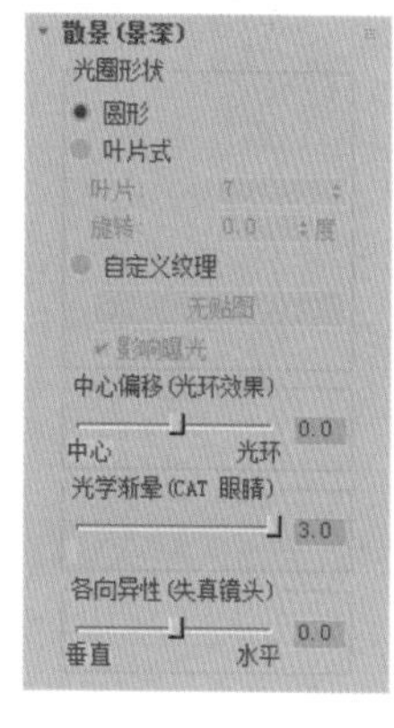

图 5-16

图 5-17

5.2.2 目标摄影机

目标摄影机用于观察目标点附近的场景内容，常用于目标固定、视角有待改变的情况，它有摄影机、目标两部分，可以很容易地进行单独控制调整，并分别设置动画。

1. 常用参数

摄影机的常用参数主要包括镜头的选择、视野的设置、大气范围和裁剪范围的控制等，如图 5-18 所示为摄影机对象相应的“参数”面板。

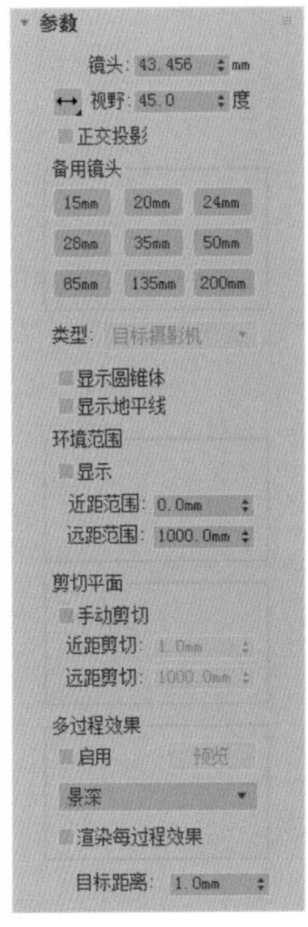

图 5-18

“参数”面板中各个参数的含义如下。

◎ 镜头：以毫米为单位设置摄影机的焦距。

◎ 视野：用于决定摄影机查看区域的宽度，可以通过水平、垂直或对角线这 3 种方式测量应用。

◎ 正交投影：启用该选项后，摄影机视图为用户视图；关闭该选项后，摄影机视图为标准的透视图。

◎ 备用镜头：该选项组用于选择各种常用预置镜头。

◎ 类型：切换摄影机的类型，包含“目标摄影机”和“自由摄影机”两种。

◎ 显示圆锥体：显示摄影机视野定义的锥形光线。

◎ 显示地平线：在摄影机中的地平线上显示一条深灰色的线条。

◎ 显示：显示出摄影机锥形光线内的矩形。

◎ 近距范围 / 远距范围：设置大气效果的近距范围和远距范围。

◎ 手动剪切：启用该选项，可以定义剪切的平面。

◎ 近距剪切 / 远距剪切：设置近距和远距平面。

◎ 多过程效果：该选项组中的参数主要用来设置摄影机的景深和运动模糊效果。

◎ 目标距离：当使用目标摄影机时，设置摄影机与其目标之间的距离。

2. 景深参数

景深是多重过滤效果，通过模糊到摄影机焦点某距离处的帧的区域，使图像焦点之外的区域产生模糊效果。

景深的启用和控制，主要在摄影机参数面板的“景深参数”卷展栏中进行设置，如图 5-19 所示，各个参数的含义如下。

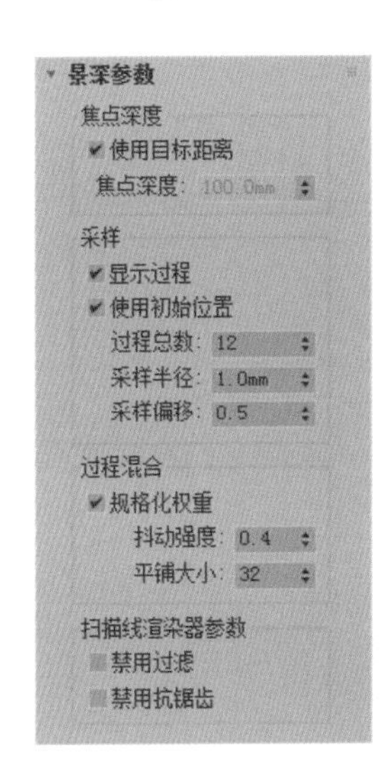

图 5-19

◎ 使用目标距离：启用该选项后，系统会将摄影机的目标距离作为每个过程偏移摄影机的点。

◎ 焦点深度：当关闭“使用目标距离”选项后，该选项可以用来设置摄影机的偏移深度。

◎ 显示过程：启用该选项后，“渲染帧窗口”对话框中将显示多个渲染通道。

◎ 使用初始位置：启用该选项后，第一个渲染过程将位于摄影机的初始位置。

◎ 过程总数：设置生成景深效果的过程数。增大该值可以提高效果的真实度，但是会增加渲染时间。

◎ 采样半径：设置生成的模糊半径。数值越大，模糊越明显。

◎ 采样偏移：设置模糊靠近或远离“采样半径”的权重。增加该值将增加景深模糊的数量级，从而得到更加均匀的景深效果。
◎ 规格化权重：启用该选项后，可以产生平滑的效果。
◎ 抖动强度：设置应用于渲染通道的抖动程度。
◎ 平铺大小：设置图案的大小。
◎ 禁用过滤：启用该选项后，系统将禁用过滤的整个过程。
◎ 禁用抗锯齿：启用该选项后，可以禁用抗锯齿功能。

3. 运动模糊参数

运动模糊可以通过模拟实际摄影机的工作方式，增强渲染动画的真实感。摄影机有快门速度，如果在打开快门时物体出现明显的移动情况，胶片上的图像将变模糊。

在摄影机的参数面板中选择“运动模糊”选项时，会打开相应的参数卷展栏，用于控制运动模糊效果，如图 5-20 所示，各个选项的含义如下。

◎ 显示过程：启用该选项后，“渲染帧窗口”对话框中将显示多个渲染通道。
◎ 过程总数：用于生成效果的过程数。增加此值可以增加效果的精确性，但渲染时间会更长。
◎ 持续时间：用于设置在动画中将应用运动模糊效果的帧数。
◎ 偏移：设置模糊的偏移距离。
◎ 抖动强度：用于控制应用于渲染通道的抖动程度，增加此值会增加抖动量，且生成颗粒状效果，在对象的边缘上尤其明显。
◎ 瓷砖大小：设置图案的大小。

图 5-20

5.2.3 自由摄影机

自由摄影机在摄影机指向的方向查看区域，与目标摄影机非常相似，就像“目标聚光灯”和“自由聚光灯”的区别。不同的是自由摄影机比目标摄影机少了一个目标点，自由摄影机由单个图标表示，可以更轻松地设置摄影机动画。

实例：为客厅场景创建摄影机

自由摄影机没有目标点，方便调整摄影机的位置即角度，创建方法和物理摄影机的创建方法相似，下面将介绍具体操作。

Step01 打开“摄影机”素材文件，如图 5-21 所示。

Step02 在“创建”命令面板中执行“摄影机”|“标准”命令，在“对象类型”卷展栏单击“自由”按钮，如图 5-22 所示。

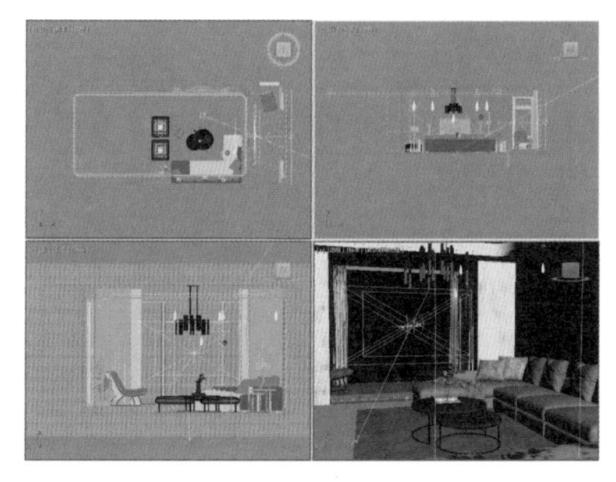

图 5-21

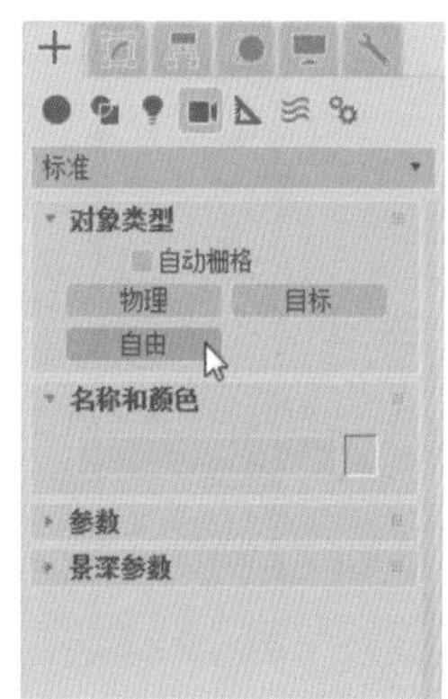

图 5-22

Step03 在顶视图中创建自由摄影机，如图 5-23 所示。

Step04 调整摄影机角度，如图 5-24 所示。

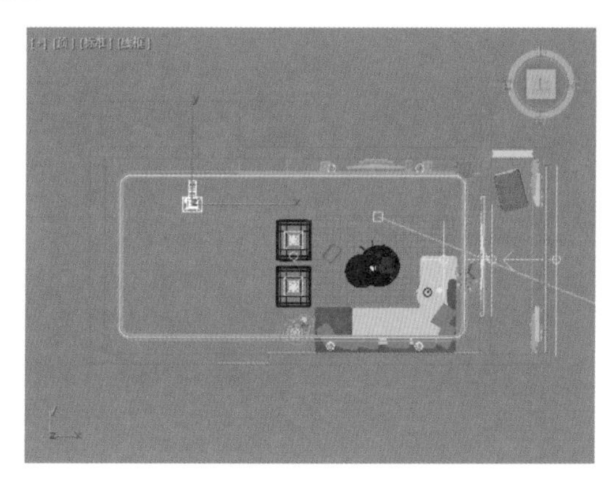

图 5-23

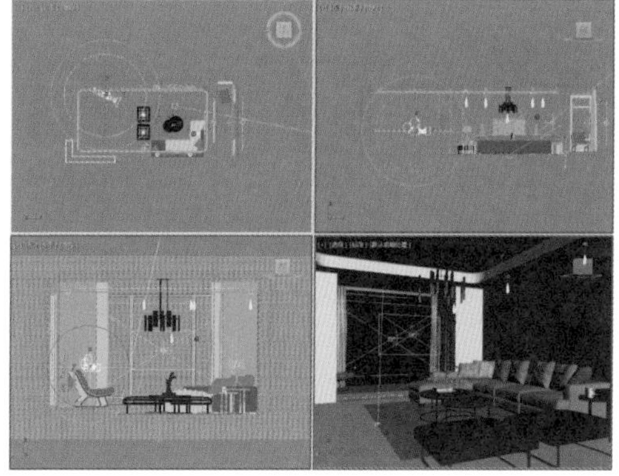

图 5-24

Step05 切换到透视视口，再按 C 键切换到摄影机视口，如图 5-25 所示。

Step06 在其“参数”卷展栏中调整摄影机“镜头”为 35mm，如图 5-26 所示。

图 5-25

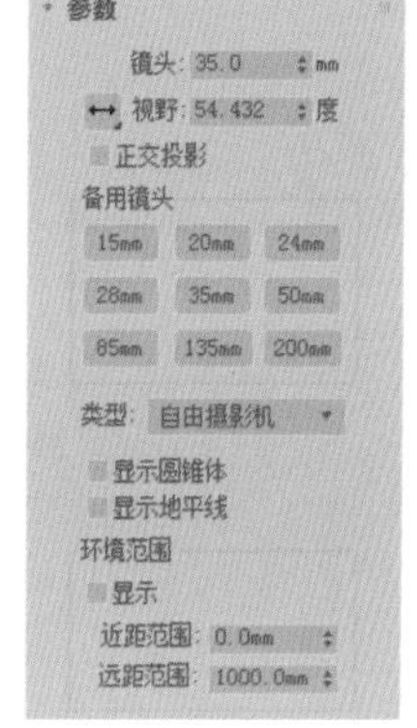

图 5-26

Step07 渲染摄影机视角，效果如图 5-27 所示。

图 5-27

5.3 VRay 摄影机

VRay 摄影机是安装了 VRay 渲染器后新增加的一种摄影机，本节将对其相关知识进行简单介绍。VRay 渲染器提供了 VRay 穹顶摄影机。

VRay 穹顶摄影机通常被用于渲染半球圆顶效果，它的参数设置面板如图 5-28 所示。

图 5-28

◎ 翻转 X：使渲染的图像在 X 轴上进行翻转。

◎ 翻转 Y：使渲染的图像在 Y 轴上进行翻转。

◎ FOV：设置视角的大小。

ACAA课堂笔记

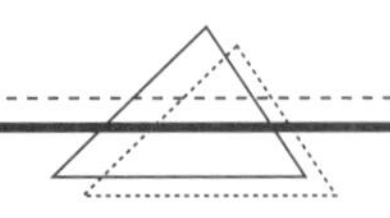

综合实战：为茶室场景创建摄影机

这里将通过实例来介绍创建摄影机的过程，操作步骤如下。

Step01 打开“茶室场景”素材文件，如图 5-29 所示。

Step02 在“创建”命令面板中单击“目标”按钮，如图 5-30 所示。

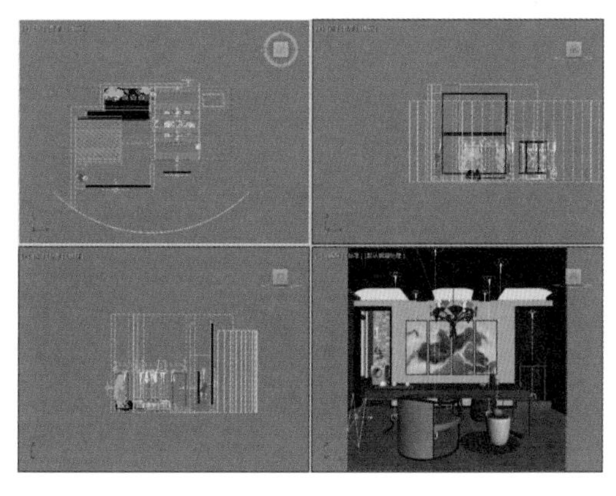

图 5-29

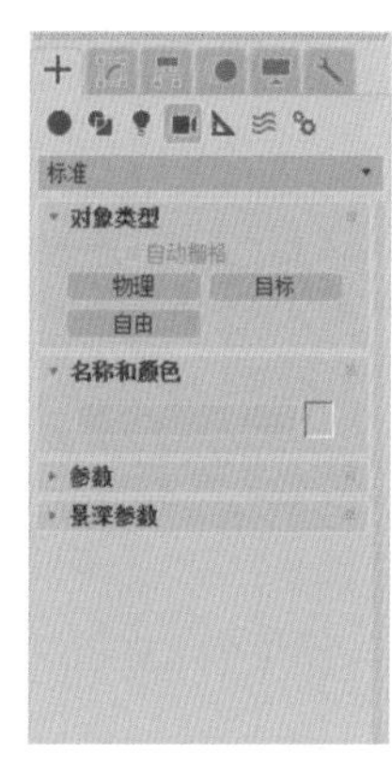

图 5-30

Step03 在顶视图中创建一个目标摄影机，如图 5-31 所示。

Step04 设置摄影机“镜头”参数为 35mm，如图 5-32 所示。

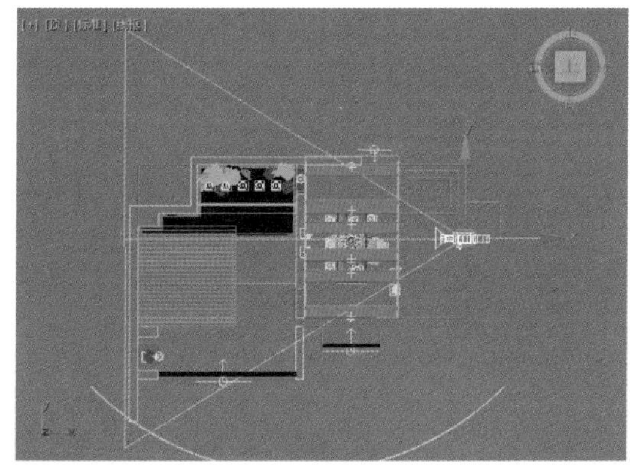

图 5-31

图 5-32

Step05 通过多个视口调整摄影机位置及角度，如图 5-33 所示。

Step06 切换到摄影机视口，如图 5-34 所示。

ACAA课堂笔记

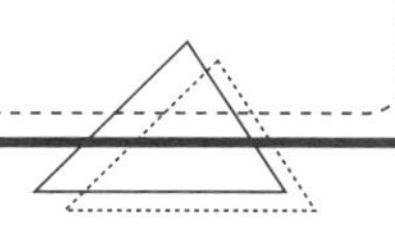

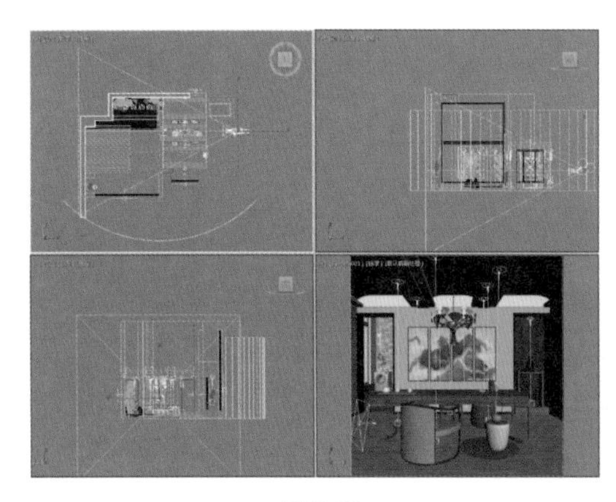

图 5-33

图 5-34

Step07 尝试调整“镜头”参数，观察摄影机视图变化。将“镜头”参数设置为 50mm，可以清楚看到随着“镜头”参数值变大，视图内物品变少，如图 5-35 所示。

Step08 “镜头”参数设置为 35mm，渲染摄影机视图，最终渲染效果如图 5-36 所示。

图 5-35

图 5-36

ACAA课堂笔记

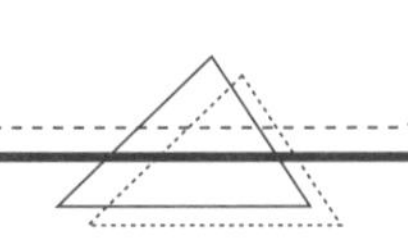

课后作业

一、选择题

（1）以下属于 3dx Max 自带的摄影机类型的是（ ）。

A. 动画摄影机　　B. 目标摄影机　　C. 自动摄影机　　D. 漫游摄影机

（2）（ ）控制渲染图片亮暗。数值越大，表示感光系数越大，图片也就越暗。

A. 胶片规格　　B. 焦距　　C. 快门速度　　D. 胶片速度

（3）当自己精心设计的对象在放入场景后，发现造型失真或物体间的边界格格不入，其原因可能是（ ）。

A. 三维造型错误　　B. 忽视了灯光环境与摄影机

C. 材质不是很好　　D. 以上说法都不正确

（4）从以下对应的快捷键中选出不正确的选项（ ）。

A. 移动工具 W　　B. 材质编辑器 M

C. 相机视图 C　　D. 角度捕捉 S

（5）在摄影机参数中，定义摄影机在场景中所看到的区域的参数是（ ）。

A. 视野　　B. 正交投影　　C. 近距剪切　　D. 远距剪切

二、填空题

（1）在 3ds Max 中，________ 是对象变换的一种方式，它像一个快速的照相机，将运动的物体拍摄下来。

（2）在摄影机参数中，可用于控制镜头尺寸大小的是 ________ 和 ________。

（3）默认情况下，摄像机移动时以 ________ 为基准。

（4）相机默认的镜头长度是 ________。

三、操作题

通过本章学习的知识，利用目标摄影机制作景深效果，效果如图 5-37 和图 5-38 所示。

图 5-37

图 5-38

操作提示：

Step01 为场景创建目标摄影机，渲染场景，观察正常视角下的效果。

Step02 在参数面板中开启景深效果，设置采样半径等参数，再渲染场景。

第6章 渲染参数设置

内容导读

在 3ds Max 中，效果图需要渲染才能看到最终效果。当然，渲染不仅仅是单击渲染按钮这么简单，还需要进行适当的参数设置，使渲染的速度和质量都达到我们的需求。

本章将全面讲解渲染的相关知识，如渲染命令、渲染类型以及各种渲染的设置。同时，还将对 VRay 渲染器的应用进行详细讲解。通过对本章内容的学习，读者可以掌握有关渲染的操作方法与技巧。

学习目标

- 掌握渲染器的类型
- 掌握 3ds Max 默认渲染器的设置
- 掌握 VRay 渲染器的设置

6.1 认识渲染器

渲染器可以通过设置不同的参数，达到不同的渲染效果。渲染器技术相对比较简单，用户只要熟练使用其中一款或两款渲染器，就能够完成较为优秀的作品。

渲染器的类型很多。3ds Max 自带了多种渲染器，分别是 Quicksilver 硬件渲染器、ART 渲染器、扫描线渲染器和 VUE 文件渲染器。除此之外，还有一些外置的渲染器插件，比如 VRay 渲染器、Arnold 渲染器等，如图 6-1 所示。

1）Arnold

Arnold 渲染器是用于电影动画渲染，渲染速度比较慢，品质高。

2）ART 渲染器

ART 渲染器全称 Artlantis 渲染器。Artlantis 是法国 Advent 公司的重量级渲染引擎，也是 SketchUp 的一个天然渲染伴侣，它是用于渲染建筑室内和室外场景的专业软件。

3）Quicksilver 硬件渲染器

Quicksilver 硬件渲染器使用图形硬件生成渲染，其优点就是速度快，默认设置提供快速渲染。

4）VUE 文件渲染器

VUE 文件渲染器可以创建 VUE 文件，该文件使用可编辑的 ASCII 格式。

图 6-1

5）扫描线渲染器

扫描线渲染器是一种多功能渲染器，可以将场景渲染为从上到下生成的一系列扫描线。扫描线渲染器的渲染速度是最快的，但是真实度效果一般。

6）VRay 渲染器

VRay 渲染器是渲染效果相对比较优质的渲染器，也是本书重点讲解的渲染器。

6.2 渲染帧窗口

在 3ds Max 中进行渲染，都是通过渲染帧窗口来查看和编辑渲染结果的。要渲染的区域也在“渲染帧窗口”中设置，如图 6-2 所示。

◎ 保存图像：单击该按钮，可保存在渲染帧窗口中显示的渲染图像。

◎ 复制图像：单击该按钮，可将渲染图像复制到系统后台的剪切板中。

◎ 克隆渲染帧窗口：单击该按钮，将创建另一个包含显示图像的渲染帧窗口。

◎ 打印图像：单击该按钮，可调用系统打印机打印当前渲染图像。

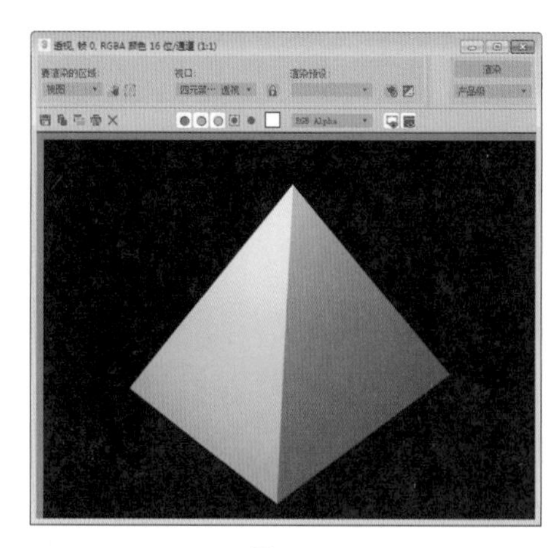

图 6-2

◎ 清除：单击该按钮，可将渲染图像从渲染帧窗口中删除。

◎ 颜色通道：可控制红、绿、蓝以及单色和灰色等颜色通道的显示。

◎ 切换 UI 叠加：激活该按钮后，当使用渲染范围类型时，可以在渲染帧窗口中渲染范围框。

◎ 切换 UI：激活该按钮后，将显示渲染的类型、视口的选择等功能面板。

6.3 默认渲染器的设置

在“渲染设置”对话框中，可以对渲染工作流程进行全局控制，如更换渲染器、控制渲染内容等，同时还可以对默认的扫描线渲染器进行相关设置。

在“选项”选项组中，可以控制场景中的具体元素如大气效果，或者隐藏几何体对象等是否参与渲染。相关的参数面板，如图 6-3 所示。

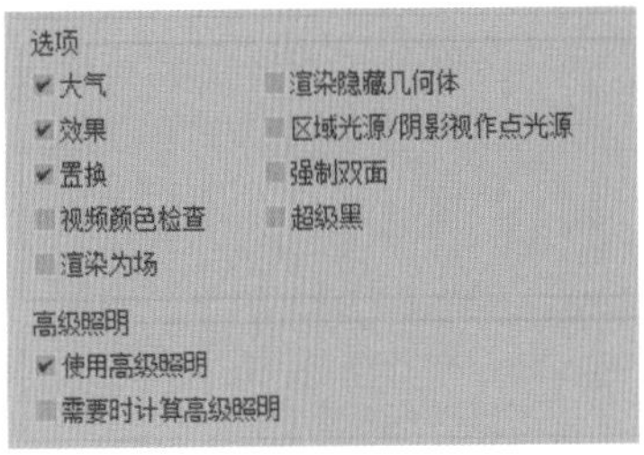

选项
大气
效果
置换
视频颜色检查
渲染为场
渲染隐藏几何体
区域光源/阴影视作点光源
强制双面
超级黑
高级照明
使用高级照明
需要时计算高级照明

图 6-3

◎ 大气：勾选该复选框，将渲染所有应用的大气效果。

◎ 效果：勾选该复选框，将渲染所有应用的渲染效果。

◎ 置换：勾选该复选框，将渲染所有应用的置换贴图。

◎ 视频颜色检查：勾选该复选框，可检查超出 NTSC 或 PAL 安全阈值的像素颜色，标记这些像素颜色并将其改为可接受的值。

◎ 渲染为场：勾选该复选框，为视频创建动画时，将视频渲染为场。

◎ 渲染隐藏几何体：勾选该复选框，将渲染包括场景中隐藏几何体在内的所有对象。

◎ 区域光源 / 阴影视作点光源：勾选该复选框，将所有的区域光源或阴影当作是从点对象所发出的进行渲染。

◎ 强制双面：勾选该复选框，可渲染所有曲面的两个面。

◎ 超级黑：勾选该复选框，可以限制用于视频组合的渲染几何体的暗度。

知识点拨

渲染文件的保存

在完成渲染后保存文件时，只能将其保存为各种位图格式。如果保存为视频格式，将只有一帧的图画。

6.4 VRay 渲染器

VRay 渲染器是最常用的外挂渲染器之一，支持的软件偏向于建筑和表现行业，如 3ds Max、SketchUp、Rhino 等软件。VRay 渲染器的特点是渲染速度快、渲染质量高。

VRay 渲染器是模拟真实光照的一个全局光渲染器，无论是静止画面还是动态画面，其真实性和可操作性都让用户为之惊讶。它能对照明仿真，以帮助做图者完成如照片般的图像；它可以完成高级的光线追踪，以表现出表面光线的散射效果，动作的模糊化；除此之外，VRay 渲染器还能带给用户很多让人惊叹的功能，它极快的渲染速度和较高的渲染质量，吸引了全世界的众多用户。

VRay 渲染器设置面板中主要包括公用、V-Ray、GI、设置和 Render Elements 共 5 个选项卡，如图 6-4 所示。

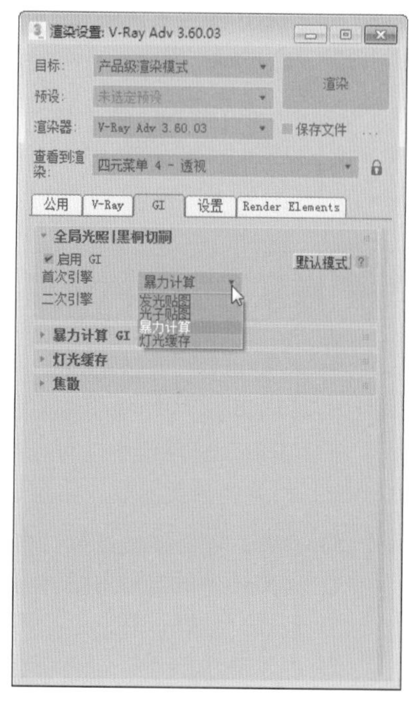

图 6-4

1. VRay 渲染器

VRay 使用全局照明的算法对场景进行多次光线照明传播。它使用不同的全局光照引擎，计算不同类型的场景，使渲染质量和渲染速度能达到理想的平衡。全局光照引擎介绍如下。

◎ 发光贴图：该全局光照引擎基于发光缓存技术，计算场景中某些特定点的间接照明，然后对其他点进行差值计算。

◎ 光子贴图：这是基于追踪从光源发射出来，并能在场景中来回反弹的光子，特别适用于存在大量灯光和较少窗户的室内或半封闭场景。

◎ 暴力计算：直接对每个着色点进行独立计算，虽然很慢，但这种引擎非常准确，特别适用于有许多细节的场景。

◎ 灯光缓存：建立在追踪摄影机可见的光线路径基础上，每次光线反弹都会储存照明信息；与光子贴图类似，但具有更多的优点。

知识点拨

使用 VRay 渲染器渲染场景，需要同时使用 VRay 的灯光和材质，才能达到最理想的效果。

2. VRay 灯光

VRay 支持 3ds Max 的大多数灯光类型，但渲染器自带的 VRayLight 是 VRay 场景中最常用的灯光类型，该灯光可以作为球体、半球和面状发射光线。VRay 灯光的面积越大、强度越高、距离对象越近，对象的受光越多。

知识点拨

关于灯光的介绍

灯光的一种理论是将灯光看作称为光子的离散粒子，光子从光源发出直到遇到场景中的某一曲面，根据曲面的材质，一些光子被吸收，而另一些光子则被散射回环境中。

3. VRay 材质

VRay 材质通过颜色来决定对光线的反射和折射程度，同时也提供了多种材质类型和贴图，使渲染后的场景效果在细节上的表现更完美。

6.4.1 控制选项

在“渲染设置”对话框的顶部会有一些控制选项，如目标、预设、渲染器以及查看到渲染，它们可应用于所有渲染器，具体功能介绍如下。

1. “目标”下拉列表

该选项用于选择不同的渲染模式，如图 6-5 所示。

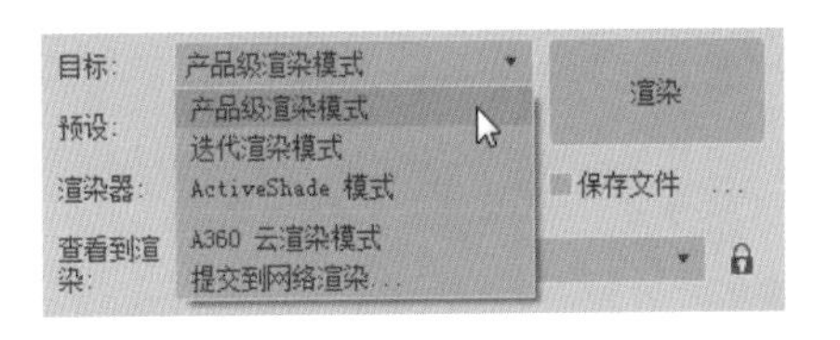

图 6-5

◎ 产品级渲染模式（默认设置）：当处于活动状态时，单击“渲染”按钮可使用产品级模式。

◎ 迭代渲染模式：当处于活动状态时，单击“渲染”按钮可使用迭代模式。

◎ ActiveShade 模式：当处于活动状态时，单击“渲染”按钮可使用 ActiveShade。

◎ A360 云渲染模式：打开 A360 云渲染的控制。

◎ 提交到网络渲染：将当前场景提交到网络渲染。选择此选项后，3ds Max 将打开“网络作业分配”对话框。此选择不影响“渲染”按钮本身的状态，仍可以使用“渲染”按钮启动产品级、迭代或 ActiveShade 渲染。

2. “预设”下拉列表

用于选择预设渲染参数集，以及加载或保存渲染参数设置。

3. “渲染器”下拉列表

可以选择处于活动状态的渲染器，这是“指定渲染器”卷展栏的一种替代方法。

4. “查看到渲染”下拉列表

当单击“渲染”按钮时，将显示渲染的视口。要指定渲染的不同视口，可从该列表中选择所需视口，或在主用户界面中将其激活。该下拉列表中包含所有视口布局中可用的视口，每个视口都先列出了布局名称，如图 6-6 所示。如果“锁定到视口”处于关闭状态，则激活主界面中不用的视口会自动更新该设置。

若启用“锁定到视口”时，则会将视图锁定到“视口”列表中显示的一个视图，从而可以调整其他视口中的场景（这些视口在使用时处于活动状态），然后单击“渲染”按钮即可渲染最初选择的视口；如果仅用此选项，单击“渲染”按钮将始终渲染活动视口。

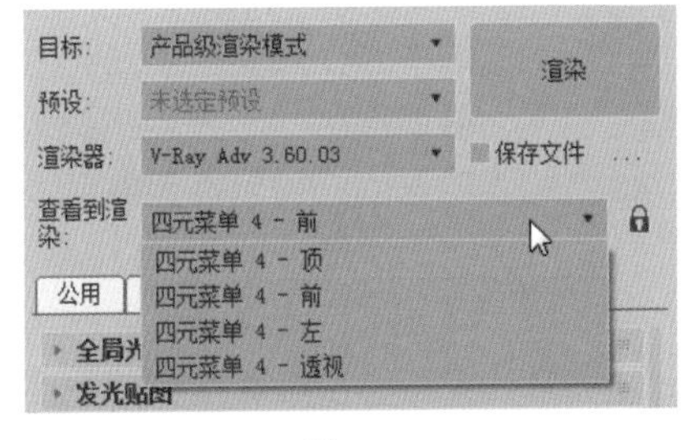

图 6-6

■ 6.4.2 帧缓冲

“帧缓冲”用来设置 VRay 自身的图形帧渲染窗口，可以设置渲染图的大小以及保存渲染图形，其参数界面如图 6-7 所示。具体参数含义介绍如下。

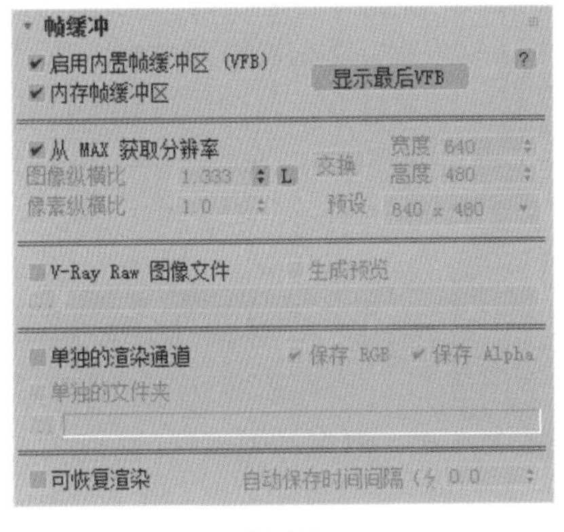

图 6-7

◎ 启用内置帧缓冲区：勾选该复选框时，用户就可以使用 VRay 自身的渲染窗口。同时要注意，应该把 3ds Max 默认的渲染窗口关闭，即把“公用参数”卷展栏下的“渲染帧窗口”功能禁用。

◎ 显示最后 VFB：单击此按钮，可以看到上次渲染的图形。

◎ 内存帧缓冲区：启用此选项时，软件将显示 VRay 帧缓冲器，禁用则不显示。

◎ 从 MAX 获取分辨率：启用时，渲染输出图像的尺寸为 3ds Max 默认设置的尺寸大小。
◎ V-Ray Raw 图像文件：勾选该复选框时，VRay 将图像渲染为 img 格式的文件。
◎ 单独的渲染通道：勾选该复选框后，可以保存 RGB 图像通道或者 Alpha 通道。
◎ 可恢复渲染：勾选该复选框后，可以自动保存渲染的文件。

6.4.3 全局开关

“全局开关”卷展栏主要是对场景中的灯光、材质、置换等进行全局设置，比如是否使用默认灯光、是否打开阴影、是否打开模糊等。其参数面板如图 6-8 所示。

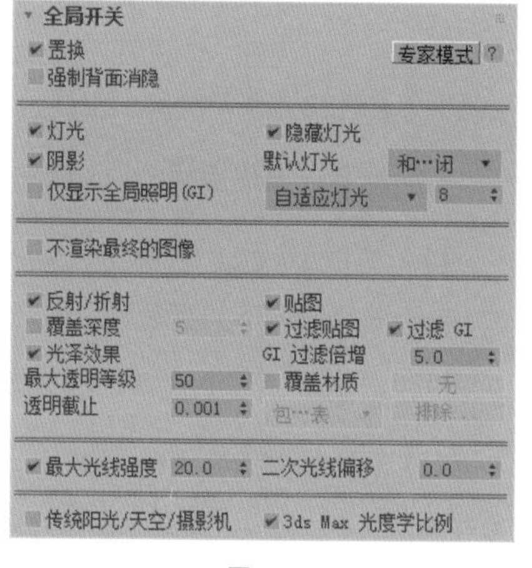

图 6-8

◎ 置换：用于控制场景中的置换效果是否打开。在 VRay 的置换系统中，一共有两种置换方式，一种是材质的置换，另一种是 VRay 置换修改器的方式。当取消勾选该项时，场景中的两种置换都不会有效果。
◎ 强制背面消隐：与“创建对象时背面消隐”选项相似，“强制背面消隐”是针对渲染而言的，勾选该选项后反方向的物体将不可见。
◎ 灯光：勾选此项时，VRay 将渲染场景的光影效果，反之则不渲染。默认为勾选状态。
◎ 默认灯光：选择“开”时，VRay 将会对软件默认提供的灯光进行渲染，选择“关闭全局照明”此项则不渲染。一般为关闭。
◎ 隐藏灯光：用于控制场景是否让隐藏的灯光产生照明。
◎ 阴影：用于控制场景是否产生投影。
◎ 仅显示全局照明：当此选项勾选时，场景渲染结果只显示 GI 的光照效果。尽管如此，渲染过程中也计算了直接光照。
◎ 反射 / 折射：用于控制是否打开场景中材质的反射和折射效果。
◎ 覆盖深度：用于控制整个场景中反射、折射的最大深度，其后面输入框中的数值表示反射、折射的次数。
◎ 光泽效果：是否开启反射或折射模糊效果。
◎ 贴图：不勾选，则模型不显示贴图，只显示漫反射通道内的颜色。
◎ 过滤贴图：这个选项用来控制 VRay 渲染器是否使用贴图纹理过滤。
◎ 过滤 GI：控制是否在全局照明中过滤贴图。
◎ 最大透明等级：控制透明材质被光线追踪的最大深度，值越高，效果越好，速度越慢。
◎ 覆盖材质：用于控制是否给场景赋予一个全局材质。单击右侧按钮，选择一个材质后，场景中所有的物体都将使用该材质渲染。在测试灯光时，这个选项非常有用。
◎ 最大光线强度：控制最大光线的强度。
◎ 二次光线偏移：控制场景中的颜色重面不产生黑斑，一般只给很小的一个值，数给得过大会使 GI（全局照明）变得不正常。

6.4.4 图像采样（抗锯齿）

在 VRay 渲染器中，“图像采样（抗锯齿）”是指采样和过滤的一种算法，并产生最终的像

素数组来完成图形的渲染。VRay 渲染器提供了几种不同的采样算法，尽管会增加渲染时间，但是所有的采样器都支持 3ds Max 2018 的抗锯齿过滤算法。可以在“块”采样器和“渐进”采样器中根据需要选择一种进行使用。该卷展栏用于设置图像采样和抗锯齿过滤器类型，其界面如图 6-9 所示。

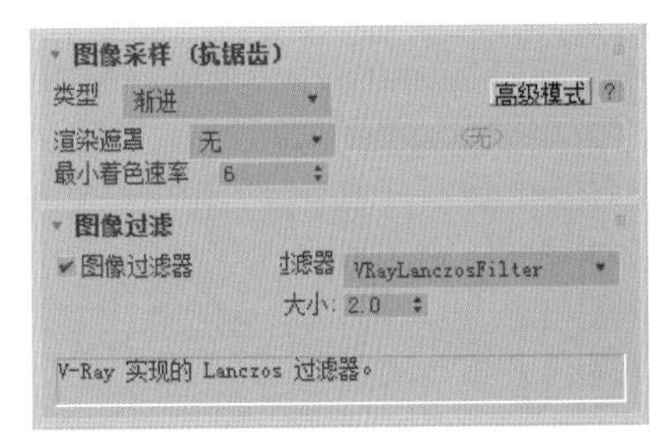

图 6-9

◎ 类型：设置图像采样器的类型，包括“块”“渐进”两种。选择任意一种，下方都会有图像采样器的基本参数设置。
◎ 渲染遮罩：渲染遮罩允许定义计算图像的像素。
◎ 最小着色速率：该选项允许控制投射光线的抗锯齿数目和其他效果，如光泽反射、全局照明、区域阴影等。提高这个数字通常会提高这些效果的质量，而不会影响渲染时间。这个值可以基于每个对象使用细分倍增在 VRay 对象属性上进行修改。
◎ 图像过滤器：启用子像素过滤。当它关闭时，使用内部的 1×1 像素框过滤器。

6.4.5 图像过滤

抗锯齿过滤器可以平滑渲染时产生的对角线或弯曲线条的锯齿状边缘。在最终渲染和需要保证图像质量的样图渲染时，都需要启用该选项。

3ds Max 2018 提供了多种抗锯齿过滤器，如图 6-10 所示。下面介绍常用的过滤器。

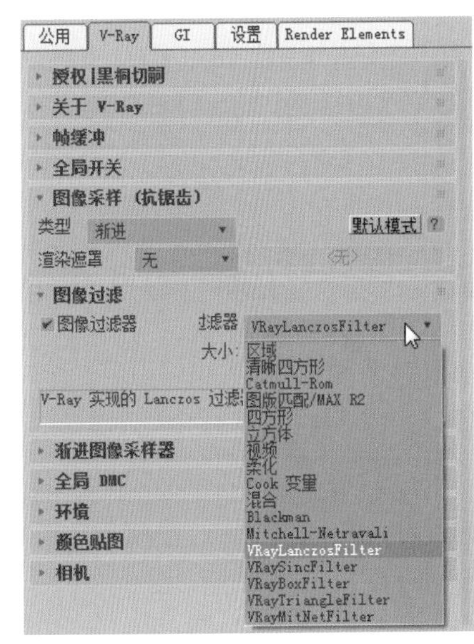

图 6-10

◎ 区域：使用可变大小的区域过滤器来计算抗锯齿。
◎ 清晰四方形：来自 Nelson Max 的清晰 9 像素重组过滤器。
◎ Catmull-Rom：具有轻微边缘增强效果的 25 像素重组过滤器。
◎ 图版匹配 /MAX R2：使用 3ds Max R2.x 的方法（无贴图过滤），将摄影机和场景或无光 / 投影元素与未过滤的背景图像相匹配。
◎ 四方形：基于四方形样条线的 9 像素模糊过滤器。
◎ 立方体：基于立方体样条线的 25 像素模糊过滤器。
◎ 视频：针对 NTSC 和 PAL 视频应用程序进行了优化的 25 像素模糊过滤器。
◎ 柔化：可调整高斯柔化过滤器，用于适度模糊。
◎ Cook 变量：通过大小参数来控制图像的过滤，数值在 1 ～ 2.5 之间时图像较为清晰，数值大于 2.5 后图像较为模糊。
◎ 混合：在清晰区域和高斯柔化过滤器之间混合。
◎ Blackman：清晰但没有边缘增强效果的 25 像素过滤器。
◎ Mitchell-Netravali：两个参数的过滤器，在模糊、圆环化和各向异性之间交替使用。

6.4.6 全局 DMC

“全局 DMC”采样器可以说是 VRay 渲染器的核心，贯穿于每一种“模糊”计算中（抗锯齿、景深、间接照明、面积灯光、模糊反射 / 折射、半透明、运动模糊等），一般用于确定获取什么样的样本，最终哪些样本被光线追踪。与那些使用分散的方法来采样的“模糊”计算不同的是，VRay 渲染器根据一个特定的值，使用一种独特的统一的标准框架来确定有多少以及多精确的样本被获取，这个标准框架就是“全局 DMC”采样器，其参数面板如图 6-11 所示。

- ◎ 锁定噪波图案：将动画的所有帧强制为相同的噪波图案。如果渲染的动画似乎在“下”的噪波图案下移动，设置这个为关闭。
- ◎ 使用局部细分：VRay 将自动计算着色效果的细分。当启用时，材质、灯光、全局照明引擎可以指定自己的细分值。

图 6-11

- ◎ 最小采样：确定在使用早期终止算法之前必须获得的最少样本数量。较高的取值将会减慢渲染速度，但同时会使早期终止算法更可靠。
- ◎ 自适应数量：用于控制重要性采样使用的范围。默认值为 1，表示在尽可能大的范围内使用重要性采样，为 0 时则表示不进行重要性采样。
- ◎ 噪波阈值：在计算一种模糊效果是否足够好的时候，控制 VRay 的判断能力，在最后的结果中直接转化为噪波。较小的值意味着更少的噪波、更多的采样和更高的质量。

6.4.7 环境

它用来开启全局照明环境覆盖设置，其基本参数面板如图 6-12 所示。

- ◎ GI 环境：开启或关闭全局照明环境覆盖，开启后可以设置其环境光的颜色、强度或者添加贴图。
- ◎ 反射 / 折射环境：在反射 / 折射计算过程中使用指定的颜色和纹理。
- ◎ 二次无光环境：使用在反射折射中可见的天光对象指定的颜色和纹理。

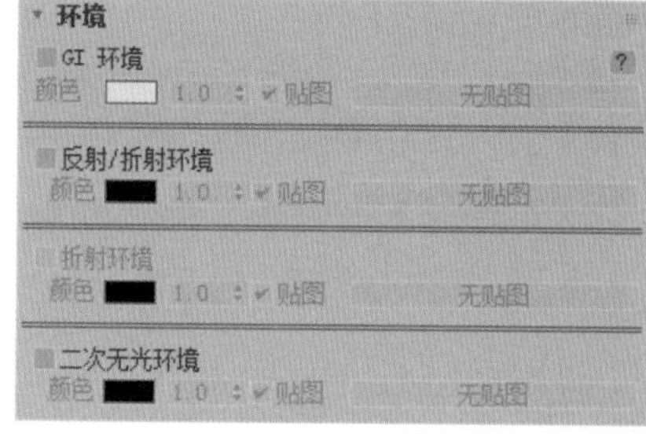

图 6-12

实例：开启 GI 环境

“GI 环境”常用于室外环境中观察物体材质与贴图，尤其是在夜晚室外场景中。

Step01 打开素材文件，如图 6-13 所示。

Step02 切换到摄影机视角，如图 6-14 所示。

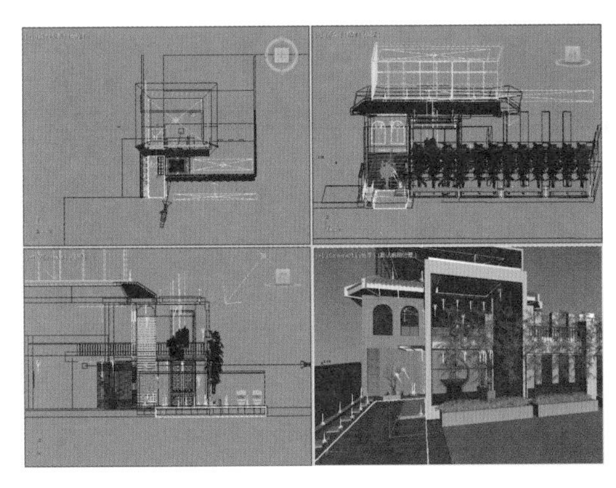

图 6-13

图 6-14

Step03 渲染摄影机视角，效果如图 6-15 所示，此时过道的物体材质看不太清。

Step04 打开“渲染设置”对话框，在“环境”卷展栏勾选“GI 环境”复选框，如图 6-16 所示。

图 6-15

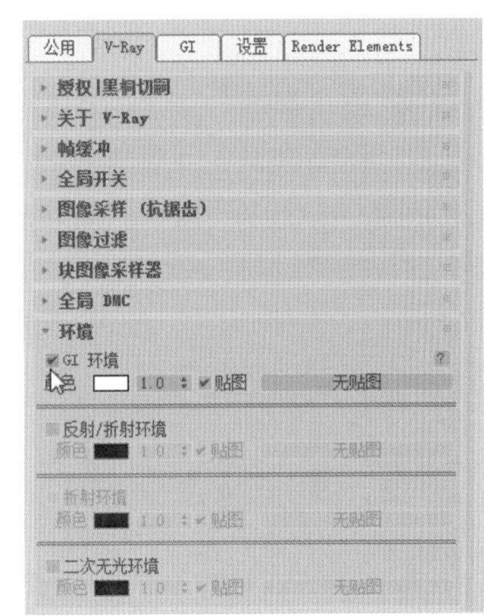

图 6-16

Step05 再次渲染摄影机视角，如图 6-17 所示，此时可以看到效果不够明显。

Step06 设置“GI 环境”的颜色与倍增，如图 6-18 所示。

图 6-17

图 6-18

Step07 颜色设置如图 6-19 所示。

Step08 再次渲染场景，如图 6-20 所示，此时可以很清楚地观察到物体的材质与纹理。

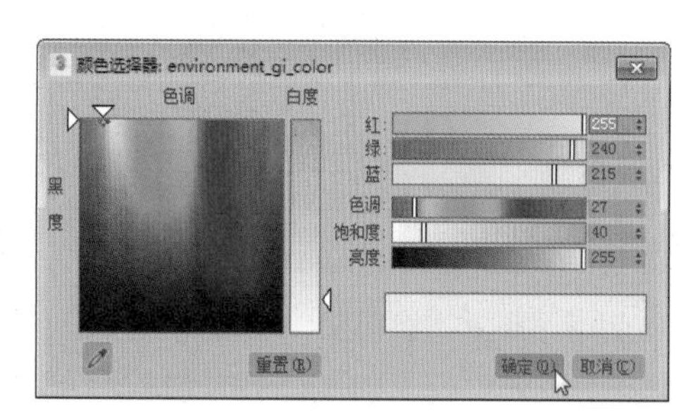

图 6-19

图 6-20

6.4.8 颜色贴图

“颜色贴图”卷展栏中的参数用来控制整个场景的色彩和曝光方式，其参数面板如图 6-21 所示。

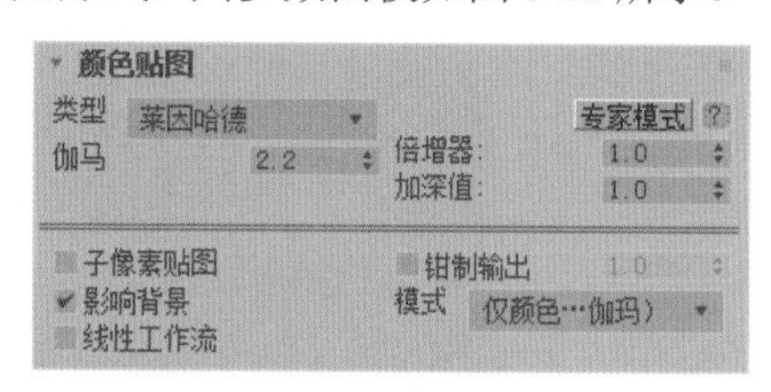

图 6-21

◎ 类型：包括线性叠加、指数、HSV 指数、强度指数、伽马纠正、强度伽马、莱因哈德 7 种模式。

◎ 子像素贴图：勾选该项后，物体的高光区与非高光区的界限处不会有明显的黑边。

◎ 钳制输出：勾选该项后，在渲染图中有些无法表现出来的色彩会通过限制来自动纠正。

◎ 影响背景：控制是否让曝光模式影响背景。当关闭该选项时，背景不受曝光模式的影响。

◎ 线性工作流：该选项就是一种通过调整图像的灰度值，来使得图像得到线性化显示的技术流程。

知识点拨

颜色贴图类型介绍

◎ 线性叠加：这种模式将基于最终色彩亮度来进行线性的倍增，容易产生曝光效果，不建议使用。

◎ 指数：这种曝光采用指数模式，可以降低靠近光源处表面的曝光效果，产生柔和效果。

◎ HSV 指数：与指数相似，不同处在于它可保持场景的饱和度。

◎ 强度指数：这种方式是对上面两种指数曝光的结合，既抑制曝光效果，又保持物体的饱和度。

◎ 伽马纠正：采用伽马来修正场景中的灯光衰减和贴图色彩，其效果和线性倍增曝光模式类似。

◎ 强度伽马：这种曝光模式不仅拥有伽马校正的优点，同时还可以修正场景灯光的亮度。

◎ 莱因哈德：这种曝光方式可以把线性叠加和指数曝光混合起来。

ACAA课堂笔记

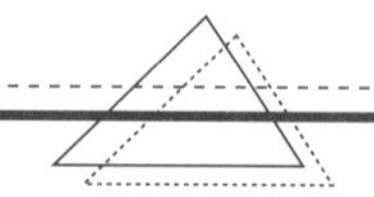

如图 6-22、图 6-23 所示为指数类型渲染效果和莱因哈德类型渲染效果的对比。

图 6-22

图 6-23

6.4.9 全局照明

在对 VRay 渲染器进行修改时，首先要开启全局照明，这样才能得到真实的渲染效果。开启 GI 后，光线会在物体与物体之间互相反弹，因此光线计算会更准确，图像也更加真实，参数设置面板如图 6-24 所示。

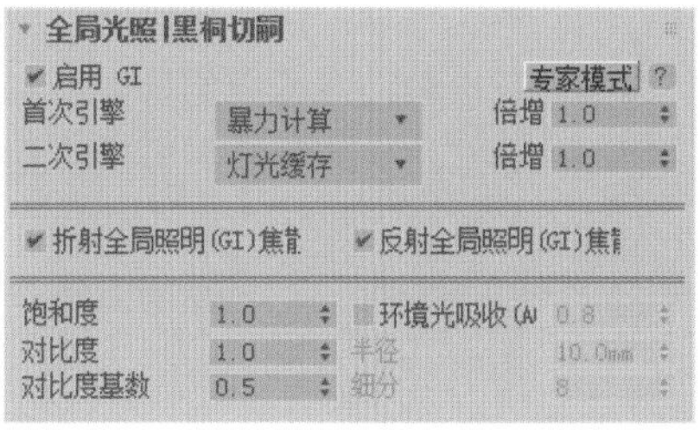

◎ 启用 GI：勾选该选项后，将会开启全局照明效果。

◎ 首次引擎 / 二次引擎：VRay 计算光的方法是真实的，光线发射出来然后进行反弹，再进行反弹。

◎ 倍增：控制“首次反弹”和“二次反弹”的光的倍增值。

◎ 折射全局照明焦散：控制是否开启折射焦散效果。

◎ 反射全局照明焦散：控制是否开启反射焦散效果。

◎ 饱和度：可以控制色溢，降低该数值可以降低色溢效果。

◎ 对比度：控制色彩的对比度。

◎ 对比度基数：控制饱和度和对比度的基数。

◎ 环境光吸收：将环境阻光术语添加到全局照明解决方案。

◎ 半径：控制环境阻光的半径。

◎ 细分：设置环境阻光的细分。

图 6-24

6.4.10 发光贴图

当“全局照明引擎”的类型改为“发光贴图”时，软件便出现“发光图”卷展栏。它描述了三维空间中的任意一点以及全部可能照射到这点的光线。“发光贴图”参数设置面板如图 6-25 所示。

ACAA课堂笔记

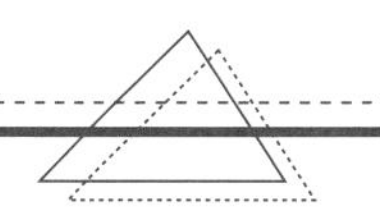

◎ 当前预设：设置发光图的预设类型，共有 8 种，分别是自定义、非常低、低、中、中 - 动画、高、高 - 动画、非常高。

◎ 最小速率 / 最大速率：最小速率控制平滑处的采样。最大速率控制细节处的采样。

◎ 细分：数值越高，表现光线越多，精度也就越高，渲染的品质也越好。

◎ 插值采样：这个参数是对样本进行模糊处理，数值越大，渲染越精细。

◎ 插值帧数：该数值用于控制插补的帧数。

◎ 使用摄影机路径：勾选该选项将会使用摄影机的路径。

◎ 显示计算阶段：勾选后，可以看到渲染帧里的 GI 预计算过程，建议勾选。

◎ 显示直接光：在预计算的时候显示直接光，方便用户观察直接光照的位置。

◎ 显示采样：显示采样的分布以及分布的密度，帮助用户分析 GI 的精度够不够。

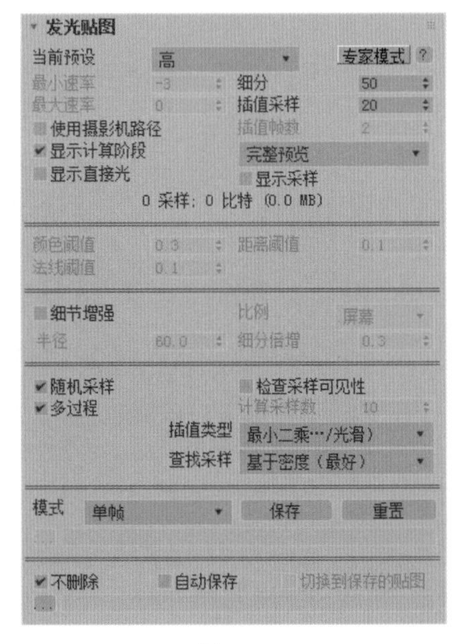

图 6-25

◎ 细节增强：勾选后细节非常精细，但是渲染速度非常慢。

◎ 随机采样：该选项可使图像采样随机抖动。

◎ 多过程：勾选该选项时，VRay 会根据最大比率和最小比率进行多次计算。

◎ 模式：一共有 8 种模式，如图 6-26 所示。

◎ 不删除：当光子渲染完以后，不把光子从内存中删掉。

◎ 自动保存：光子渲染完以后，自动保存在硬盘中。

◎ 切换到保存的贴图：勾选了“自动保存”选项后，在渲染结束时会自动进入“从文件”模式并调用光子图。

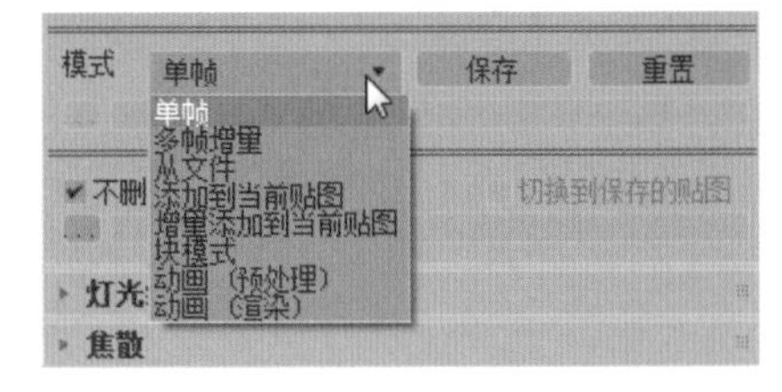

图 6-26

知识点拨

模式的介绍

◎ 单帧：一般用来渲染静帧图像。

◎ 多帧增量：用于渲染有摄影机移动的动画，当 VRay 计算完第一帧的光子后，后面的帧根据第一帧里具有的光子信息进行计算，节约了渲染时间。

◎ 从文件：渲染完光子后，可以将其保存起来。这个选项就是调用保存的光子图进行动画计算。

◎ 添加到当前贴图：当渲染完一个角度的时候，可以把摄影机转一个角度再计算光子，最后把这两次的光子叠加起来，这样的光子信息更加丰富准确，可以进行多次叠加。

◎ 增量添加到当前贴图：这个模式和“添加到当前贴图”相似，只不过它不是重新计算新角度的光子，而是只对没有计算过的区域进行计算。

◎ 块模式：把整个图分成块来计算，渲染完一个块再进行下一个块的计算，在低 GI 的情况下，渲染出来的块会出现错位的情况。主要用于网络渲染，速度比其他方式要快一些。

◎ 动画（预处理）：适合动画预览，使用这种模式要预先保存好光子贴图。

◎ 动画（渲染）：适合最终动画渲染，这种模式要预先保存好光子贴图。

6.4.11 灯光缓存

当“全局照明引擎”的类型改为“灯光缓存”时，软件便出现“灯光缓存”卷展栏。它采用了发光贴图的部分特点，在摄影机可见部分跟踪光线的发射和衰减，然后把灯光信息存储在一个三维数据结构中。“灯光缓存”参数设置面板如图 6-27 所示。

图 6-27

◎ 细分：用来决定灯光缓存的样本数量。数值越高，样本总量越多，渲染效果越好，渲染速度越慢。

◎ 采样大小：控制灯光缓存的样本大小，小的样本可以得到更多的细节，但是需要更多的样本。

◎ 比例：在效果图中使用“屏幕”选项，在动画中使用“世界”选项。

◎ 显示计算阶段：勾选该选项后，可以显示灯光缓存的计算过程，方便观察。

◎ 使用摄影机路径：勾选该选项后，将使用摄影机作为计算的路径。

◎ 预滤器：勾选该选项后，可以对灯光缓存的样本进行提前过滤，主要是查找样本边界，然后对其进行模糊处理。后面的值越高，对样本处理的程度越深。

◎ 使用光泽光线：是否使用平滑的灯光缓存。开启该选项后会使渲染效果更佳平滑，但是会影响细节效果。

◎ 过滤器：该选项是在渲染最后成图时，对样本进行过滤。

◎ 存储直接光：勾选该选项后，灯光缓存将储存直接光照信息。当场景中有很多灯光时，使用该选项会提高渲染速度。

◎ 插值采样：当“过滤器”类型为“相近”时灯光缓存、采样数目混合在一起。较大的值将需要更长的时间来计算渲染阶段。

◎ 防止泄漏：启用额外的计算，以防止灯光泄漏并减少闪烁的灯光缓存。0.0 表示禁止防止泄漏，默认值 0.8 一般能满足所有情况下的案例。

◎ 反弹：当计算指定的全局照明（GI）反弹数量时计算灯光缓存。通常无须更改此设置。

6.4.12 系统

“系统”卷展栏的参数不仅对渲染速度有影响，而且会影响渲染的显示和提示功能，同时还可以完成联机渲染。“系统”参数设置面板如图 6-28 所示。

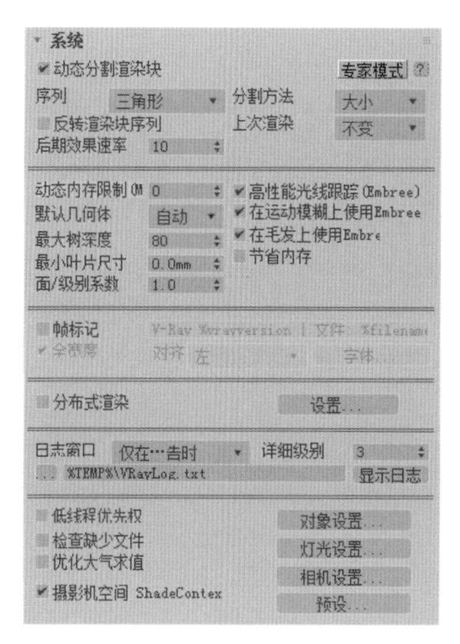

图 6-28

◎ 动态分割渲染块：当启用时，VRay 自动降低渲染块大小来为渲染接近完成时才能使用所有可用的 CPU 内核。

◎ 序列：控制渲染块的渲染顺序，共有 6 种方式。

◎ 反转渲染块序列：勾选该选项后，渲染顺序将和设定的顺序相反。

◎ 分割方法：该参数控制图像被划分为块的方式。

◎ 上次渲染：方便区分被当前渲染覆盖的部分和之前渲染的剩下部分。

◎ 后期效果速率：在渐进渲染期间更新的频率。

◎ 动态内存限制：控制动态内存的总量。

◎ 默认几何体：该参数确定标准 3ds Max 网格对象的几何体类型。

◎ 最大树深度：控制根节点的最大分支数量，较高的值会加快渲染速度，同时会占用较多的内存。

◎ 最小叶片尺寸：控制叶节点的最小尺寸，当达到叶节点尺寸以后，系统停止计算场景。

◎ 面 / 级别系数：控制一个节点中的最大三角面数量，当未超过临近点时计算速度快。

◎ 高性能光线跟踪：控制是否使用高性能光线跟踪。

◎ 在运动模糊上使用 Embree/ 在毛发上使用 Embree：控制是否使用高性能光线跟踪。

◎ 帧标记：勾选该选项后，就可以显示水印。

◎ 分布式渲染：在网络中，可以在一个单帧内跨多台计算机分配一个渲染作业。

◎ 低线程优先权：勾选该选项时，VRay 将使用低线程进行渲染。

◎ 检查缺少文件：勾选该选项时，VRay 会寻找场景中丢失的文件，并保存到 C: \VRayLog.txt 下。

◎ 优化大气求值：当场景中大气比较稀薄的时候，勾选这个选项可以得到比较优秀的大气效果。

■ 实例：渲染简单场景效果

接下来将通过一个具体的局部渲染实例来讲解 VRay 渲染器的使用方法，通过渲染效果观察扫描线渲染器与 VRay 渲染器的区别，具体操作过程介绍如下。

Step01 打开素材文件，如图 6-29 所示。

Step02 渲染摄影机视口，可观察到扫描线渲染器的渲染效果，如图 6-30 所示。

图 6-29

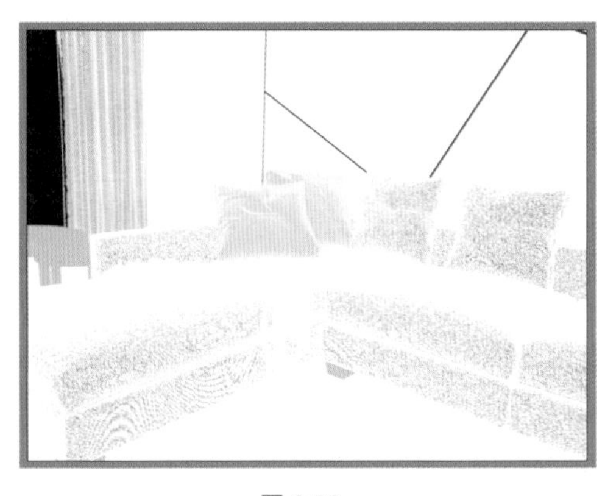

图 6-30

Step03 在"渲染设置"对话框中，更换渲染器为 VRay 渲染器，如图 6-31 所示。

Step04 在渲染器参数都是默认的情况下再次渲染场景，效果如图 6-32 所示。可以看到场景中出现了曝光，噪点过多，图像不清晰。

图 6-31

图 6-32

Step05 打开“渲染设置”对话框，切换到 GI 选项卡，开启全局光照引擎，并设置首次引擎为“发光贴图”，二次引擎为“灯光缓存”，如图 6-33 所示。

Step06 在“发光贴图”卷展栏中切换到“高级模式”并设置“当前预设”“细分”等质量参数，如图 6-34 所示。

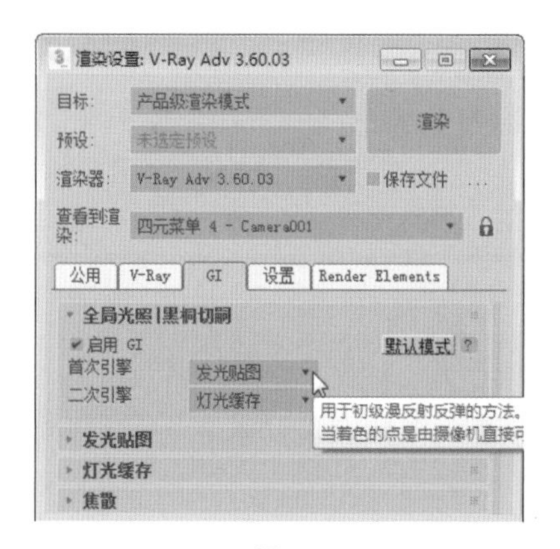

图 6-33

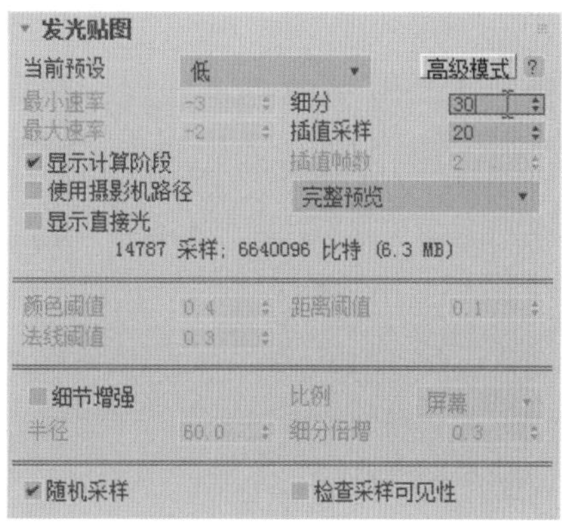

图 6-34

Step07 展开“灯光缓存”卷展栏，设置灯光缓存“细分”为 400，细分越大，渲染越慢，画面越清晰，在最终渲染的时候可以适当调高，如图 6-35 所示。

Step08 渲染场景，如图 6-36 所示。可以发现渲染速度变快了。

图 6-35

图 6-36

Step09 切换到 V-Ray 选项卡，展开“颜色贴图”卷展栏，“类型”设置为“指数”，并调整暗部和亮部的倍增，如图 6-37 所示。

Step10 再次渲染场景，可观察到灯光变得柔和了，如图 6-38 所示。

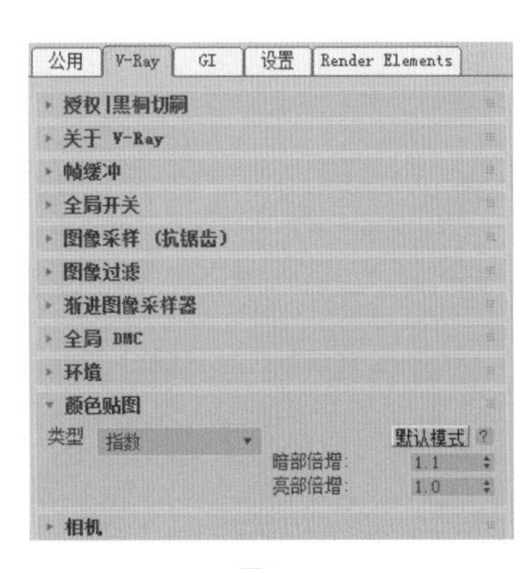

图 6-37

图 6-38

Step11 在“帧缓冲”卷展栏中取消勾选“启用内置帧缓冲区”，如图 6-39 所示。

Step12 在“全局开关”卷展栏中切换到“高级模式”，灯光采样方式设置为“全部灯光求值”，“最大光线强度”设置为 10，如图 6-40 所示。

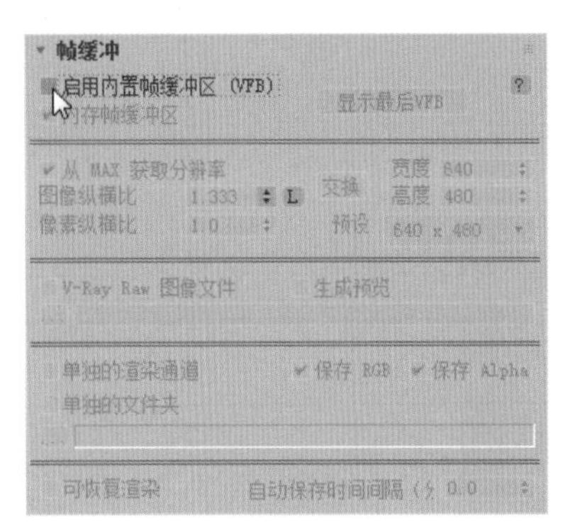

图 639

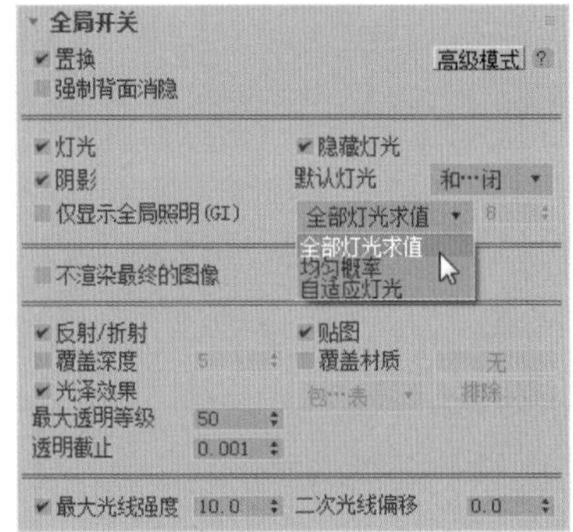

图 6-40

Step13 在“图像采样（抗锯齿）”卷展栏中设置“类型”为“块”，在“块图像采样器”卷展栏中设置“最大细分”为 18，如图 6-41 所示。

Step14 在“图像过滤”卷展栏中选择常用的 Catmull-Rom 过滤器，在“全局 DMC”卷展栏中勾选“使用局部细分”，这样就可以更改场景材质和灯光的细分值，如图 6-42 所示。

图 6-41

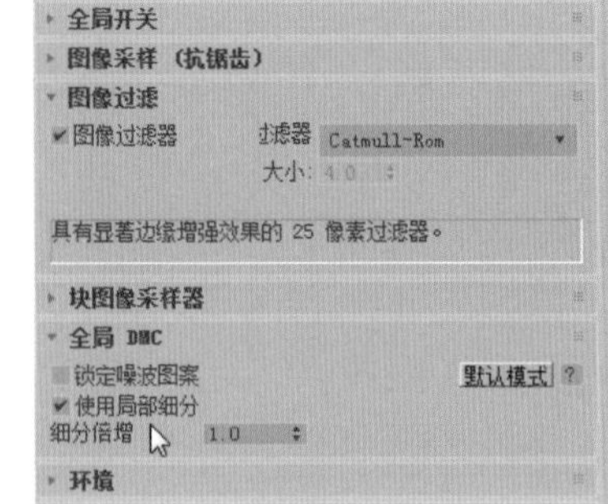

图 6-42

Step15 再次渲染场景，效果如图 6-43 所示。

图 6-43

知识点拨

最终效果图

在渲染最终效果之前，再来调整图片的尺寸、“发光贴图”的预设与细分值、灯光缓存的细分值等参数，以达到节省时间并获得高质量的最终效果图目的。

ACAA课堂笔记

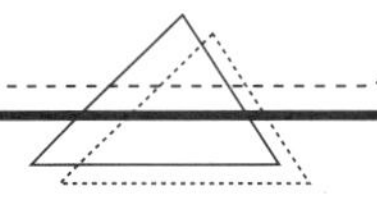

综合实战：渲染书房场景效果

本章中概念和理论方面的知识较多，用户可以结合自己所学的东西多做测试，将理论和实际联系起来，真正掌握参数的内在含义。下面通过使用 VRay 渲染器渲染一个小场景来介绍一下渲染器的设置。

Step01 打开“书房素材”文件，场景中的灯光、材质、摄影机等已经创建完毕，渲染器也已经设置成 VRay 渲染器，只需要调整渲染器参数进行渲染，如图 6-44 所示。

Step02 切换到摄影机视角，在未设置 VRay 渲染器参数的情况下渲染摄影机视口，效果如图 6-45 所示。

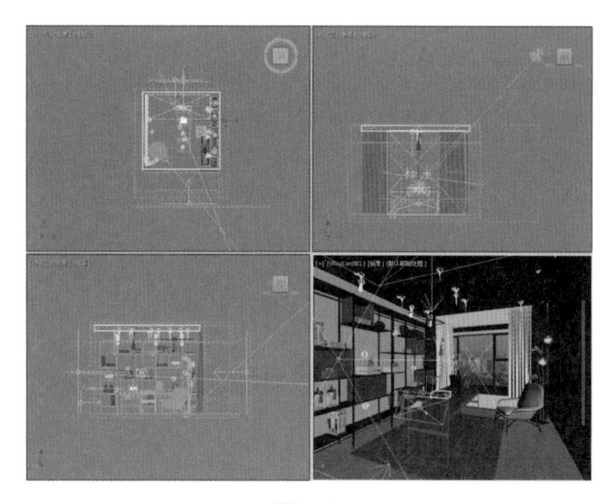

图 6-44

图 6-45

Step03 打开“渲染设置”对话框，在 V-Ray 选项卡中打开“帧缓冲”卷展栏，取消勾选“启用内置帧缓冲区”，如图 6-46 所示。

Step04 再次渲染摄影机视口，效果如图 6-47 所示。

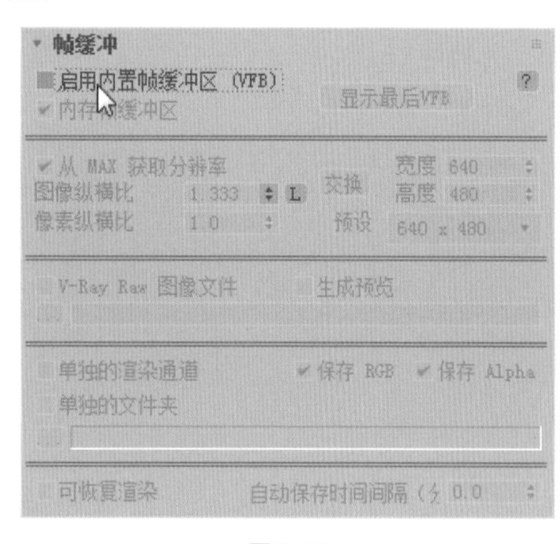

图 6-46

图 6-47

Step05 打开“颜色贴图”卷展栏，设置颜色贴图类型为“指数”，如图 6-48 所示。

Step06 在 GI 选项卡的“全局光照 | 黑桐切嗣”卷展栏中启用全局照明，并设置首次引擎为“发光贴图”，二次引擎为“灯光缓存”，如图 6-49 所示。

颜色贴图
类型 指数 默认模式 ?
暗部倍增: 1.0
亮部倍增: 1.0

图 6-48

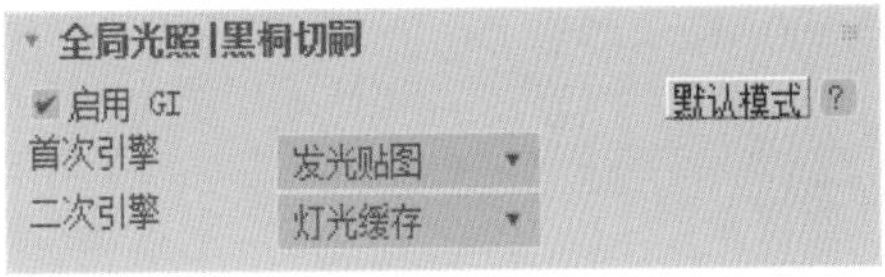

全局光照 | 黑桐切刷
启用 GI 默认模式 ?
首次引擎 发光贴图
二次引擎 灯光缓存

图 6-49

Step07 在“发光贴图”卷展栏中设置当前预设模式为“低”，并设置“细分”值，如图 6-50 所示。

Step08 在“灯光缓存”卷展栏中设置“细分”值等参数，如图 6-51 所示。

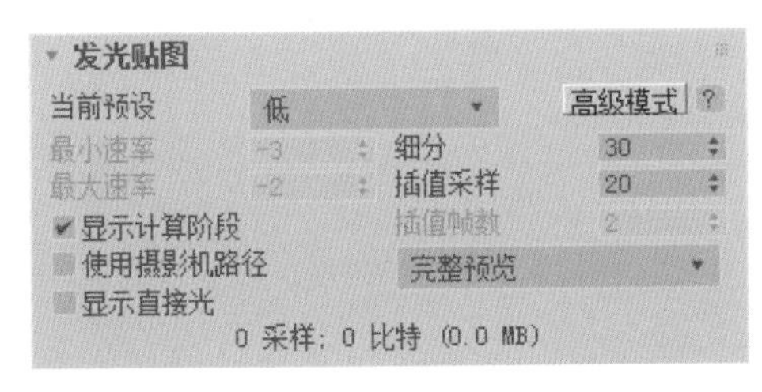

图 6-50

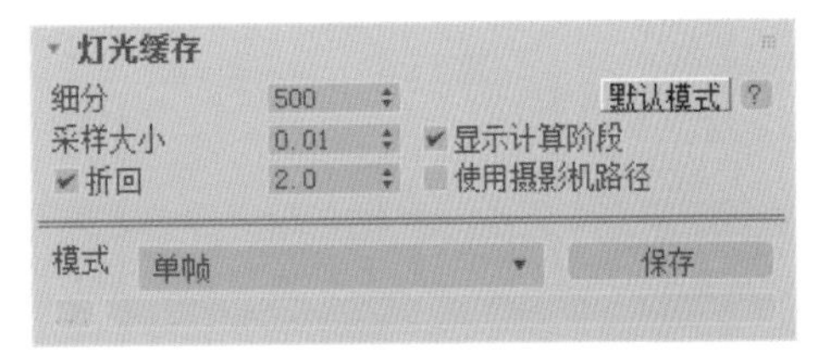

图 6-51

Step09 渲染摄影机视图，此为测试效果，如图 6-52 所示。

Step10 下面进行最终效果的渲染设置，在“公用参数”卷展栏中设置出图大小，如图 6-53 所示。

图 6-52

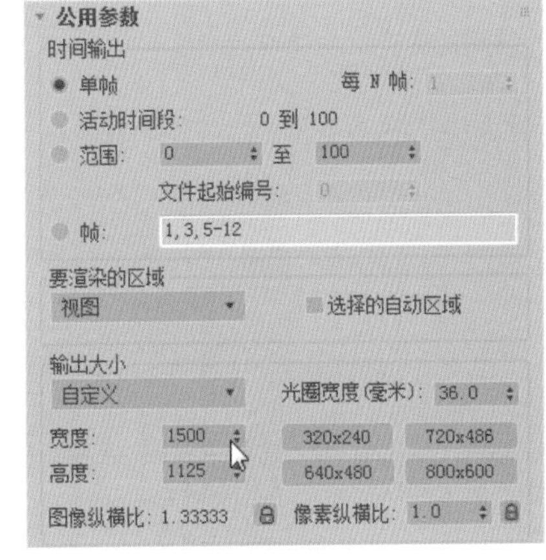

图 6-53

Step11 切换到 V-Ray 选项卡，在“全局开关”卷展栏中切换到“高级模式”，灯光采样方式设置为“全部灯光求值”，如图 6-54 所示。

Step12 在“图像采样（抗锯齿）”卷展栏中设置“类型”为“块”，在“块图像采样器”卷展栏中设置“最大细分”为 12，在“图像过滤”卷展栏中选择常用的 Catmull-Rom 过滤器，在“全局 DMC”卷展栏中勾选“使用局部细分”，如图 6-55 所示。

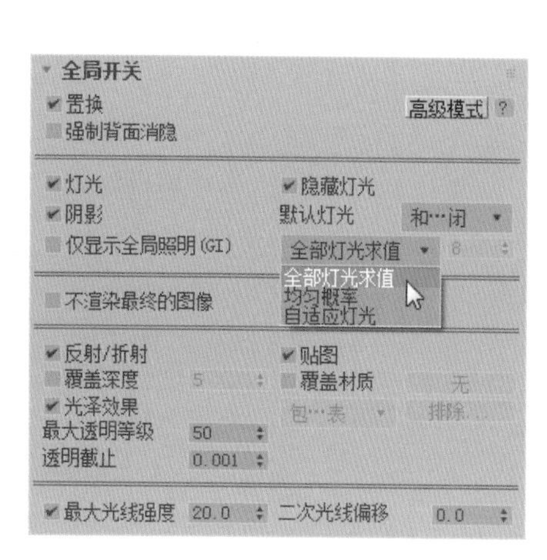

图 6-54

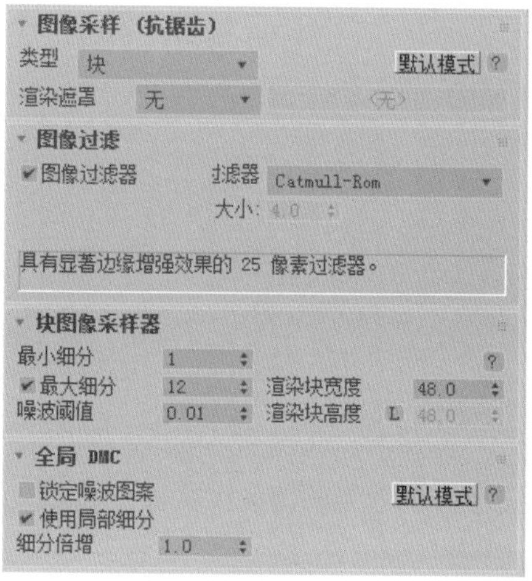

图 6-55

Step13 渲染摄影机视图，最终效果如图 6-56 所示。

图 6-56

课后作业

一、选择题

（1）快速渲染的快捷键是哪一个？（　　）

A. F10　　B. F9　　C. F8　　D. F7

（2）以下（　　）贴图方式适用于墙面贴图。

A. 长方体　　B. 平面　　C. 柱形　　D. 球形

（3）在渲染对话框中，如果要对模型进行净化渲染，应该选择哪项？（　　）

A. 帧　　B. 单帧　　C. 活动时间段　　D. 范围

（4）Camera 视窗是代表什么视窗？（　　）

A. 透视视图　　B. 用户视图　　C. 摄影机视图　　D. 顶视图

（5）以下哪一个为 3ds Max 默认的渲染器？（　　）

A. Scanline　　B. Brazil　　C. VRay　　D. Insight

二、填空题

（1）渲染的快捷键有 ________、________ 两种。

（2）渲染的种类有 ________、________、________、________。

（3）单独指定要渲染的帧数应使用 ________。

（4）在渲染输出之前，要先确定将要输出的视图。渲染出的结果是建立在 ________ 的基础之上的。

（5）渲染时，不能看到大气效果的是 ________ 视图和顶视图。

三、操作题

利用本章所学的知识，为创建好的场景渲染白模效果和高品质效果，如图 6-57 和图 6-58 所示。

图 6-57

图 6-58

操作提示：

Step01 创建白模材质，在“全局开关”卷展栏中选择“覆盖材质”，渲染白模效果。

Step02 取消勾选“覆盖材质”，设置渲染参数，渲染最终效果。

第 7 章 常用材质表现

内容导读

通过前几章的学习，读者对3ds Max材质编辑器中的各个参数都有了初步的了解，本章将会介绍效果图制作中一些常用材质的设置方法，如金属、玻璃、木材、石材、布料等。记住这些常见材质的参数设置以及贴图的使用方法，读者会在不知不觉中学习到设置技巧。

学习目标

- 掌握金属材质的创建
- 掌握透明材质的创建
- 掌握陶瓷材质的创建
- 掌握木质材质的创建
- 掌握石材材质的创建
- 掌握织物材质的创建
- 掌握其他材质的创建

7.1 金属材质的表现

金属材质是反光度很高的材质，有很多的环境色都体现在高光中，高光部分很精彩。同时它的镜面效果也很强，高精度抛光的金属和镜子的效果相差无几。金属材质都有很好的反射效果，是一种反差效果很强的物质。金属材质是效果图制作中的难点，必须多加以练习。

7.1.1 亮面不锈钢材质

亮面不锈钢的反射性很强，主要用于建筑材料和厨房用具等。下面介绍该材质的创建步骤。

Step01 打开素材文件，如图 7-1 所示。

Step02 按 M 键打开“材质编辑器”，选择一个空白材质球，设置为“VRayMtl”材质类型，设置漫反射颜色以及反射颜色，再设置反射参数，取消勾选“菲涅耳反射”选项，如图 7-2 所示。

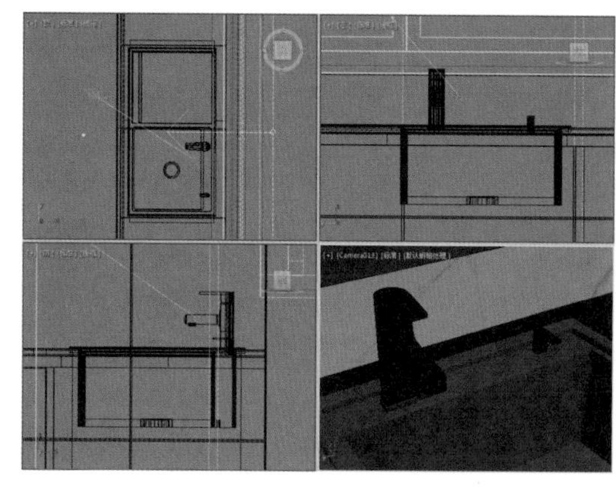

图 7-1

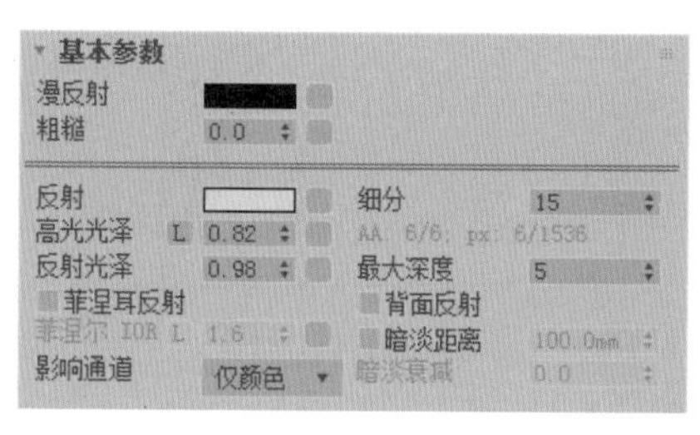

图 7-2

Step03 漫反射颜色设置如图 7-3 所示。

Step04 反射颜色设置如图 7-4 所示。

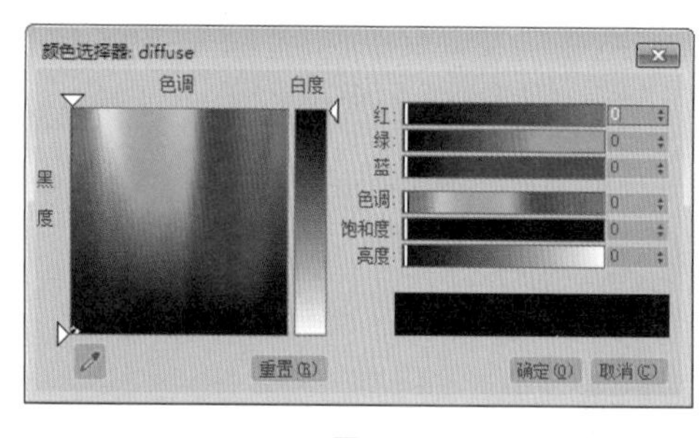

图 7-3

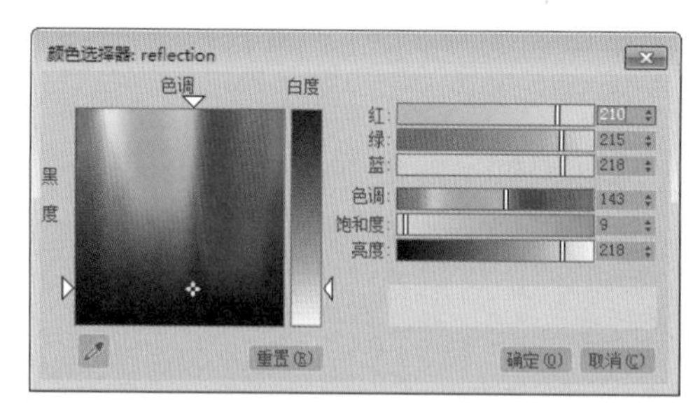

图 7-4

知识点拨

个别参数选项的启用

在默认情况下，“高光光泽”和“菲涅耳反射”为灰色不可用状态，单击选项后的“L”按钮，该选项则变为黑色可用状态。

Step05 在“BRDF”卷展栏中选择“Blinn”选项，如图 7-5 所示。

Step06 创建好的不锈钢材质球预览效果如图 7-6 所示。

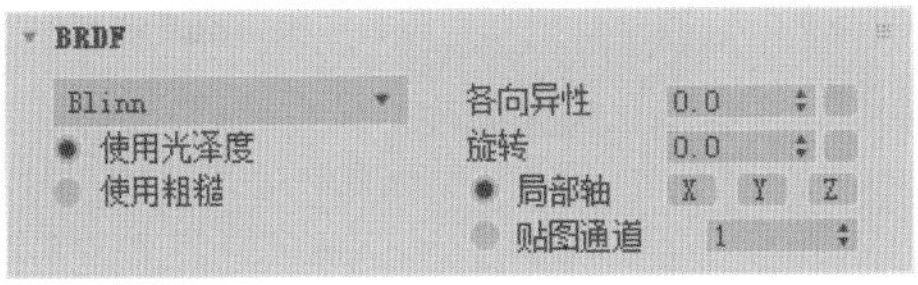

图 7-6 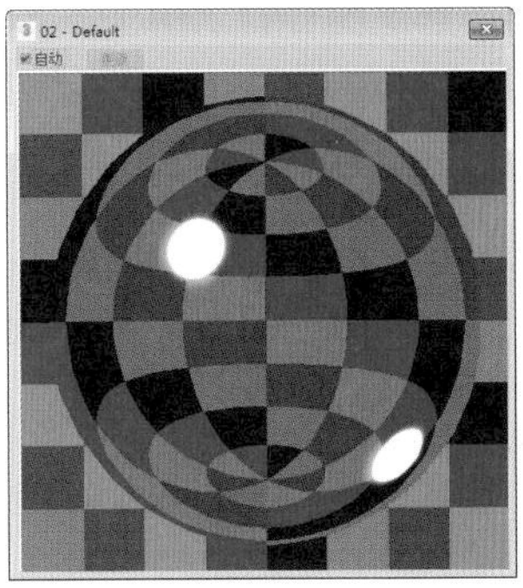　　图 7-6

Step07 最后将材质指定给水龙头模型，渲染效果如图 7-7 所示。

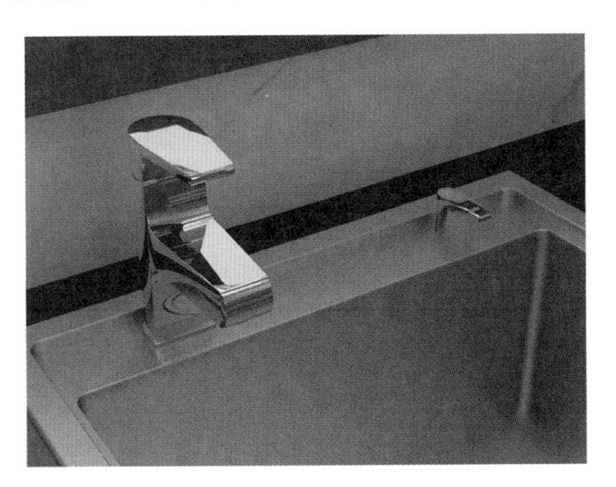

图 7-7

7.1.2　拉丝不锈钢材质

部分厨房用具的表面是线状的纹理效果，也就是拉丝不锈钢。本节将利用 VRay 材质制作出拉丝不锈钢金属的质感，操作方法介绍如下。

Step01 打开素材文件，如图 7-8 所示。

Step02 按 M 键打开“材质编辑器”，选择一个空白材质球，设置为“VRayMtl”材质类型，设置漫反射颜色以及反射颜色，再设置“反射光泽”以及“细分”值，“最大深度”设置为 2，取消勾选“菲涅耳反射”选项，如图 7-9 所示。

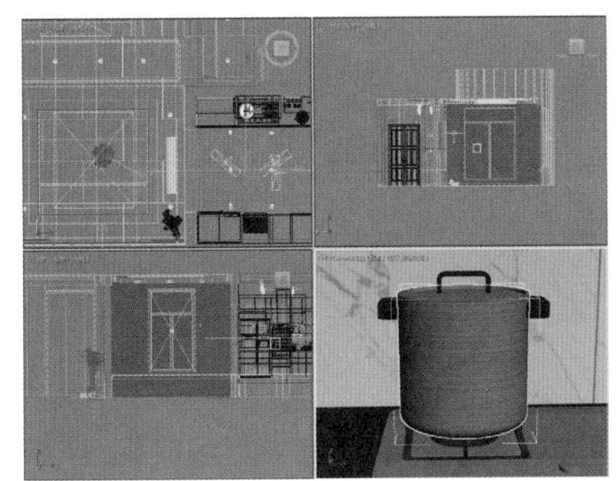

图 7-8

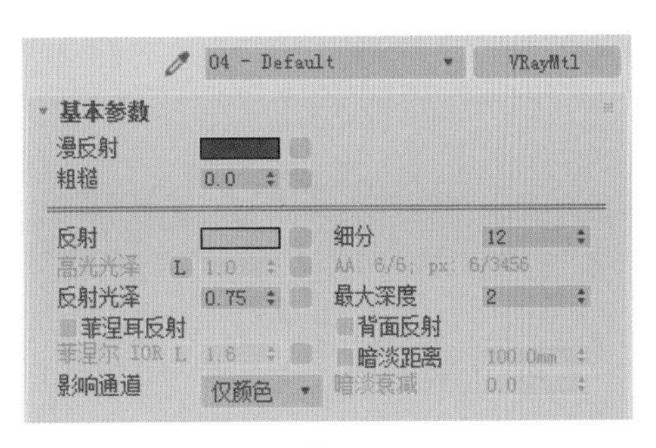

图 7-9

Step03 漫反射颜色设置如图 7-10 所示。

Step04 反射颜色设置如图 7-11 所示。

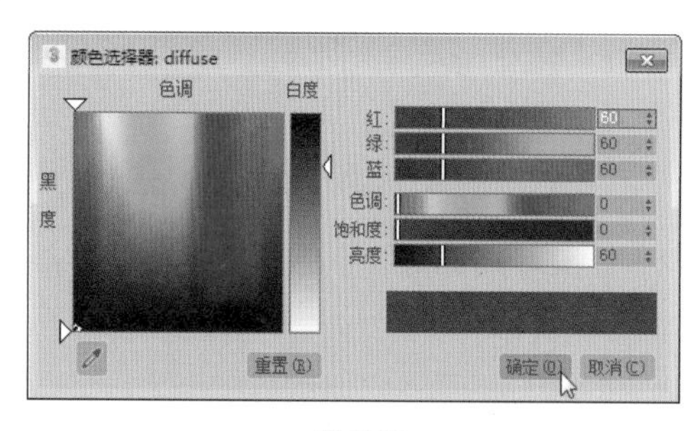

图 7-10

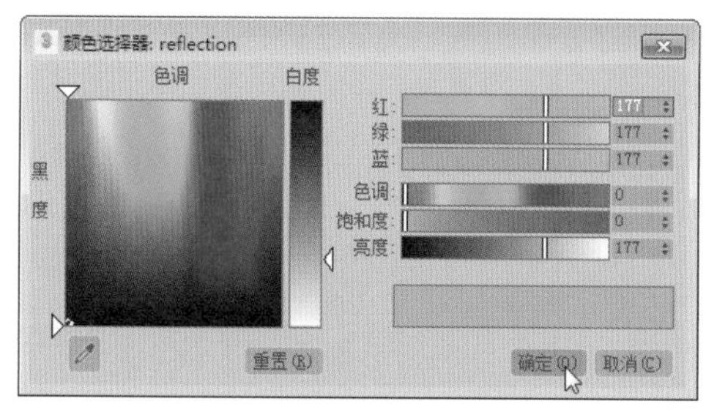

图 7-11

Step05 在“BRDF”卷展栏中选择“Ward”选项，“各向异性”设为 1，在“选项”卷展栏中取消勾选“光泽菲涅耳”选项，如图 7-12 所示。

Step06 在“贴图”卷展栏中为“凹凸”通道添加“噪波”贴图，并设置凹凸值为 80，如图 7-13 所示。

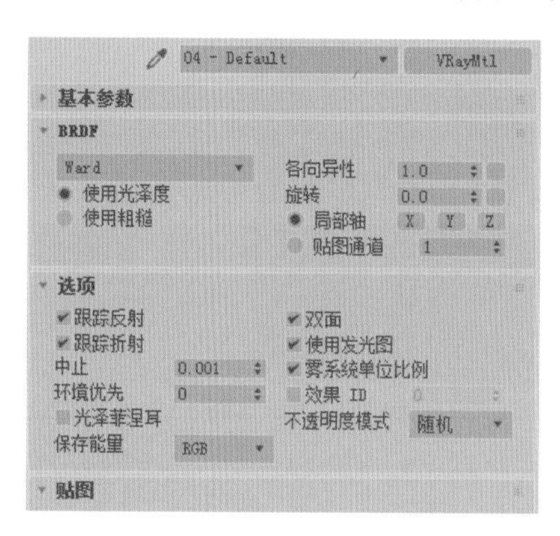

图 7-12

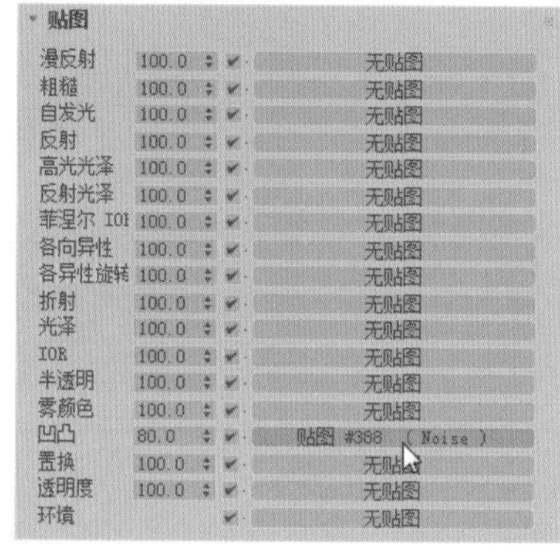

图 7-13

Step07 进入“凹凸贴图”设置面板，在“坐标”卷展栏中设置 Y 轴“瓷砖”数值为 1，X 轴与 Z 轴为 0，在“噪波参数”卷展栏中设置噪波“大小”为 0.06，如图 7-14 所示。

Step08 创建好的材质效果如图 7-15 所示。

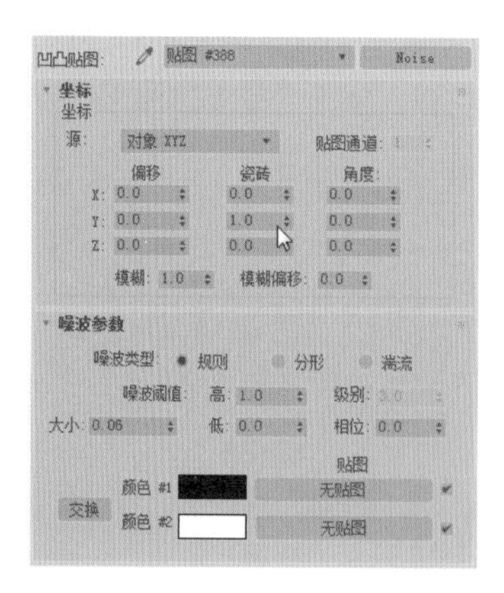

图 7-14

图 7-15

Step09 最后将材质指定给物体，渲染效果如图 7-16 所示。

图 7-16

知识点拨

反射颜色的设置

反射颜色的深浅可以控制反射的强弱，当反射颜色为纯白色时，物体的反射最强烈。

7.2 透明材质的表现

在学习 3ds Max 效果图制作的过程中，透明材质的制作是一个重点。用户只有对 3ds Max“材质编辑器”中各个参数的理解都十分透彻，才能把各种形状的玻璃家具、玻璃及塑料器皿、液体等物体的性状特点表现出来，使效果图更加接近真实的效果。在效果图的制作过程中，除了常见的玻璃材质外，还有液体、镜子、塑料等高级透明材质，其通光性、滤色性以及对光线的反射率和折射率各不相同。

7.2.1 茶水材质

水是效果图中经常出现的一种材质类型，在制作餐厅、浴室、游泳池、户外建筑表现时经常会用到水材质。其材质的特点是具有一定的通透性，同时又有比较强的反射效果。下面介绍水材质的制作过程。

Step01 打开“高级透明素材”文件，如图 7-17 所示。

Step02 按 M 键打开“材质编辑器”，选择一个空白材质球，设置为“VRayMtl”材质类型，设置漫反射颜色、反射颜色以及折射颜色，再设置反射参数以及折射参数，如图 7-18 所示。

ACAA课堂笔记

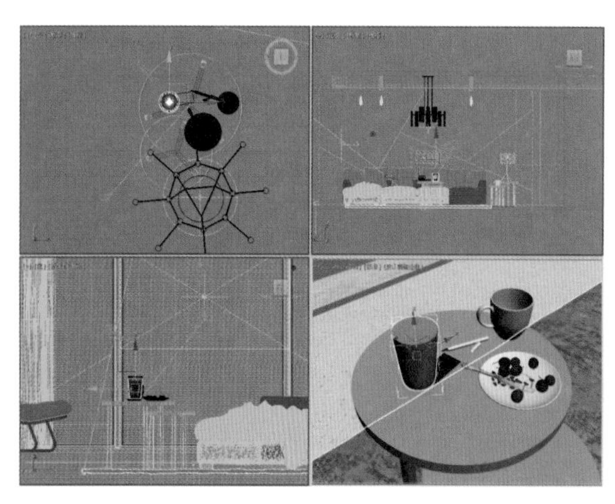

图 7-17

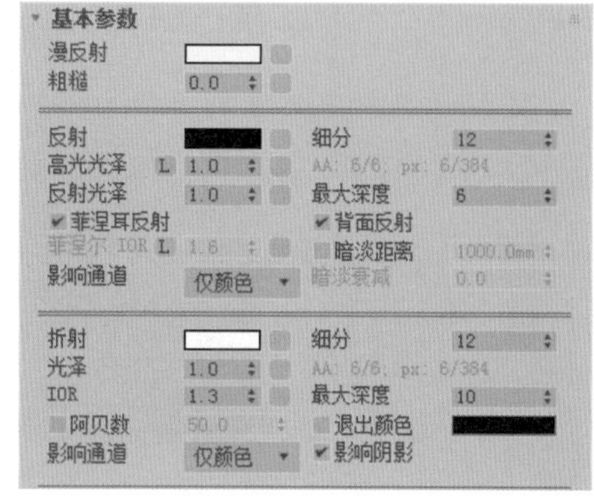

图 7-18

知识点拨

折射参数的设置

折射参数选项组中的 IOR 参数用于设置透明材质的折射率。折射率是决定透明物体材质的重要参数，透明材质不同，折射率也不同，如真空的折射率是 1.0，空气的折射率是 1.003，玻璃的折射率是 1.5，水的折射率是 1.33 等。

Step03 漫反射颜色设置如图 7-19 所示。

Step04 反射颜色设置如图 7-20 所示。

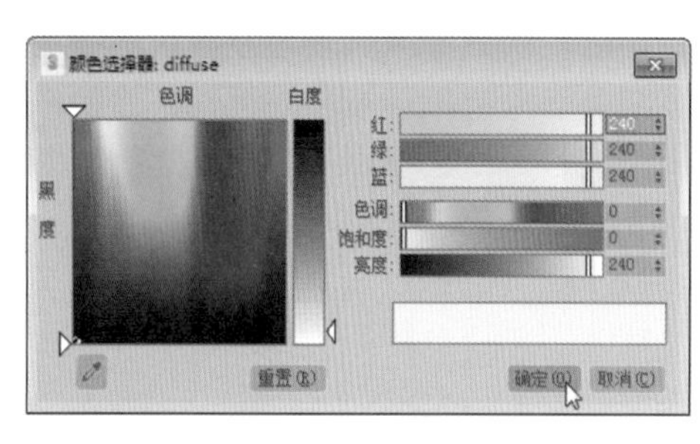

图 7-19

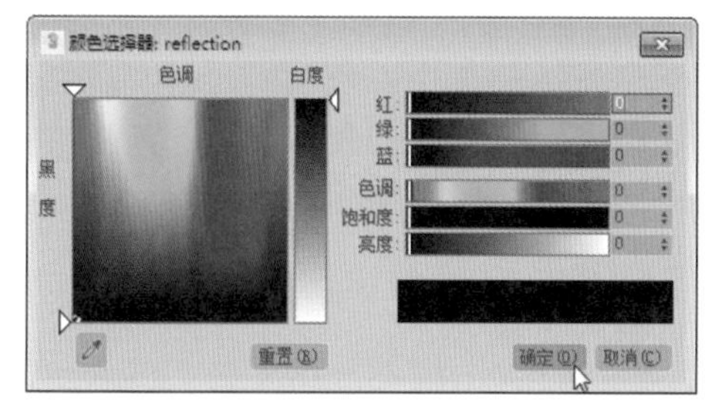

图 7-20

Step05 折射颜色设置如图 7-21 所示。

Step06 在“BRDF”卷展栏中选择“Blinn”选项，在“选项”卷展栏中取消勾选“光泽菲涅耳”选项，如图 7-22 所示。

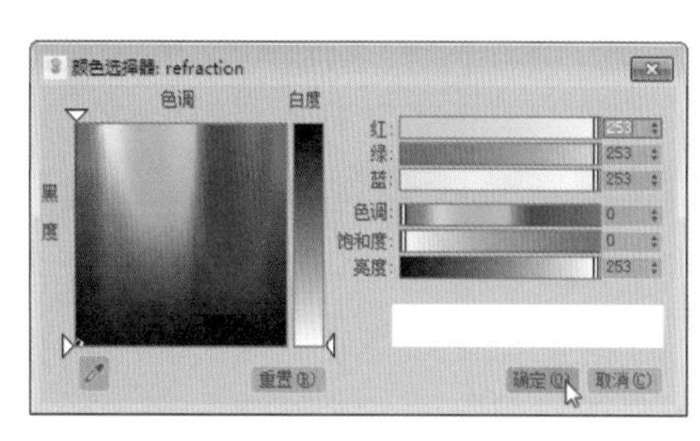

图 7-21

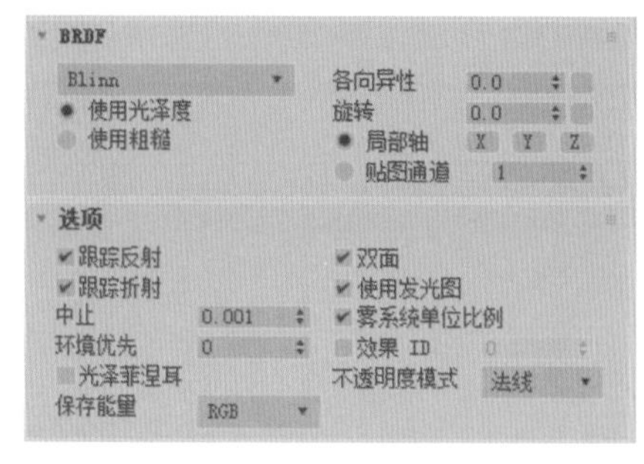

图 7-22

Step07 创建好的材质球效果如图 7-23 所示。

Step08 最后将材质指定给物体，渲染效果如图 7-24 所示。

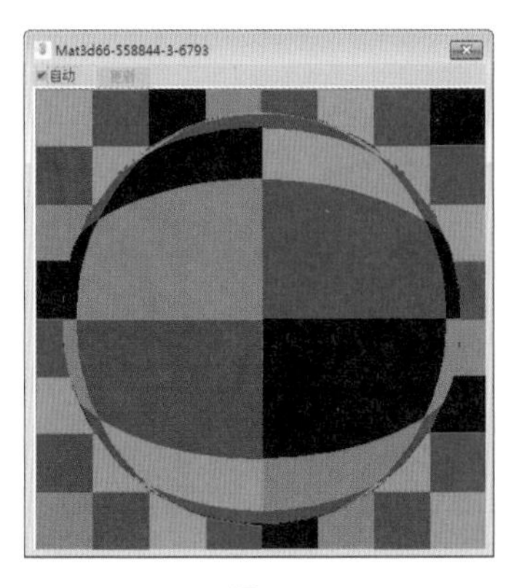

图 7-23

图 7-24

7.2.2 玻璃材质

通透、折射、焦散是玻璃特有的物理特性，经常用于窗户玻璃、器皿等物体，使用“VRayMtl”材质能够表现出非常真实的玻璃材质，在材质的设置过程中要注意折射参数的值，而漫反射颜色可以根据实际效果进行调整。下面将设置普通玻璃材质，其步骤如下。

Step01 打开“玻璃素材”文件，如图 7-25 所示。

Step02 按 M 键打开“材质编辑器”，选择一个空白材质球，设置为“VRayMtl”材质类型，设置漫反射颜色、反射颜色以及折射颜色，再设置反射参数以及折射参数，如图 7-26 所示。

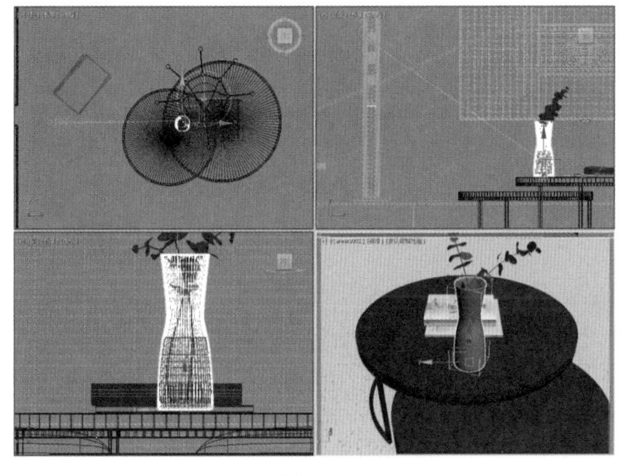

图 7-25

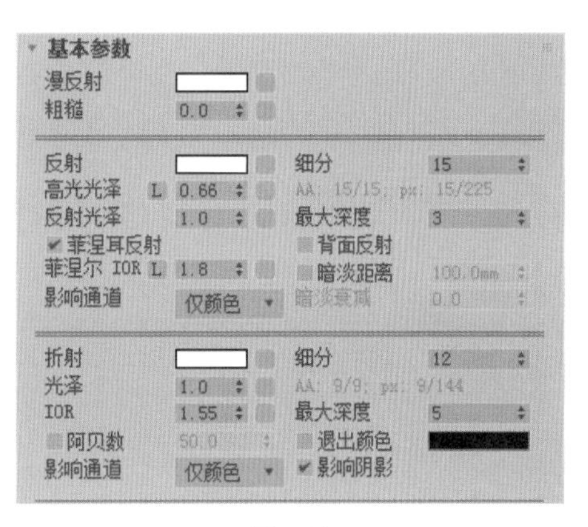

图 7-26

Step03 漫反射颜色如图 7-27 所示。

Step04 反射颜色与折射颜色相同，如图 7-28 所示。

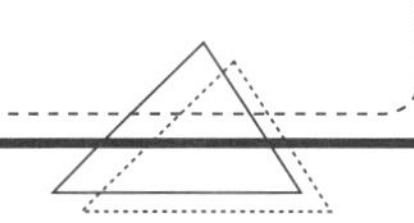

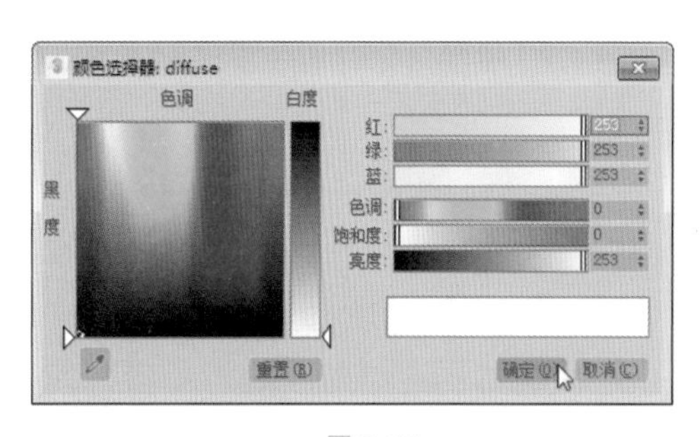

图 7-27

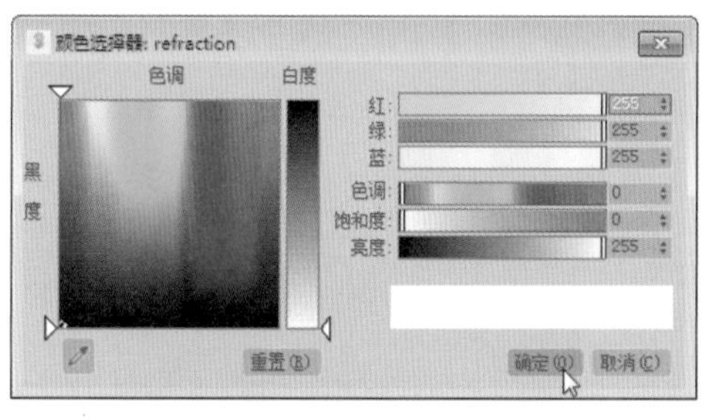

图 7-28

Step05 在“BRDF”卷展栏中选择“Blinn”选项，在“选项”卷展栏中取消勾选“双面”“光泽菲涅耳”选项，如图 7-29 所示。

Step06 在“贴图”卷展栏中，为“折射”贴图通道添加“衰减”贴图，如图 7-30 所示。

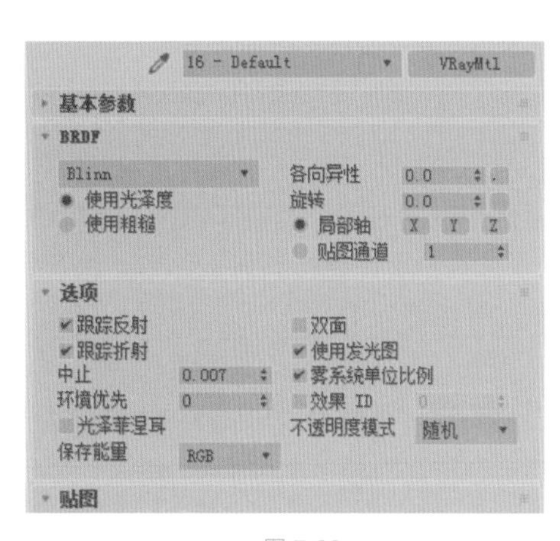

图 7-29

贴图		
漫反射	100.0	无贴图
粗糙	100.0	无贴图
自发光	100.0	无贴图
反射	100.0	无贴图
高光光泽	100.0	无贴图
反射光泽	100.0	无贴图
菲涅尔 IOR	100.0	无贴图
各向异性	100.0	无贴图
各异性旋转	100.0	无贴图
折射	100.0	贴图 #52 （Falloff）
光泽	100.0	无贴图
IOR	100.0	无贴图
半透明	100.0	无贴图
雾颜色	100.0	无贴图
凹凸	30.0	无贴图
置换	100.0	无贴图
透明度	100.0	无贴图
环境		无贴图

图 7-30

Step07 进入“衰减参数”面板，设置衰减颜色以及衰减类型，如图 7-31 所示。

Step08 返回父层级，在“贴图”卷展栏中，复制“折射”贴图到“雾颜色”贴图通道中，如图 7-32 所示。

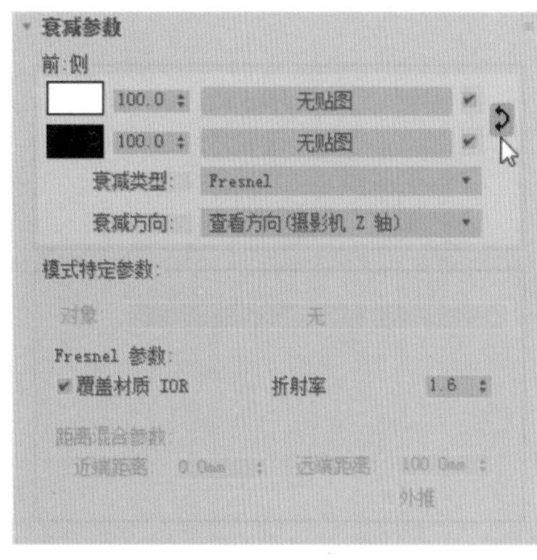

图 7-31

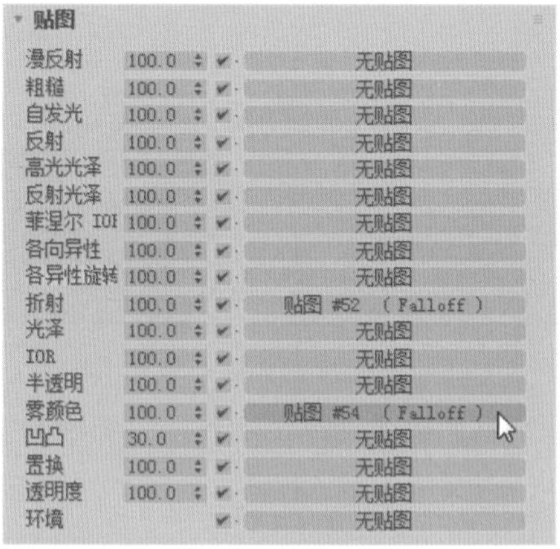

贴图		
漫反射	100.0	无贴图
粗糙	100.0	无贴图
自发光	100.0	无贴图
反射	100.0	无贴图
高光光泽	100.0	无贴图
反射光泽	100.0	无贴图
菲涅尔 IOR	100.0	无贴图
各向异性	100.0	无贴图
各异性旋转	100.0	无贴图
折射	100.0	贴图 #52 （Falloff）
光泽	100.0	无贴图
IOR	100.0	无贴图
半透明	100.0	无贴图
雾颜色	100.0	贴图 #54 （Falloff）
凹凸	30.0	无贴图
置换	100.0	无贴图
透明度	100.0	无贴图
环境		无贴图

图 7-32

Step09 创建好的材质效果如图 7-33 所示。

Step10 最后将材质指定给物体，渲染效果如图 7-34 所示。

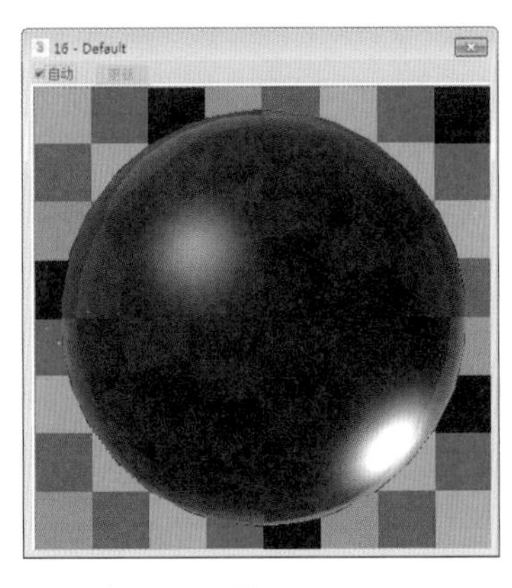

图 7-33

图 7-34

7.2.3 镜子材质

镜子具有高反射的特性，是效果图制作中经常遇到的物体。材质的设置非常简单，操作介绍如下。

Step01 打开“镜子素材”文件，如图 7-35 所示。

Step02 按 M 键打开“材质编辑器”，选择一个空白材质球，设置为“VRayMtl”材质类型，设置漫反射颜色与反射颜色，取消勾选“菲涅耳反射”选项，如图 7-36 所示。

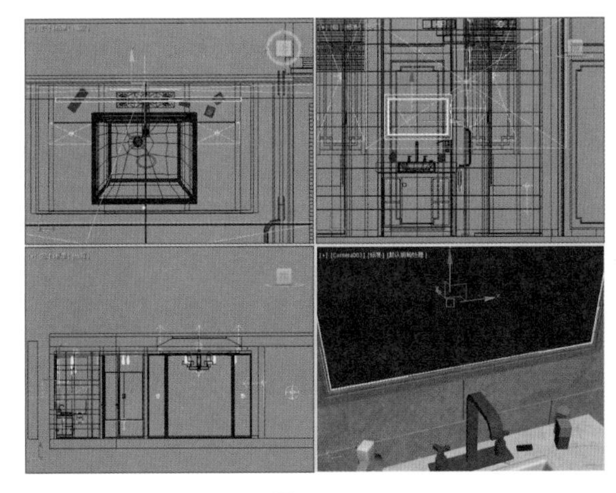

图 7-35

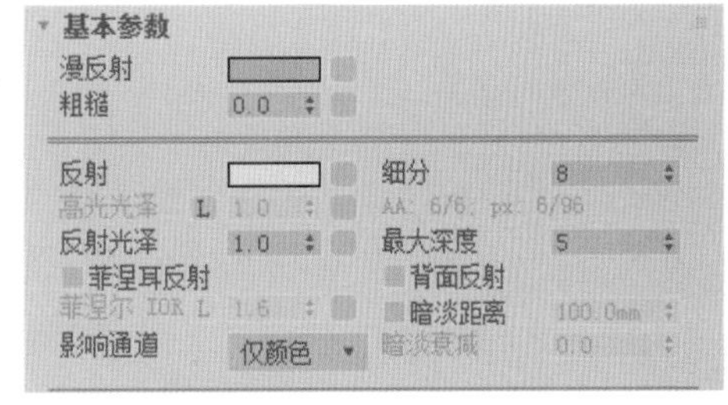

图 7-36

Step03 漫反射颜色设置如图 7-37 所示。

Step04 反射颜色设置如图 7-38 所示。

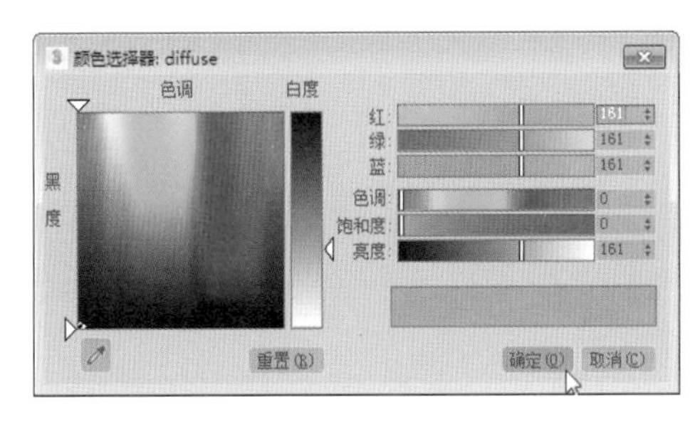

图 7-37

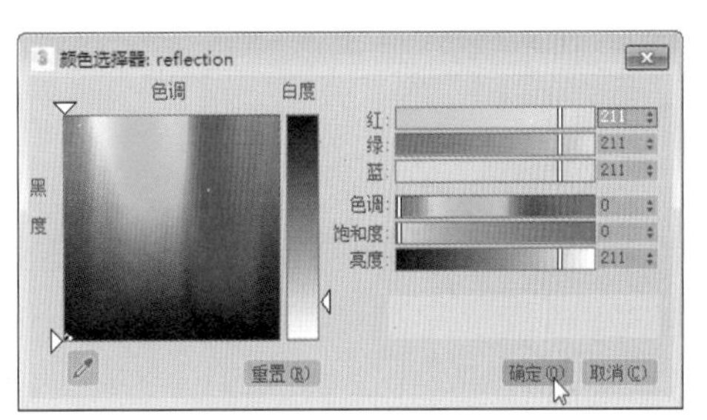

图 7-38

Step05 创建好的材质球效果如图 7-39 所示。

Step06 将材质指定给场景中的镜子模型对象，渲染效果如图 7-40 所示。

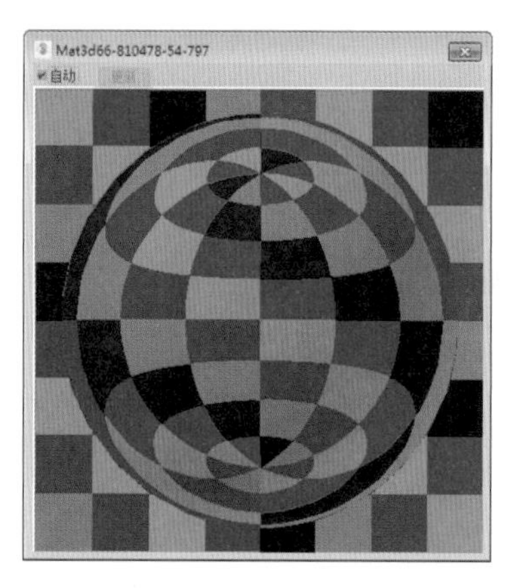

图 7-38

图 7-40

7.2.4 塑料材质

塑料材质的设置方法相对简单，主要是要表现塑料特有的反射、折射效果。下面来介绍一下塑料材质的制作方法。

Step01 打开“塑料素材”文件，如图 7-41 所示。

Step02 按 M 键打开“材质编辑器”，选择一个空白材质球，设置为“VRayMtl”材质类型，设置漫反射颜色、反射颜色与折射颜色，再设置反射参数，如图 7-42 所示。

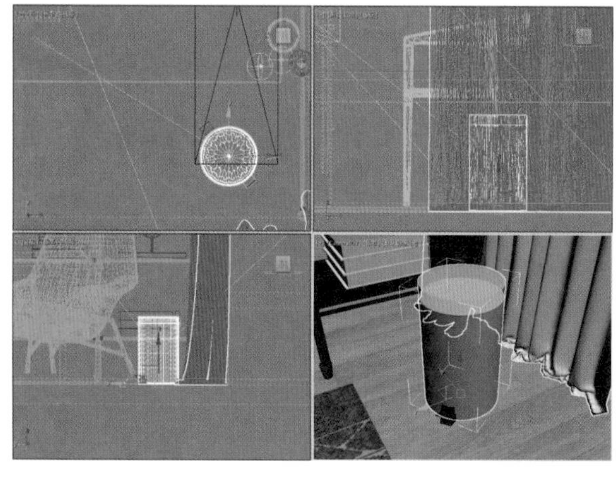

图 7-41

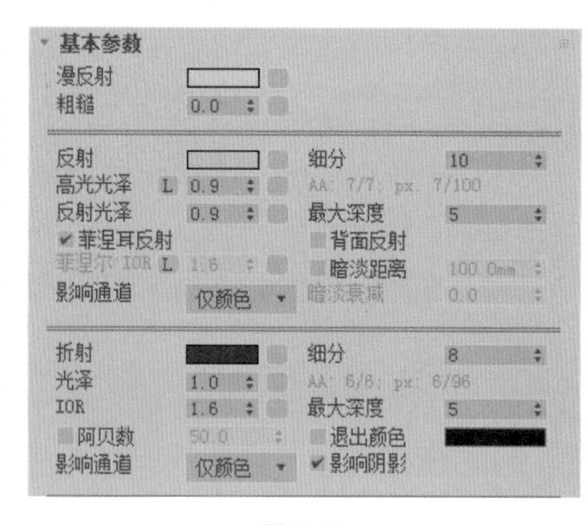

图 7-42

提示

菲涅耳反射可根据光线射入的角度来决定材质的反射效果。

Step03 漫反射颜色设置如图 7-43 所示，反射颜色设置如图 7-44 所示。

Step04 折射颜色设置如图 7-45 所示。在“BRDF”卷展栏中设置类型为“Phong”，如图 7-46 所示。

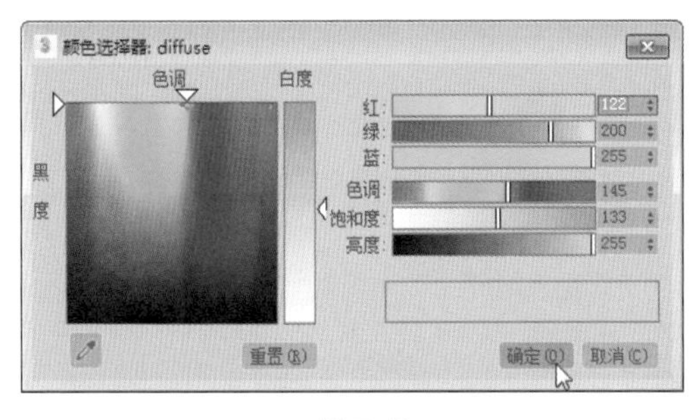

图 7-43

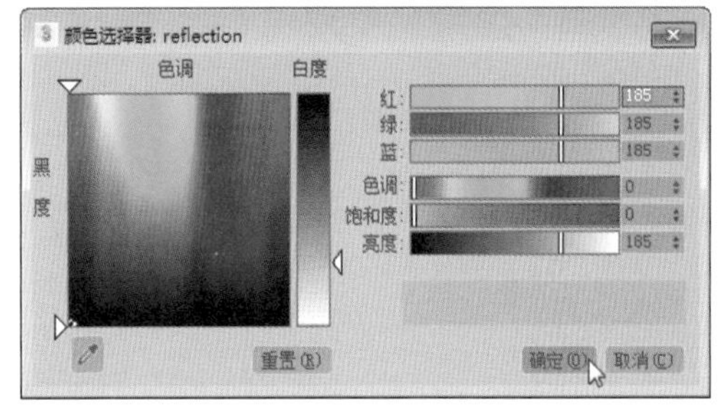

图 7-44

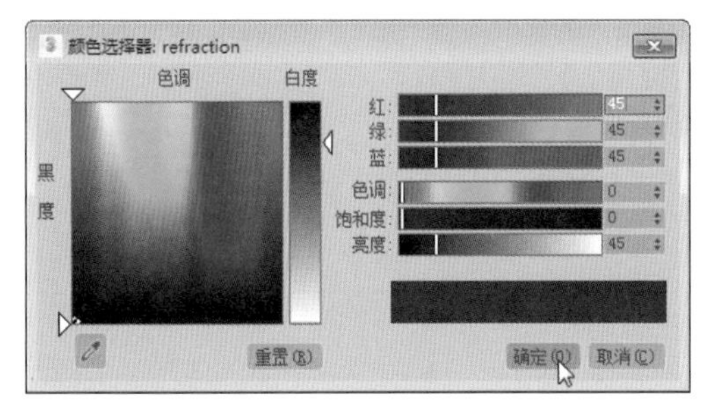

图 7-45

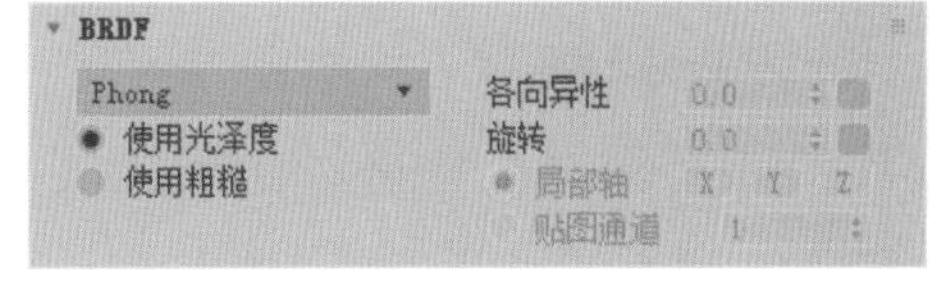

图 7-46

Step05 创建好的塑料材质球如图 7-47 所示。

Step06 将创建好的材质指定给模型对象，渲染效果如图 7-48 所示。

图 7-47

图 7-48

7.3 陶瓷材质的表现

陶瓷表面光洁均匀、晶莹剔透，陶瓷在室内的装饰、装修中使用非常频繁，几乎处处可见，如装饰花瓶、餐具、洁具、瓷砖等。下面通过厨房一角的茶具来介绍陶瓷材质的设置方法。

Step01 打开“陶瓷素材”文件，如图 7-49 所示。

Step02 按 M 键打开“材质编辑器”，选择一个空白材质球，设置为“VRayMtl”材质类型，设置漫反射颜色，再设置反射参数，如图 7-50 所示。

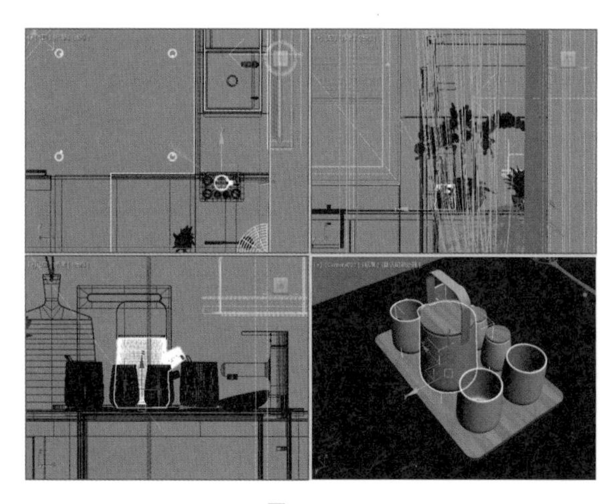

图 7-49

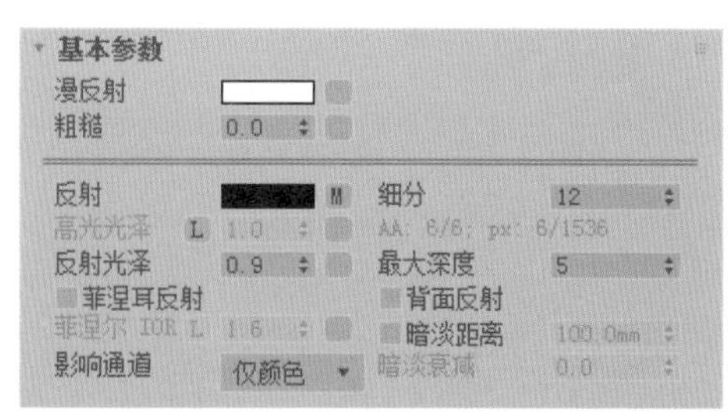

图 7-50

Step03 漫反射颜色设置如图 7-51 所示。

Step04 为“反射”通道添加“衰减”贴图，进入“衰减参数”设置面板，设置“衰减类型”为“Fresnel”，如图 7-52 所示。

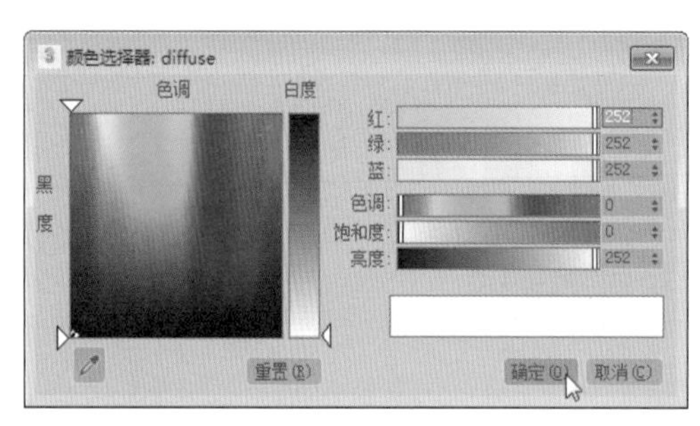

图 7-51

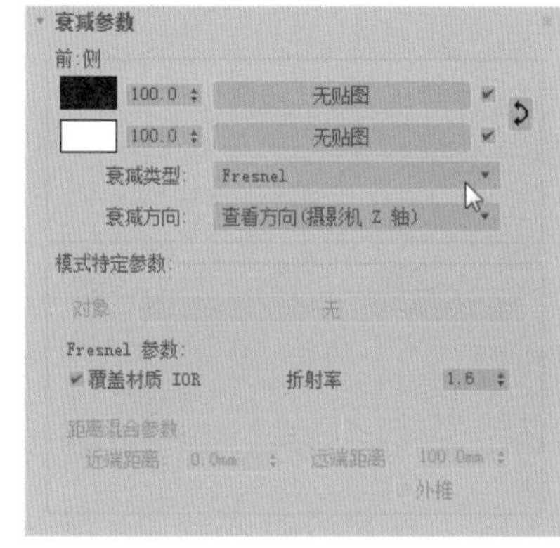

图 7-52

Step05 创建好的材质球如图 7-53 所示。

Step06 再创建其他颜色的陶瓷材质，用户只需要改变漫反射颜色即可，如图 7-54 所示。

图 7-53

图 7-54

Step07 将两种颜色的陶瓷材质分别指定给物体模型，渲染效果如图 7-55 所示。

图 7-55

7.4 木质材质的表现

本节将对木纹材质、木地板材质的制作进行详细介绍。

7.4.1 木纹材质

木纹材质的表面相对光滑，并有一定的反射；且带有一点凹凸，高光较小。木纹材质属于亮面木材，下面介绍其材质的创建步骤。

Step01 按 M 键打开“材质编辑器”，选择一个空白材质球，设置为“VRayMtl”材质类型，在“贴图”卷展栏中为“漫反射”通道和“凹凸”通道添加“位图”贴图，再设置“凹凸”值为 10，如图 7-56 所示。

Step02 添加的木纹理贴图如图 7-57 所示。

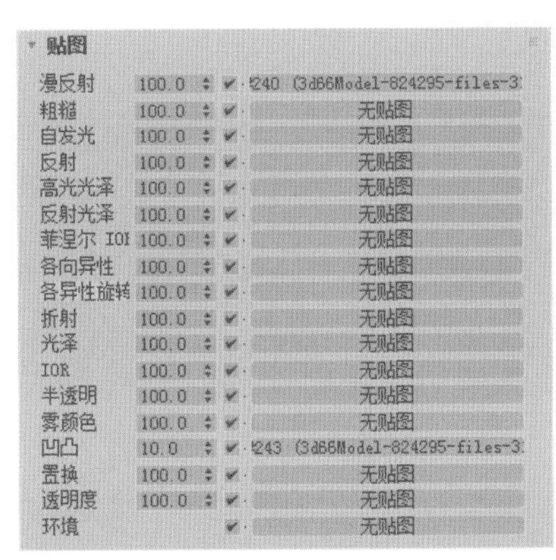

图 7-56

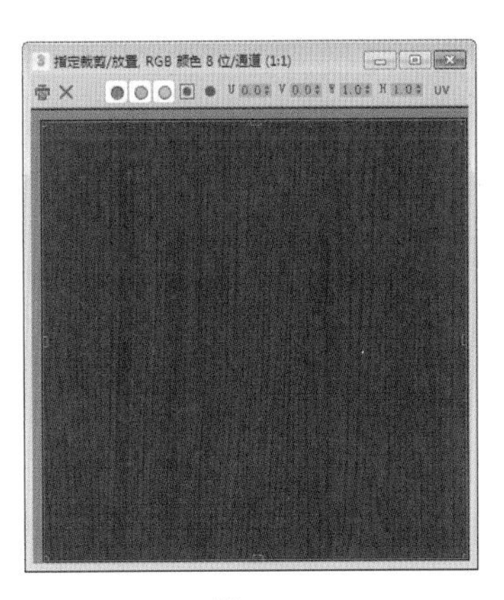

图 7-57

Step03 在“基本参数”卷展栏中设置漫反射颜色、反射颜色以及反射参数值，取消勾选“菲涅耳反射”选项，如图 7-58 所示。

Step04 漫反射颜色设置如图 7-59 所示。

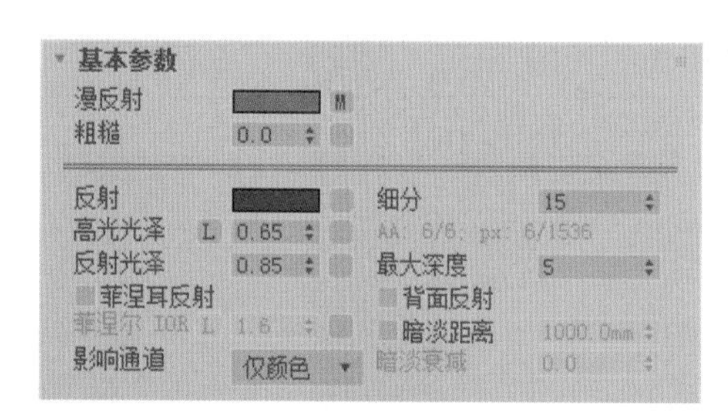

图 7-58

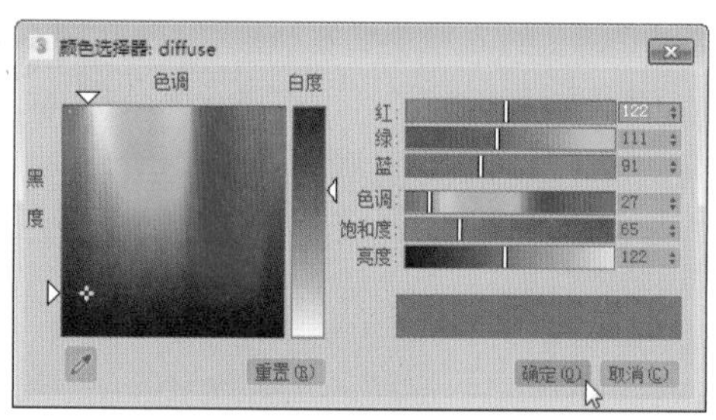

图 7-59

Step05 反射颜色设置如图 7-60 所示。

Step06 在“BRDF”卷展栏中将模式设为“Blinn”，在“选项”卷展栏中取消勾选“光泽菲涅耳”选项，如图 7-61 所示。

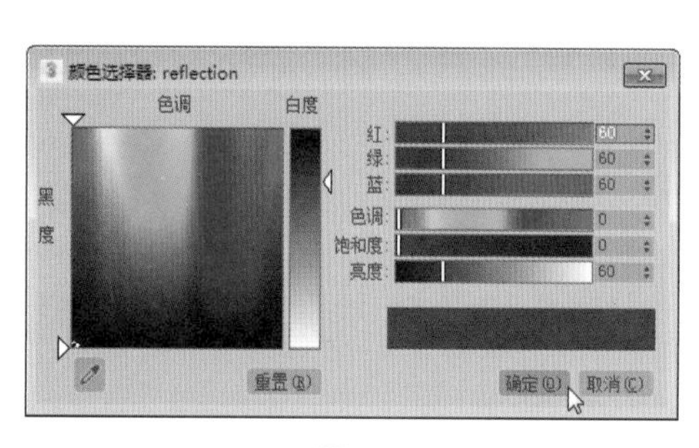

图 7-60

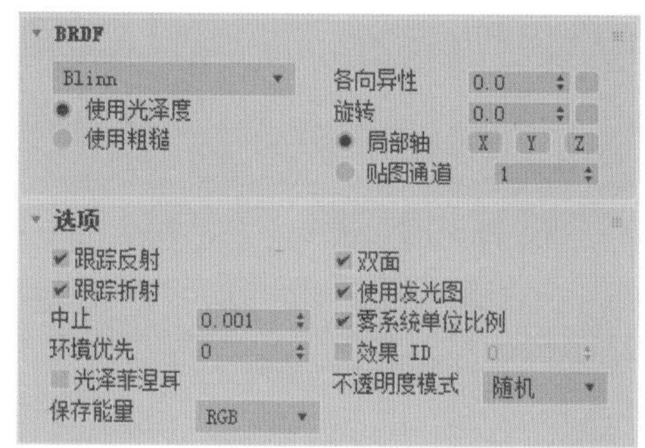

图 7-61

Step07 创建好的材质球如图 7-62 所示。

Step08 将材质指定给模型对象，渲染结果如图 7-63 所示。

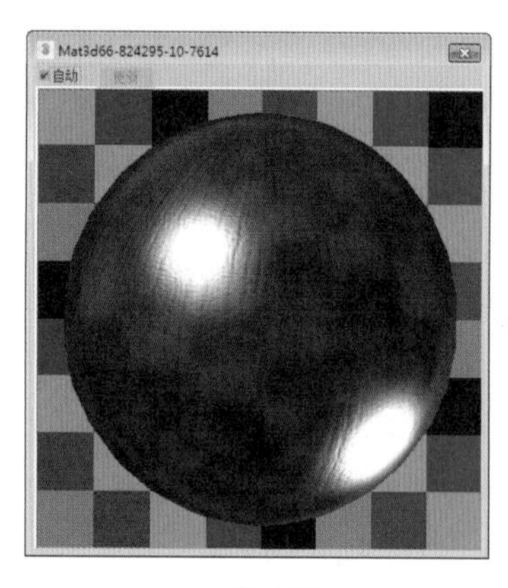

图 7-62

图 7-63

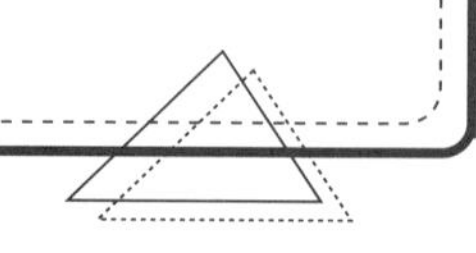

知识点拨

材质的存储

当制作完成一个复杂的材质时，用户可以单击“材质编辑器”中的“放入库”按钮，将制作好的材质存储起来，如图 7-64 所示。

图 7-64

7.4.2 木地板材质

木地板材质是制作室内效果图时经常使用到的材质，木地板材质的制作难点在于如何表现模糊反射和凹凸质感。下面来介绍木地板材质的制作过程。

Step01 按 M 键打开“材质编辑器”，选择一个空白材质球，设置为“VRayMtl”材质类型，在“贴图”卷展栏中为“漫反射”通道和“凹凸”通道添加相同的“位图”贴图，为“反射”通道添加“衰减”贴图，再设置“反射”值为 20，“凹凸”值为 10，如图 7-65 所示。

Step02 漫反射及凹凸通道的木地板贴图如图 7-66 所示。

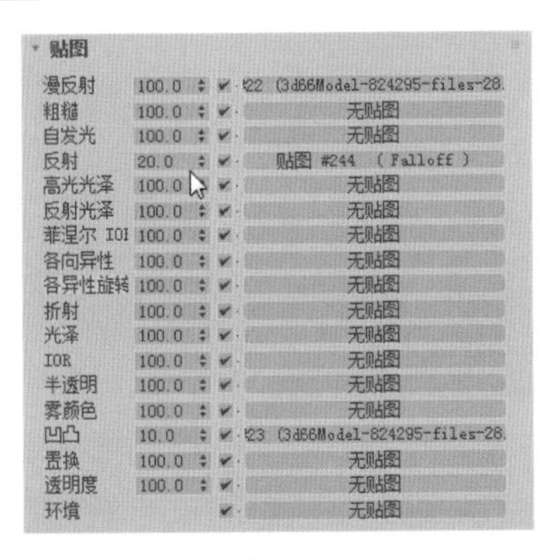

图 7-65

图 7-66

Step03 在“基本参数”卷展栏中设置反射参数，取消勾选“菲涅耳反射”选项，如图 7-67 所示。

Step04 进入“衰减参数”设置面板，设置衰减颜色及衰减类型，如图 7-68 所示。

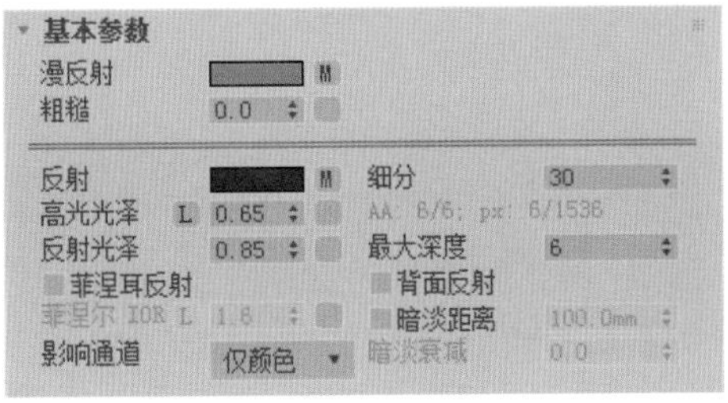

图 7-67

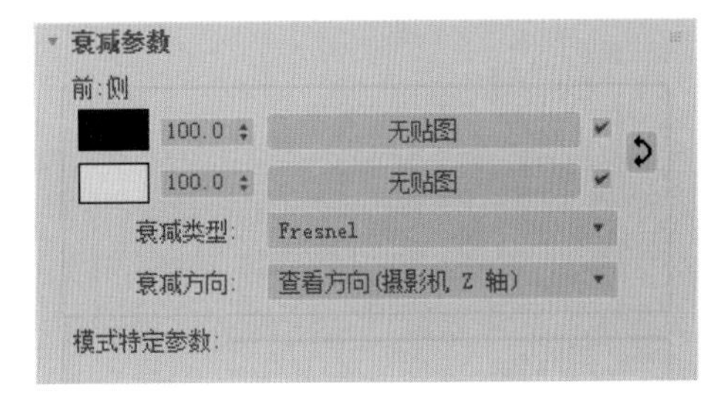

图 7-68

Step05 衰减颜色 1 的 RGB 值为 0，衰减颜色 2 的参数设置如图 7-69 所示。

Step06 创建好的木地板材质效果如图 7-70 所示。

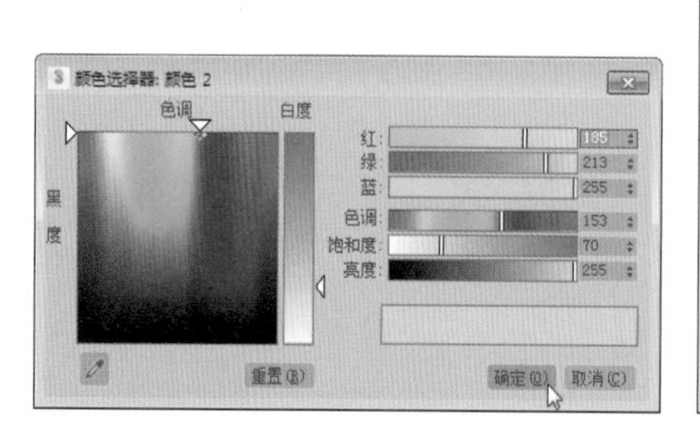

图 7-69

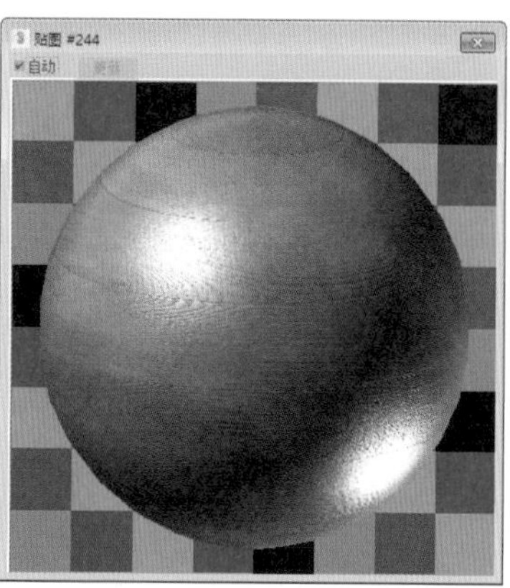

图 7-70

Step07 最后将材质指定给物体，渲染效果如图 7-71 所示。

图 7-71

7.5 石材材质的表现

石材材质根据其表面平滑程度可分为镜面、柔面、凹凸三种，在日常生活中常用的石材有瓷砖、大理石、文化石等。

7.5.1 仿古砖材质

仿古砖的色彩选择丰富，装饰性较强，可以很好地运用到各种室内设计中。该材质具有一定的凹凸感和立体感，光泽度较低，反射较弱。下面来介绍石材材质的制作方法。

Step01 按 M 键打开“材质编辑器”，选择一个空白材质球，设置为“VRayMtl”材质类型，为“漫反射”通道和“凹凸”通道添加“位图”贴图，再为“反射”通道添加“衰减”贴图，设置“凹凸”值为 10，如图 7-72 所示。

Step02 “漫反射”通道及“凹凸”通道添加的仿古砖贴图如图 7-73 所示。

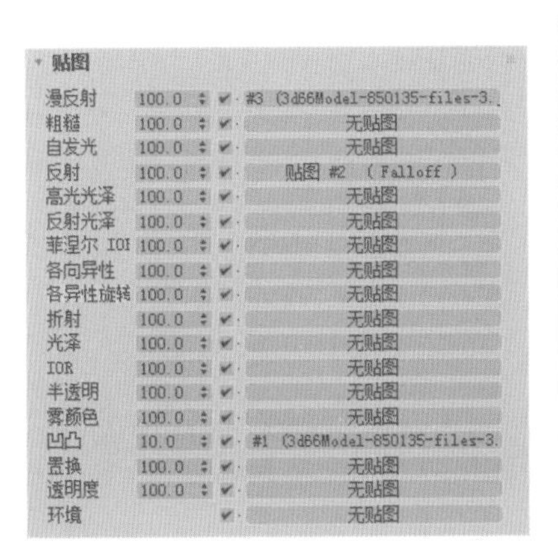

图 7-72

图 7-73

Step03 进入“衰减参数”设置面板，设置衰减颜色以及衰减类型，如图 7-74 所示。

Step04 “衰减参数”中的颜色 1 使用默认值，颜色 2 设置如图 7-75 所示。

图 7-74

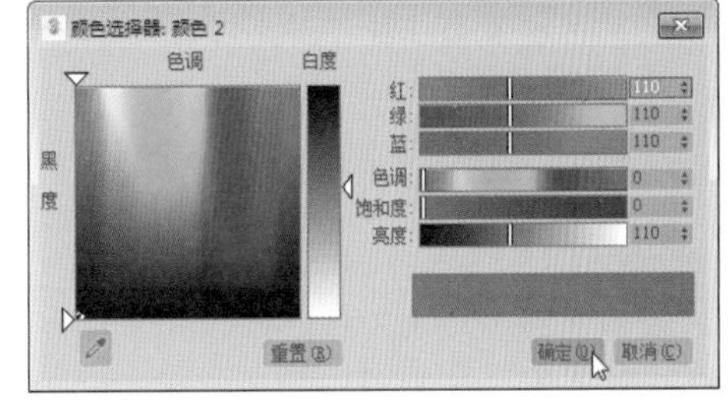

图 7-75

Step05 在“基本参数”卷展栏中设置反射参数，取消勾选“菲涅耳反射”选项，如图 7-76 所示。

Step06 创建好的仿古砖材质球效果如图 7-77 所示。

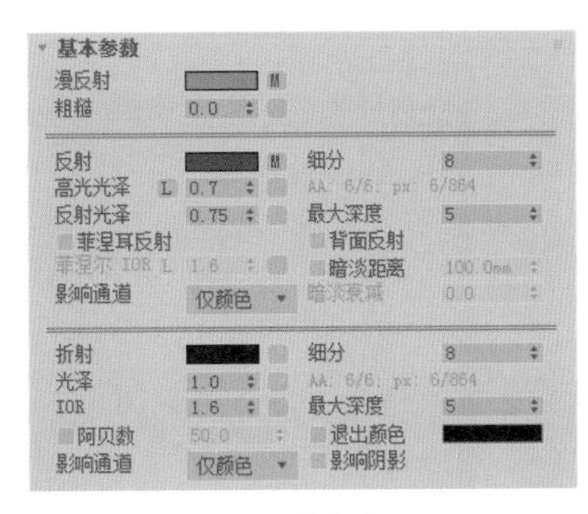

图 7-76

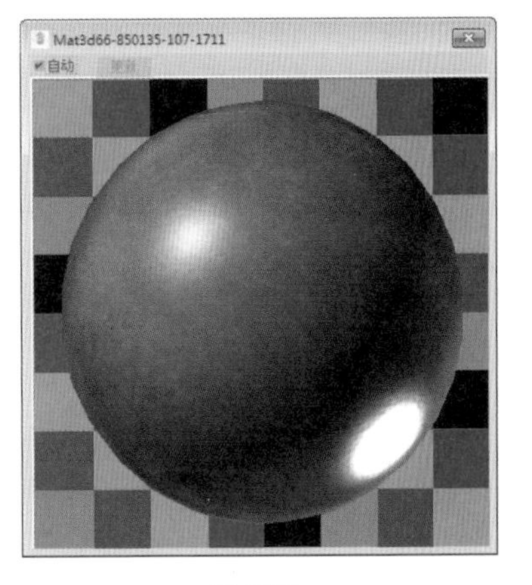

图 7-77

Step07 最后将材质指定给物体，渲染效果如图 7-78 所示。

图 7-78

知识点拨

凹凸贴图的应用

凹凸贴图可以使对象的表面凹凸不平或者呈现不规则形状。用凹凸贴图材质渲染对象时，贴图较明亮的区域看上去被提升，而较暗的区域看上去被降低。

7.5.2 大理石材质

大理石材质也是在室内设计中经常用到的材质类型，大理石材质可以分为表面光滑和表面粗糙两种类型，表面光滑的大理石常用于客厅里的地砖，而在阳台上则常使用表面带有凹凸花纹的大理石地砖。下面介绍大理石材质的制作过程。

Step01 按 M 键打开“材质编辑器”，选择一个空白材质球，设置为“VRayMtl”材质类型，为“漫反射”通道添加“位图”贴图，设置反射颜色以及反射参数，如图 7-79 所示。

Step02 “漫反射”通道添加的大理石拼花贴图如图 7-80 所示。

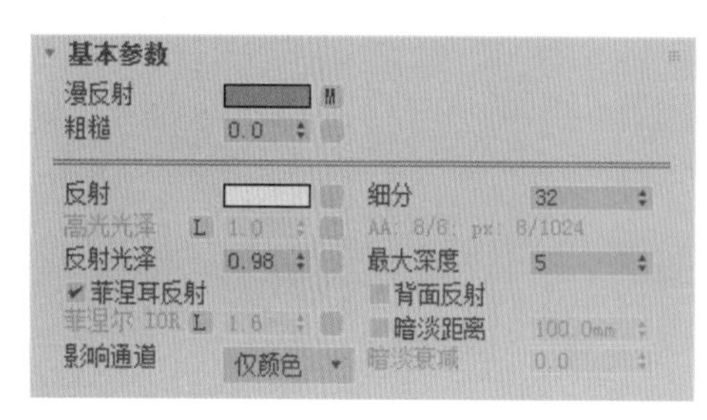

图 7-79

图 7-80

Step03 反射颜色设置如图 7-81 所示。

Step04 创建好的大理石材质球效果如图 7-82 所示。

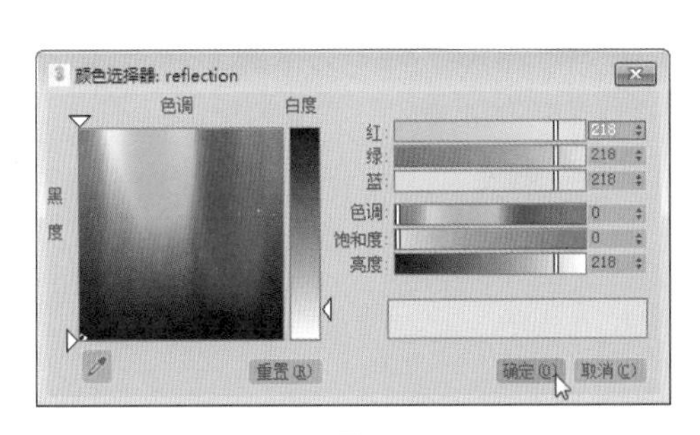

图 7-81

图 7-82

Step05 最后将材质指定给物体，渲染效果如图 7-83 所示。

图 7-83

7.6 织物材质的表现

生活中常用的织物有沙发布、毛毯、毛巾、丝绸等，这些织物表面的粗糙程度反映了它们各自的特点。在表现织物的肌理凹凸效果时，主要是为材质漫反射指定一张位图用于模拟织物的肌理效果。由于该材质的纹理凹凸效果比较强烈，可以使用位图贴图来模拟织物的纹理效果。

7.6.1 沙发布材质

沙发布的表面具有较小的粗糙和反射，表面有丝绒感和凹凸感。下面介绍沙发布材质的制作方法。

Step01 按 M 键打开“材质编辑器”，选择一个空白材质球，设置为“VRayMtl”材质类型，在“贴图”卷展栏中为“漫反射”通道添加“衰减”贴图，为“凹凸”通道添加“位图”贴图，并设置“凹凸”值，如图 7-84 所示。

Step02 进入“衰减参数”设置面板，为衰减颜色 1 添加“位图”贴图，设置“衰减类型”为“Fresnel”，如图 7-85 所示。

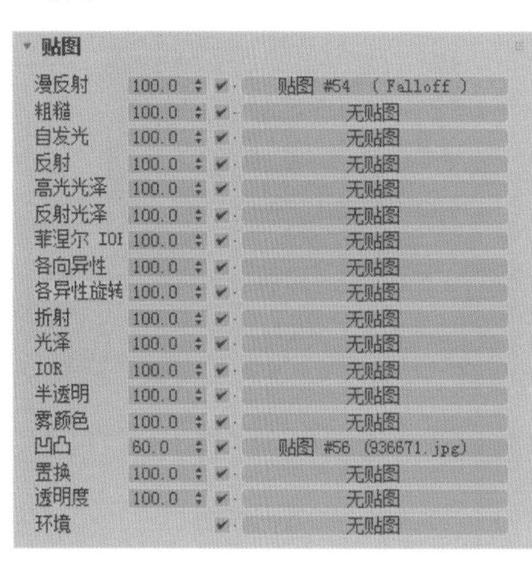

图 7-84

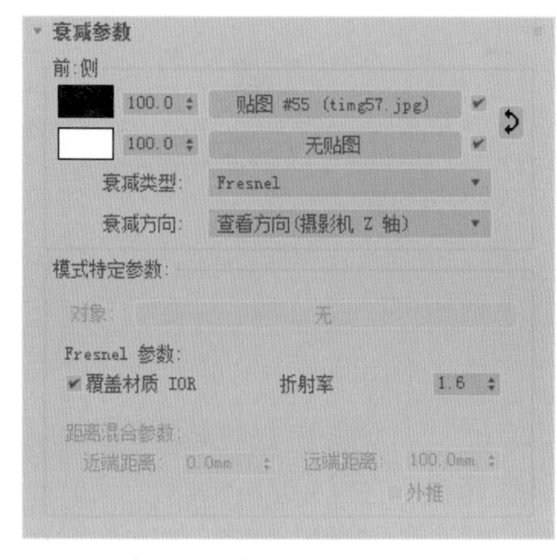

图 7-85

Step03 “衰减参数”面板中添加的布料贴图如图 7-86 所示。

Step04 “凹凸”通道添加的位图贴图如图 7-87 所示。

图 7-86

图 7-87

Step05 创建好的沙发布材质效果如图 7-88 所示。

Step06 最后将材质指定给物体，渲染效果如图 7-89 所示。

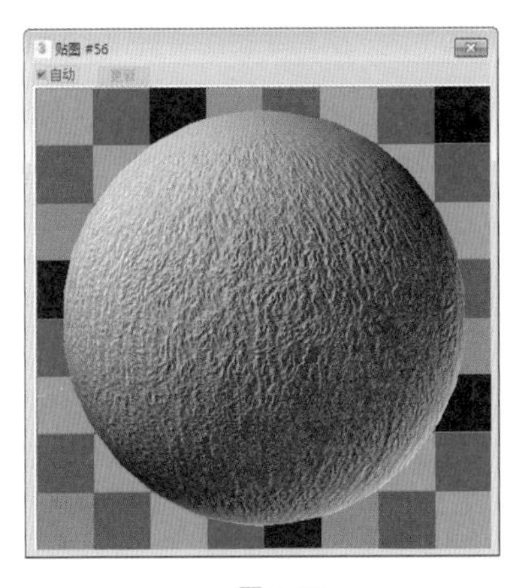

图 7-88

图 7-89

7.6.2 地毯材质

地毯材质与其他布料材质的创建有很多相似之处，在表现地毯时，通常需要给地毯材质设置一定的凹凸或者置换效果，或者为其创建毛发物体来模拟地毯毛茸茸的效果。下面介绍圆形地毯的材质制作方法。

Step01 按 M 键打开“材质编辑器”，选择一个空白材质球，设置为“VRayMtl”材质类型，在“贴图”卷展栏中为“漫反射”通道和“凹凸”通道添加“位图”贴图，再设置“凹凸”值，如图 7-90 所示。

Step02 “漫反射”通道添加的地毯贴图如图 7-91 所示。

贴图

通道	数值	启用	贴图
漫反射	100.0	✔	贴图 #3 (923191.jpg)
粗糙	100.0	✔	无贴图
自发光	100.0	✔	无贴图
反射	100.0	✔	无贴图
高光光泽	100.0	✔	无贴图
反射光泽	100.0	✔	无贴图
菲涅尔 IOR	100.0	✔	无贴图
各向异性	100.0	✔	无贴图
各异性旋转	100.0	✔	无贴图
折射	100.0	✔	无贴图
光泽	100.0	✔	无贴图
IOR	100.0	✔	无贴图
半透明	100.0	✔	无贴图
雾颜色	100.0	✔	无贴图
凹凸	30.0	✔	贴图 #4 (1000649.jpg)
置换	100.0	✔	无贴图
透明度	100.0	✔	无贴图
环境		✔	无贴图

图 7-90

图 7-91

Step03 “凹凸”通道添加的贴图如图 7-92 所示。

Step04 创建好的地毯材质效果球如图 7-93 所示。

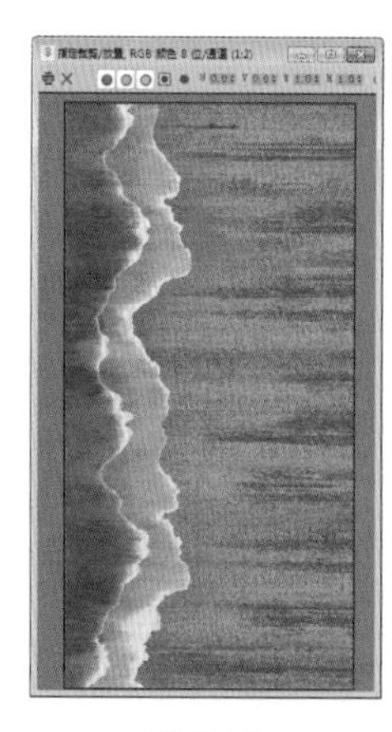

图 7-92

图 7-93

Step05 最后将材质指定给物体，渲染效果如图 7-94 所示。

图 7-94

7.6.3 纱帘材质

在制作客厅或者卧室的效果图时，很多时候需要表现出窗户位置的效果，这时窗帘的作用就体现出来了。居室常用的窗帘有两种类型，一种是透明度很高的纱帘布料，另一种是遮光布料。本小节要介绍的是纱帘布料材质的制作，它遮挡了强烈的室外光源，同时又不影响室内光线，轻盈飘逸使得空间变得轻松自然。下面介绍其材质的设置方法。

ACAA课堂笔记

Step01 按 M 键打开“材质编辑器”，选择一个空白材质球，设置为“VRayMtl”材质类型，在“贴图”卷展栏中为“漫反射”通道和“折射”通道添加“衰减”贴图，如图 7-95 所示。

Step02 进入漫反射“衰减参数”设置面板，设置衰减颜色，如图 7-96 所示。

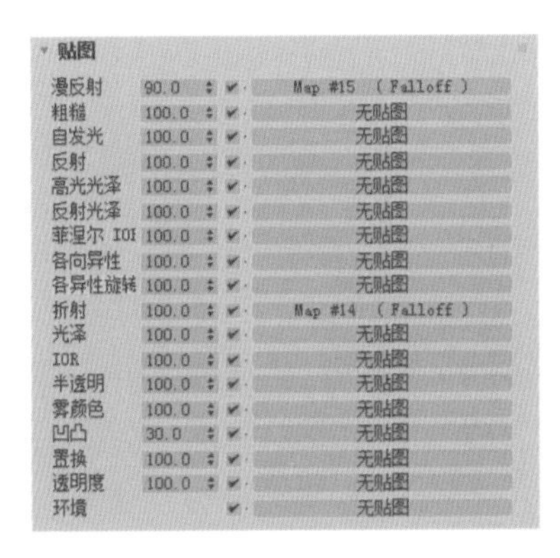

图 7-95

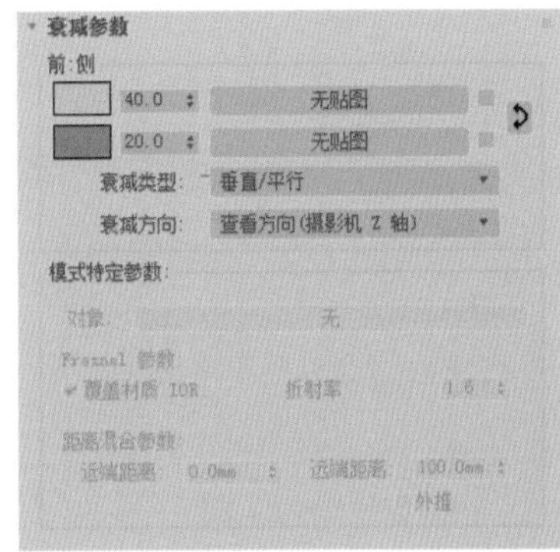

图 7-96

Step03 衰减颜色 1 设置如图 7-97 所示。

Step04 衰减颜色 2 设置如图 7-98 所示。

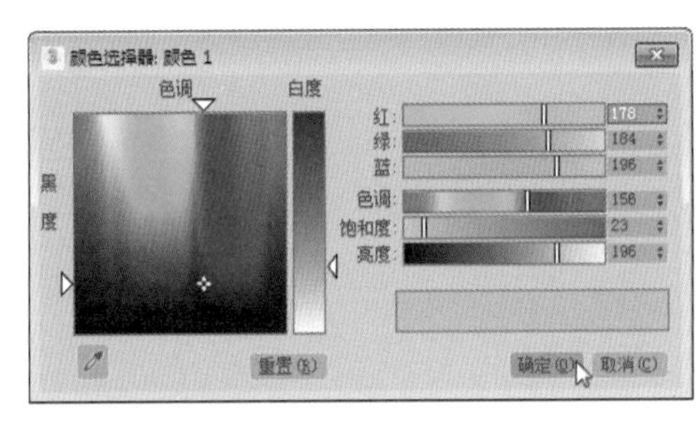

图 7-97

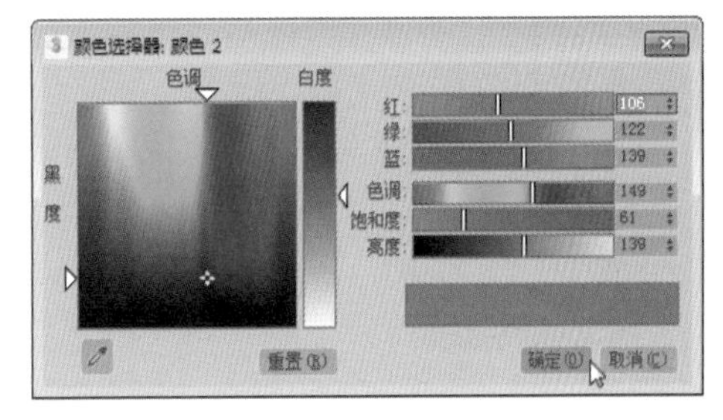

图 7-98

Step05 再进入折射“衰减参数”设置面板，设置衰减颜色，调整“混合曲线”，如图 7-99 所示。

Step06 衰减颜色 1 设置如图 7-100 所示，衰减颜色 2 设置如图 7-101 所示。

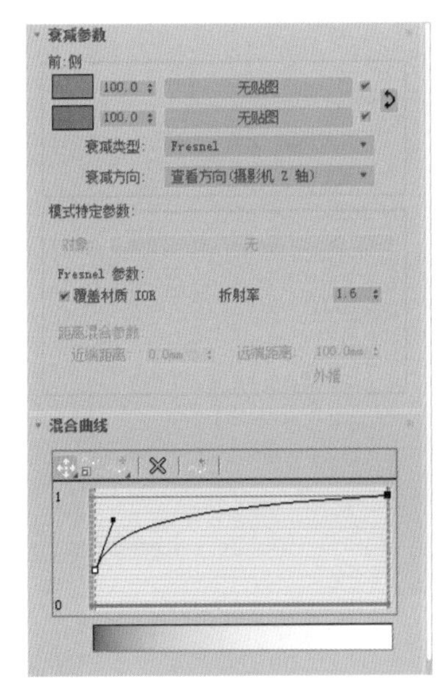

图 7-99

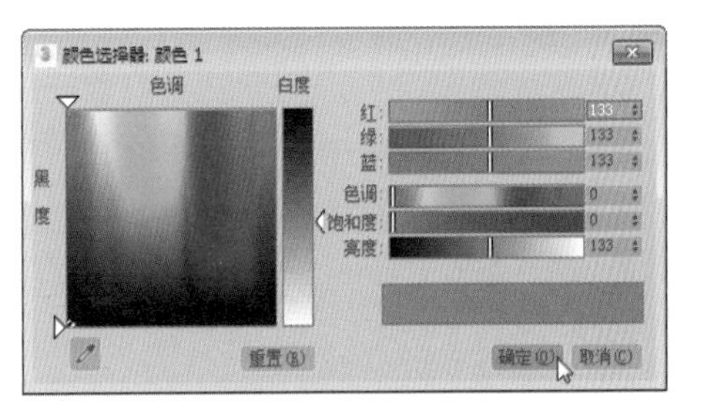

图 7-100

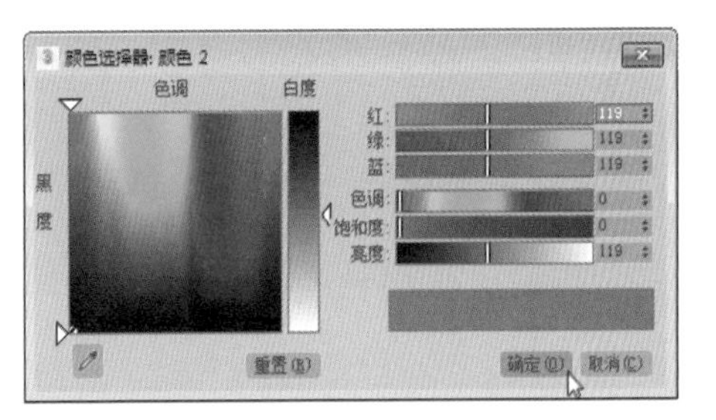

图 7-101

Step07 返回上一级设置面板，设置漫反射颜色、反射参数、折射参数与退出颜色，如图 7-102 所示。

Step08 漫反射颜色设置如图 7-103 所示。

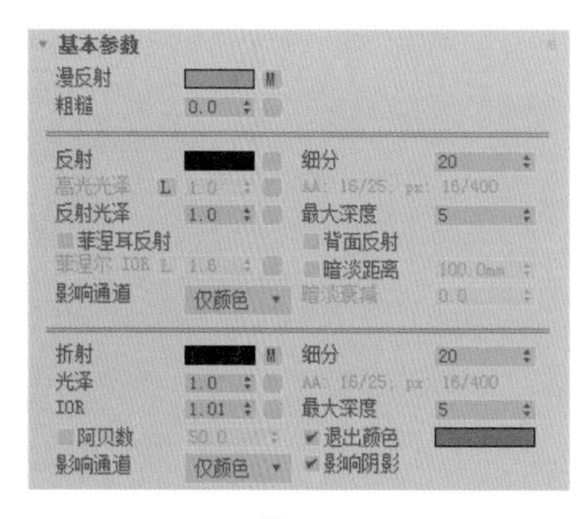

图 7-102

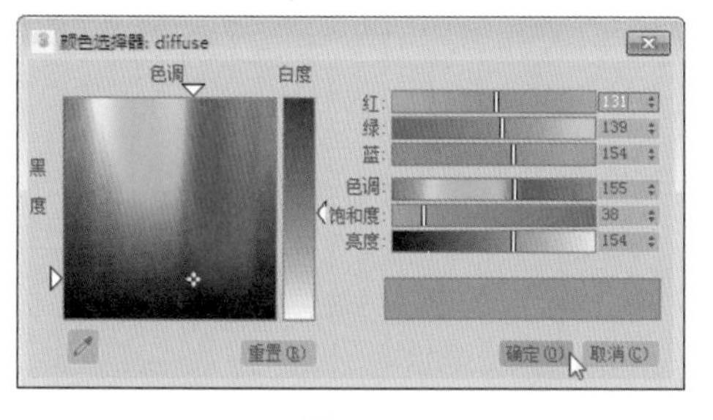

图 7-103

Step09 退出颜色设置如图 7-104 所示。

Step10 在“BRDF”卷展栏中选择“Blinn”类型，在“选项”卷展栏中取消勾选“雾系统单位比例”和“光泽菲涅耳”选项，如图 7-105 所示。

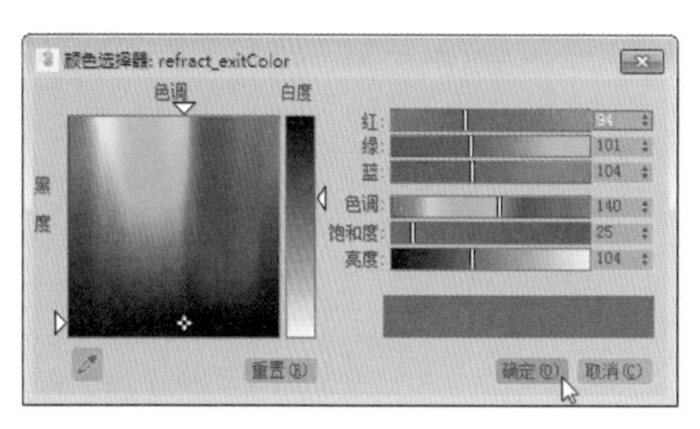

图 7-104

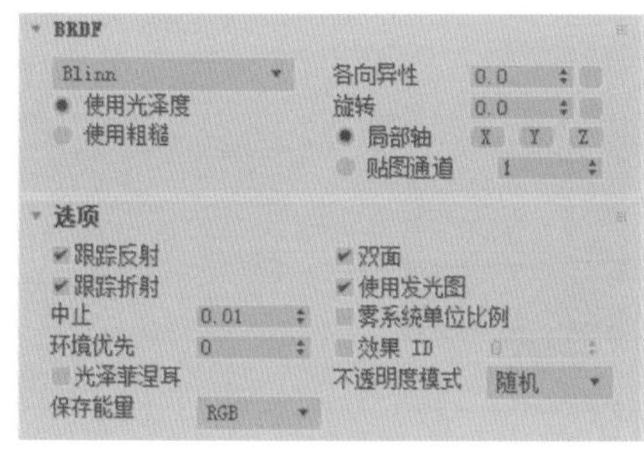

图 7-105

Step11 创建好的纱帘材质效果如图 7-106 所示。

Step12 再创建一个纱帘材质，按 M 键打开“材质编辑器”，选择一个空白材质球，设置为“VRayMtl”材质类型，设置其漫反射颜色、反射颜色和折射颜色，并调整反射参数，取消勾选“菲涅耳反射”选项，如图 7-107 所示。

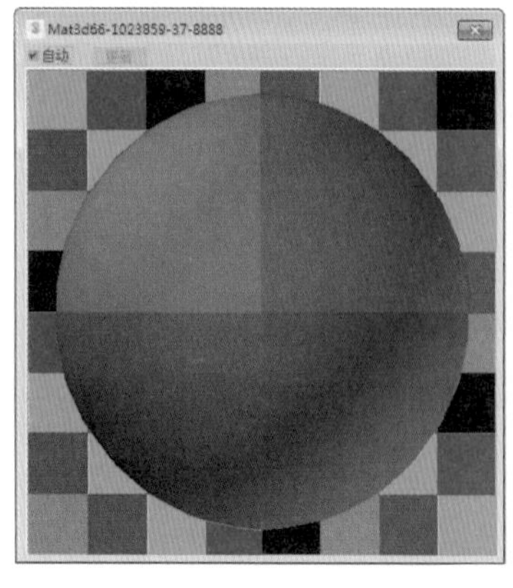

图 7-106

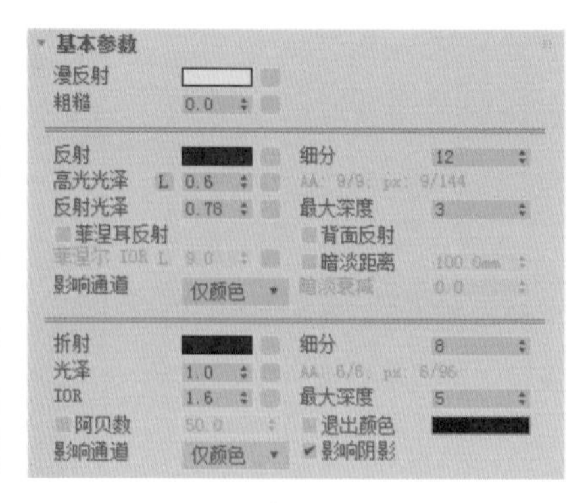

图 7-107

Step13 漫反射颜色设置如图 7-108 所示。

Step14 反射颜色设置如图 7-109 所示。

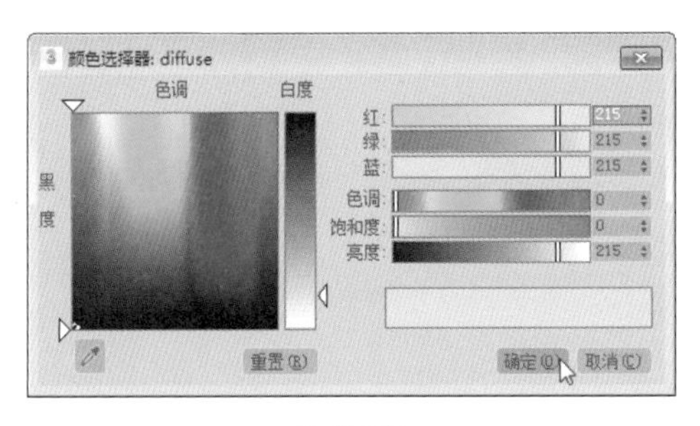

图 7-108

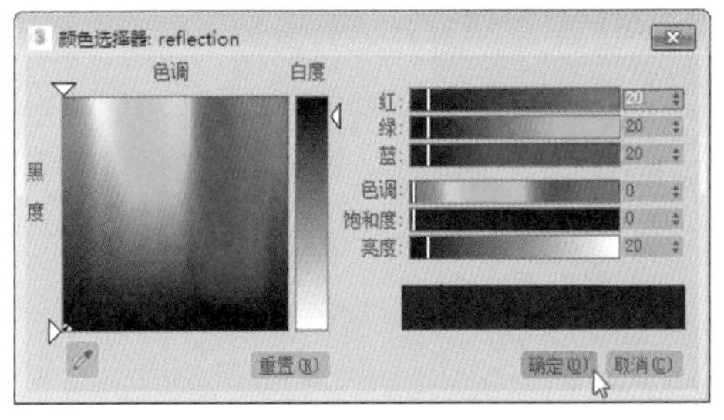

图 7-109

Step15 折射颜色设置如图 7-110 所示。

Step16 在“BRDF”卷展栏中选择“Blinn”类型，在“选项”卷展栏中取消勾选“跟踪反射”“雾系统单位比例”和“光泽菲涅耳”选项，如图 7-111 所示。

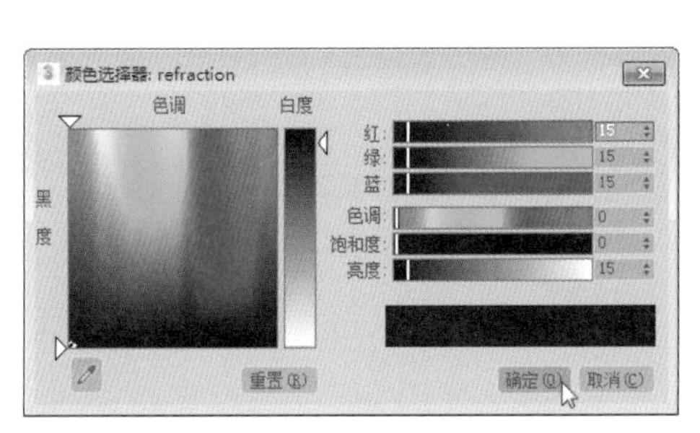

图 7-110

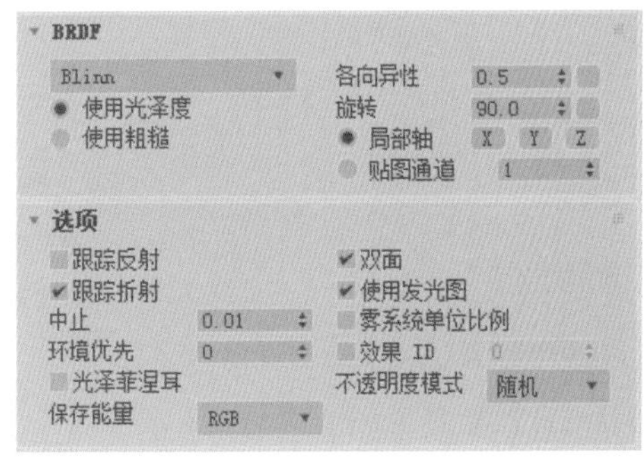

图 7-111

Step17 创建好的材质球效果如图 7-112 所示。

Step18 最后将材质分别指定给物体，渲染效果如图 7-113 所示。

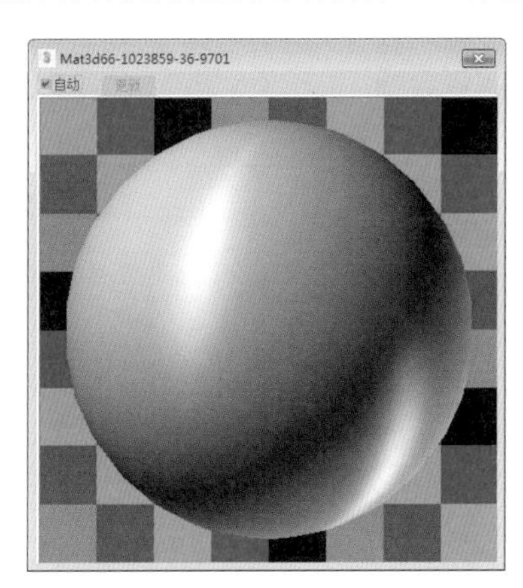

图 7-112

图 7-113

7.7 其他材质的表现

除了前面介绍的各种材质外，还有比较常见的纸张、皮革等材质。

7.7.1 纸张材质

纸张材质具有一定的光泽度和透明度，纸张厚度不同，在光线照射下背光部分会出现不同透光现象。下面介绍纸张材质的制作方法。

Step01 按 M 键打开“材质编辑器”，选择一个空白材质球，设置为“VRayMtl”材质类型，为“漫反射”通道添加“位图”贴图，设置反射颜色及折射颜色，再设置反射参数，取消勾选“菲涅耳反射”选项，如图 7-114 所示。

Step02 为“漫反射”通道添加的纸张贴图如图 7-115 所示。

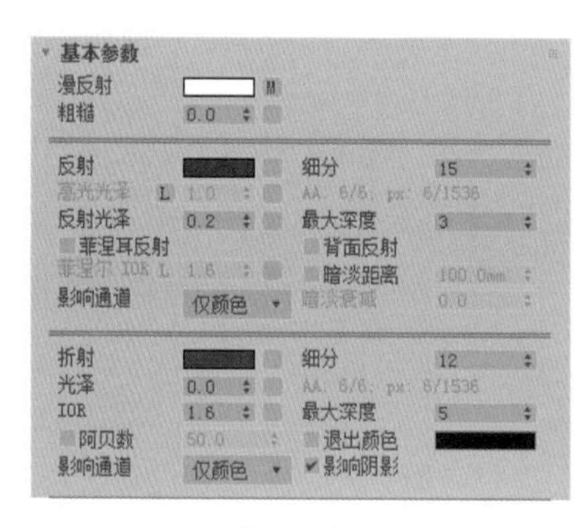

图 7-114

Transfer of All Real and Personal Property

图 7-115

Step03 反射颜色参数设置如图 7-116 所示。

Step04 折射颜色参数设置如图 7-117 所示。

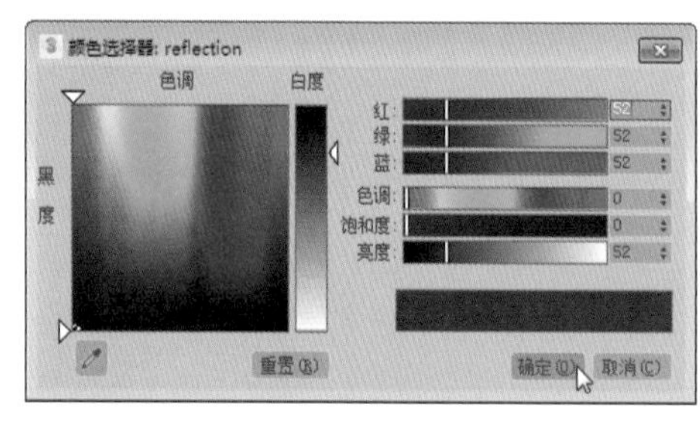

图 7-116

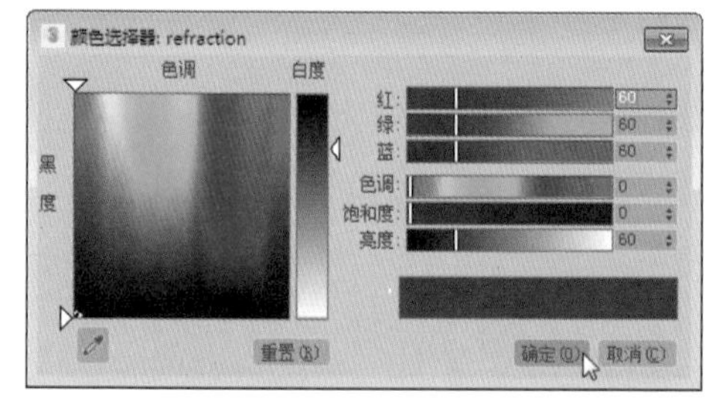

图 7-117

Step05 在“BRDF”卷展栏中选择“Blinn”类型，在“选项”卷展栏中取消勾选“雾系统单位比例”和“光泽菲涅耳”选项，如图 7-118 所示。

Step06 创建好的纸张材质球效果如图 7-119 所示。

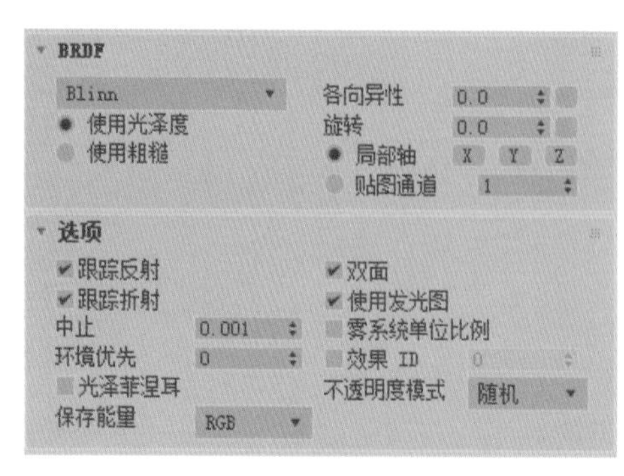

图 7-118

图 7-119

Step07 最后将材质指定给物体，渲染效果如图 7-120 所示，

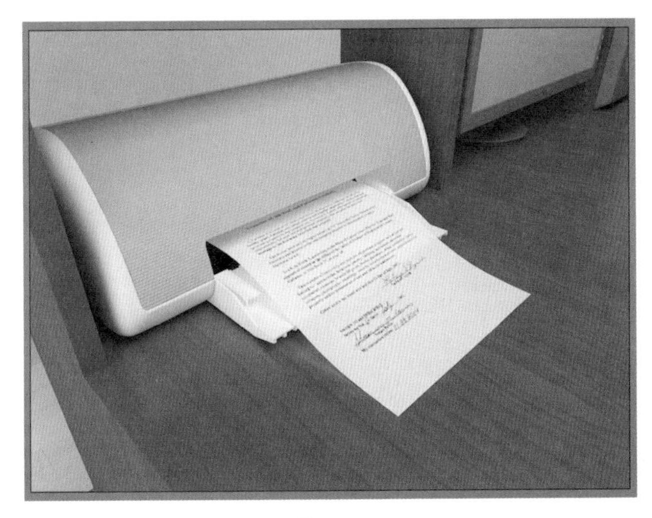

图 7-120

7.7.2 皮革材质

皮革材质具有较柔和的高光和较弱的反射，表面纹理清晰，质感强。下面介绍该材质的制作方法。

Step01 按 M 键打开“材质编辑器”，选择一个空白材质球，设置为“VRayMtl”材质类型，设置漫反射颜色和反射颜色，再设置反射参数，如图 7-121 所示。

Step02 漫反射颜色设置如图 7-122 所示。

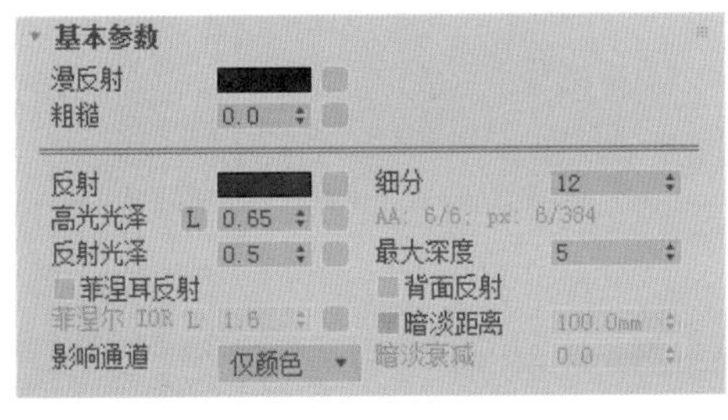

图 7-121

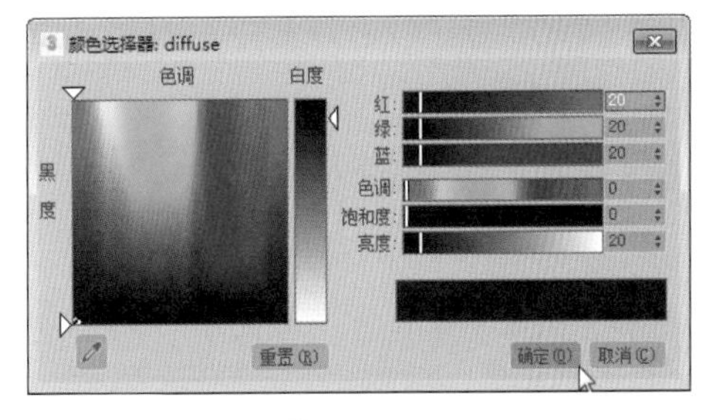

图 7-122

Step03 反射颜色设置如图 7-123 所示。

Step04 在“BRDF”卷展栏中设置类型为“Ward”，如图 7-124 所示。

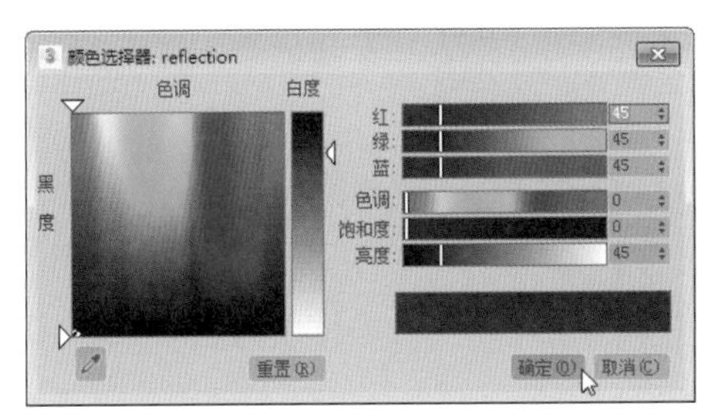

图 7-123

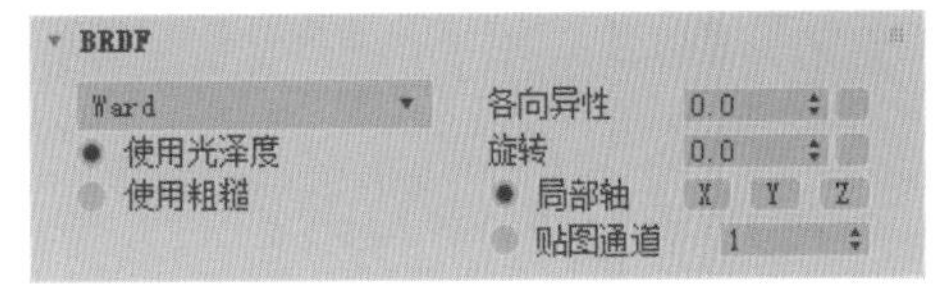

图 7-124

Step05 在“贴图”卷展栏中为“凹凸”通道添加“位图”贴图，并设置“凹凸”值为100，如图7-125所示。

Step06 为“凹凸”通道添加的位图贴图如图7-126所示。

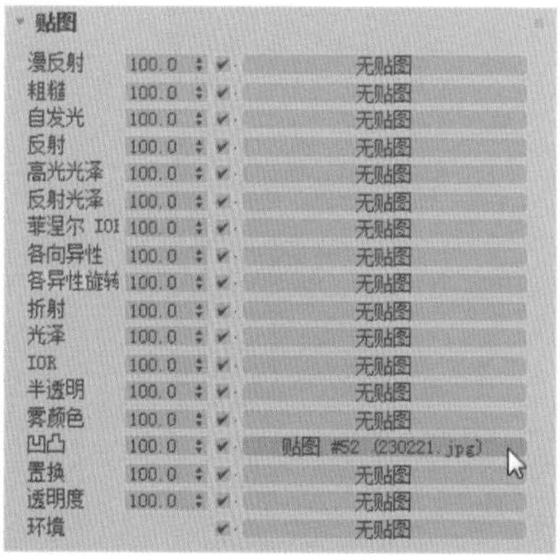

贴图
漫反射 100.0 无贴图
粗糙 100.0 无贴图
自发光 100.0 无贴图
反射 100.0 无贴图
高光光泽 100.0 无贴图
反射光泽 100.0 无贴图
菲涅尔 IOR 100.0 无贴图
各向异性 100.0 无贴图
各异性旋转 100.0 无贴图
折射 100.0 无贴图
光泽 100.0 无贴图
IOR 100.0 无贴图
半透明 100.0 无贴图
雾颜色 100.0 无贴图
凹凸 100.0 贴图 #52 (230221.jpg)
置换 100.0 无贴图
透明度 100.0 无贴图
环境 无贴图

图7-125

图7-126

Step07 单击位图贴图，进入“坐标”卷展栏，设置“瓷砖”的UV向数值，如图7-127所示。

Step08 创建好的皮质材质球效果如图7-128所示。

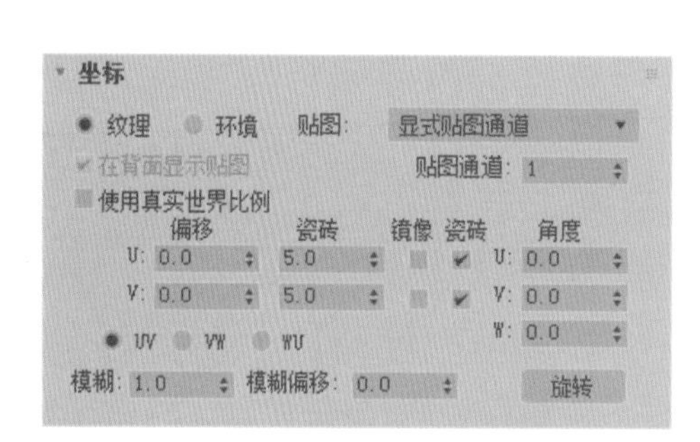

坐标
纹理 环境 贴图: 显式贴图通道
在背面显示贴图 贴图通道: 1
使用真实世界比例
偏移 瓷砖 镜像 瓷砖 角度
U: 0.0 5.0 U: 0.0
V: 0.0 5.0 V: 0.0
W: 0.0
UV VW WU
模糊: 1.0 模糊偏移: 0.0 旋转

图7-127

13 - Default
自动

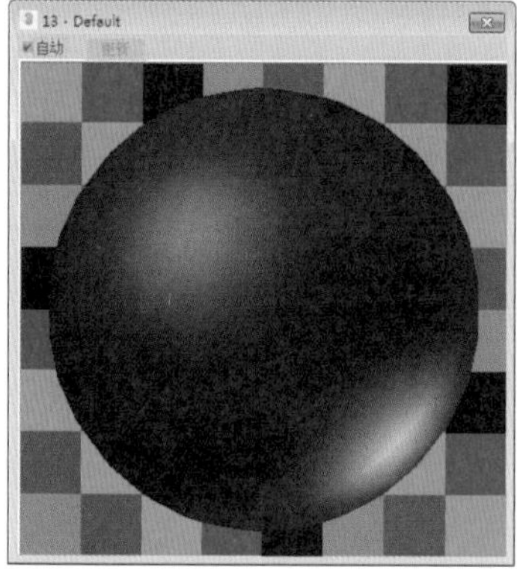

图7-128

Step09 最后将材质指定给物体，渲染效果如图7-129所示。

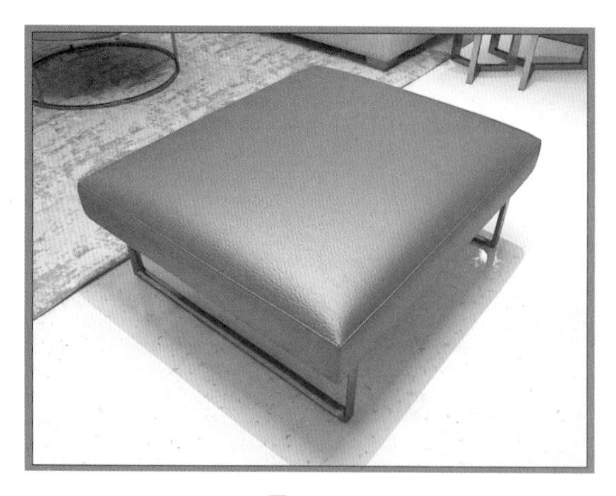

图7-129

第8章 卧室场景效果表现

内容导读

近年来在室内设计中，不少人很喜欢东南亚风格，既有东南亚民族岛屿特色，又颇显精致文化品位。取材上以实木为主，软装饰品颜色较深且绚丽，在卧室中表现得尤为彻底。本章为读者介绍东南亚风格的卧室场景的创建，通过本案例的学习，可以让读者回顾前面所介绍的知识内容，并进行综合利用，以实现学以致用、举一反三的目的。

学习目标

- 掌握摄影机的创建
- 掌握场景灯光的创建
- 掌握场景材质的创建
- 掌握渲染参数的设置

8.1 案例介绍

本案例主要是表现一个东南亚风格的卧室场景，方向朝南，采光较好，但是受到室内装饰的材质和颜色影响，使整个场景显得有些偏暗。在表现效果图时，需要加强室外补光，还需要增加室内灯光亮度，才能更好地表现出场景效果。

在材质表现方面，主要以木纹理、木地板、布艺为主，需要表现出这几种材质的质感。

8.2 创建摄影机

对于创建好的场景模型，首先应为场景创建摄影机，以确认渲染场景范围。具体操作步骤介绍如下。

Step01 打开创建好的场景模型，如图 8-1 所示。

Step02 执行“创建”|“摄影机”|“标准”命令，在“对象类型”卷展栏中单击“目标”按钮，在顶视图中创建一个摄影机，设置镜头“焦距”为 22mm，调整摄影机的角度和位置，如图 8-2 所示。

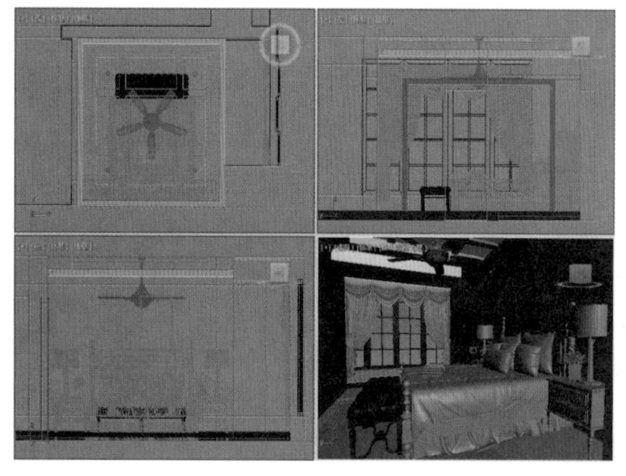

图 8-1

图 8-2

Step03 在“参数”面板中勾选“剪切平面”选项组中的“手动剪切”复选框，设置近距剪切和远距剪切值，如图 8-3 所示。

Step04 选择透视视口，按 C 键切换到摄影机视口，如图 8-4 所示。

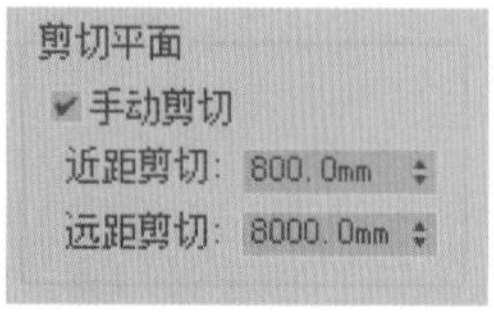

图 8-3

图 8-4

8.3 设置场景灯光

本案例表现的是采光丰富的卧室效果，室内有充足的光照，这里我们将使用目标平行光源来模拟室外天光，在窗口位置创建 VRay 面光源为场景补光。室内利用 VR- 灯光来模拟台灯灯光和吊灯灯光。

8.3.1 设置白模预览参数

白模材质可以观察模型中的漏洞，还可以很好地预览灯光效果。下面介绍白模材质的创建。

Step01 按 M 键打开“材质编辑器”，选择一个空白材质设置为 VRayMtl 材质类型，命名为“白模”，设置漫反射颜色为灰白色，如图 8-5 所示。

Step02 按 F10 键打开“渲染设置”对话框，在 VRay 渲染器设置面板中设置“全局开关”卷展栏为“高级模式”，勾选“覆盖材质”复选框，将“白模”材质拖到其后的按钮上，选择“实例”复制，再设置灯光采样类型为“全部灯光求值”，如图 8-6 所示。

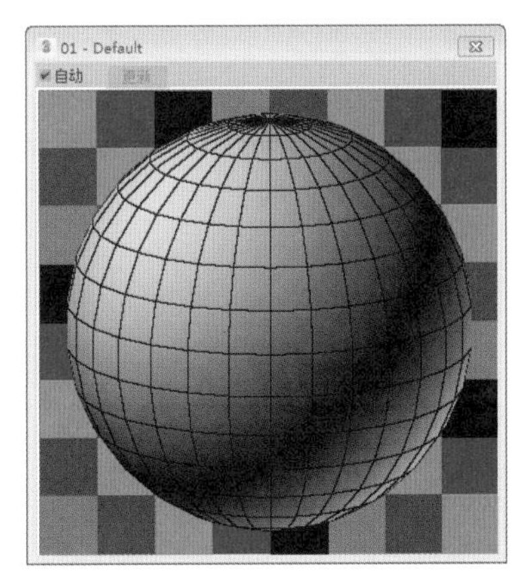

图 8-5

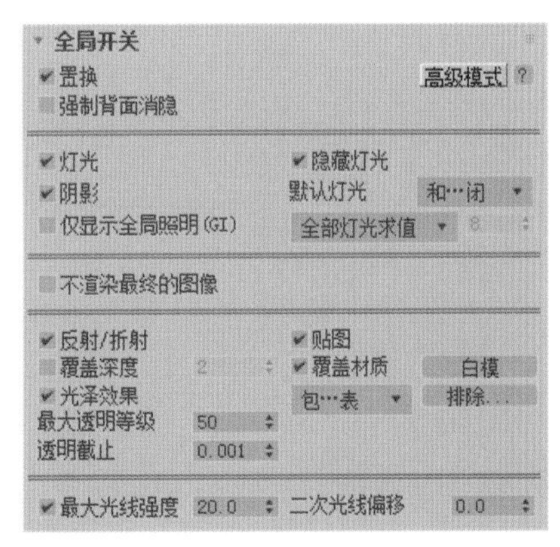

图 8-6

Step03 在“帧缓冲”卷展栏中取消勾选“启用内置帧缓冲区”复选框，如图 8-7 所示。

Step04 在“发光贴图”卷展栏中设置预设等级和“细分”等参数，如图 8-8 所示。

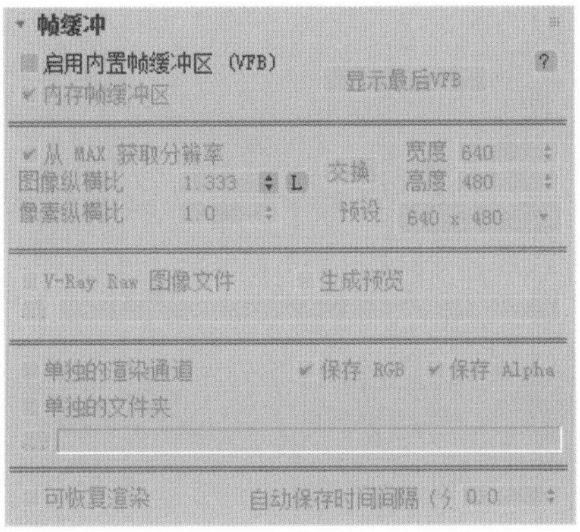

图 8-7

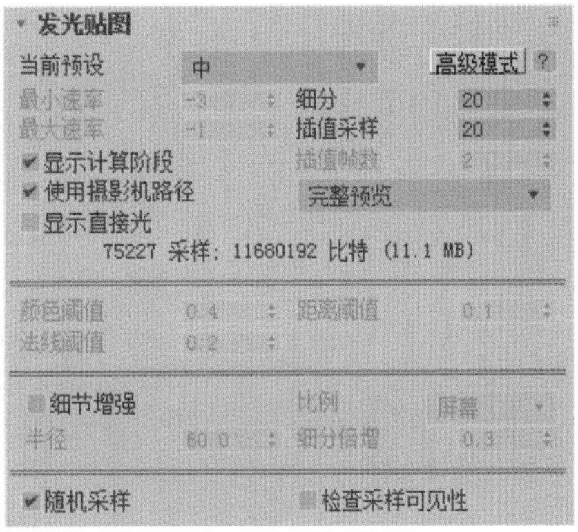

图 8-8

Step05 在“颜色贴图”卷展栏设置“类型”为“指数”，如图 8-9 所示。

Step06 在“灯光缓存”卷展栏设置“细分”值和其他参数，如图 8-10 所示。

图 8-9

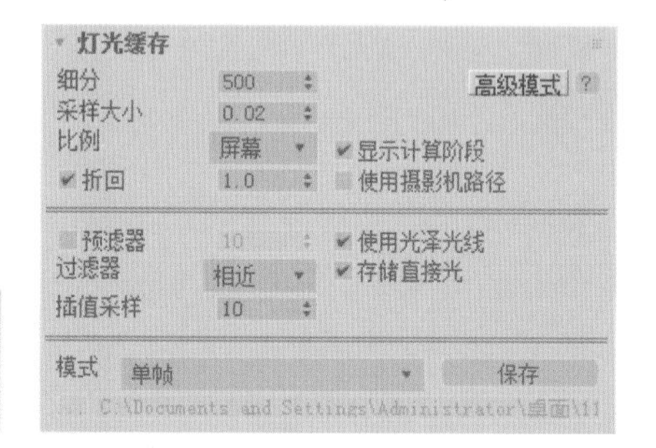

图 8-10

Step07 最后在“公用参数”卷展栏设置输出尺寸，如图 8-11 所示。

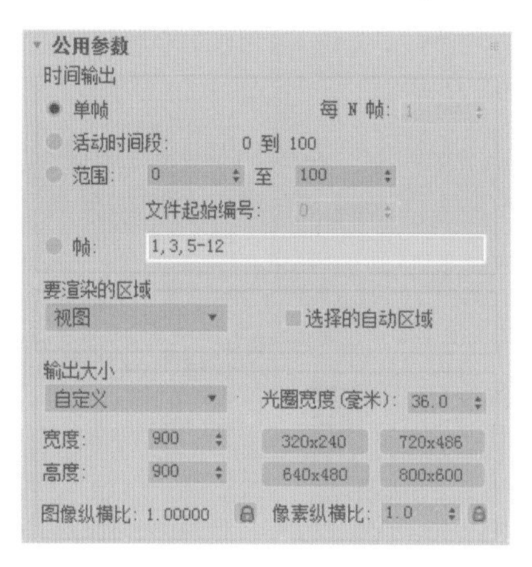

图 8-11

8.3.2 模拟室外光源

场景中有一个较大的落地窗，室外光源十分充足，本小节就来表现太阳光及天光光源的效果。下面介绍具体的制作方法。

Step01 在左视图中创建一盏 VRay 平面灯光，移动到窗户外侧，如图 8-12 所示。

Step02 设置灯光尺寸、强度和颜色，如图 8-13 所示。

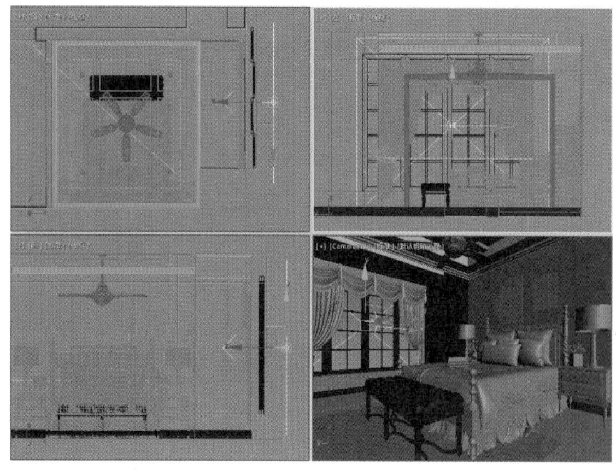
图 8-12

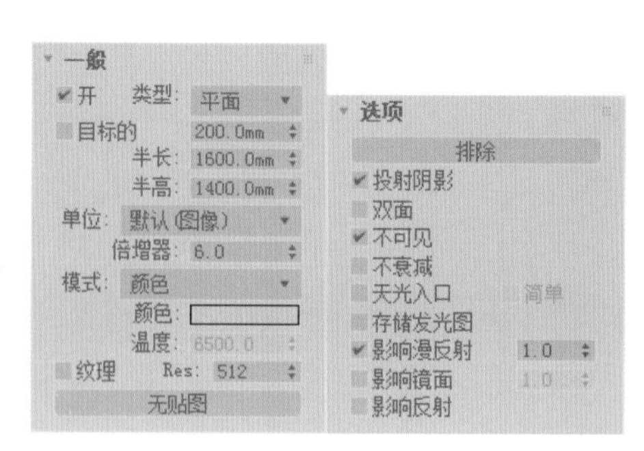

图 8-13

Step03 渲染摄影机视口，室外光源效果如图 8-14 所示。

Step04 复制灯光，调整其位置及灯光强度，如图 8-15 所示。

图 8-14

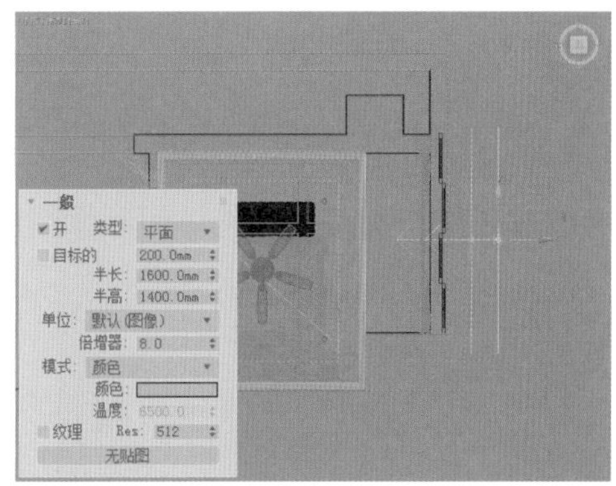

图 8-15

Step05 渲染摄影机视口，室外光源效果如图 8-16 所示。

Step06 继续在左视图中创建一盏 VRay 平面灯光，设置灯光尺寸、强度及颜色，将其移到窗户位置，并在前视图中适当进行旋转，如图 8-17 所示。

图 8-16

图 8-17

Step07 再次渲染场景，室外光源效果如图 8-18 所示。

Step08 制作室外景观效果。选择“弧”命令，在顶视图中绘制一条弧线，如图 8-19 所示。

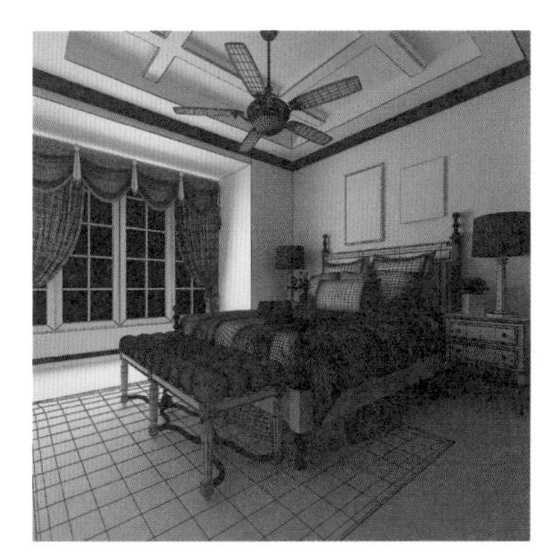

图 8-18

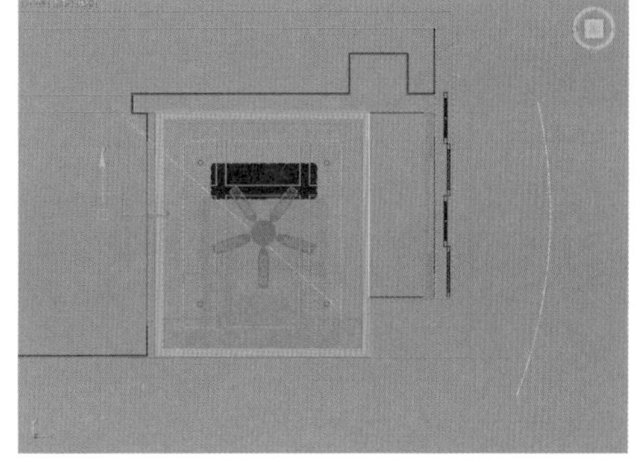

图 8-19

Step09 将其转换为可编辑样条线，激活“样条线”子层级，在“几何体”卷展栏中设置轮廓值为20，样条线效果如图 8-20 所示。

Step10 为样条线添加“挤出”修改器，并设置挤出值为 4000mm，效果如图 8-21 所示。

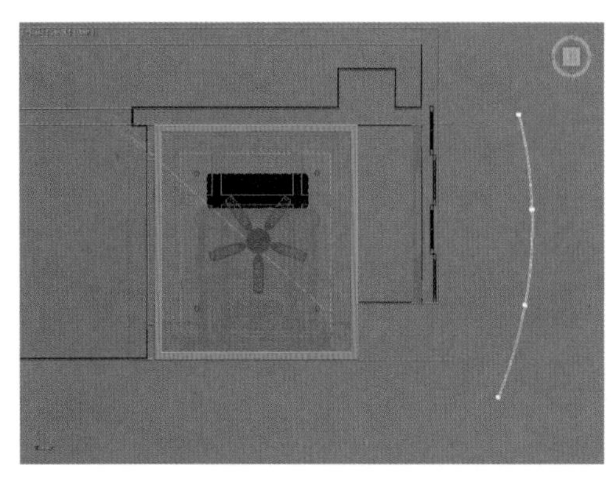

图 8-20

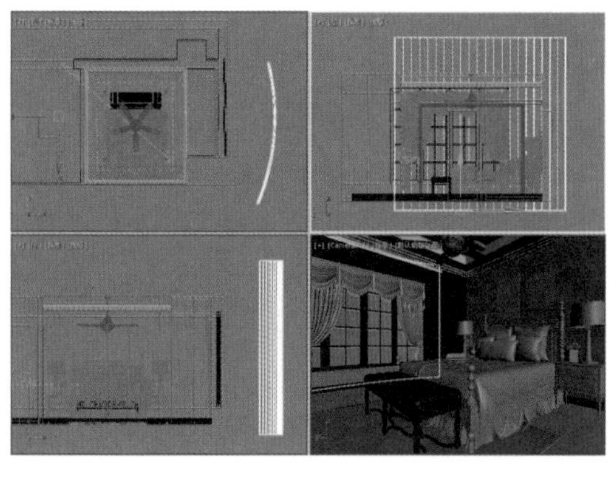

图 8-21

Step11 按 M 键打开“材质编辑器”，选择一个空白材质球，将其设置为“VRay 灯光”材质，设置颜色强度为 2，并添加位图贴图，如图 8-22 所示。

Step12 设置好的材质球效果如图 8-23 所示。

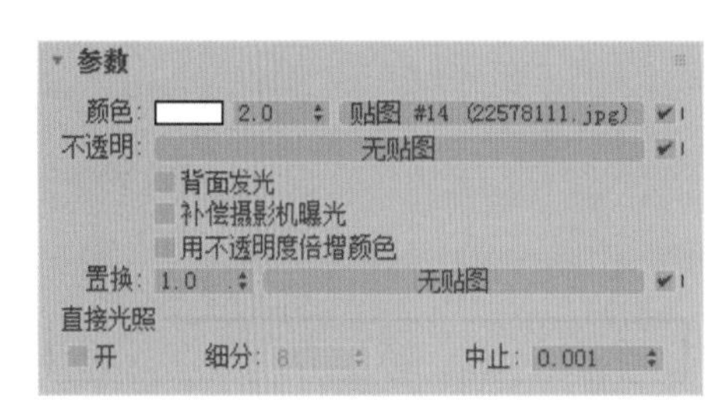

图 8-22

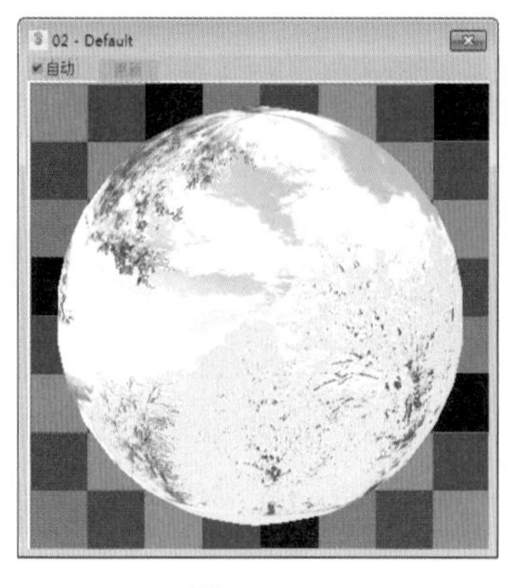

图 8-23

Step13 打开“渲染设置”对话框，在“全局开关”卷展栏中单击“排除”按钮，打开“排除 / 包含”对话框，从左侧列表框中选择室外景观模型，将其排除在覆盖材质范围之外，如图 8-24 所示。

Step14 再次渲染场景，光源效果如图 8-25 所示。

ACAA课堂笔记

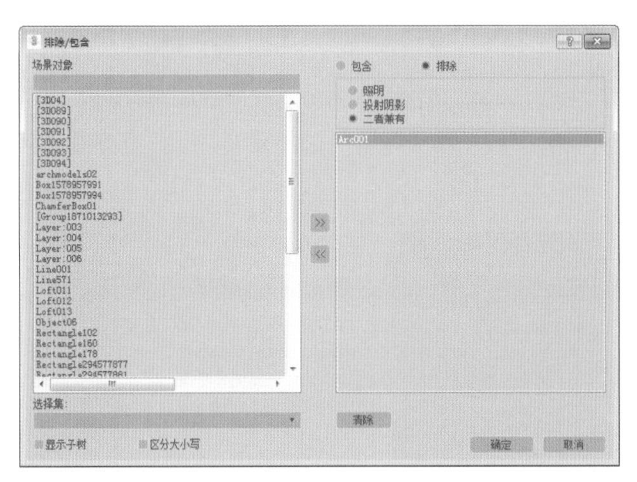

图 8-24

图 8-25

Step15 为场景创建目标平行光，调整光源位置及角度，再设置光源阴影类型及灯光颜色、强度等参数，如图 8-26 所示。

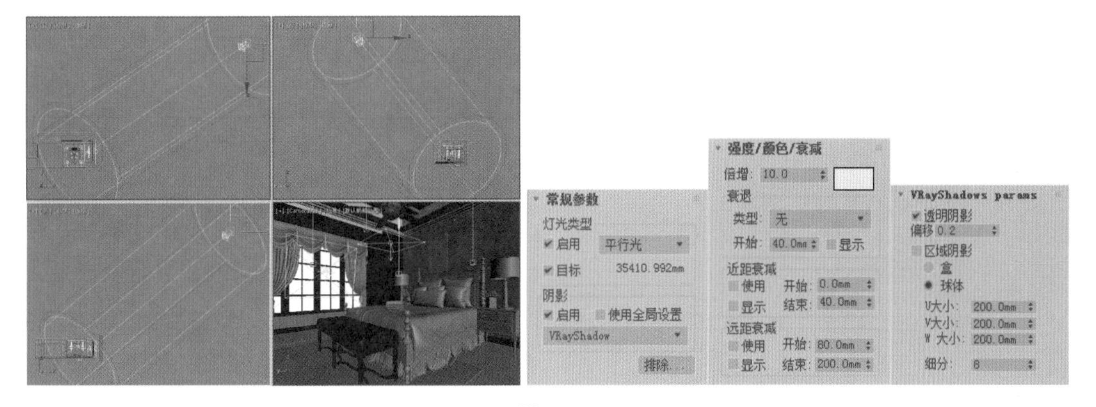

图 8-26

Step16 在“常规参数”卷展栏中单击“排除”按钮，打开“排除 / 包含”对话框，从左侧列表框中选择室外景观模型，将其排除在阴影投射范围之外，再渲染场景，太阳光效果如图 8-27 所示。

图 8-27

8.3.3 模拟室内光源

该场景中的主要光源包括射灯光源和灯带光源，偏暖色调。下面介绍具体的制作方法。

Step01 模拟台灯光源。在场景中创建 VRay 球形灯光，设置灯光半径及亮度、颜色等参数，将其放置到台灯罩位置，如图 8-28 所示。

图 8-28

Step02 渲染摄影机视口，台灯光源效果如图 8-29 所示。

Step03 复制光源到另一侧台灯处，再次渲染场景，效果如图 8-30 所示。

图 8-29　　图 8-30

Step04 模拟吊灯光源。继续创建 VRay 球形灯光，设置半径及灯光强度等，放置到吊灯灯罩内，如图 8-31 所示。由于灯光位于灯罩内部，在覆盖材质情况下渲染看不出光源效果。

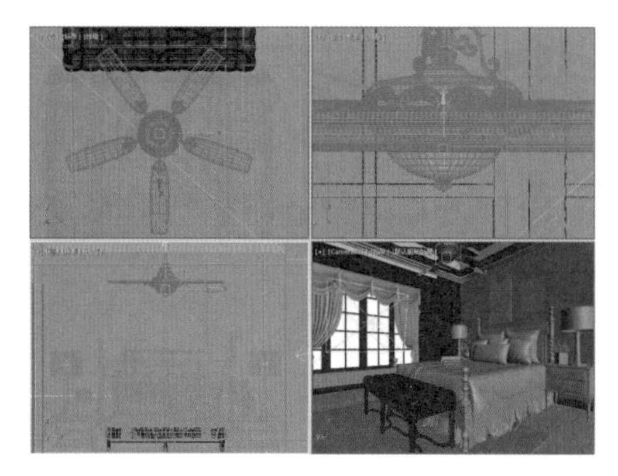

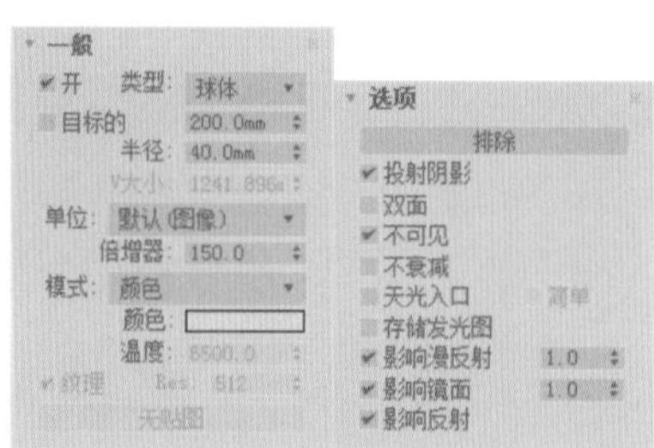

图 8-31

Step05 模拟射灯光源。在前视图中创建一盏目标灯光，调整灯光位置及目标点，如图 8-32 所示。

Step06 设置灯光阴影类型、灯光分布类型并为其添加光域网文件，再设置灯光颜色和强度，如图 8-33 所示。

图 8-32

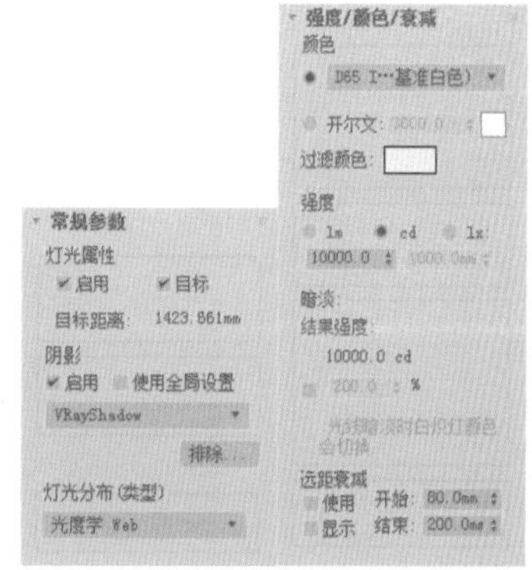

图 8-33

Step07 实例复制目标光源，调整好位置，如图 8-34 所示。

Step08 渲染场景，如图 8-35 所示。

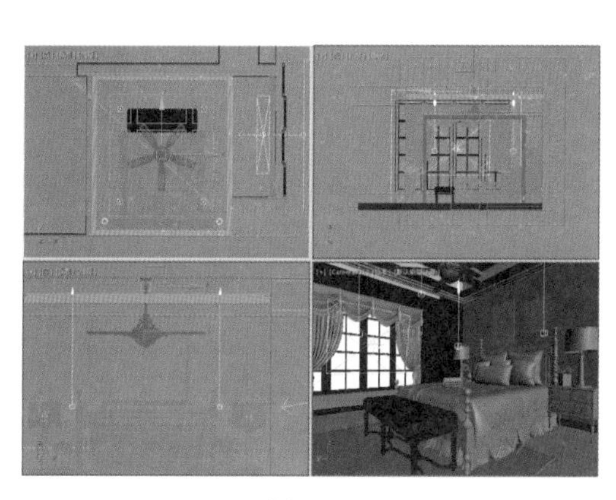

图 8-34

图 8-35

Step09 添加补光。创建 VRay 平面光源，设置尺寸和灯光强度，放置到吊灯下方，如图 8-36 所示。

Step10 灯光参数设置如图 8-37 所示。

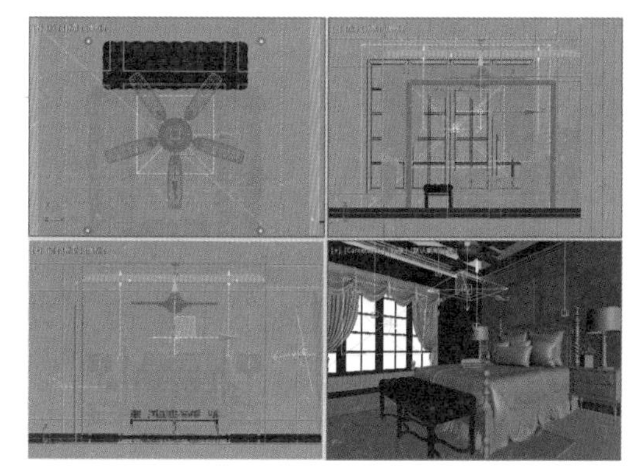

图 8-36

图 8-37

Step11 渲染场景，当前场景光源效果如图 8-38 所示。

图 8-38

8.4 设置场景材质

本案例场景中需要着重表现的多是织物材质，如床品布料、地毯等，另外就是墙面装饰、家具等物品，接下来将会进行材质创建的详细介绍。

8.4.1 创建墙、顶、地材质

本案例的建筑结构采用乳胶漆与深色实木材质的搭配方式。下面介绍各材质的创建过程。

Step01 设置乳胶漆材质。按 M 键打开“材质编辑器”，选择一个空白材质球，将其设置为“VRayMtl”材质，设置漫反射颜色为白色，漫反射颜色和材质球预览效果如图 8-39 所示。

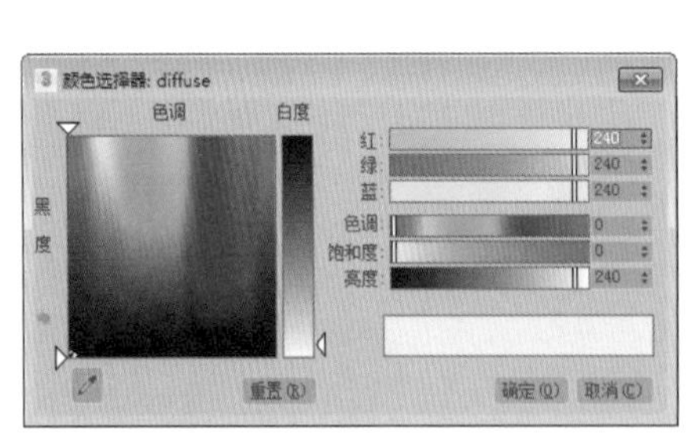

图 8-39

Step02 再为乳胶漆材质添加包裹器，设置“接收 GI”值为 0.6，如图 8-40 所示。

Step03 设置深色木纹材质。选择一个空白材质球，将其设置为“VRayMtl”材质，为“漫反射”通道添加“位图”贴图，为“反射”通道添加“衰减”贴图，并设置反射参数，如图 8-41 所示。

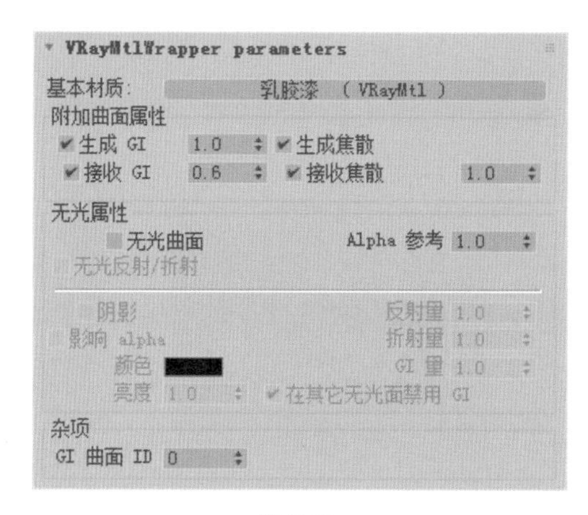

图 8-40

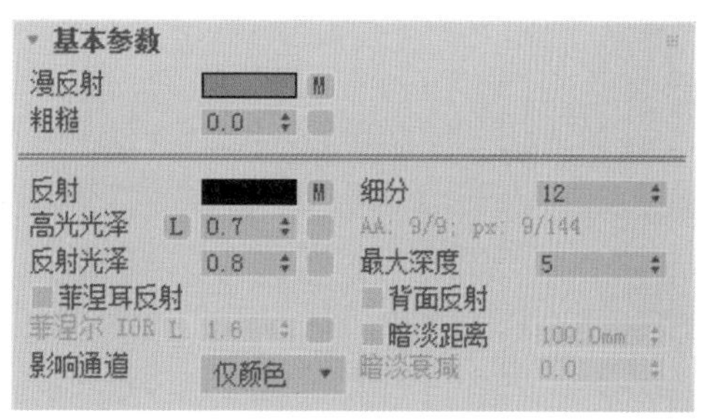

图 8-41

Step04 “漫反射”通道贴图如图 8-42 所示。

Step05 进入“衰减参数”面板，设置“衰减类型”为“Fresnel”，如图 8-43 所示。

图 8-42

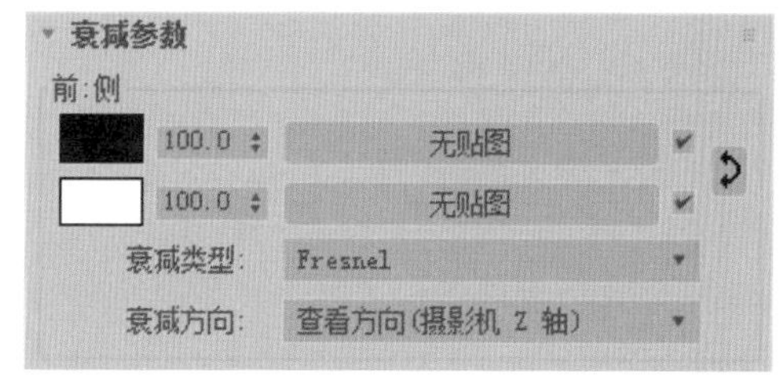

图 8-43

Step06 设置好的材质球预览效果如图 8-44 所示。

Step07 再为该材质添加材质包裹器，设置“生成 GI”值为 0.7，如图 8-45 所示。

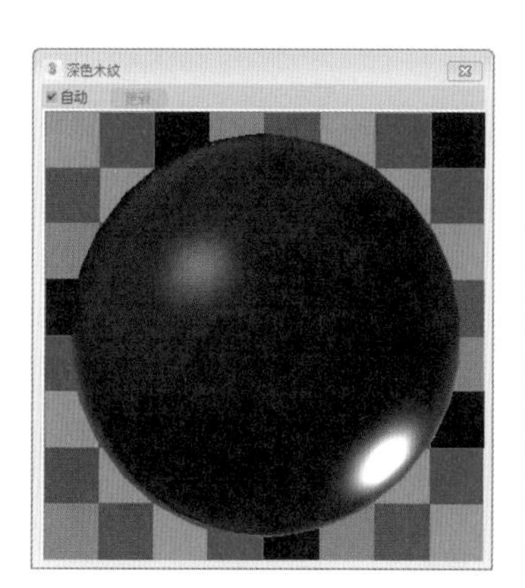

图 8-44

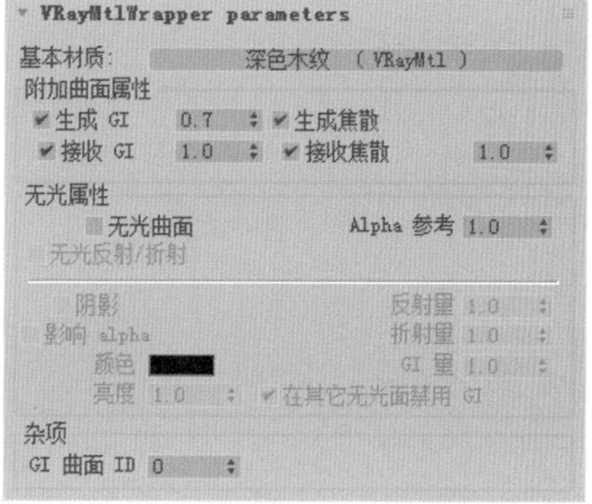

图 8-45

Step08 设置旧木纹材质。选择一个空白材质球，将其设置为“VRayMtl”材质，为“漫反射”通道和“凹凸”通道分别添加“位图”贴图，为“反射”通道添加“衰减”贴图，如图 8-46 所示。

Step09 两个通道的位图贴图如图 8-47 所示。

贴图

通道	数值		贴图
漫反射	100.0	✔	36525840 (3d66com2015-151-2-98
粗糙	100.0	✔	无贴图
自发光	100.0	✔	无贴图
反射	100.0	✔	Map #836525841 (Falloff)
高光光泽	100.0	✔	无贴图
反射光泽	100.0	✔	无贴图
菲涅尔 IOR	100.0	✔	无贴图
各向异性	100.0	✔	无贴图
各异性旋转	100.0	✔	无贴图
折射	100.0	✔	无贴图
光泽	100.0	✔	无贴图
IOR	100.0	✔	无贴图
半透明	100.0	✔	无贴图
雾颜色	100.0	✔	无贴图
凹凸	20.0	✔	36525881 (3d66com2015-151-1-98
置换	100.0	✔	无贴图
透明度	100.0	✔	无贴图
环境		✔	无贴图

图 8-46

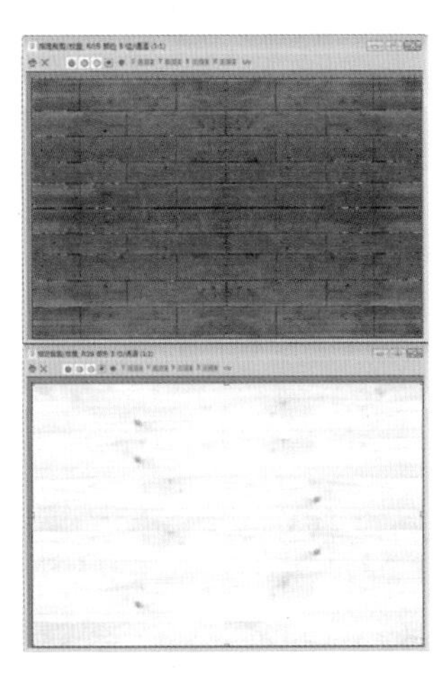

图 8-47

Step10 在“基本参数”面板设置反射参数，如图 8-48 所示。

Step11 设置好的材质球预览效果如图 8-49 所示。

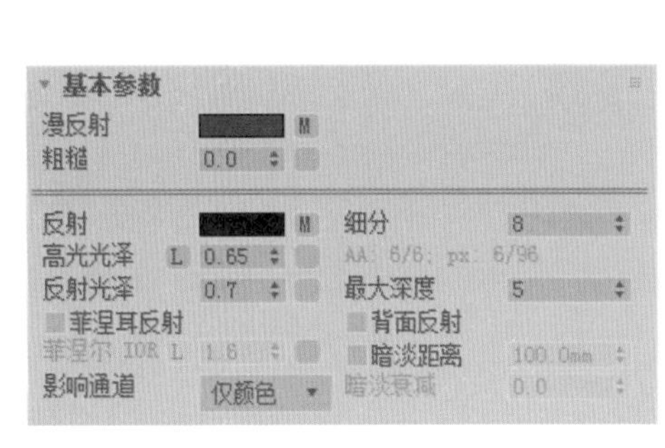

图 8-48

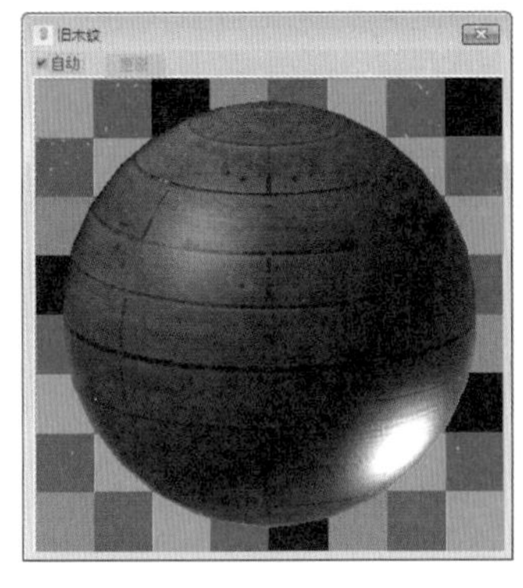

图 8-49

Step12 再为该材质添加材质包裹器，设置“生成 GI”值为 0.5，如图 8-50 所示。

Step13 创建拼花木地板材质。利用同样的方法创建拼花木地板材质，为“漫反射”通道和“凹凸”通道添加“衰减”贴图，其“衰减参数”面板设置如图 8-51 所示。

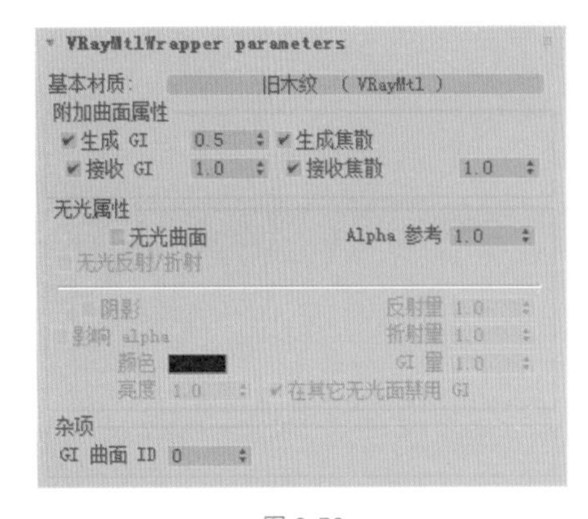

图 8-50

衰减参数

前:侧

数值	贴图
100.0	无贴图
100.0	无贴图

衰减类型: Fresnel

衰减方向: 查看方向(摄影机 Z 轴)

图 8-51

Step14 反射参数设置如图 8-52 所示。

Step15 位图贴图如图 8-53 所示。

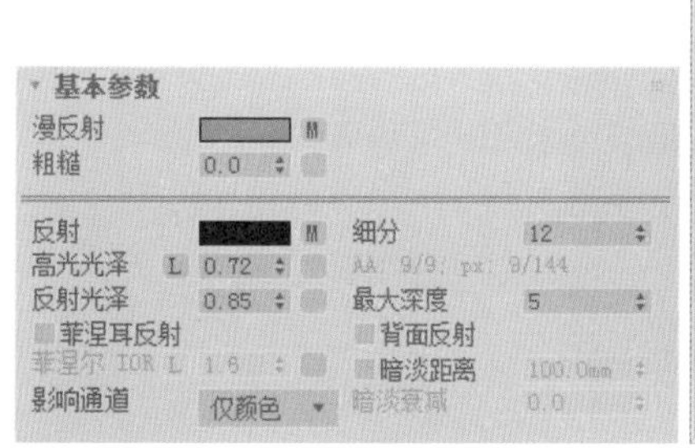

图 8-52

图 8-53

Step16 设置好的拼花木地板材质球预览效果如图 8-54 所示。

Step17 为材质添加材质包裹器，设置“生成 GI”值为 0.5，如图 8-55 所示。

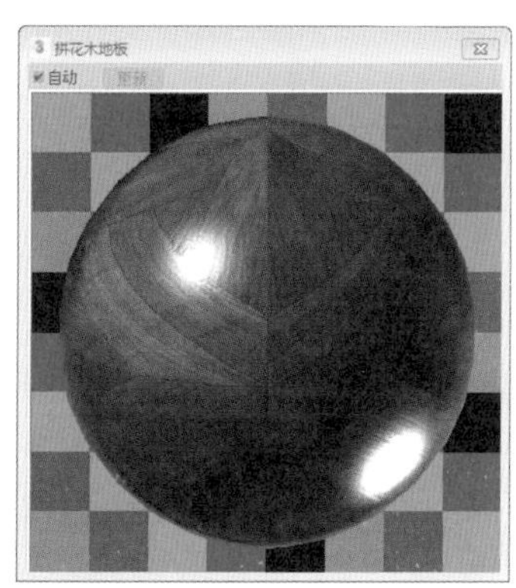

图 8-54

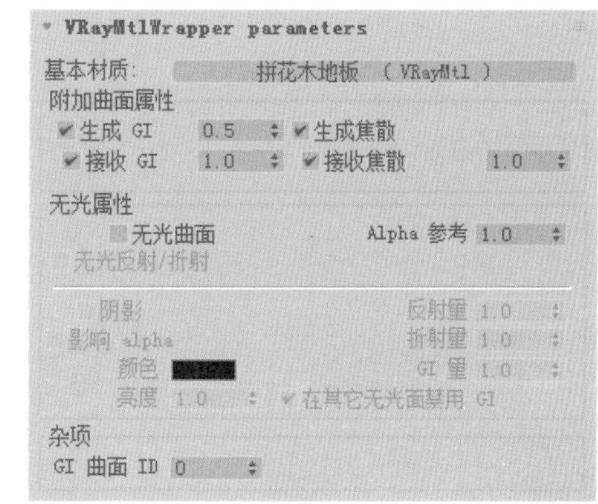

图 8-55

Step18 设置地毯材质。选择一个空白材质球，将其设置为“VRayMtl”材质，为“漫反射”通道和“凹凸”通道添加“位图”贴图，如图 8-56 所示。

Step19 位图贴图预览如图 8-57 所示。

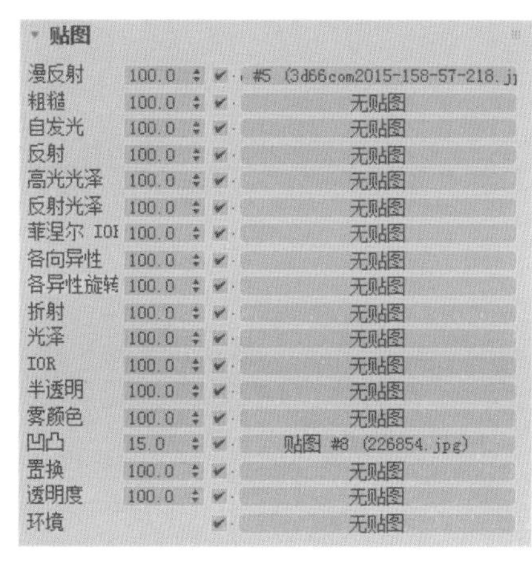

图 8-56

图 8-57

Step20 设置好的材质球预览效果如图 8-58 所示。

图 8-58

8.4.2 创建灯具材质

场景中的吊灯是一个风扇吊灯模型，包括有金属材质、木材质、玻璃灯罩材质，台灯则是采用水晶装饰，下面介绍各种材质的创建。

Step01 设置吊灯古铜材质。选择一个空白材质球，设置为“VRayMtl”材质类型，在“贴图”卷展栏中为“漫反射”通道添加“污垢”贴图，为“凹凸”通道添加“噪波”贴图并设置“凹凸”值，如图 8-59 所示。

Step02 进入“VRay 污垢参数”面板，设置阻光颜色及非阻光颜色等参数，如图 8-60 所示。

贴图			
漫反射	100.0	✔	Map #45 （污垢）
粗糙	100.0	✔	无贴图
自发光	100.0	✔	无贴图
反射	100.0	✔	无贴图
高光光泽	100.0	✔	无贴图
反射光泽	100.0	✔	无贴图
菲涅尔 IOR	100.0	✔	无贴图
各向异性	100.0	✔	无贴图
各异性旋转	100.0	✔	无贴图
折射	100.0	✔	无贴图
光泽	100.0	✔	无贴图
IOR	100.0	✔	无贴图
半透明	100.0	✔	无贴图
雾颜色	100.0	✔	无贴图
凹凸	8.0		Map #46 （Noise）
置换	100.0	✔	无贴图
透明度	100.0	✔	无贴图
环境		✔	无贴图

图 8-59

VRay污垢 参数	
半径	50.0mm
遮挡颜色	
未遮挡颜色	
分布	0.0
衰减	0.0
细分	8
偏移	X: 0.0 Y: 0.0 Z: 0.0
影响Alpha	
为GI忽略	✔
仅考虑相同对象	✔
双面	
反转法线	
和透明度一起工作	
环境吸收	

图 8-60

ACAA课堂笔记

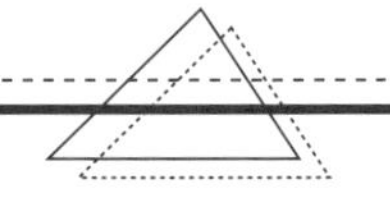

Step03 阻光颜色与非阻光颜色设置如图 8-61 所示。

Step04 打开“噪波参数”面板，设置“噪波类型”及“大小”，如图 8-62 所示。

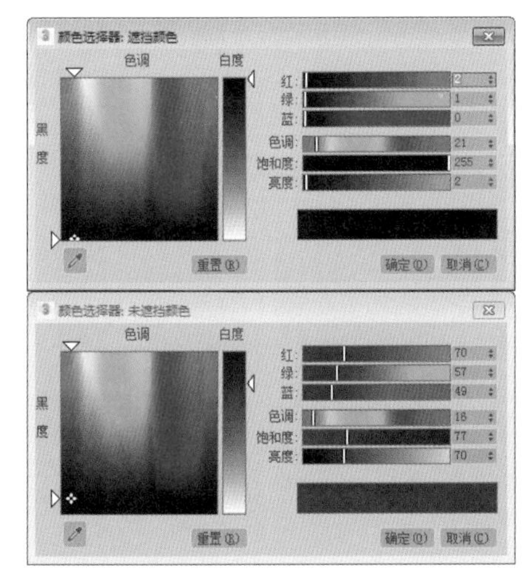

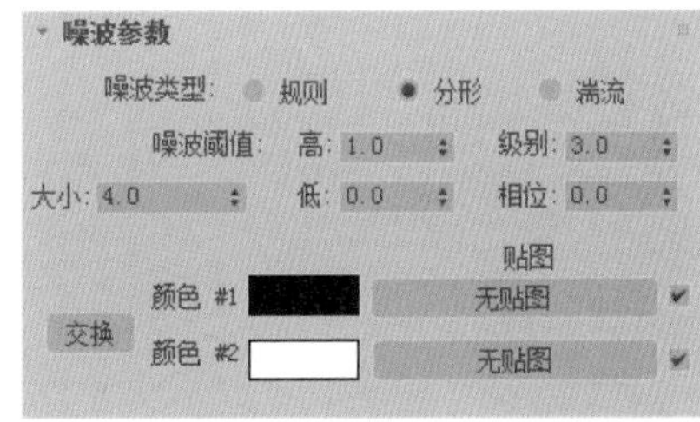

图 8-61

图 8-62

Step05 返回到“基本参数”设置面板，设置反射颜色及反射参数，如图 8-63 所示。

Step06 反射颜色参数设置如图 8-64 所示。

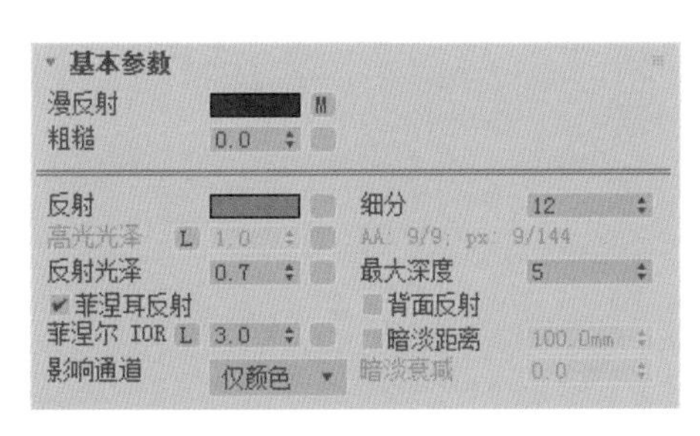

图 8-63

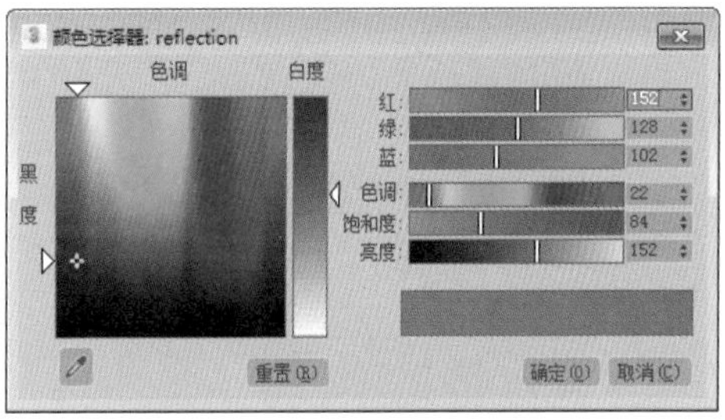

图 8-64

Step07 在“BRDF”卷展栏中设置“各向异性”及“旋转”参数，如图 8-65 所示。

Step08 设置好的材质球预览效果如图 8-66 所示。

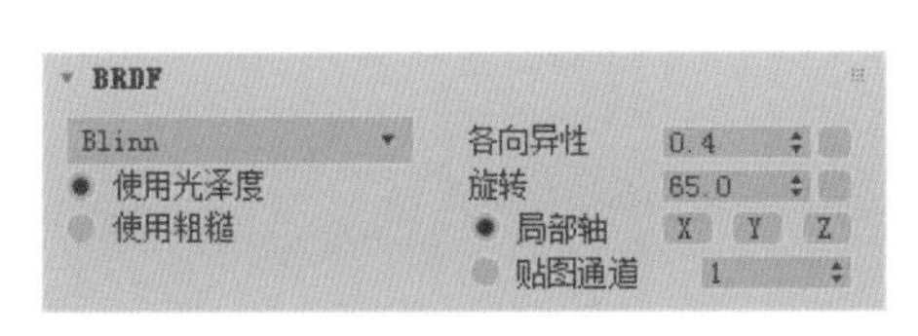

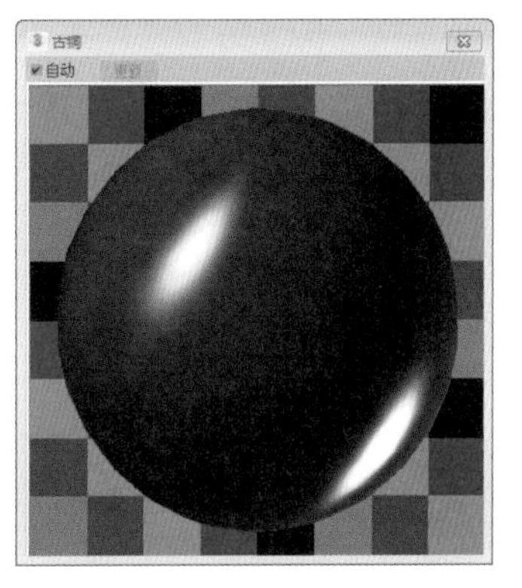

图 8-65

图 8-66

Step09 设置木器漆材质。选择一个空白材质球，设置为“VRayMtl”材质类型，并设置反射颜色和反射参数，如图 8-67 所示。

Step10 漫反射颜色及反射颜色参数如图 8-68 所示。

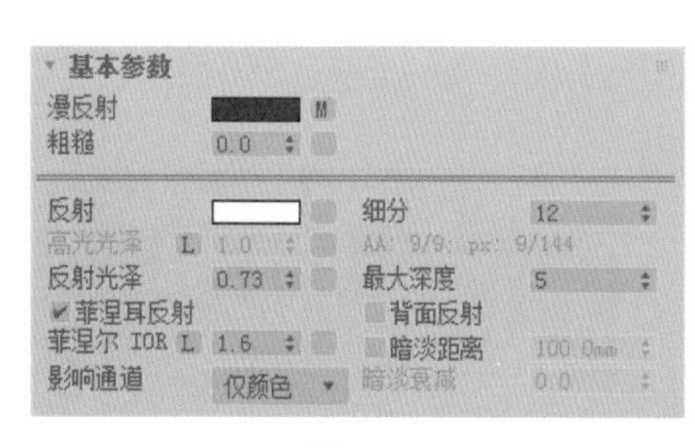

图 8-67

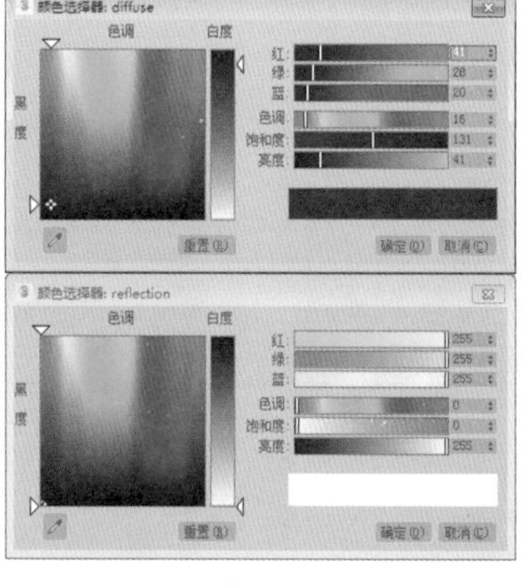

图 8-68

Step11 设置好的材质球预览效果如图 8-69 所示。

Step12 设置吊灯灯罩材质。选择一个空白材质球，设置为“VRayMtl”材质类型，设置漫反射颜色、反射颜色及折射颜色，再设置反射参数和折射参数，如图 8-70 所示。

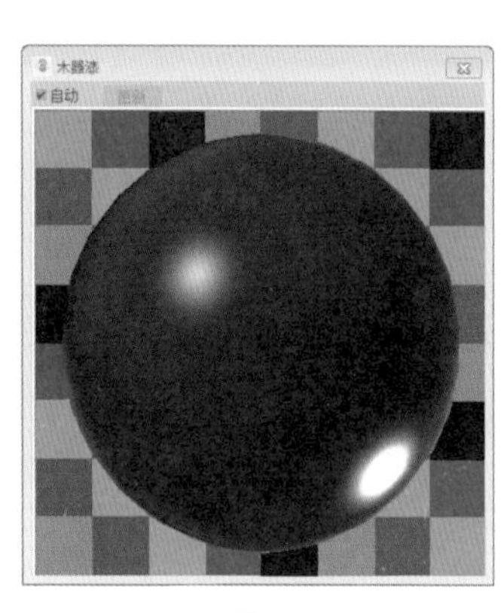

图 8-69

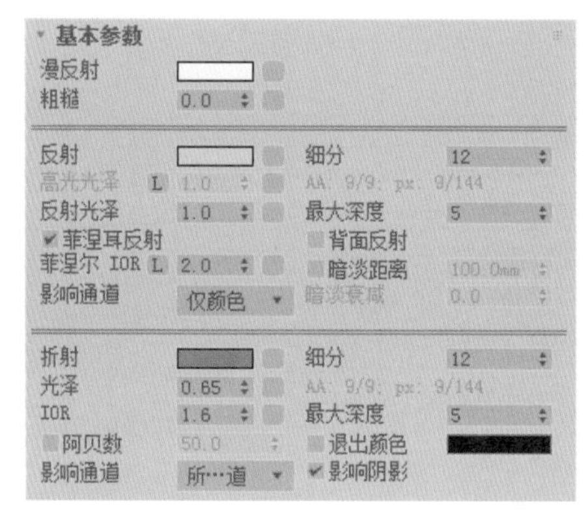

图 8-70

Step13 反射颜色设置为白色，漫反射颜色及折射颜色设置如图 8-71 所示。

Step14 设置好的灯罩材质球预览效果如图 8-72 所示。

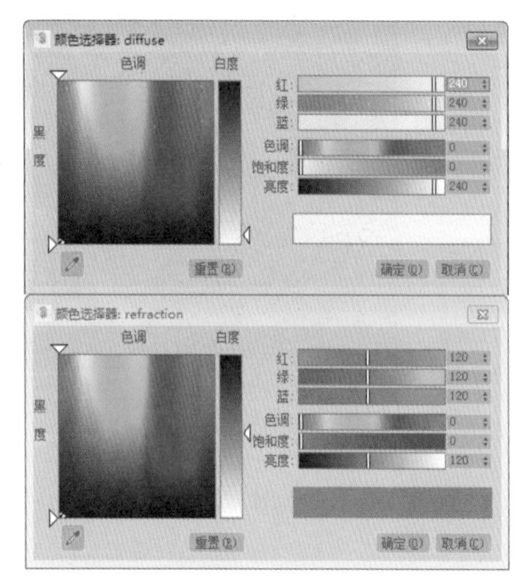

图 8-71

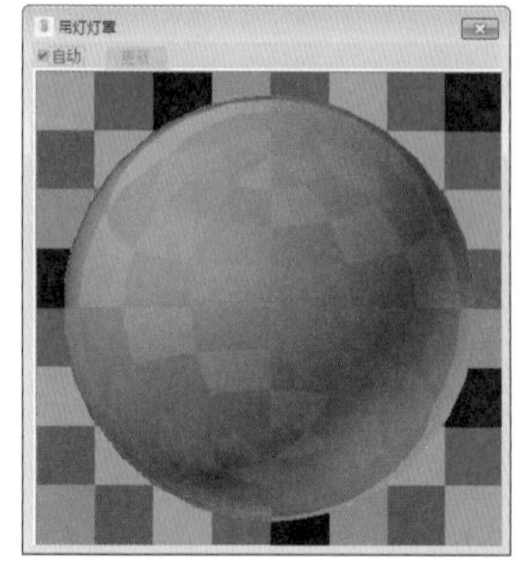

图 8-72

Step15 设置台灯灯罩材质。选择一个空白材质球，设置为“VRayMtl”材质类型，为“漫反射”通道添加“位图”贴图，再为“折射”通道添加“衰减”贴图，设置折射参数，如图 8-73 所示。

Step16 漫反射通道添加的位图贴图如图 8-74 所示。

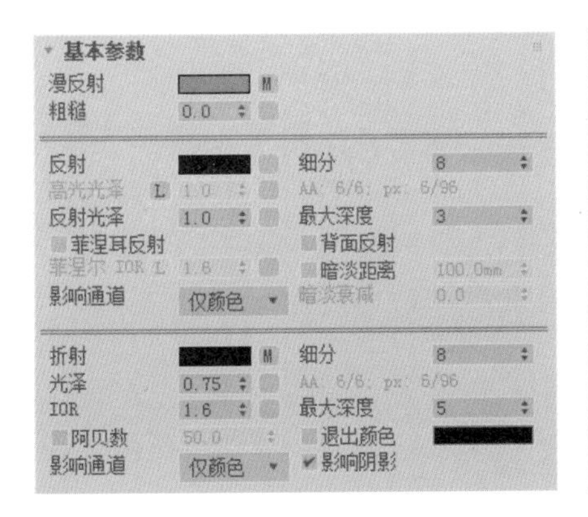

图 8-73

图 8-74

Step17 进入“折射”通道的“衰减参数”面板，设置衰减颜色和衰减类型，如图 8-75 所示。

Step18 衰减颜色 1 和颜色 2 设置如图 8-76 所示。

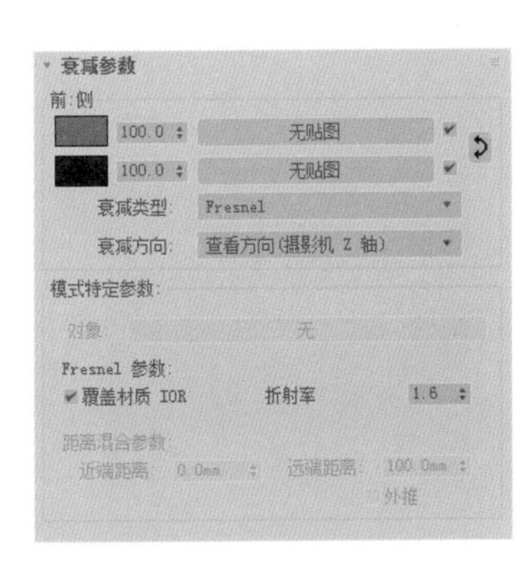

图 8-75

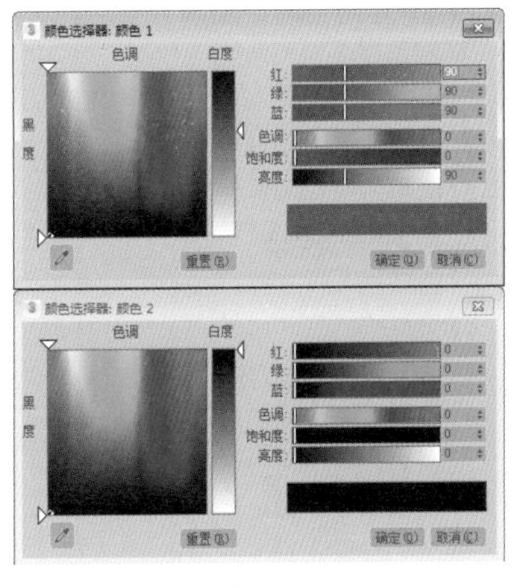

图 8-76

Step19 设置好的灯罩材质球预览效果如图 8-77 所示。

Step20 设置水晶材质。选择一个空白材质球，设置为“VRayMtl”材质类型，设置漫反射颜色与反射颜色，为“折射”通道添加“衰减”贴图，再设置反射参数和折射参数，如图 8-78 所示。

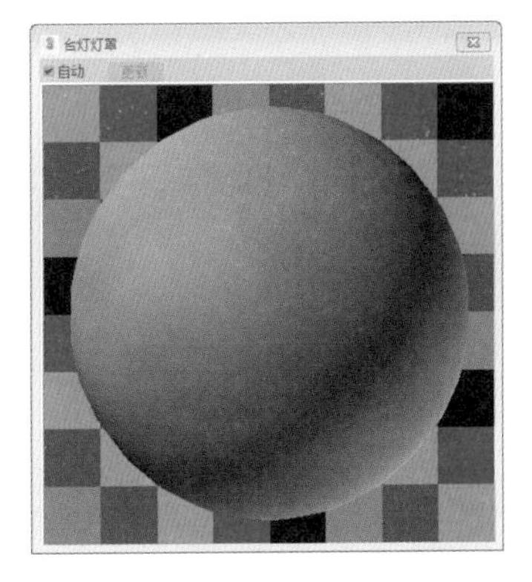

图 8-77

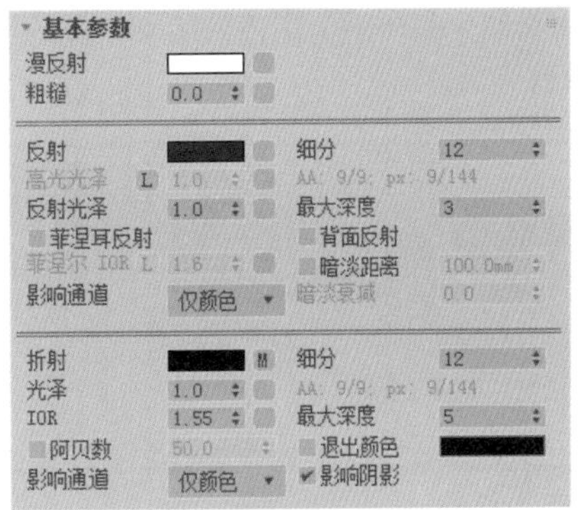

图 8-78

Step21 漫反射颜色与反射颜色设置如图 8-79 所示。

Step22 进入折射通道的“衰减参数”面板，设置衰减颜色 1 和颜色 2，如图 8-80 所示。

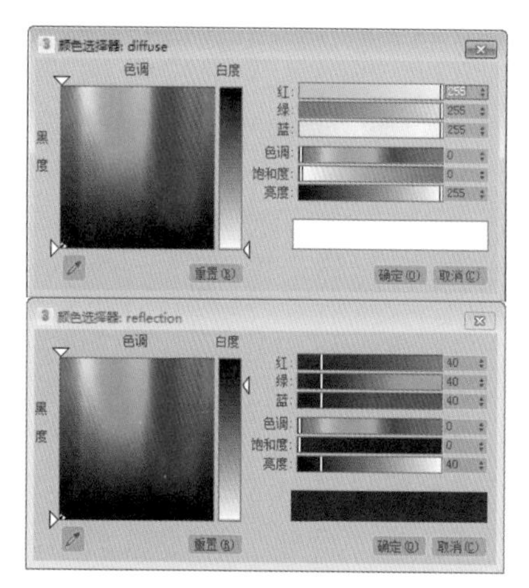

图 8-79

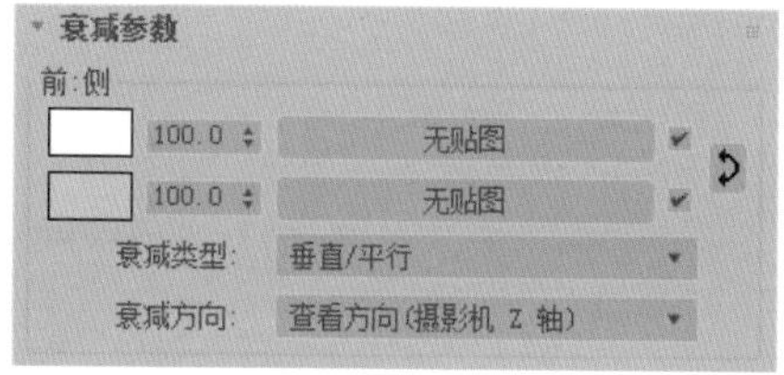

图 8-80

Step23 衰减颜色参数如图 8-81 所示。

Step24 设置好的水晶材质球预览效果如图 8-82 所示。

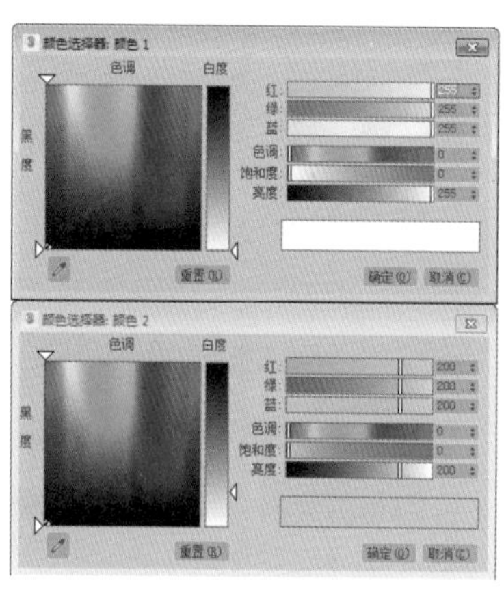

图 8-81

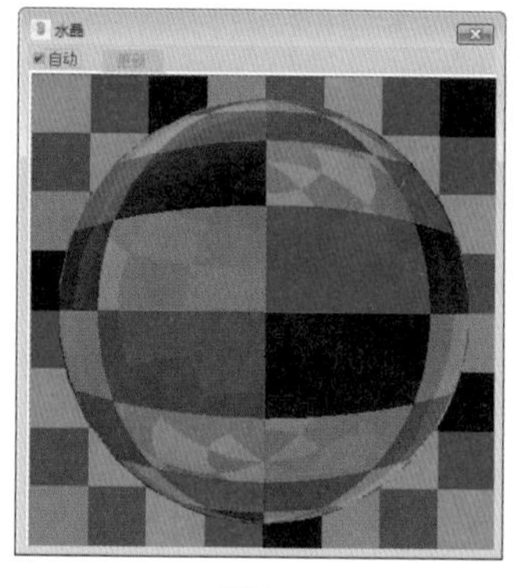

图 8-82

8.4.3 创建双人床组合材质

本小节主要介绍双人床床品材质，包括各种布料材质以及地毯材质等，下面介绍具体的制作过程。

Step01 设置布料 1 材质。选择一个空白材质球，将其设置为“多维 / 子对象”材质，设置材质数量为 2，再将“子材质 1”和“子材质 2”设置为“VRayMtl”材质类型，如图 8-83 所示。

ACAA课堂笔记

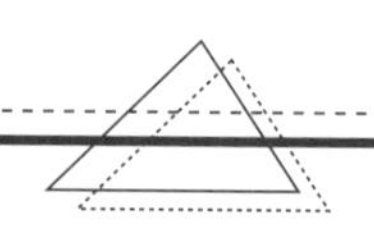

Step02 打开“子材质 1”的“基本参数”面板，分别为漫反射通道和反射通道添加位图贴图，并设置反射参数，如图 8-84 所示。

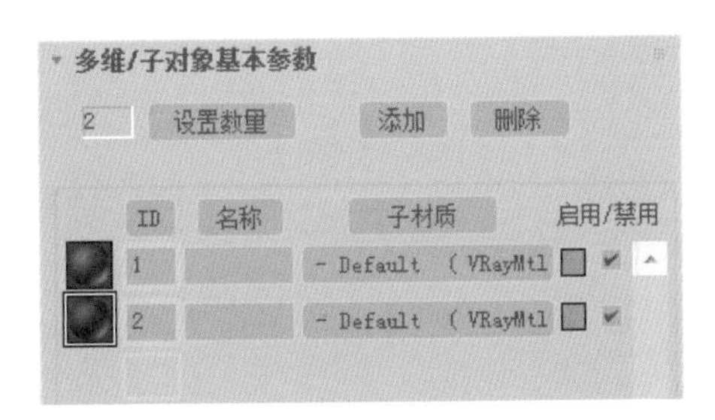

图 8-83

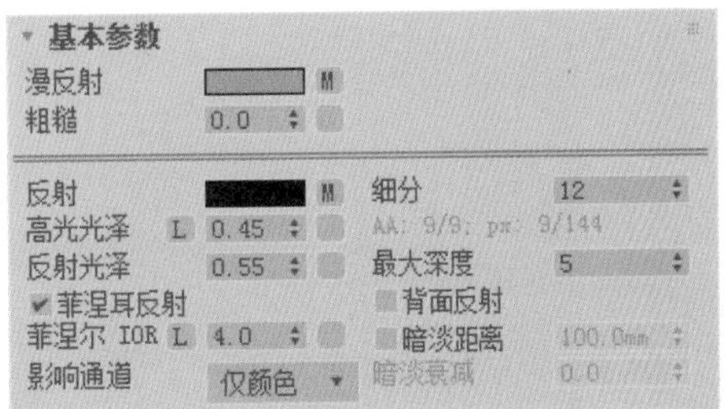

图 8-84

Step03 “漫反射”通道添加的位图贴图如图 8-85 所示。

Step04 “反射”通道添加的位图贴图如图 8-86 所示。

图 8-85

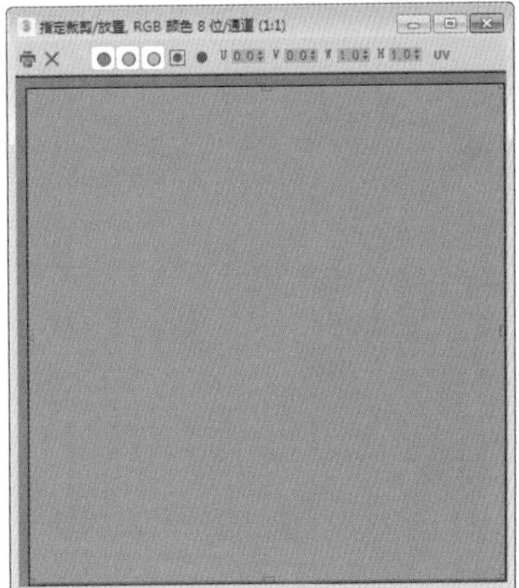

图 8-86

Step05 设置好的“子材质 1”材质球预览效果如图 8-87 所示。

Step06 复制“子材质 1”到“子材质 2”通道，更换漫反射通道的贴图即可，如图 8-88 所示。

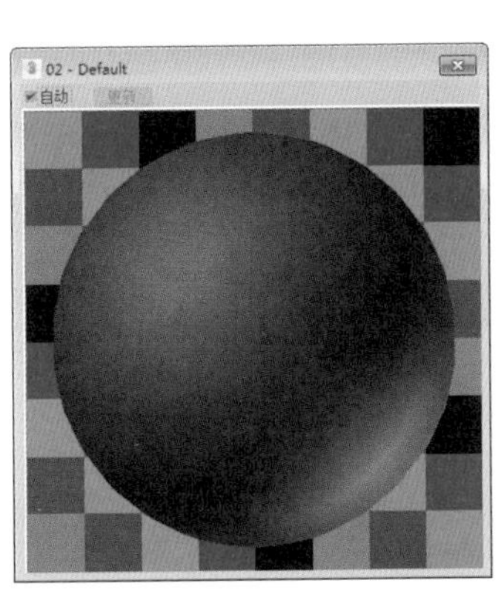

图 8-87

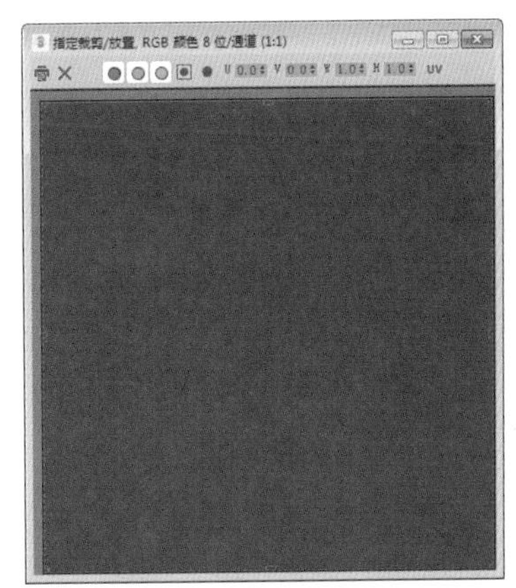

图 8-88

Step07 设置好的“子材质 2”材质球预览效果如图 8-89 所示。

Step08 设置抱枕 2 材质。选择一个空白材质球，设置为“VRayMtl”材质类型，为“漫反射”通道添加“衰减”贴图，为“凹凸”通道添加“位图”贴图，并设置“凹凸”值，如图 8-90 所示。

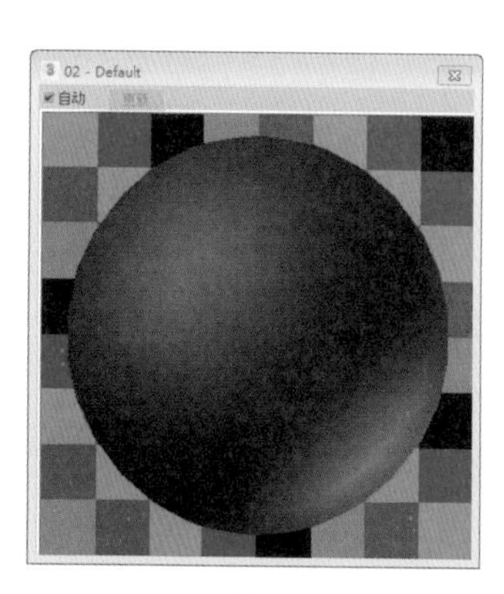

图 8-89

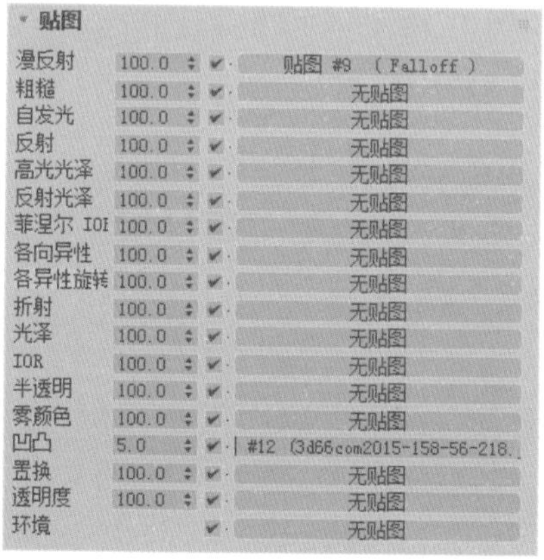

贴图			
漫反射	100.0	✔	贴图 #9 (Falloff)
粗糙	100.0	✔	无贴图
自发光	100.0	✔	无贴图
反射	100.0	✔	无贴图
高光光泽	100.0	✔	无贴图
反射光泽	100.0	✔	无贴图
菲涅尔 IOR	100.0	✔	无贴图
各向异性	100.0	✔	无贴图
各异性旋转	100.0	✔	无贴图
折射	100.0	✔	无贴图
光泽	100.0	✔	无贴图
IOR	100.0	✔	无贴图
半透明	100.0	✔	无贴图
雾颜色	100.0	✔	无贴图
凹凸	5.0	✔	#12 (3d66com2015-158-56-218.
置换	100.0	✔	无贴图
透明度	100.0	✔	无贴图
环境		✔	无贴图

图 8-90

Step09 打开“衰减参数”面板，为衰减颜色 1 添加位图贴图，再设置颜色 2 的颜色，如图 8-91 所示。

Step10 “颜色 1”通道的位图贴图同“凹凸”通道的位图贴图，如图 8-92 所示。

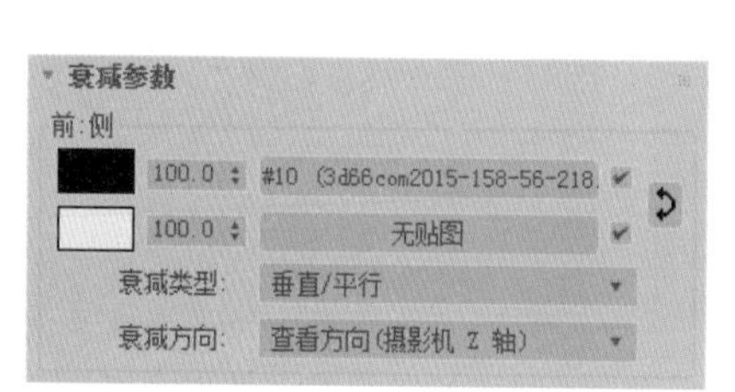

图 8-91

图 8-92

Step11 设置好的抱枕 2 材质球预览效果如图 8-93 所示。

Step12 设置抱枕 3 材质。选择一个空白材质球，设置为“VRayMtl”材质类型，在“贴图”卷展栏中为“漫反射”通道添加“衰减”贴图，为“反射”通道添加“位图”贴图，如图 8-94 所示。

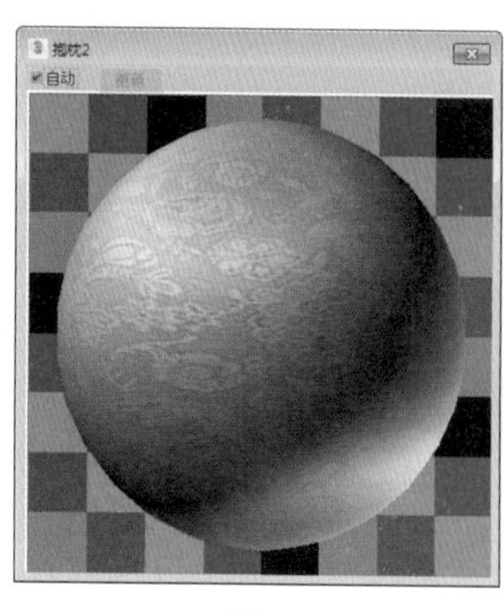

图 8-93

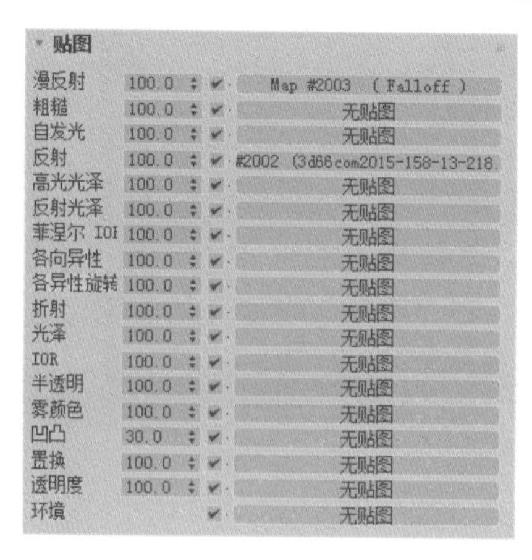

图 8-94

Step13 进入“衰减参数”面板，为“衰减”通道添加位图贴图，如图 8-95 所示。

Step14 “衰减”通道以及“反射”通道添加的位图贴图如图 8-96 所示。

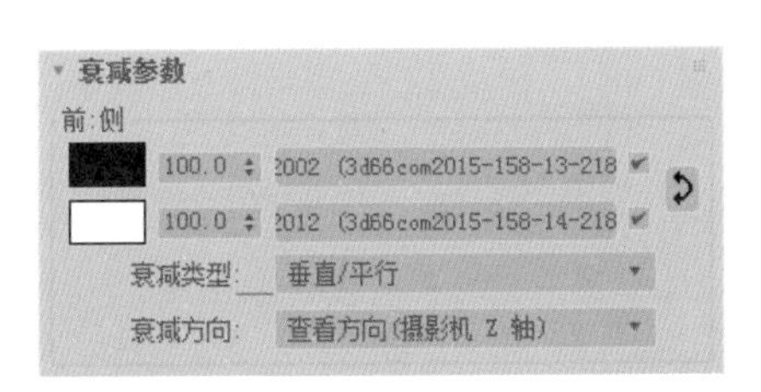

图 8-95

图 8-96

Step15 返回到“基本参数”设置面板，设置反射参数，如图 8-97 所示。

Step16 创建好的抱枕 3 材质球预览效果如图 8-98 所示。

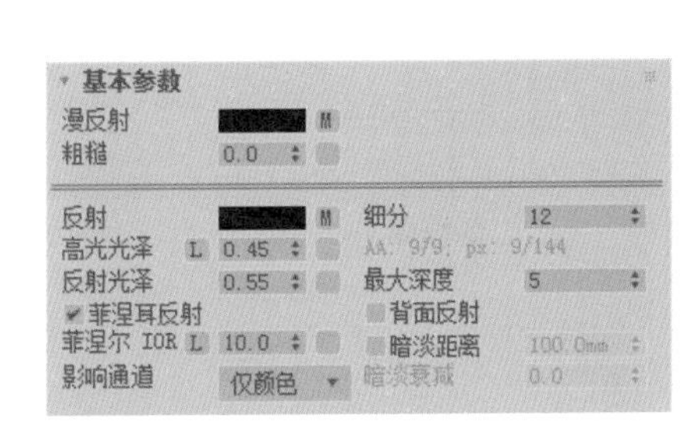

图 8-97

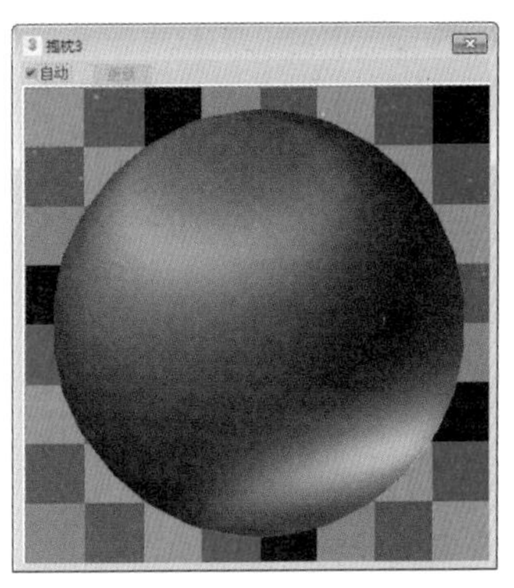

图 8-98

Step17 创建床旗材质。选择一个空白材质球，设置为“混合”材质类型，设置“材质 1”和“材质 2”都为“VRayMtl”材质类型，再为“遮罩”通道添加“位图”贴图，如图 8-99 所示。

Step18 “遮罩”通道添加的位图贴图如图 8-100 所示。

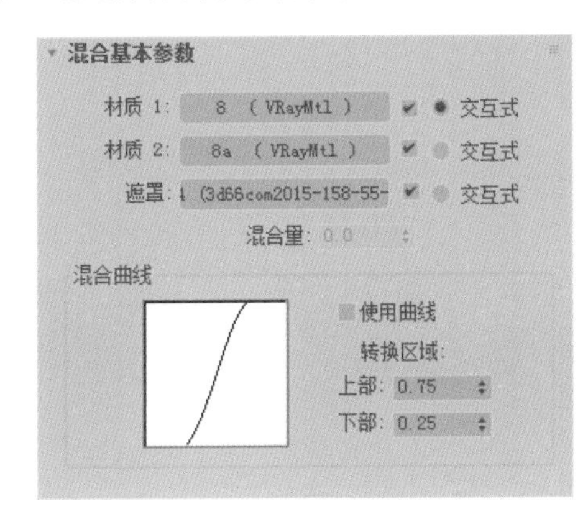

图 8-99

图 8-100

Step19 进入“材质 1”的“基本参数”设置面板，为“漫反射”通道添加“衰减”贴图，并设置反射参数，如图 8-101 所示。

Step20 再进入“衰减参数”面板，为“衰减”通道添加同样的位图贴图，如图 8-102 所示。

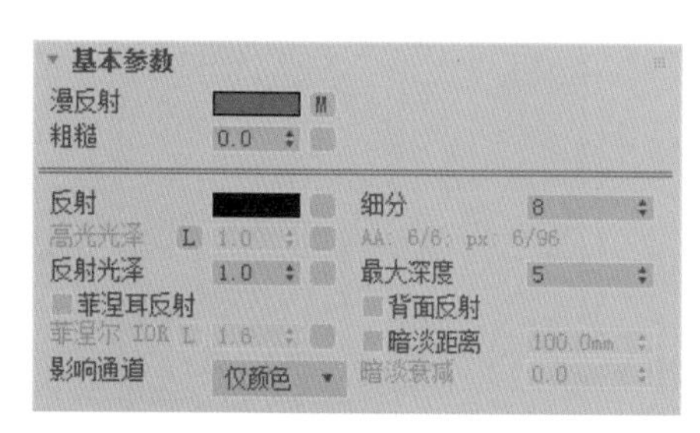

图 8-101

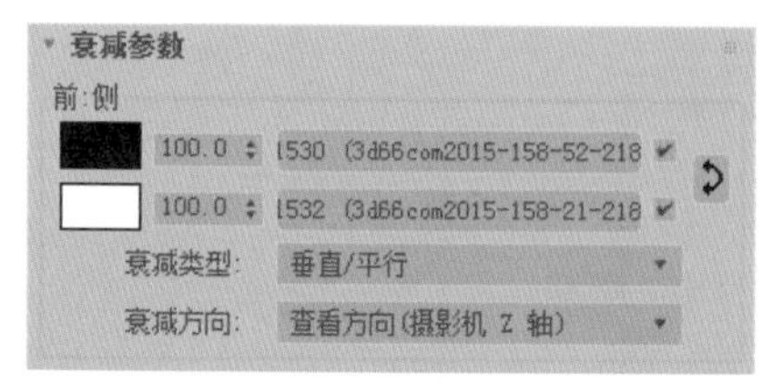

图 8-102

Step21 “衰减”通道中添加的位图贴图如图 8-103 所示。

Step22 进入“材质 2”的“基本参数”面板，为“漫反射”通道和“反射”通道添加位图贴图，并设置反射参数，如图 8-104 所示。

图 8-103

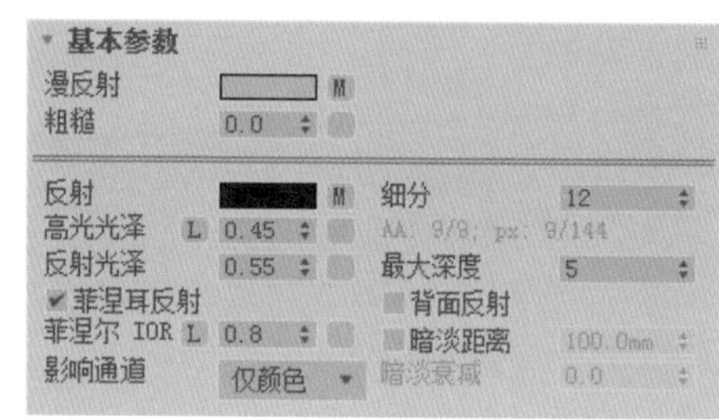

图 8-104

Step23 “漫反射”通道添加的位图贴图如图 8-105 所示。

Step24 “反射”通道添加的位图贴图如图 8-106 所示。

图 8-105

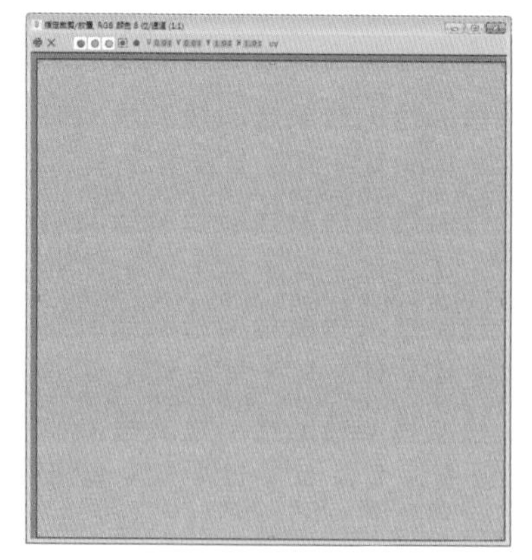

图 8-106

Step25 设置好的床旗材质球预览效果如图 8-107 所示。

Step26 设置家具木纹理材质。选择一个空白材质球，设置为“VRayMtl”材质类型，为“漫反射”通道和“反射”通道添加“衰减”贴图，再设置反射参数，如图 8-108 所示。

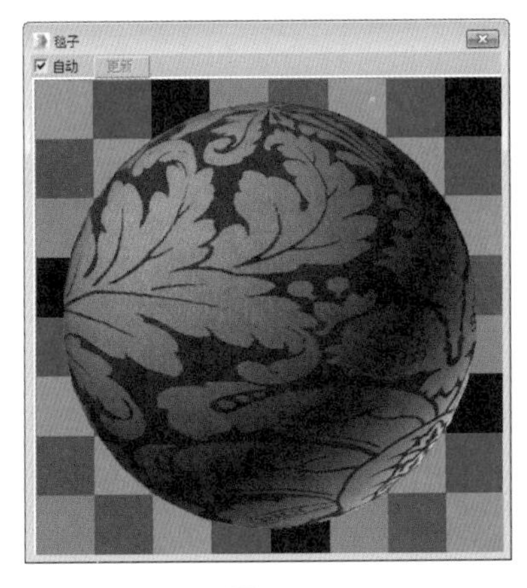

图 8-107

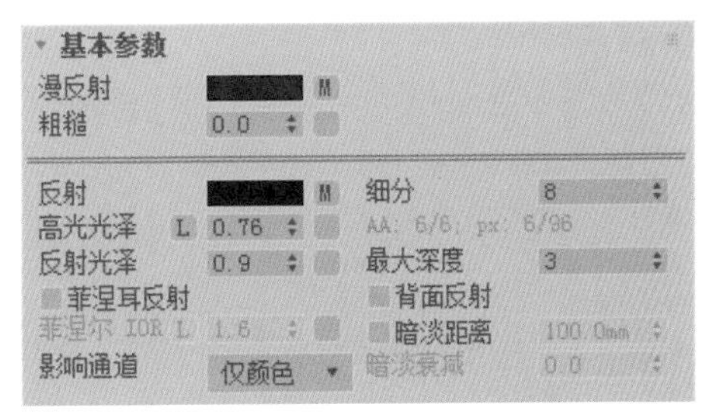

图 8-108

Step27 进入“漫反射”通道的“衰减参数”面板，为“衰减”通道添加位图贴图，如图 8-109 所示。

Step28 “衰减”通道的位图贴图如图 8-110 所示。

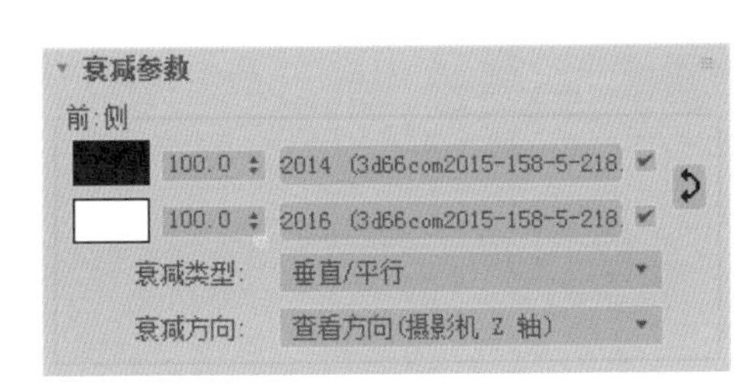

图 8-109

图 8-110

Step29 进入“反射”通道的“衰减参数”面板，设置参数如图 8-111 所示。

Step30 设置好的家具木纹理材质球预览效果如图 8-112 所示。

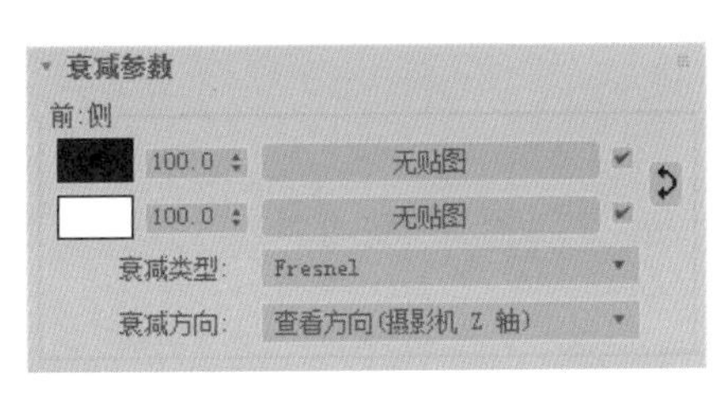

图 8-111

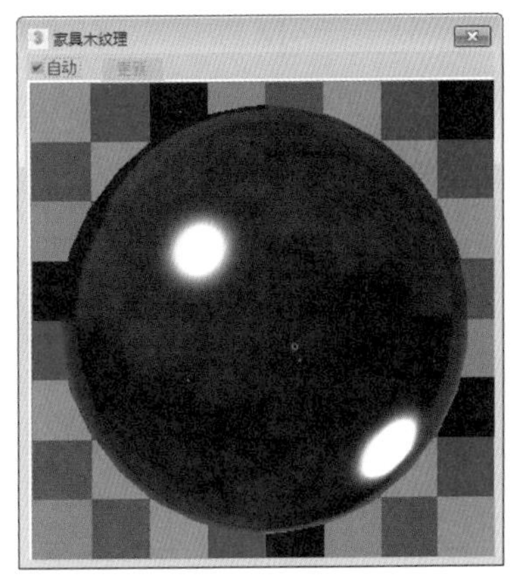

图 8-112

8.5 场景渲染效果

场景中的灯光环境与材质已经全部布置完毕，下面就可以进行渲染参数设置，然后进行高品质效果的渲染。操作步骤介绍如下。

Step01 按 F10 键打开“渲染设置”对话框，在“公用参数”卷展栏中设置效果图输出尺寸，如图 8-113 所示。

Step02 在“全局开关”卷展栏取消勾选“覆盖材质”复选框，如图 8-114 所示。

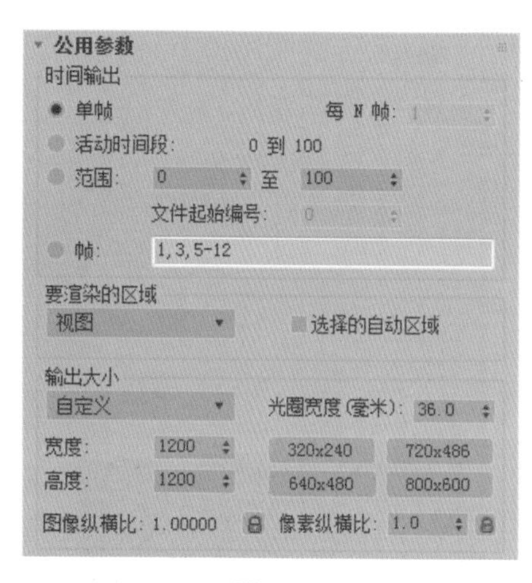

图 8-112

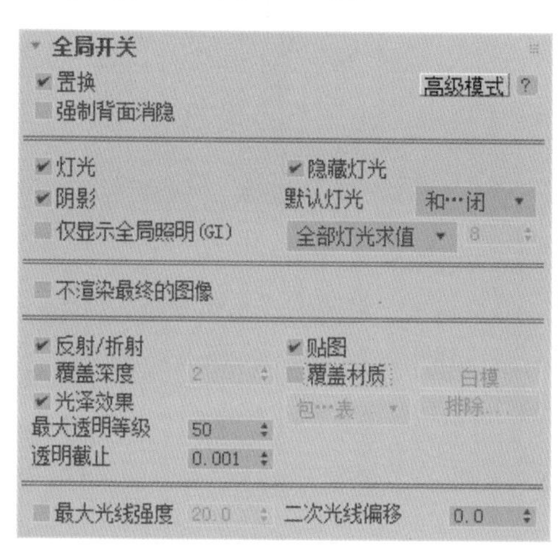

图 8-114

Step03 在“图像采样（抗锯齿）”卷展栏中设置采样“类型”为“块”，如图 8-115 所示。

Step04 在“图像过滤”卷展栏中设置过滤器类型为“Catmull-Rom”，如图 8-116 所示。

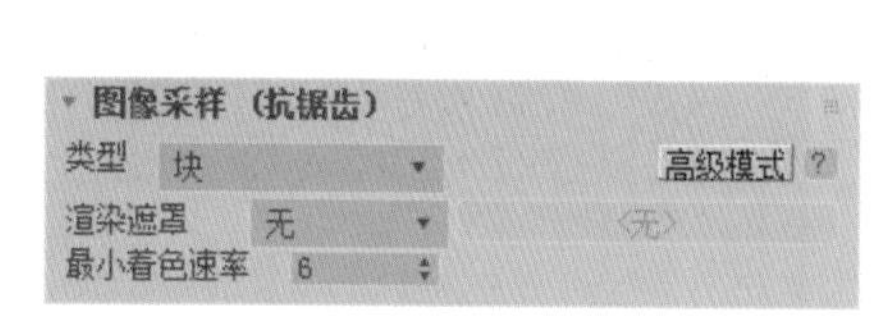

图 8-115

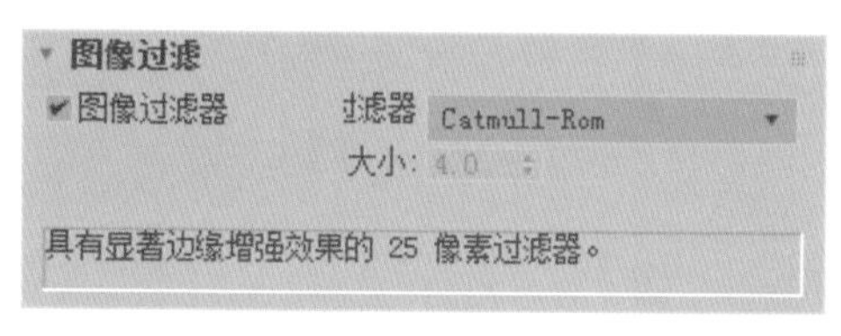

图 8-116

Step05 在“全局 DMC”卷展栏中勾选“使用局部细分”复选框（勾选该选项后，用户即可重新设置材质细分参数），设置“最小采样”“自适应数量”“噪波阈值”，如图 8-117 所示。

Step06 在“颜色贴图”卷展栏中设置“暗部倍增”和“亮部倍增”，如图 8-118 所示。

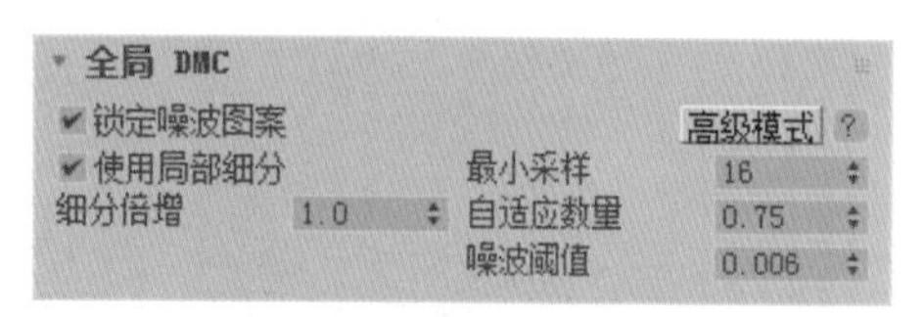

图 8-117

图 8-118

Step07 在“发光贴图”卷展栏中设置预设类型为“高”，再设置“细分”和“插值采样”，如图 8-119 所示。

Step08 在“灯光缓存”卷展栏中设置“细分”值及其他参数，如图 8-120 所示。

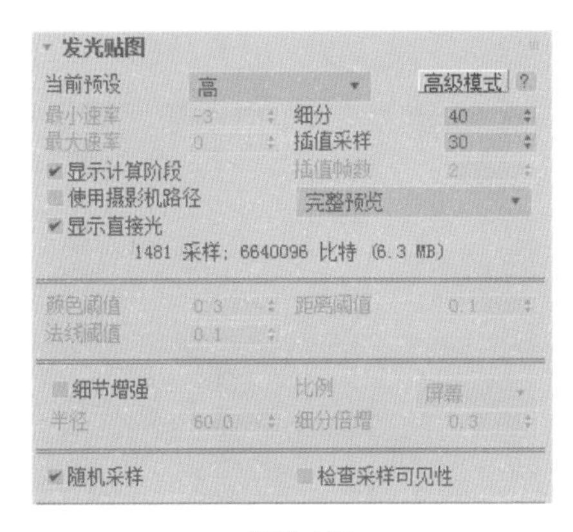

图 8-119

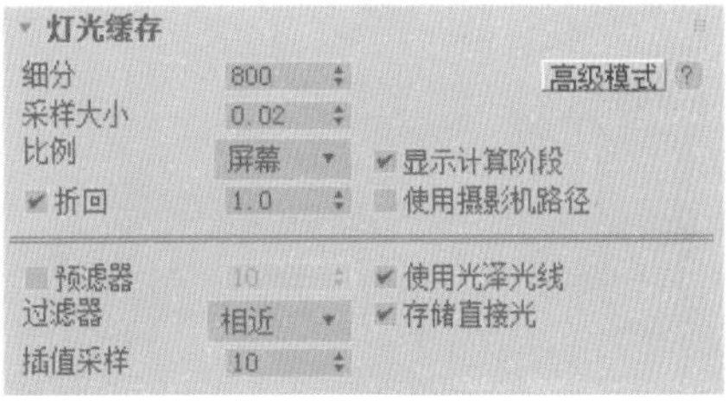

灯光缓存
细分 800
采样大小 0.02
比例 屏幕
折回 1.0
高级模式
显示计算阶段
使用摄影机路径
预滤器 10
过滤器 相近
插值采样 10
使用光泽光线
存储直接光

图 8-120

Step09 为场景再创建 3 个摄影机，分别调整位置和角度，如图 8-121 所示。

Step10 各摄影机视口效果如图 8-122 所示。

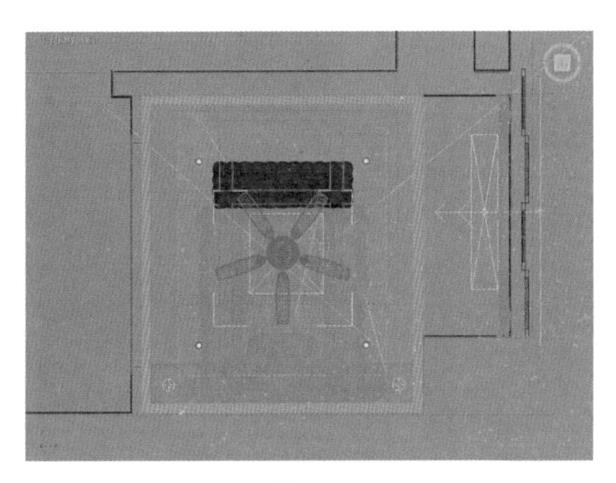

图 8-121

图 8-122

Step11 执行“渲染”|“批处理渲染”命令，打开“批处理渲染”对话框，单击“添加”按钮，即可添加第一个摄影机，在下方摄影机列表选择 Camera01，并设置“输出路径”，如图 8-123 所示。

Step12 用此方法分别添加其他几个摄影机，并设置“输出路径”，如图 8-124 所示。单击“渲染”按钮，即可开始批量渲染。

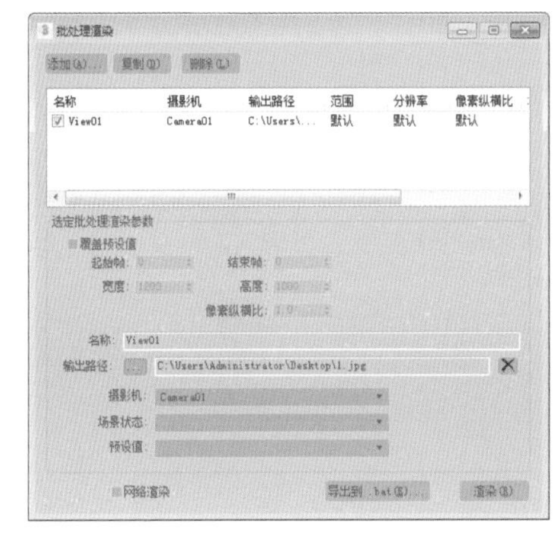

图 8-123

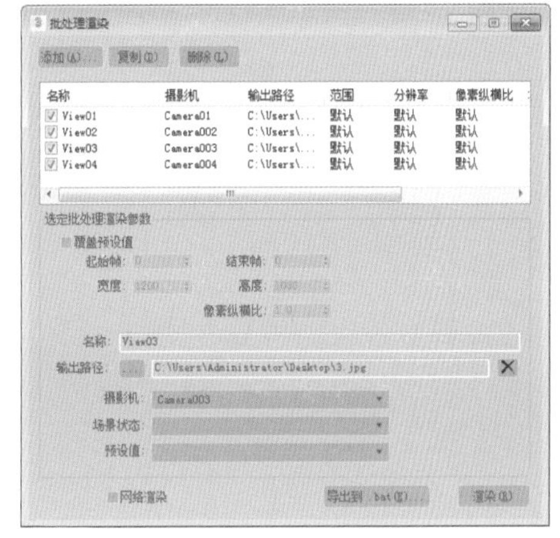

图 8-124

Step13 最终各个角度的效果图如图 8-125 ～图 8-128 所示。

图 8-125

图 8-126

图 8-127

图 8-128

玄关场景效果表现

内容导读

玄关是入户的第一道风景线，经典雅致的设计会在一进门时就吸引住人们的目光，在墙面上可以进行相应的装饰，如装饰品、造型墙等，让整个别墅空间显得很有层次感。通过本章的学习，读者可以了解欧式风格的特点以及别墅入户玄关的设计要点。

学习目标

- 掌握摄影机的搭建
- 掌握场景灯光的模拟设置
- 掌握场景材质的创建
- 掌握渲染参数的设置
- 掌握批量渲染设置

9.1 案例介绍

别墅玄关是从室外到室内的一个缓冲空间，是进出住宅的必经之处，其设计风格和陈设可以反映出主人的文化素养和兴趣爱好。

本案例将为读者介绍古典欧式风格别墅玄关场景效果的制作。古典欧式风格的进门玄关设计是比较讲究的，宽敞的玄关地面采用石材拼花铺设，造型墙采用石材造型与花纹壁纸结合，吊顶处采用金箔饰面，精美的棕色实木家具加以雕花描金工艺，实木护墙板、古典欧式壁纸等硬装设计与家具在色彩、质感与品位上完美地融合在一起，很好地展现出古典欧式风格的厚重凝炼和高雅尊贵。

9.2 创建摄影机

对于创建好的场景模型，首先应为场景创建摄影机，以确认渲染场景范围。具体操作步骤介绍如下。

Step01 打开创建好的场景模型，如图 9-1 所示。

Step02 执行“创建”|“摄影机”|“标准”命令，在“对象类型”卷展栏中单击“目标”按钮，在顶视图中创建一个摄影机，如图 9-2 所示。

图 9-1

图 9-2

Step03 在“参数”卷展栏中设置镜头“焦距”为 20mm，在视口中调整摄影机的位置和角度，最后选择透视图，如图 9-3 所示。

Step04 选择透视视口，按 C 键切换到摄影机视口，如图 9-4 所示。

图 9-3

图 9-4

9.3 设置场景灯光

场景中的光源包括窗户采光、室内吊灯、台灯、射灯等，由于场景中的物体颜色较暗，在设置光源亮度时就要考虑适当调高。下面将对光源的创建以及参数设置进行详细介绍。

9.3.1 设置白模预览参数

白模材质可以观察模型中的漏洞，还可以很好地预览灯光效果。下面介绍白模材质的创建方法。

Step01 按 M 键打开“材质编辑器”，选择一个空白材质，设置为“VRayMtl”材质类型，命名为“白模”，设置漫反射颜色为灰白色，如图 9-5 所示。

Step02 按 F10 键打开“渲染设置”对话框，在 VRay 渲染器设置面板中设置“全局开关”卷展栏为“高级模式”，勾选“覆盖材质”复选框，将“白模”材质拖到其后的按钮上，选择“实例”复制，再设置灯光采样类型为“全部灯光求值”，如图 9-6 所示。

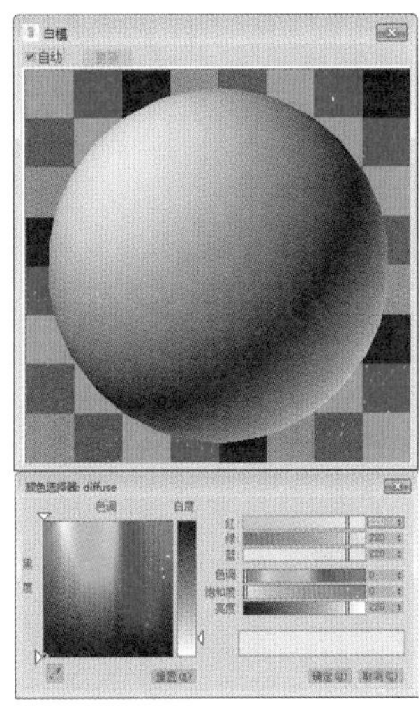

图 9-5

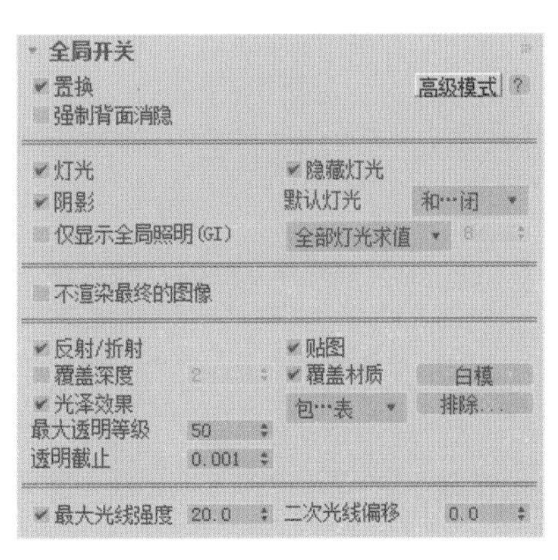

图 9-6

Step03 在“帧缓冲”卷展栏中取消勾选“启用内置帧缓冲区”复选框，如图 9-7 所示。

Step04 在“发光贴图”卷展栏中设置预设等级和“细分”等参数，如图 9-8 所示。

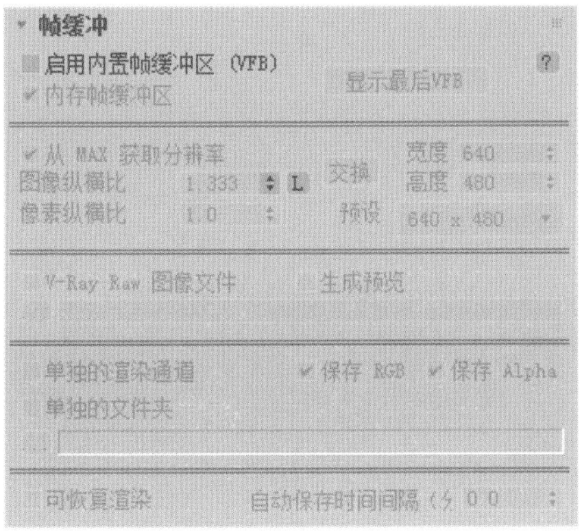

图 9-7

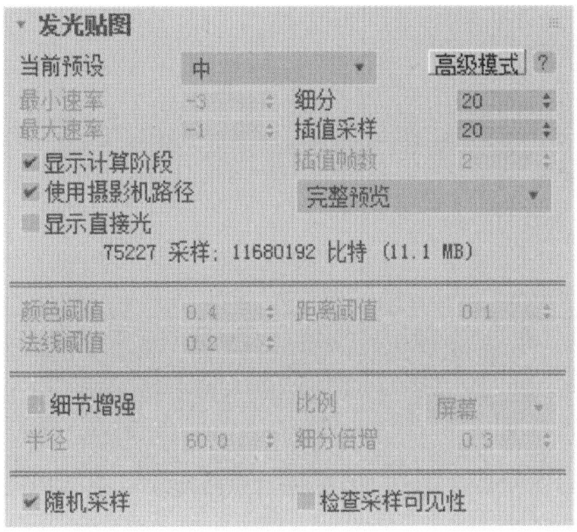

图 9-8

Step05 在“颜色贴图”卷展栏设置“类型”为“指数”，如图 9-9 所示。

Step06 在“灯光缓存”卷展栏设置“细分”值和其他参数，如图 9-10 所示。

颜色贴图
类型 指数 默认模式 ?
暗部倍增: 1.0
亮部倍增: 1.0

图 9-9

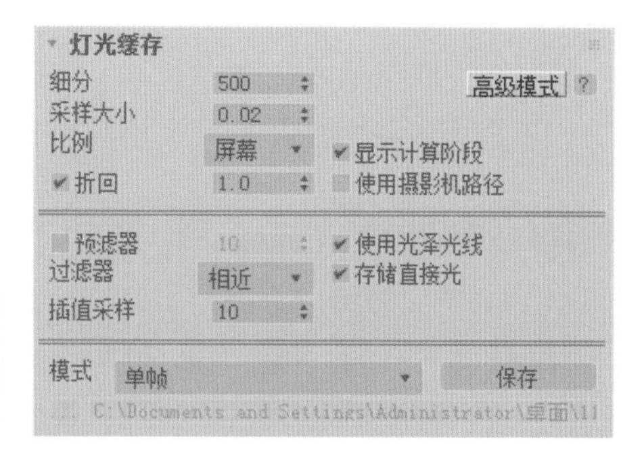

图 9-10

Step07 最后在“公用参数”卷展栏设置输出尺寸，如图 9-11 所示。

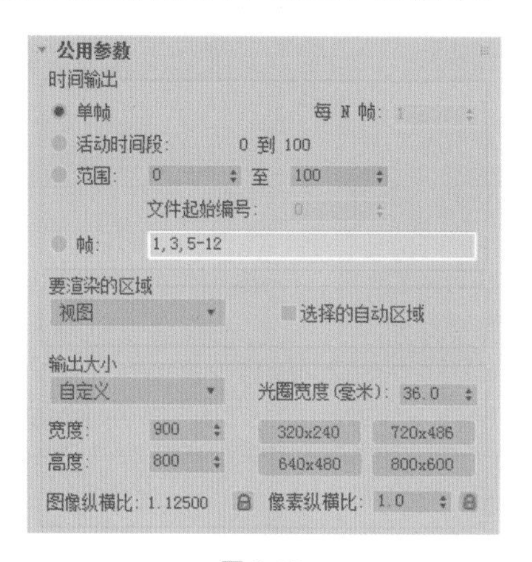

图 9-11

9.3.2 模拟窗户光源

首先为场景模拟创建来自窗户的光源，操作步骤介绍如下。

Step01 在左视图中创建 VRay 灯光面光源，调整灯光到窗户外侧位置，如图 9-12 所示。

Step02 在“修改”面板设置灯光尺寸、强度、细分等参数，其中灯光颜色为白色，如图 9-13 所示。

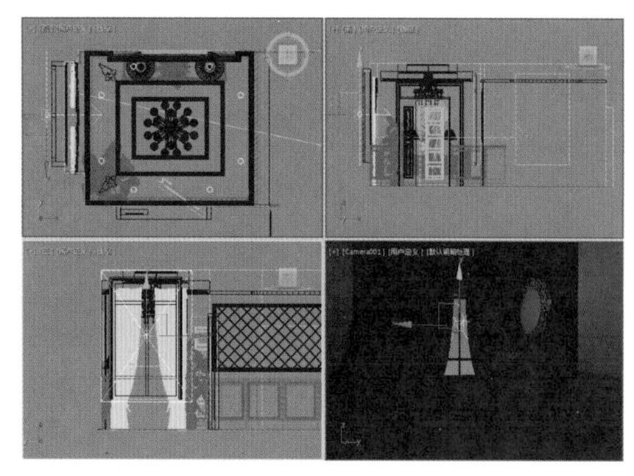

图 9-12

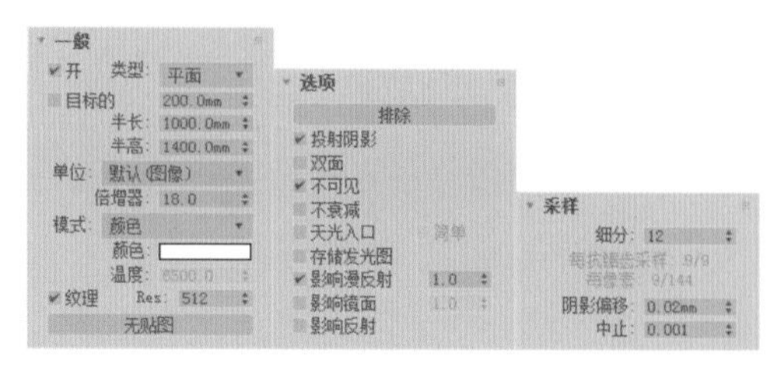

图 9-13

Step03 复制光源，调整尺寸，将其放置在窗帘位置，如图 9-14 所示。

Step04 在“修改”面板设置灯光强度及颜色，参数如图 9-15 所示。

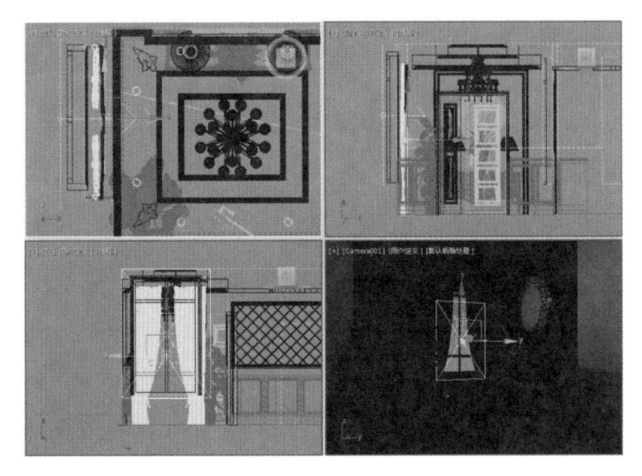

图 9-14

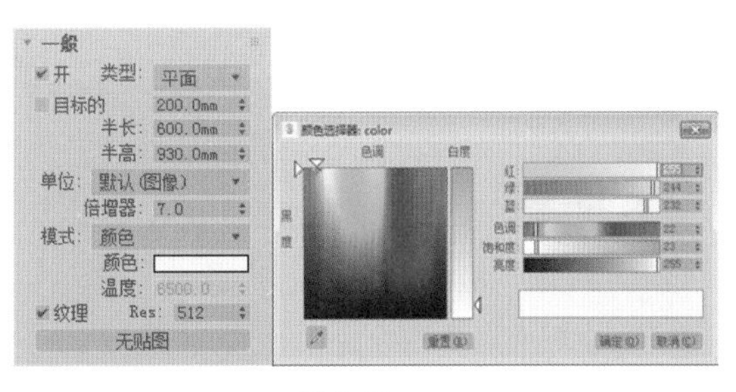

图 9-15

Step05 隐藏纱帘模型，如图 9-16 所示。

Step06 渲染场景，观察窗户光源效果（这里可以忽略由于隐藏纱帘引起的漏光），如图 9-17 所示。

图 9-16

图 9-17

Step07 从模型可以看到，场景中的入户门是打开的，这就需要在门外也创建一盏灯光，用于模拟门外的光源，如图 9-18 所示。

Step08 在“修改”面板设置灯光尺寸、强度与颜色，如图 9-19 所示。

Step09 再次渲染场景，可以看到从门外透进的光源，效果如图 9-20 所示。

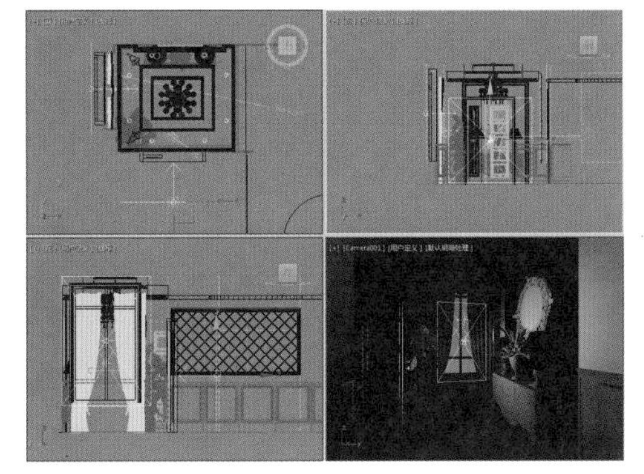

图 9-18

图 9-19

图 9-20

9.3.3 模拟室内光源

场景中的室内光源包括射灯光源、台灯光源、吊灯光源以及灯带光源，下面介绍具体的制作方法。

Step01 模拟射灯光源。在前视图创建目标灯光，调整灯光及目标点位置，如图 9-21 所示。

Step02 在“修改”面板设置灯光阴影类型、灯光分布类型、灯光颜色及强度等，再为其添加光度学文件，如图 9-22 所示。

图 9-21

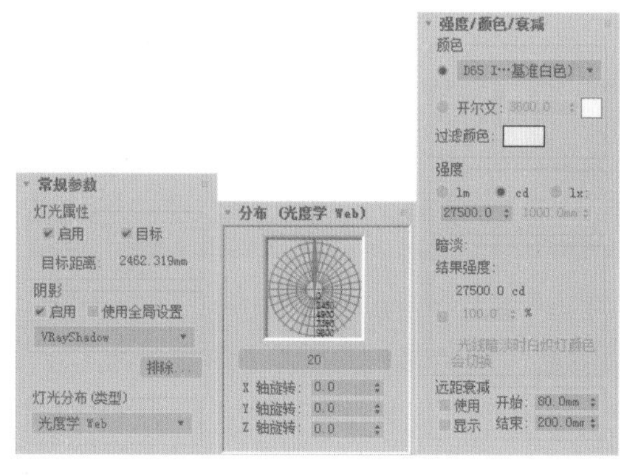

图 9-22

Step03 灯光颜色参数如图 9-23 所示。

Step04 复制目标灯光到各个射灯模型下，如图 9-24 所示。

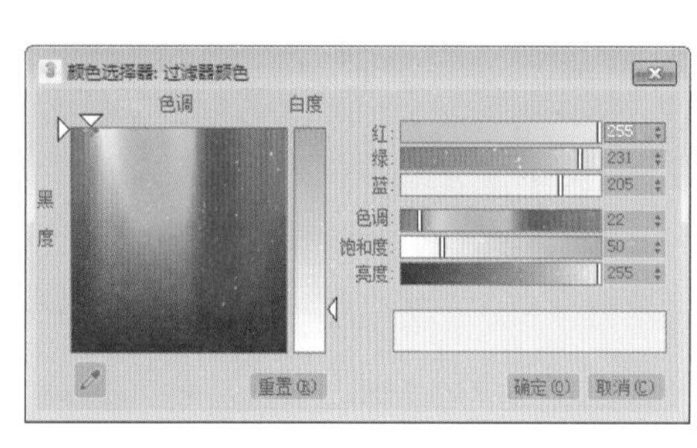

图 9-23

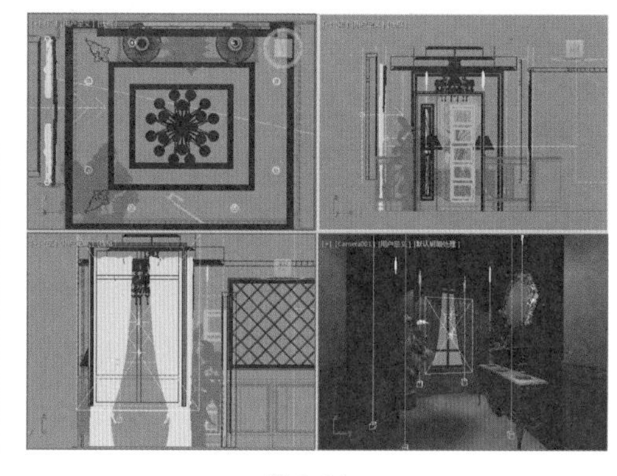

图 9-24

ACAA课堂笔记

Step05 渲染场景，射灯光源效果如图 9-25 所示。

Step06 模拟台灯光源。在顶视图创建 VRay 球体灯光，调整到台灯位置，如图 9-26 所示。

图 9-25

图 9-26

Step07 在“修改”面板设置灯光半径、强度、颜色等参数，如图 9-27 所示。

Step08 复制 VRay 球体灯光到另一个台灯位置，如图 9-28 所示。

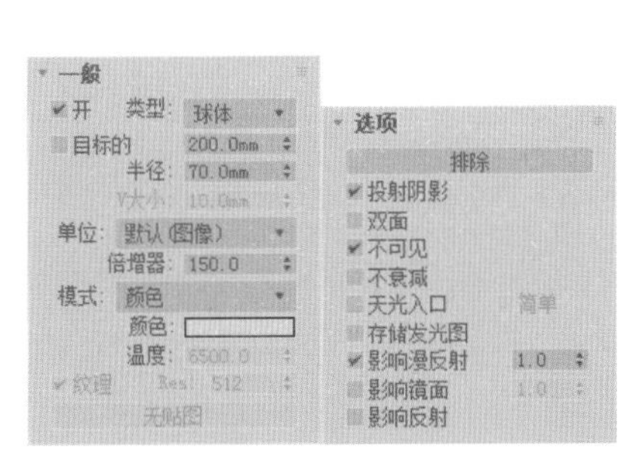

图 9-27

图 9-28

Step09 渲染场景，台灯光源效果如图 9-29 所示。

Step10 模拟吊灯光源。继续复制 VRay 灯光，重新设置灯光半径和强度，放置到吊灯灯罩位置，并实例复制出多个，如图 9-30、图 9-31 所示。

图 9-29

图 9-30

图 9-31

Step11 创建 VRay 平面光源作为吊灯补光，设置光源尺寸和强度，将其放置于吊灯下方，如图 9-32、图 9-33 所示。

Step12 渲染场景，可以看到吊灯光源效果，如图 9-34 所示。

图 9-32

图 9-33

图 9-34

Step13 模拟灯带光源。在背景墙位置还有一处凹槽，用于展示灯带光源。创建并实例复制 VRay 平面光源，设置光源尺寸、强度和颜色，利用缩放工具缩放对象长度，放置到凹槽中再旋转对象，如图 9-35、图 9-36 所示。

Step14 渲染场景，可以看到灯带光源效果，如图 9-37 所示。

图 9-35

图 9-36

图 9-37

9.4 设置场景材质

场景中的材质类型包括乳胶漆、金箔、壁纸、石材、木材质、古铜、镜面、窗帘等，接下来将会进行材质创建的详细介绍。

9.4.1 创建墙、顶、地材质

本案例中建筑墙面、顶面和地面采用的材质包括乳胶漆、壁纸、木板、石材材质等。这里介绍材质的创建过程。

Step01 创建乳胶漆材质。按 M 键打开“材质编辑器”，选择一个未使用材质球，命名为“乳胶漆”，

将其设置为“VRayMtl”材质类型，设置漫反射颜色，如图 9-38、图 9-39 所示。

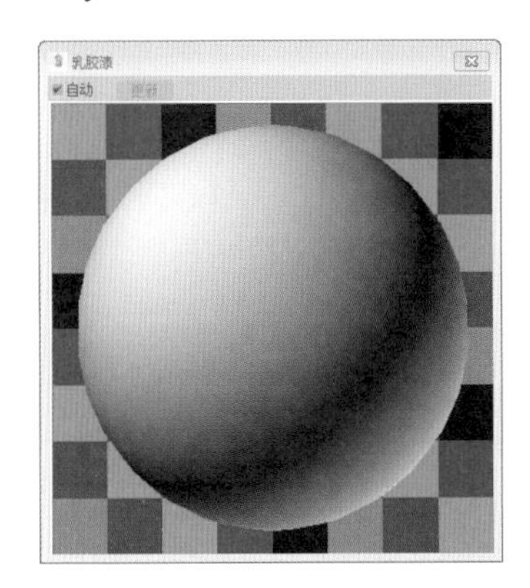

图 9-38

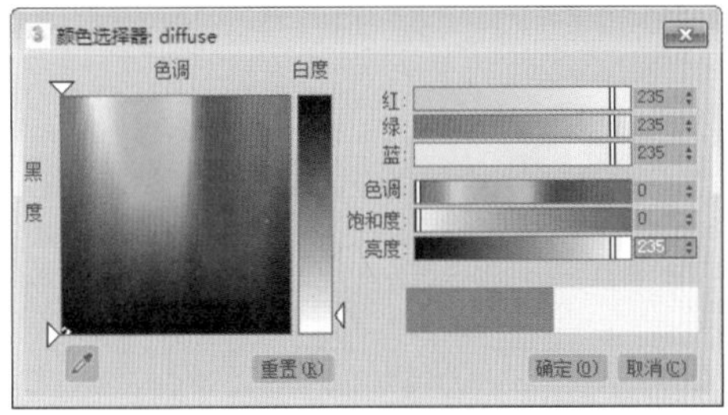

图 9-39

Step02 创建金箔材质。选择一个未使用材质球，命名为“金箔”，将其设置为 3ds Max 自带的“混合”材质，设置材质 1 和材质 2 都为“VRayMtl”材质类型，再为“遮罩”通道添加位图贴图，如图 9-40 所示。

Step03 位图贴图如图 9-41 所示。

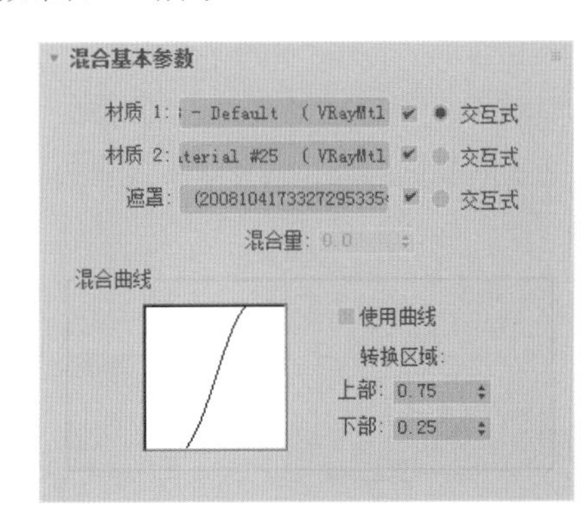

图 9-40

图 9-41

Step04 打开材质 1“基本参数”面板，设置漫反射颜色和反射颜色，再设置反射光泽度，如图 9-42、图 9-43 所示。

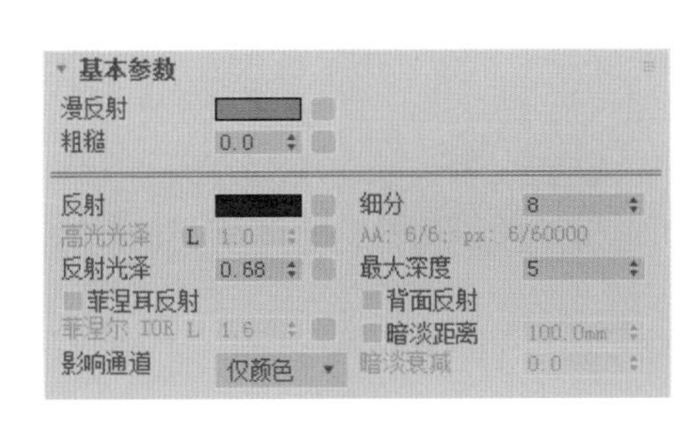

图 9-42

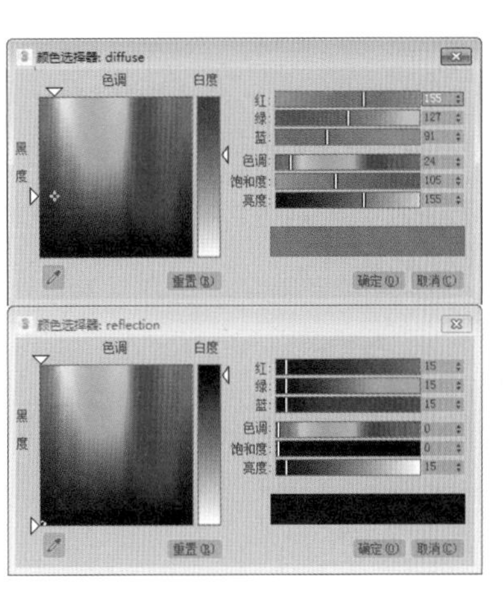

图 9-43

Step05 打开材质 2“基本参数”面板，设置漫反射颜色和反射颜色，再设置反射“高光光泽”和“反射光泽”值，如图 9-44 所示。

Step06 漫反射颜色和反射颜色设置如图 9-45 所示。

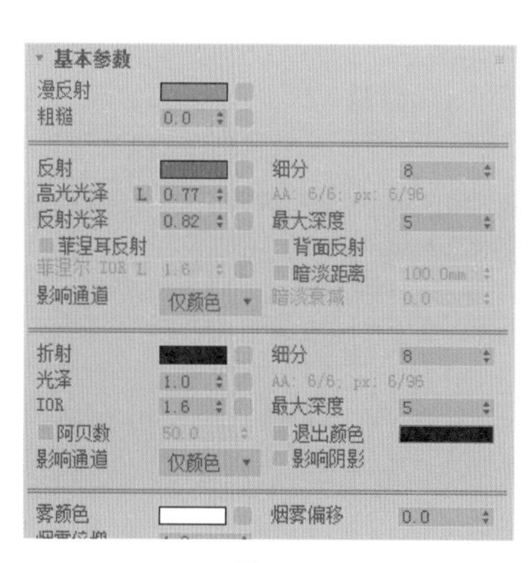

图 9-44

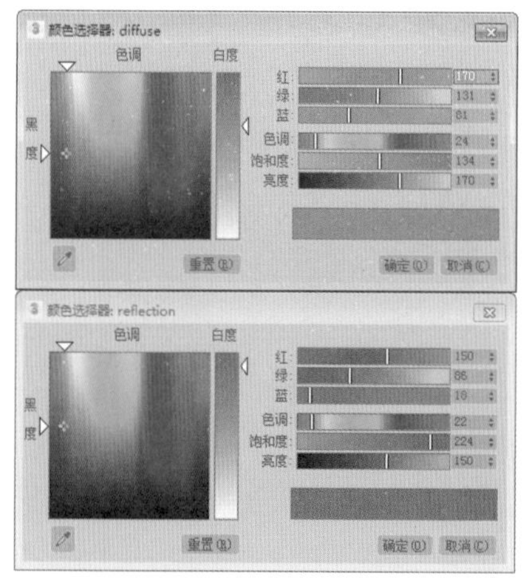

图 9-45

Step07 创建好的金箔材质球预览效果如图 9-46 所示。

Step08 创建壁纸材质。本案例中的壁纸材质同样要使用到 3ds Max 自带的“混合”材质，设置材质 1 和材质 2 都为“VRayMtl”材质类型，再为“遮罩”通道添加位图贴图，如图 9-47 所示。

图 9-46

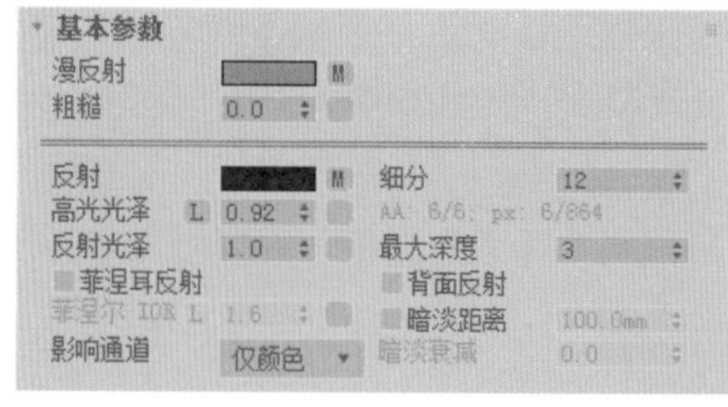

图 9-47

Step09 在材质 1“基本参数”面板中设置漫反射颜色，如图 9-48、图 9-49 所示。

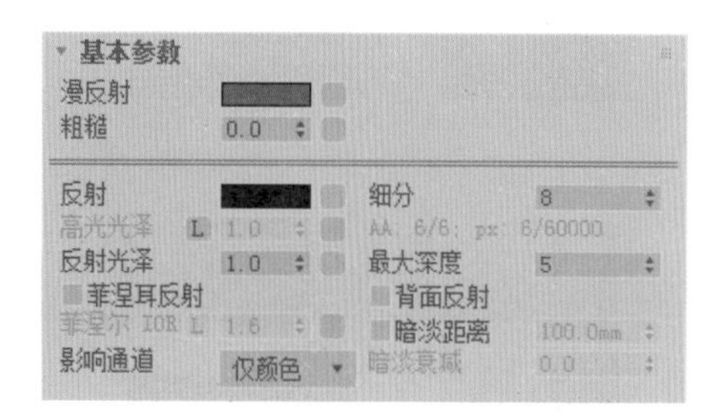

图 9-48

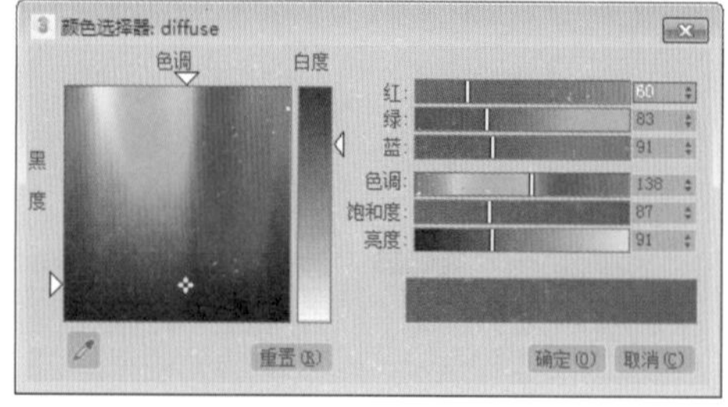

图 9-49

Step10 在材质 2“基本参数”面板中设置漫反射颜色和反射颜色，再设置“高光光泽”和“反射光泽”值，如图 9-50 所示。

Step11 漫反射颜色和反射颜色设置如图 9-51 所示。

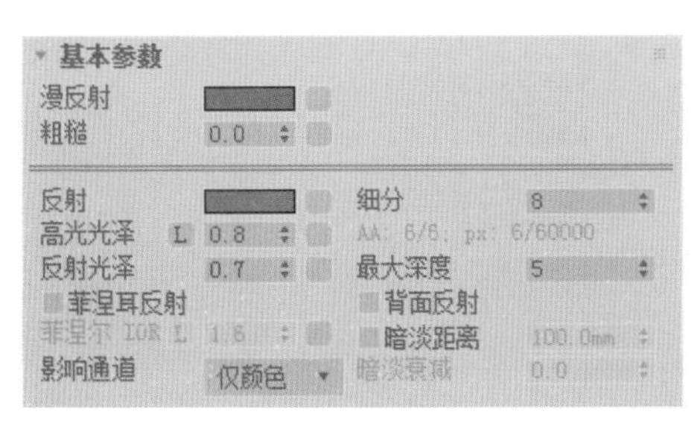

图 9-50

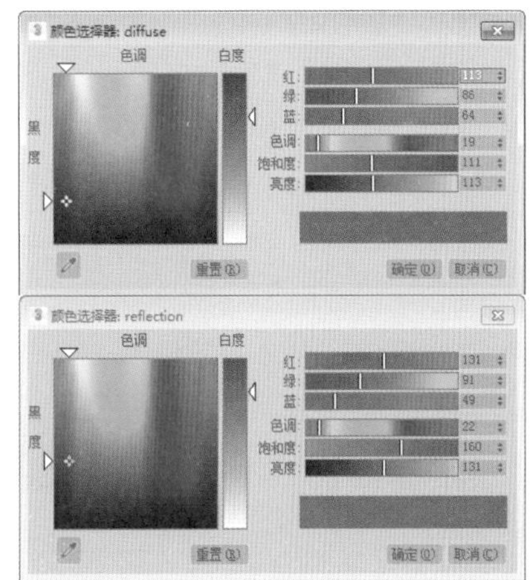

图 9-51

Step12 设置好的壁纸材质球预览效果如图 9-52 所示。

Step13 创建木板材质。选择一个未使用过的材质球，命名为“木板”，将其设置为“VRayMtl”材质类型，为“漫反射”通道添加位图贴图，再设置反射颜色和“高光光泽”、“反射光泽”值，如图 9-53 所示。

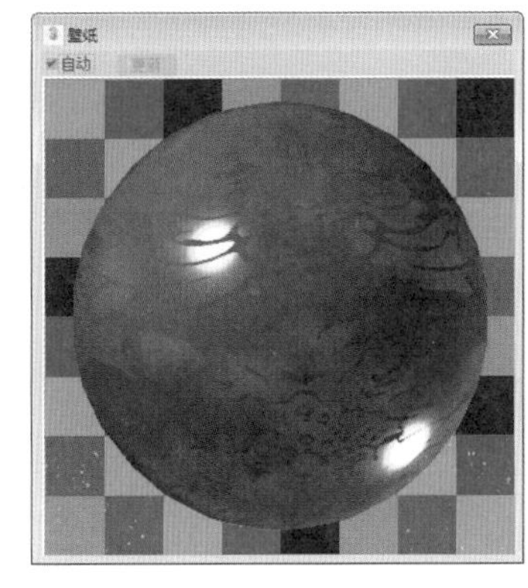

图 9-52

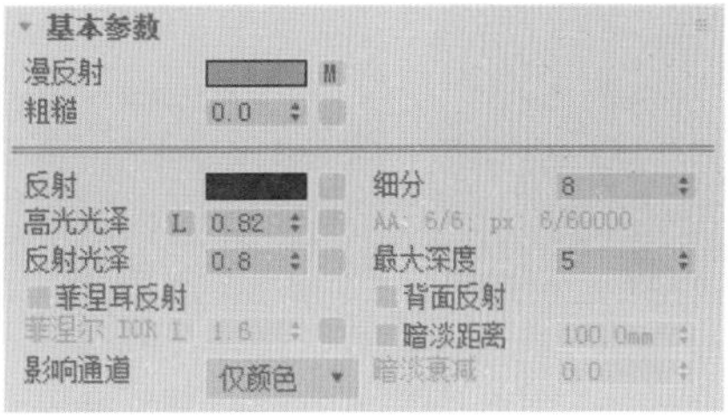

图 9-53

Step14 反射颜色以及木纹理材质如图 9-54、图 9-55 所示。

Step15 设置好的材质球预览效果如图 9-56 所示。

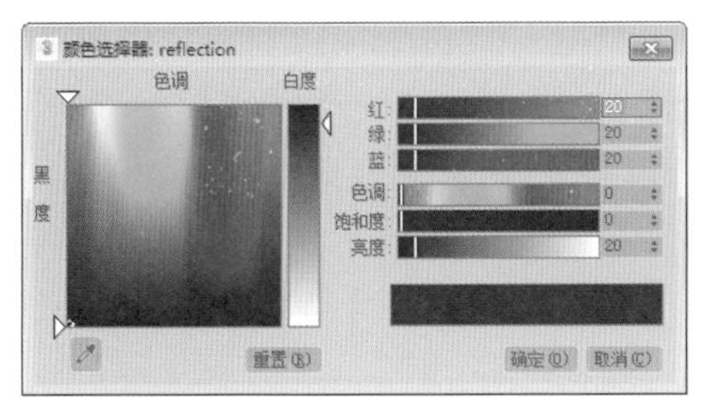

图 9-54

图 9-55

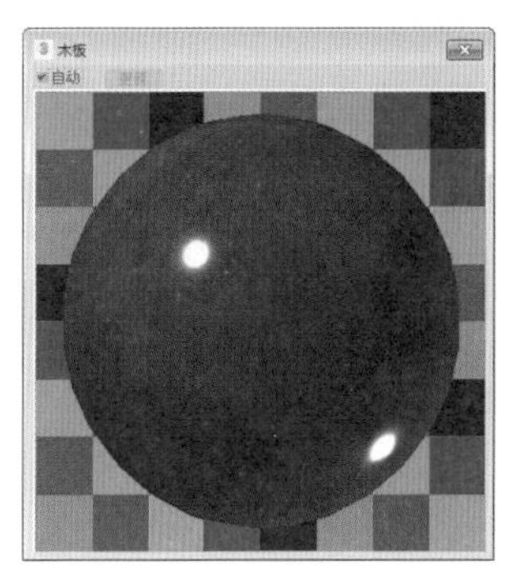

图 9-56

Step16 创建石材材质。首先创建地面石材材质，选择一个未使用过的材质球，命名为“石材 1”，设置为“VRayMtl”材质类型，为“漫反射”通道添加位图贴图，设置反射颜色，如图 9-57 ～图 9-59 所示。

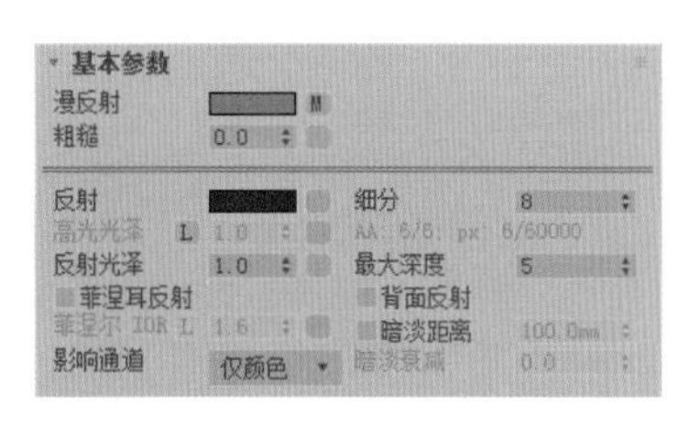

图 9-57

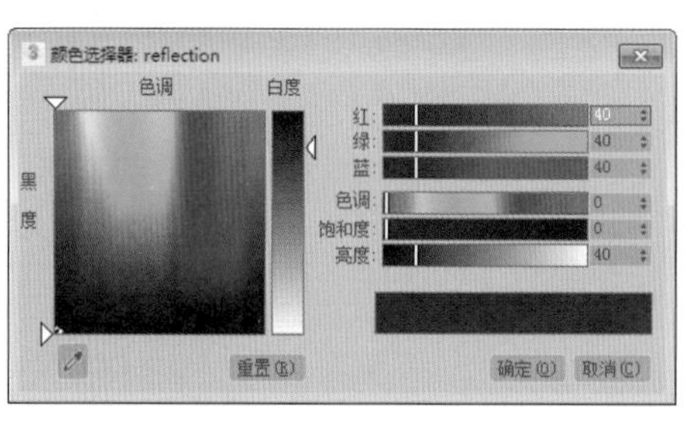

图 9-58

图 9-59

Step17 按照同样的设置参数创建“石材 2”，如图 9-60 所示。

Step18 接下来创建地面石材材质，复制“石材 2”材质球并修改名称为“石材 3”，更改“漫反射”通道的位图贴图，修改“高光光泽”值，如图 9-61 所示。

Step19 “石材 3”材质球预览效果如图 9-62 所示。

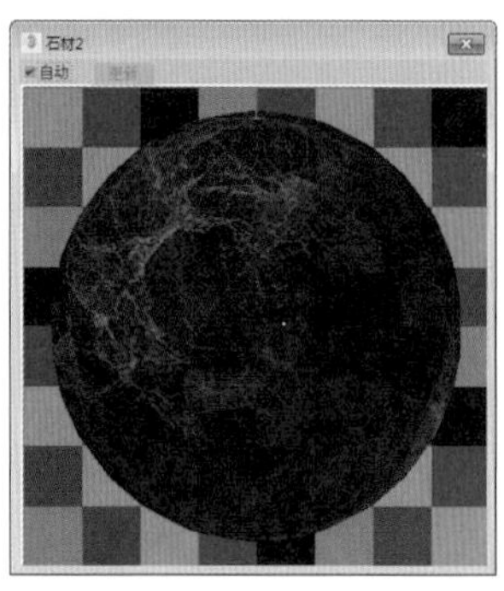

图 9-60

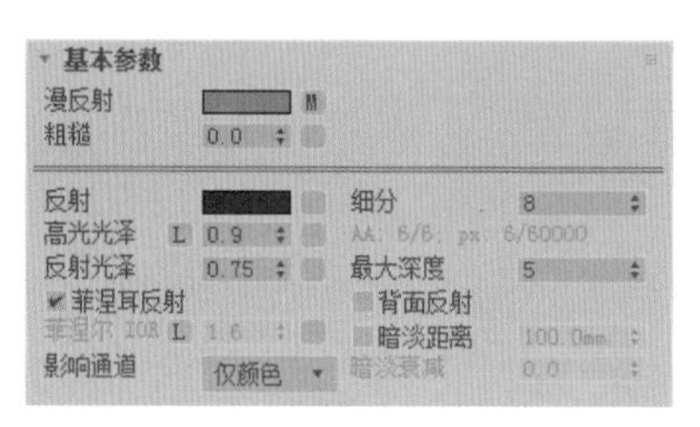

图 9-61

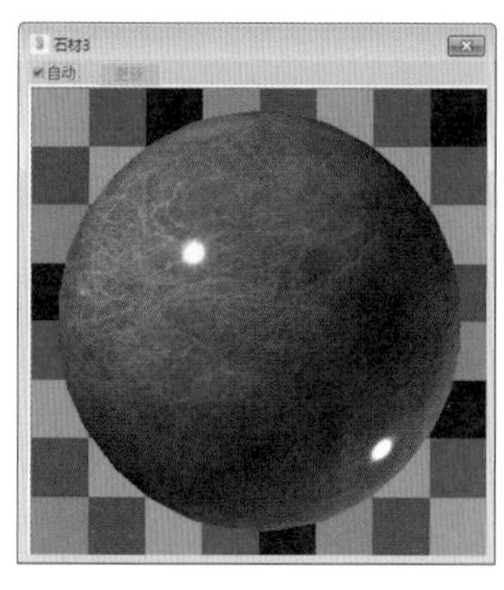

图 9-62

9.4.2 创建灯具材质

场景中使用了吊灯、台灯、射灯这几种灯具类型，下面介绍灯具各部分材质的创建。

Step01 创建灯罩材质。选择一个未使用过的材质球，命名为“灯罩”，设置为“VRayMtl”材质类型，设置漫反射颜色与反射颜色，再设置反射参数，如图 9-63 所示。

Step02 设置好的材质球预览效果如图 9-64 所示。

ACAA课堂笔记

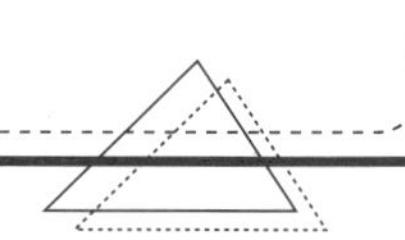

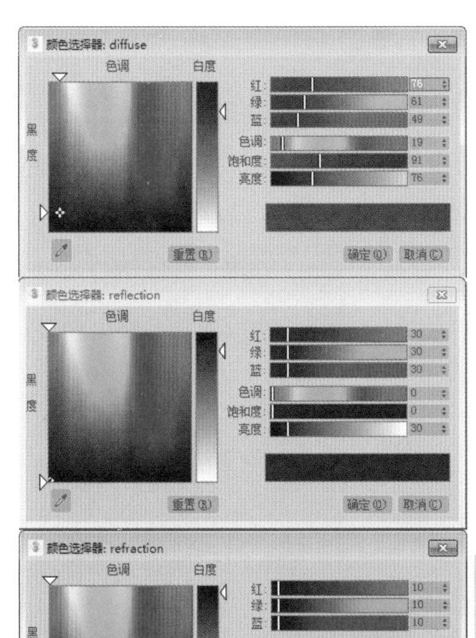

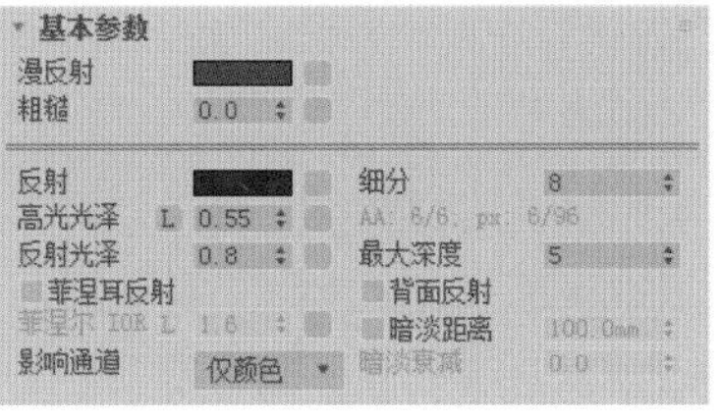

图 9-63

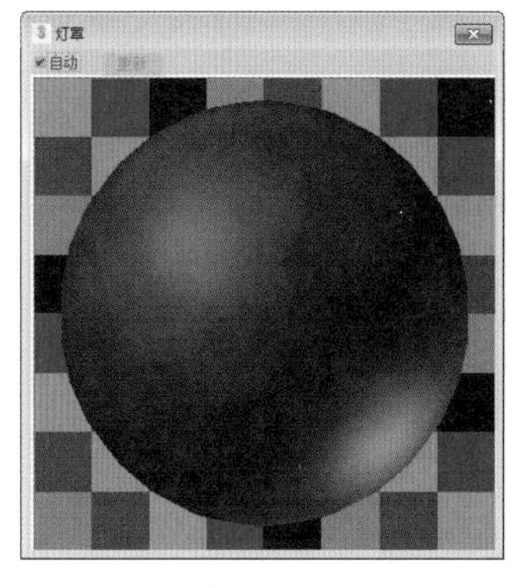

图 9-64

Step03 创建灯具内壳材质。选择一个未使用过的材质球，命名为“内壳”，设置为“VRayMtl”材质类型，设置漫反射颜色、反射颜色和折射颜色，如图 9-65 所示。

Step04 材质球预览效果如图 9-66 所示。

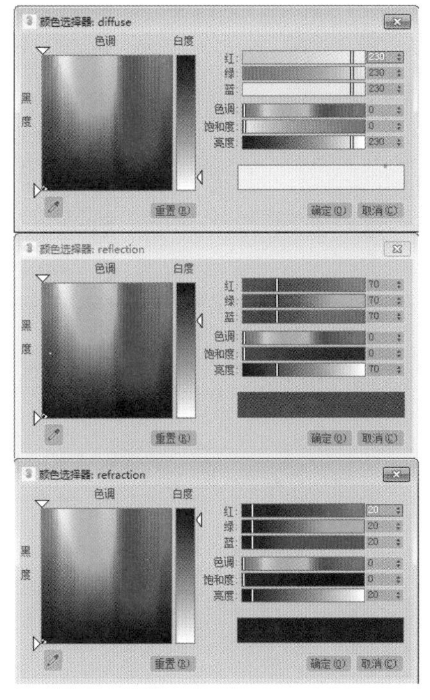

图 9-65

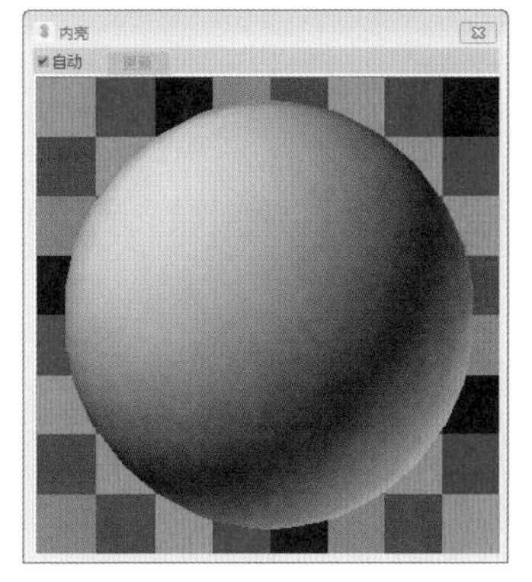

图 9-66

Step05 创建水晶材质。选择一个未使用过的材质球，命名为“水晶”，设置为“VRayMtl”材质类型，设置漫反射颜色和折射颜色为白色，再设置反射颜色、高光光泽和折射参数，如图 9-67 所示。

Step06 设置好的水晶材质球预览效果如图 9-68 所示。

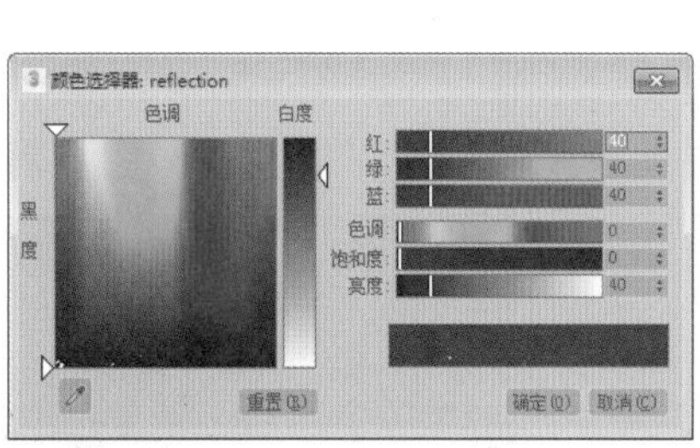

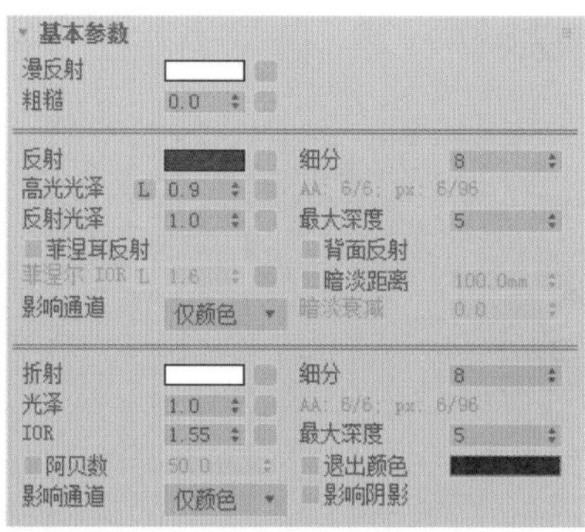

图 9-67

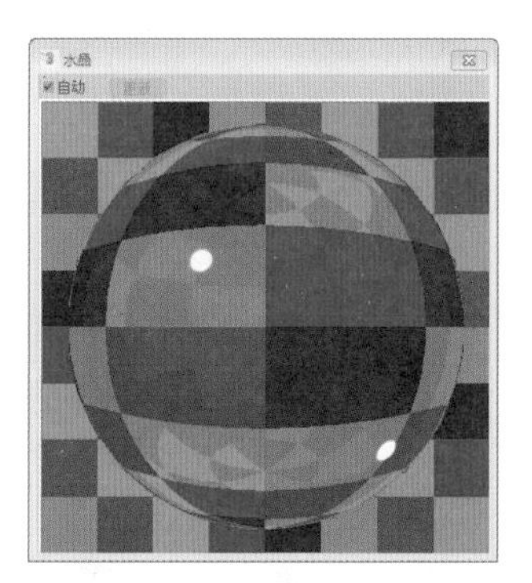

图 9-68

Step07 创建银漆材质。选择一个未使用过的材质球，命名为“哑光银漆”，设置为“VRayMtl”材质类型，设置漫反射颜色和反射颜色，再设置“高光光泽”和“反射光泽”值，如图 9-69 所示。

Step08 设置好的银漆材质球预览效果如图 9-70 所示。

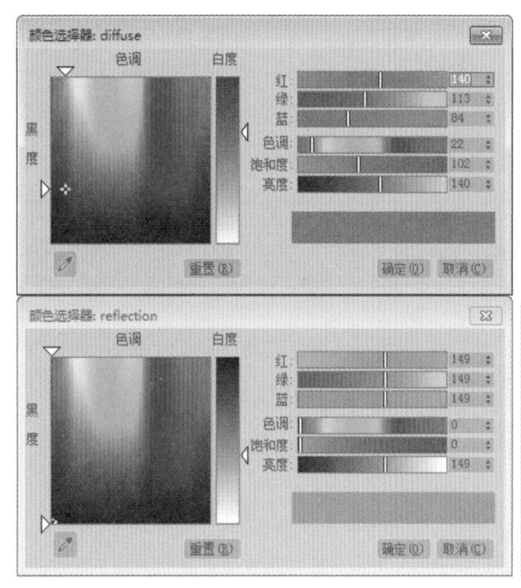

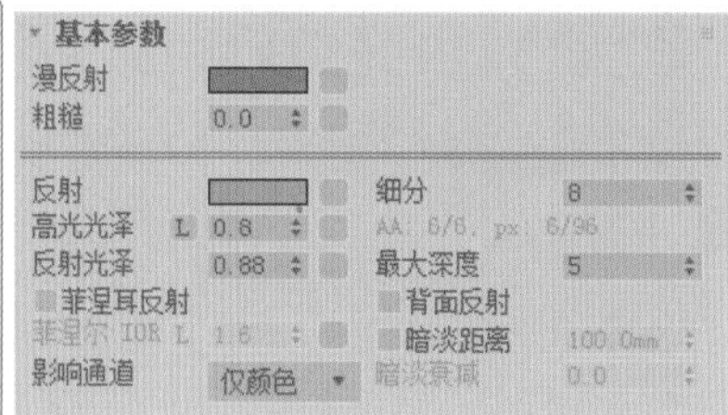

图 9-69

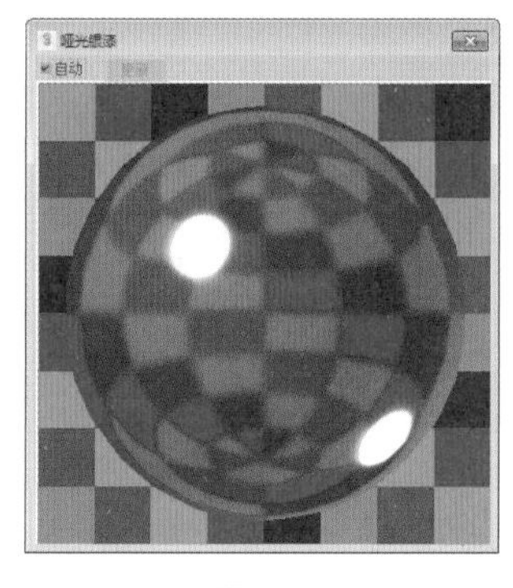

图 9-70

Step09 创建不锈钢材质。选择一个未使用过的材质球，命名为“不锈钢”，设置为“VRayMtl”材质类型，设置漫反射颜色为黑色，再设置反射颜色、“高光光泽”和“反射光泽”值，如图 9-71 所示。

Step10 设置好的不锈钢材质球预览效果如图 9-72 所示。

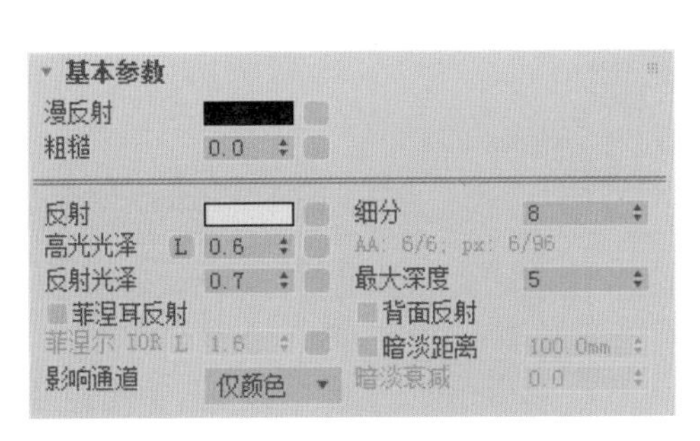

图 9-71

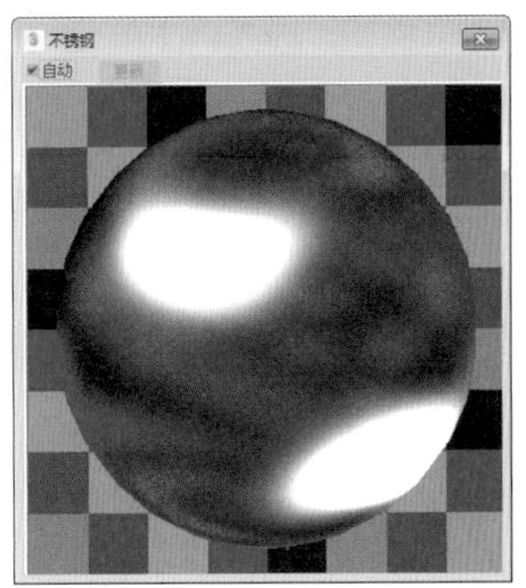

图 9-72

Step11 创建自发光材质。选择一个未使用过的材质球，命名为“自发光”，设置为 VR 灯光材质类型，设置颜色强度为 2.2，如图 9-73 所示。

Step12 设置好的材质球预览效果如图 9-74 所示。

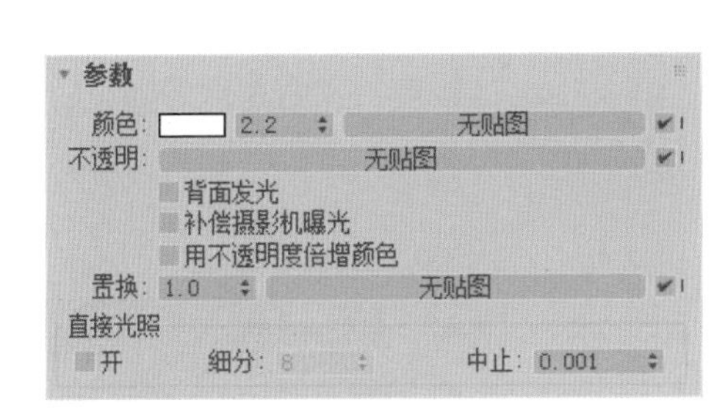

图 9-73

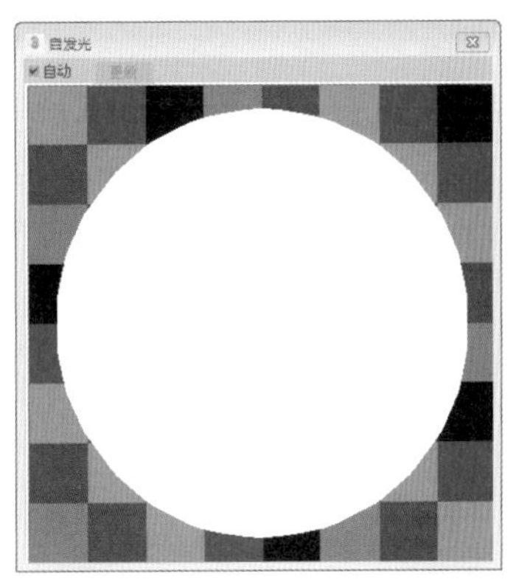

图 9-74

9.4.3 创建窗帘材质

场景中的窗帘包括纱帘和遮光帘两种类型，下面介绍其材质的创建步骤。

Step01 创建纱帘材质。选择一个未使用过的材质球，命名为“纱帘”，设置为“VRayMtl”材质类型，设置漫反射颜色和折射颜色（漫反射颜色为白色），再设置折射参数，如图 9-75 所示。

Step02 创建好的纱帘材质球预览效果如图 9-76 所示。

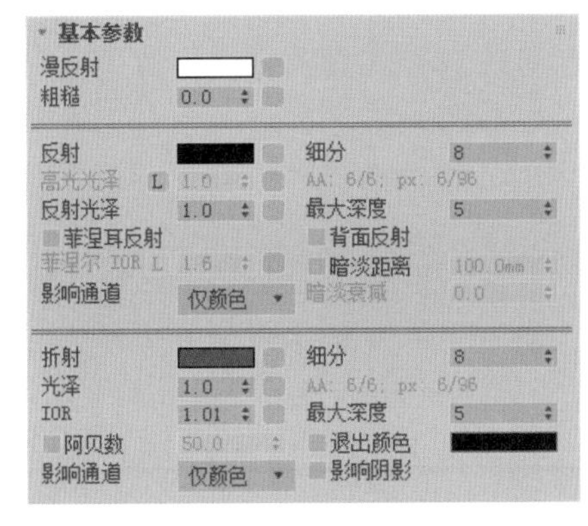

图 9-75

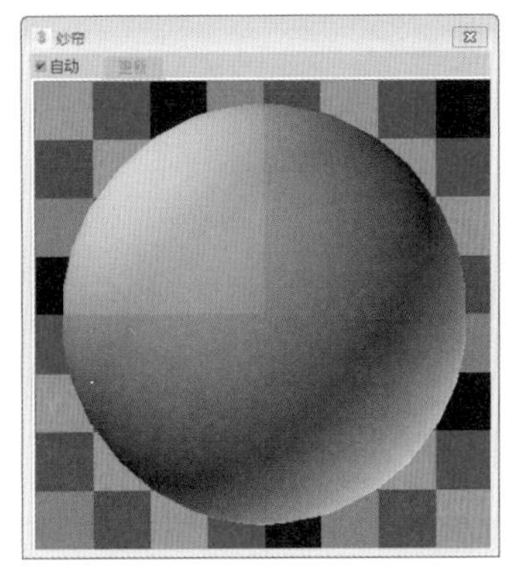

图 9-76

Step03 创建遮光帘材质。选择一个未使用材质球，命名为“遮光帘”，设置为“VRayMtl”材质类型，设置漫反射颜色和反射颜色，再设置“反射光泽”值，如图 9-77 所示。

Step04 漫反射颜色和反射颜色设置如图 9-78 所示。

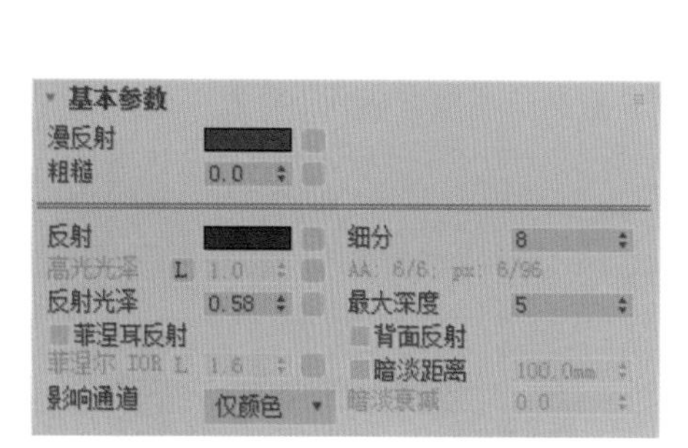

图 9-77

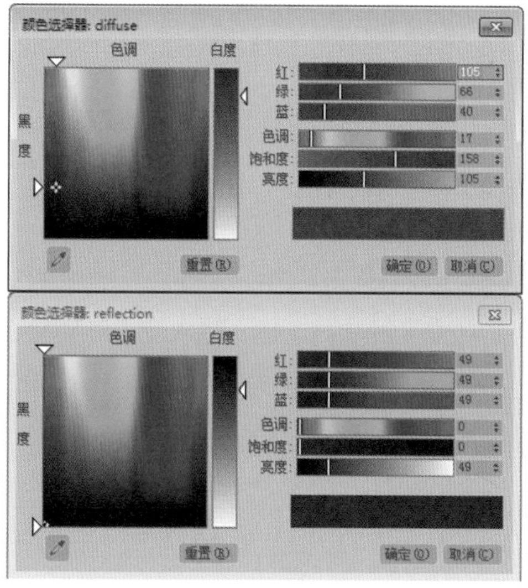

图 9-78

Step05 在“BRDF”卷展栏中设置分布类型为“Blinn”，再设置“各向异性”值，如图 9-79 所示。

Step06 设置好的遮光帘材质球预览效果如图 9-80 所示。

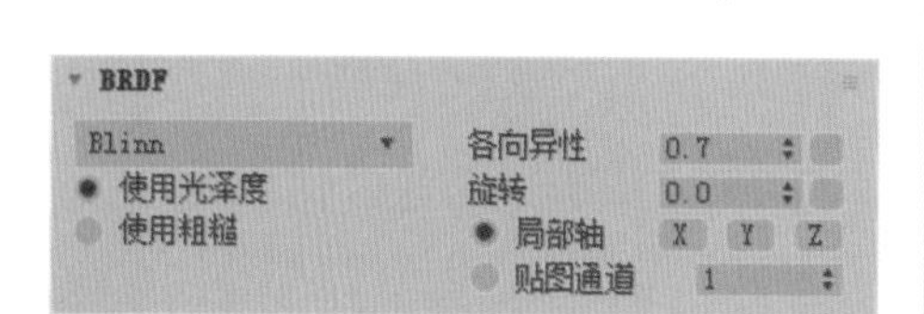

图 9-79

图 9-80

ACAA课堂笔记

Step07 创建流苏材质。选择一个未使用过的材质球，命名为“流苏”，设置为“VRayMtl”材质类型，设置漫反射颜色和反射颜色，再设置“反射光泽”值，如图 9-81 所示。

Step08 漫反射颜色和反射颜色设置如图 9-82 所示。

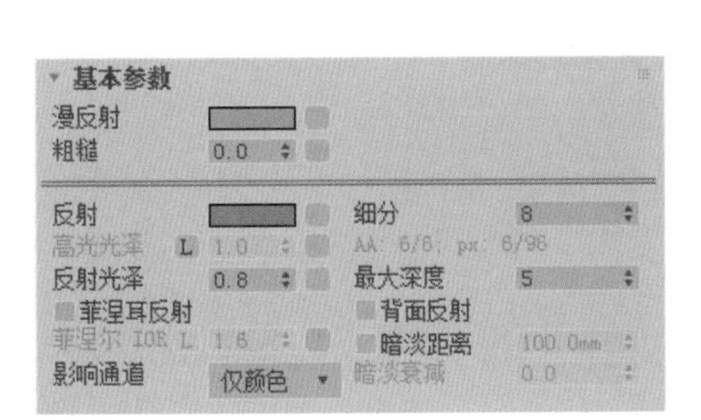

图 9-81

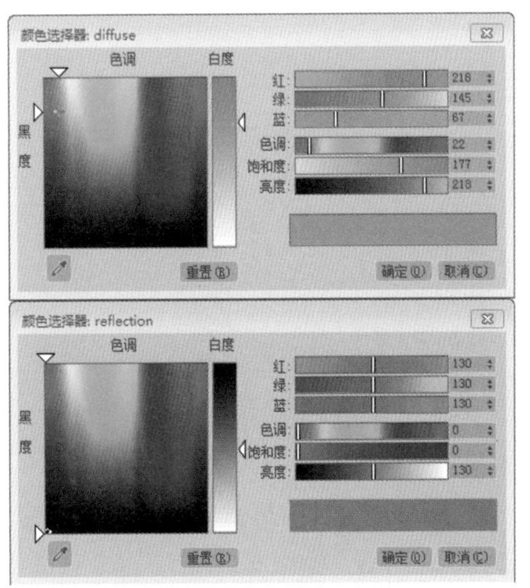

图 9-82

Step09 设置好的材质球预览效果如图 9-83 所示。

图 9-83

9.4.4 创建装饰物品材质

场景中有铜镜、花瓶、盆栽等装饰物品，使用到的材质包括金属、镜面、树叶等。下面介绍各材质的制作过程。

Step01 创建装饰镜材质。选择一个未使用材质球，命名为“金属漆”，设置为“VRayMtl”材质类型，设置漫反射颜色和反射颜色，再设置“高光光泽”和“反射光泽”值，如图 9-84 所示。

Step02 漫反射颜色与反射颜色参数如图 9-85 所示。

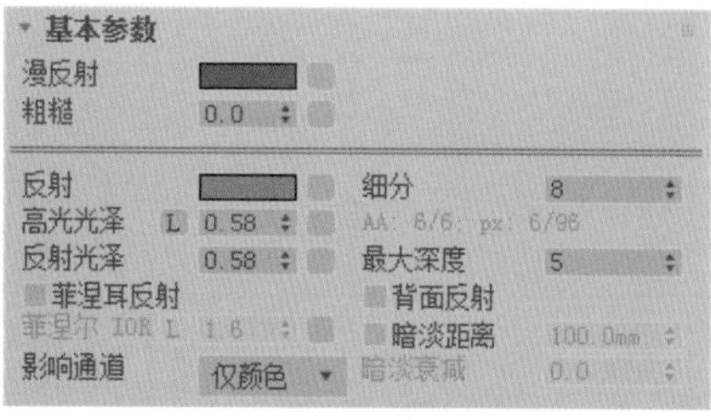

图 9-84

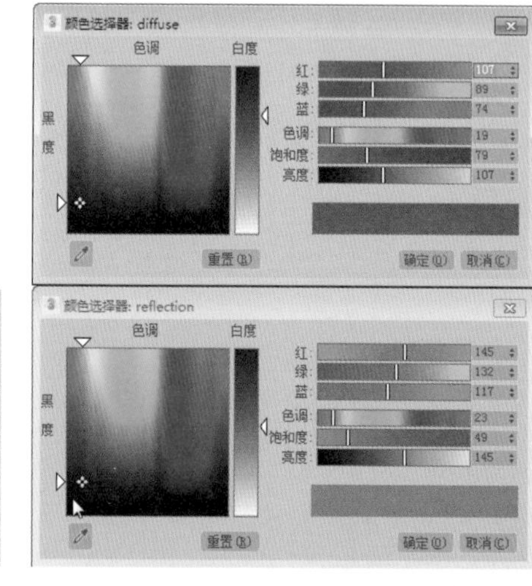

图 9-85

Step03 设置好的材质球预览效果如图 9-86 所示。

Step04 选择一个未使用过的材质球，命名为“镜子”，设置为“VRayMtl”材质类型，设置漫反射颜色和反射颜色为白色，如图 9-87 所示。

图 9-86

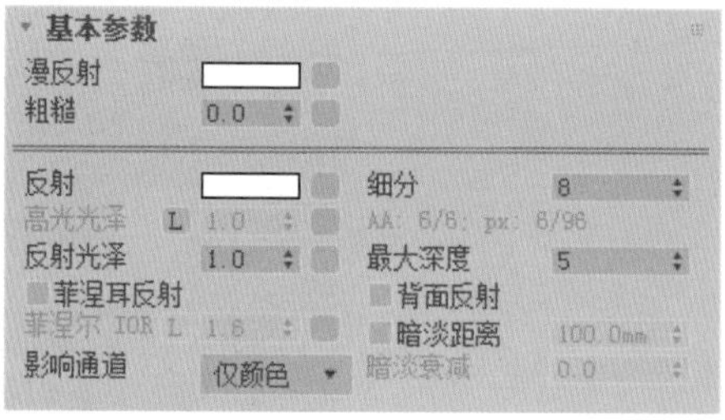

图 9-87

Step05 设置好的材质球预览效果如图 9-88 所示。

Step06 创建花瓶材质。选择一个未使用过的材质球，命名为“金属花瓶”，设置为“VRayMtl”材质类型，设置漫反射颜色和反射颜色，再设置“高光光泽”和“反射光泽”值，如图 9-89 所示。

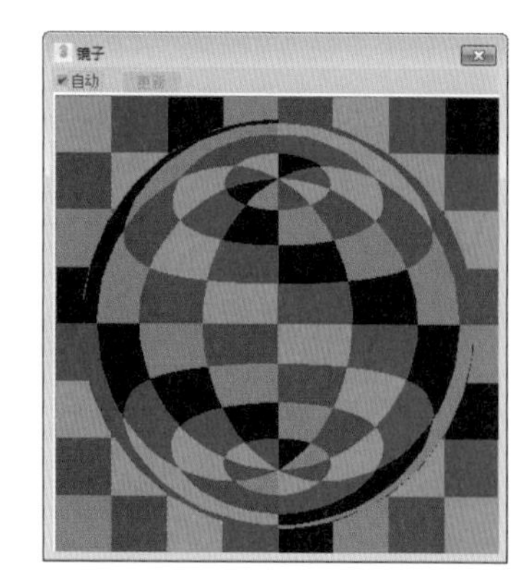

图 9-88

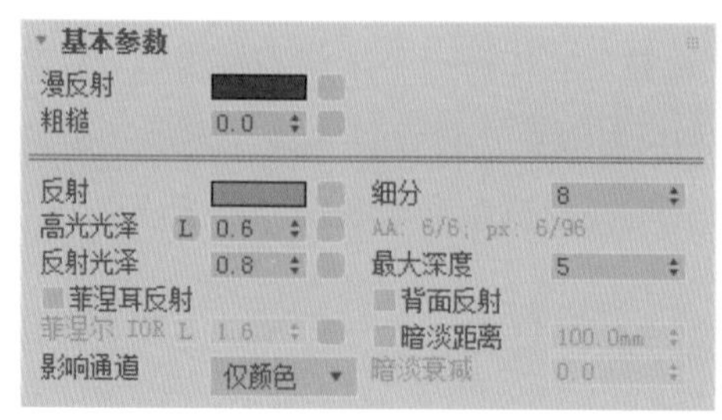

图 9-89

Step07 漫反射颜色和反射颜色参数如图 9-90 所示。

Step08 设置好的花瓶材质球预览效果如图 9-91 所示。

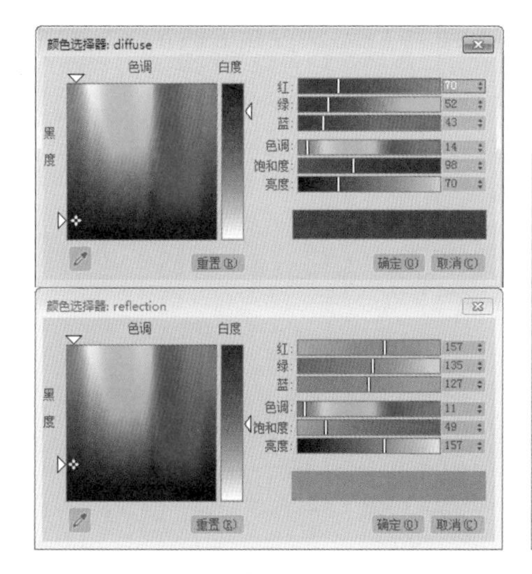

图 9-90

图 9-91

Step09 创建树叶材质。选择一个未使用过的材质球，命名为“树叶”，设置为“VRayMtl”材质类型，为“漫反射”通道添加位图贴图，如图 9-92 所示。再设置反射颜色和“反射光泽”值，如图 9-93 所示。

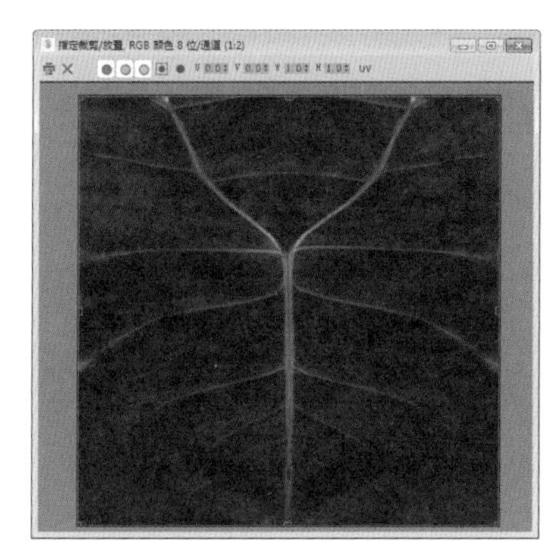

图 9-92

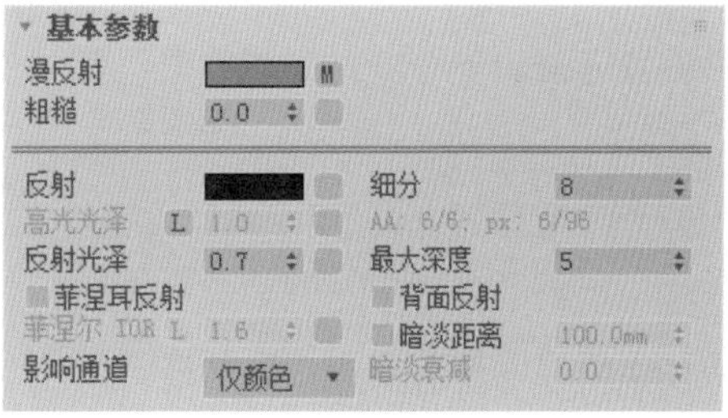

基本参数
漫反射 M
粗糙 0.0
反射 细分 8
高光光泽 L 1.0 AA: 6/6; px: 6/96
反射光泽 0.7 最大深度 5
菲涅耳反射 背面反射
菲涅尔 IOR L 1.6 暗淡距离 100.0mm
影响通道 仅颜色 暗淡衰减 0.0

图 9-93

Step10 反射颜色参数如图 9-94 所示。

Step11 设置好的树叶材质球预览效果如图 9-95 所示。

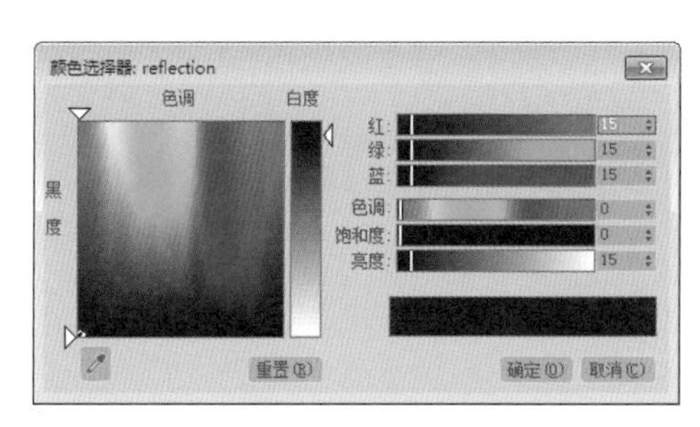

图 9-94

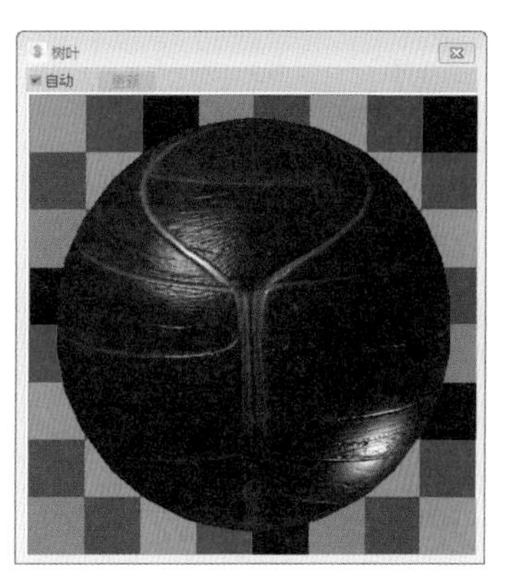

图 9-95

9.5 场景渲染效果

灯光与材质都创建完毕后，就可以着手设置渲染参数进行场景效果的输入了。操作步骤介绍如下。

Step01 按F10键打开“渲染设置”对话框，在“公用参数”卷展栏中设置效果图输出尺寸，如图9-96所示。

Step02 在“全局开关”卷展栏取消勾选“覆盖材质”复选框，如图9-97所示。

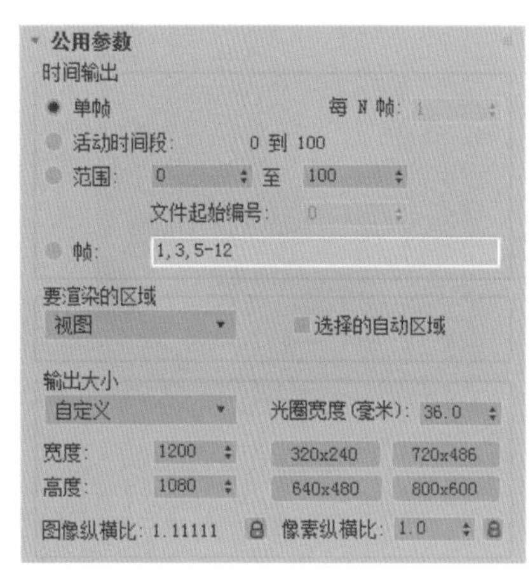

图 9-96

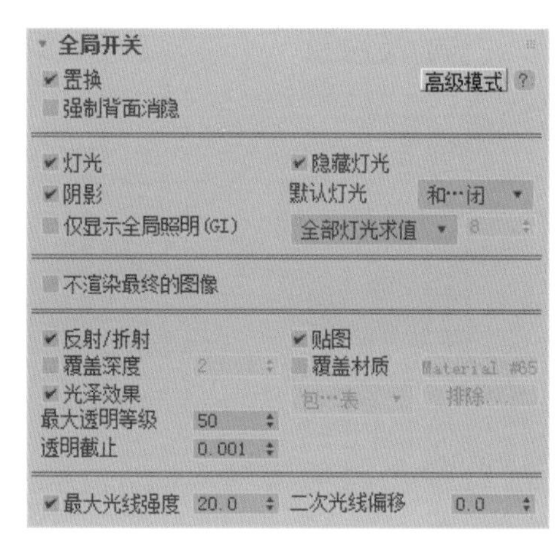

图 9-97

Step03 在“图像采样（抗锯齿）”卷展栏中设置采样类型为“块”，如图9-98所示。

Step04 在“图像过滤”卷展栏中设置过滤器类型为“Catmull-Rom”，如图9-99所示。

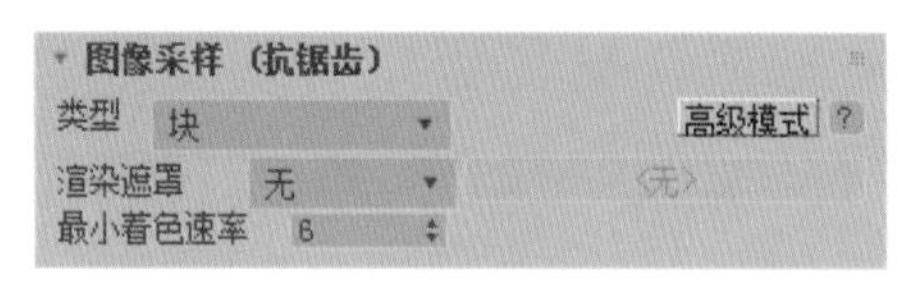

图 9-98

图 9-99

Step05 在“块图像采样器”卷展栏设置“最大细分”和“渲染块宽度”值，如图9-100所示。

Step06 在“全局DMC”卷展栏中勾选“使用局部细分”复选框（勾选后，用户即可重新设置合适的材质细分参数，用于输出高质量效果图），设置“最小采样”“自适应数量”“噪波阈值”，如图9-101所示。

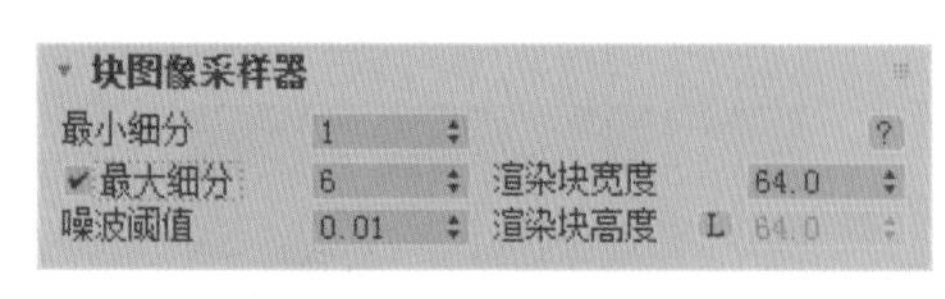

图 9-100

图 9-101

知识点拨

细分值的设置

细分值可以控制材质的细节品质，数值越大质量越好，但渲染速度会变慢。读者应根据自己的电脑配置设置合适的细分值。

Step07 在“环境”卷展栏勾选“GI 环境”复选框，并设置数值为 2，如图 9-102 所示。

Step08 在“发光贴图”卷展栏设置预设类型为“高”，再设置“细分”和“插值采样”，如图 9-103 所示。

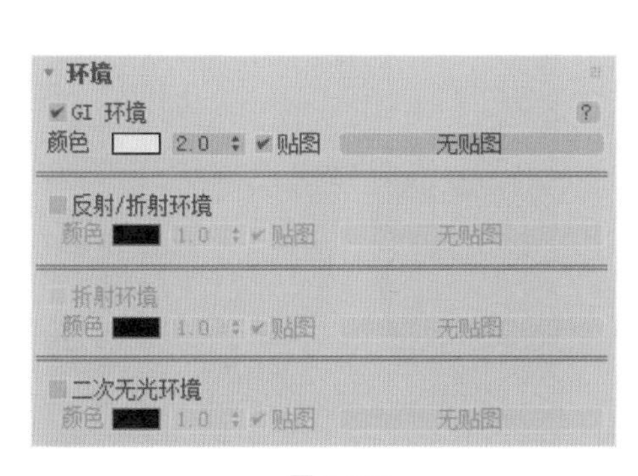

图 9-102

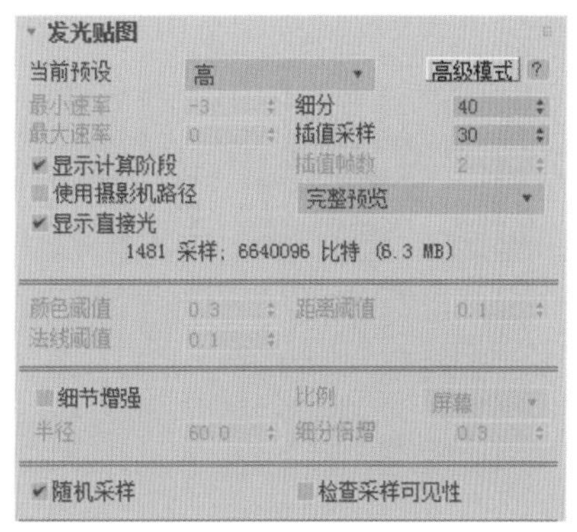

图 9-103

Step09 在“灯光缓存”卷展栏设置“细分”及其他参数值，如图 9-104 所示。

Step10 为场景再创建 3 个摄影机，分别调整位置和角度，如图 9-105 所示。

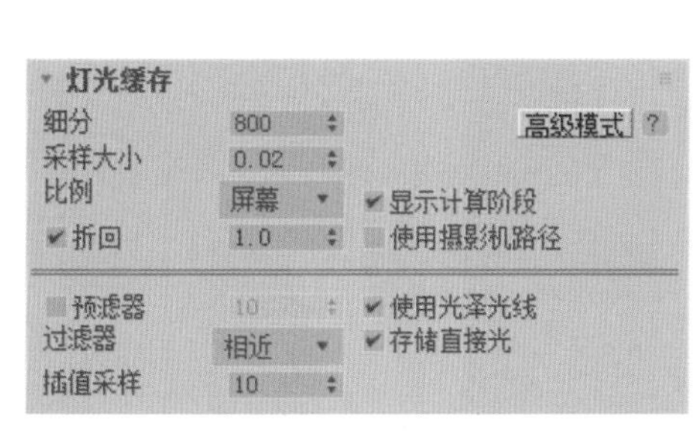

图 9-104

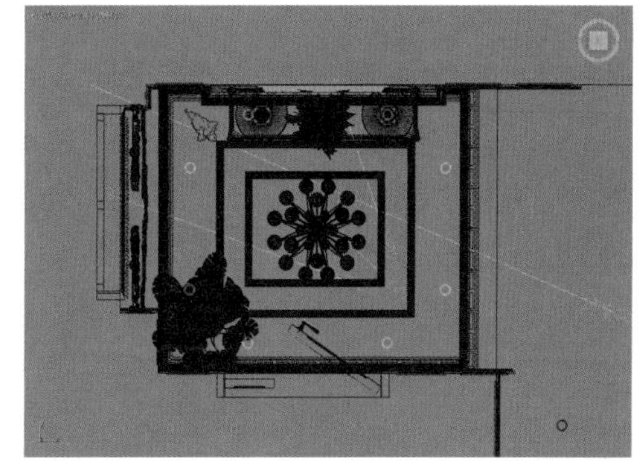

图 9-105

Step11 各摄影机视口效果如图 9-106 所示。

Step12 执行“渲染”|“批处理渲染”命令，打开“批处理渲染”对话框，单击“添加”按钮，即可添加第一个摄影机。在下方摄影机列表选择 Camera01，并设置“输出路径”，如图 9-107 所示。

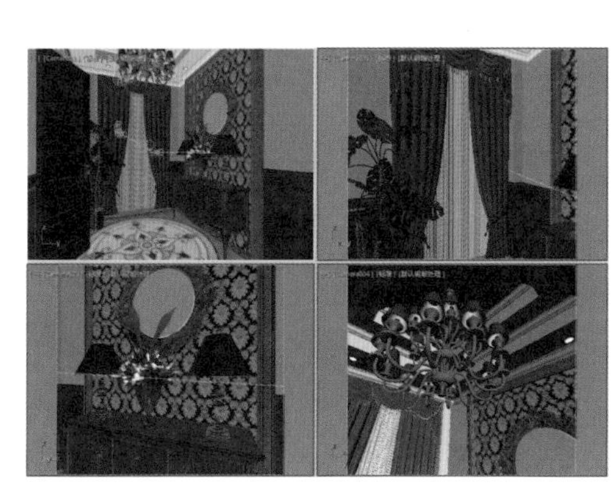

图 9-106

图 9-107

Step13 用此方法分别添加其他几个摄影机，并设置“输出路径”，如图 9-108 所示。单击“渲染”按钮，即可开始批量渲染。

Step14 最终各个角度的效果如图 9-109 ～图 9-112 所示。

图 9-108

图 9-109

图 9-110

图 9-111

图 9-112

第10章 厨房场景效果表现

内容导读

本案例要表现的是一个现代风格的厨房场景，整个案例包含了摄影机的创建、灯光及材质的创建、模型的渲染等。通过本案例的学习，可以让读者回顾前面所介绍的知识内容，并进行综合利用，以实现学以致用、举一反三的目的。

学习目标

- 熟悉摄影机的创建与调整
- 掌握场景灯光的创建与设置
- 掌握现代风格常用材质的创建与设置
- 掌握最终场景渲染参数的设置

10.1 案例介绍

本案例是一个采光效果较好的厨房场景，虽然是朝北方向，但整体非常通透明亮，在创建光源时应注意光源类型的表现，如室外天光、室外补光等，但没有直接的太阳光，场景风格为现代风格，因此所用的材质以不锈钢、玻璃、人造石居多，在材质表现上应多注意玻璃材质的反射和折射以及墙砖材质的反射属性。

10.2 创建摄影机

对于创建好的场景模型，首先应为场景创建摄影机，以确认渲染场景范围。具体操作步骤介绍如下。

Step01 打开创建好的场景模型，如图 10-1 所示。

Step02 执行“创建”|“摄影机”|“标准”命令，在“对象类型”卷展栏中单击“目标”按钮，在顶视图中创建一个摄影机，如图 10-2 所示。

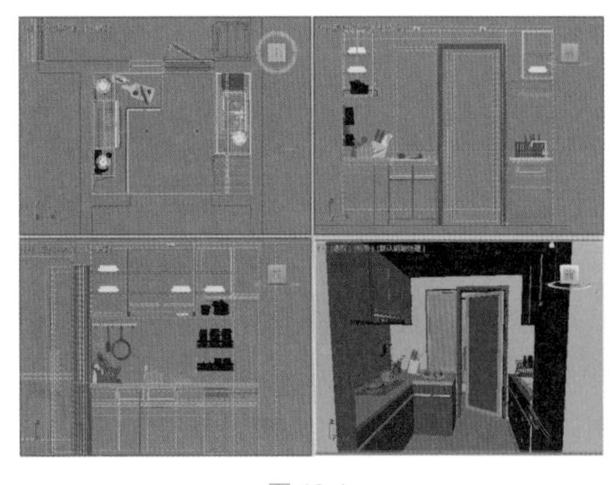

图 10-1

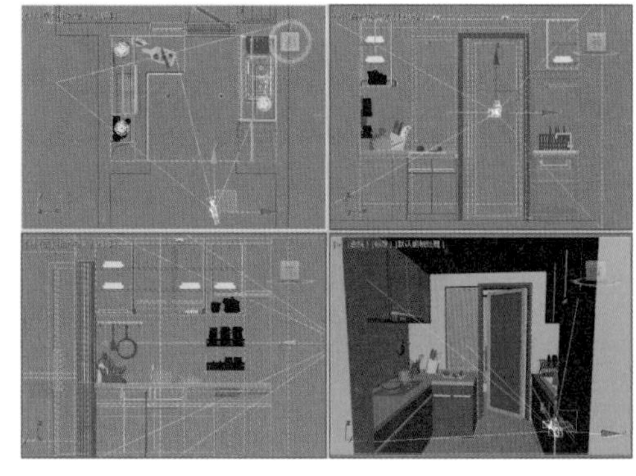

图 10-2

Step03 选择透视视口，按 C 键切换到摄影机视口，如图 10-3 所示。

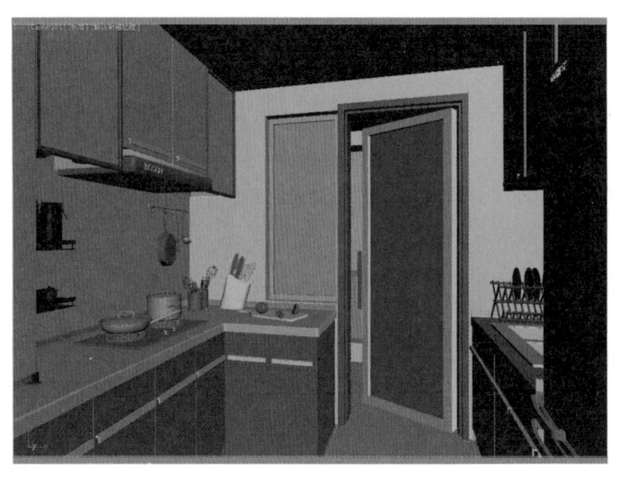

图 10-3

10.3 设置场景灯光

场景中的光源主要包括射灯和灯带等，其光线强度较弱，在创建灯光时需要考虑增强灯光强度并进行补光。下面将对光源的创建以及参数设置进行详细介绍。

10.3.1 设置白模预览参数

白模材质可以观察模型中的漏洞，还可以很好地预览灯光效果。下面介绍白模材质的创建。

Step01 按 M 键打开“材质编辑器”，选择一个空白材质，设置为“VRayMtl”材质类型，命名为“白模”，设置漫反射颜色为灰白色，如图 10-4 所示。

Step02 按 F10 键打开“渲染设置”对话框，在 VRay 渲染器设置面板中设置“全局开关”卷展栏为“高级模式”，勾选“覆盖材质”复选框，将“白模”材质拖到其后的按钮上，选择“实例”复制，再设置灯光采样类型为“全部灯光求值”，如图 10-5 所示。

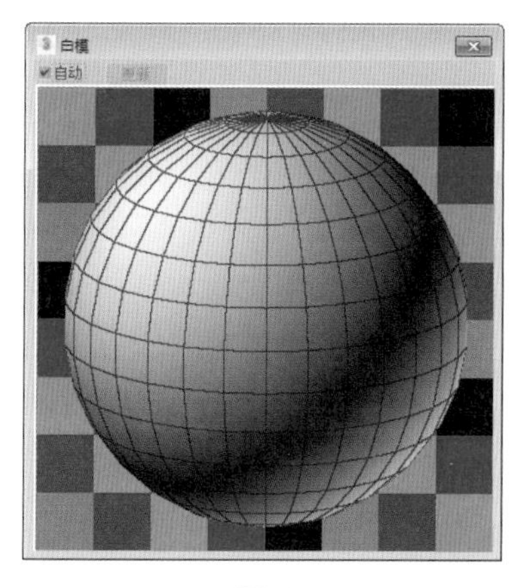

图 10-4

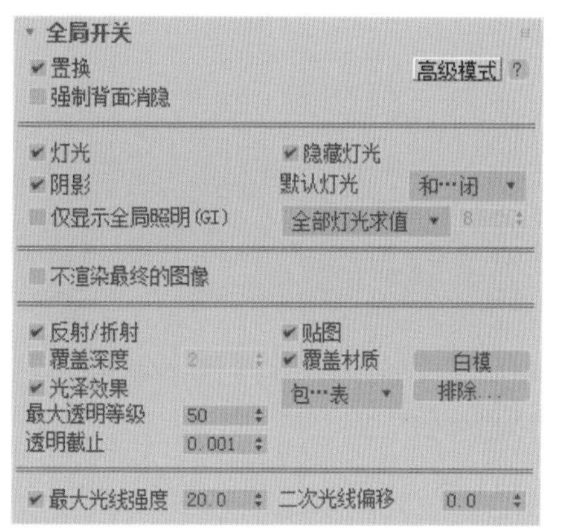

图 10-5

Step03 在“帧缓冲”卷展栏中取消勾选“启用内置帧缓冲区”复选框，如图 10-6 所示。

Step04 在“发光贴图”卷展栏中设置预设等级和“细分”等参数，如图 10-7 所示。

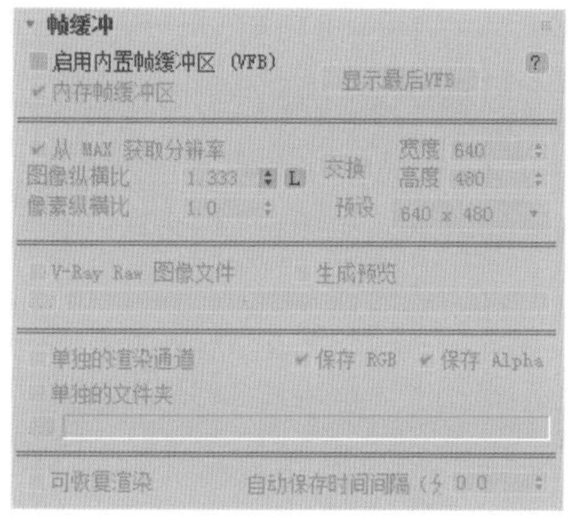

图 10-6

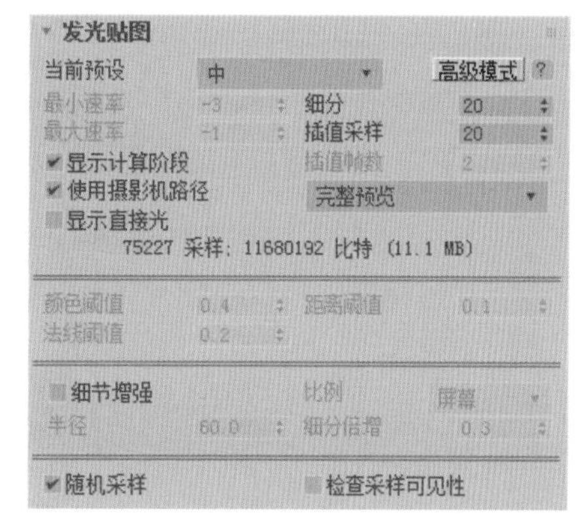

图 10-7

Step05 在“颜色贴图”卷展栏中设置类型为“指数”，如图 10-8 所示。

Step06 在“灯光缓存”卷展栏中设置“细分”和其他参数值，如图 10-9 所示。

图 10-8

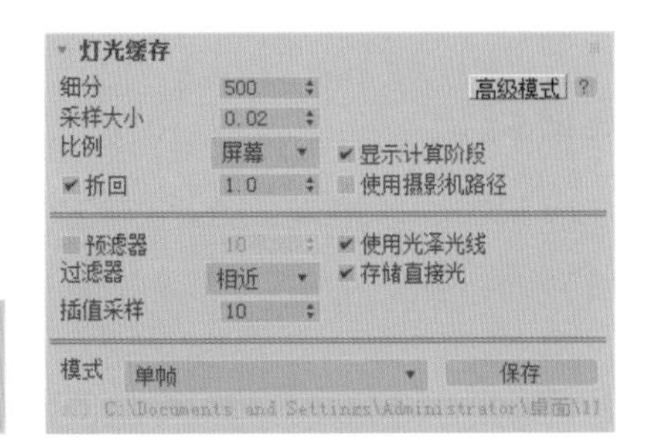

图 10-9

Step07 最后在“公用参数”卷展栏中设置输出尺寸，如图 10-10 所示。

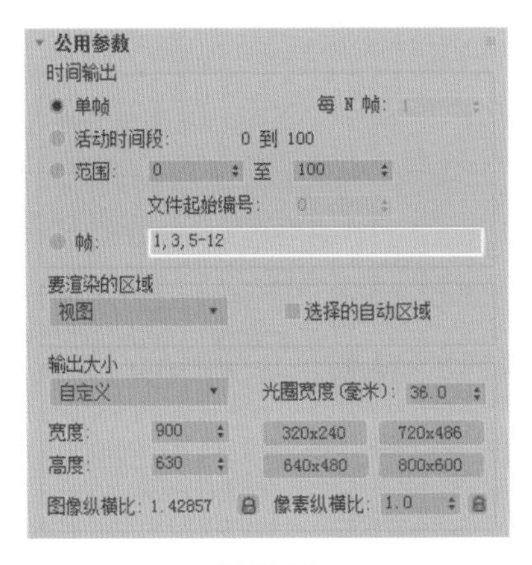

图 10-10

10.3.2 模拟室外光源

场景中的阳台朝北向，会受到天光和阳光影响，在创建光源时要注意不要模拟太阳光。下面介绍具体的制作方法。

Step01 在前视图中创建一个 VRay 平面灯光，移动到阳台外侧，如图 10-11 所示。

Step02 设置灯光尺寸、强度和颜色，如图 10-12 所示。

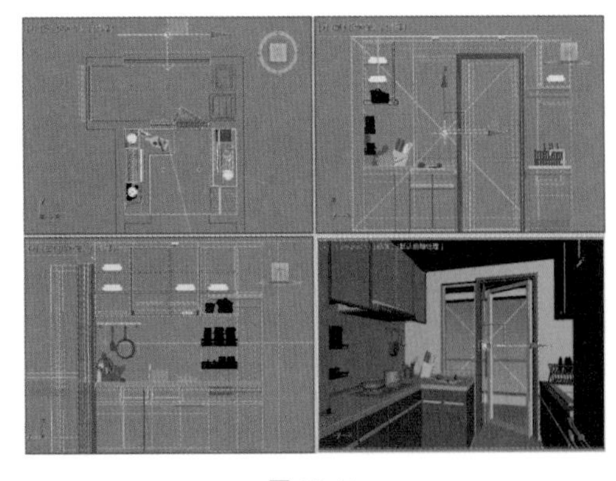

图 10-11

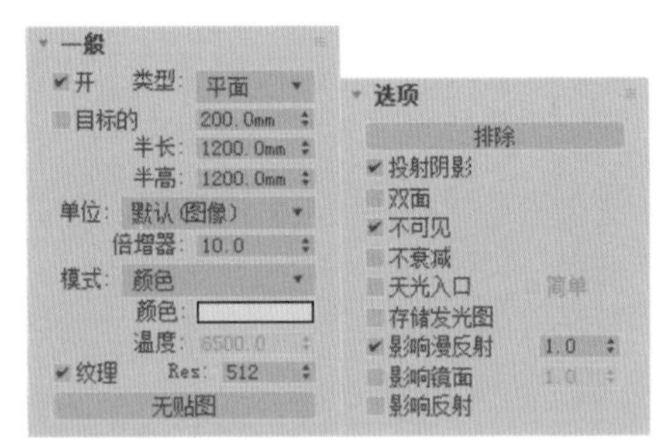

图 10-12

Step03 渲染场景，效果如图 10-13 所示。

Step04 继续创建 VRay 平面光源，放置在门外，如图 10-14 所示。

图 10-13

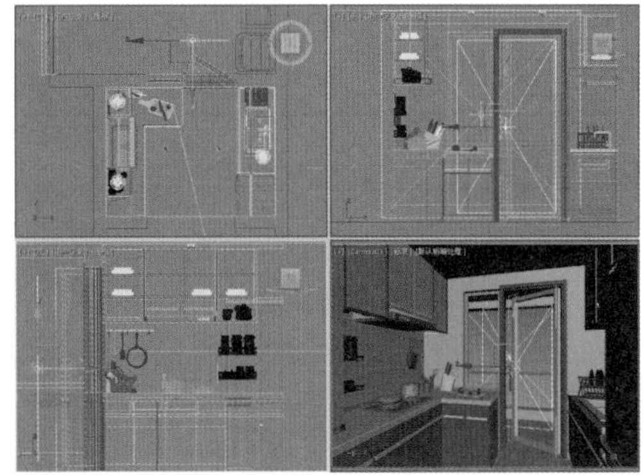

图 10-14

Step05 灯光尺寸、强度、颜色等设置如图 10-15 所示。

Step06 再次渲染摄影机视口，效果如图 10-16 所示。

图 10-15

图 10-16

Step07 打开“材质编辑器”，选择一个空白材质球，设置为“VR 灯光”材质，为其添加位图贴图，再设置颜色强度值，如图 10-17 所示。

Step08 材质球效果如图 10-18 所示。

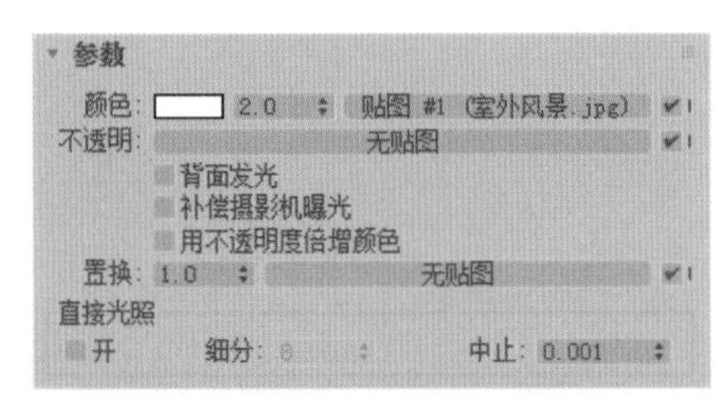

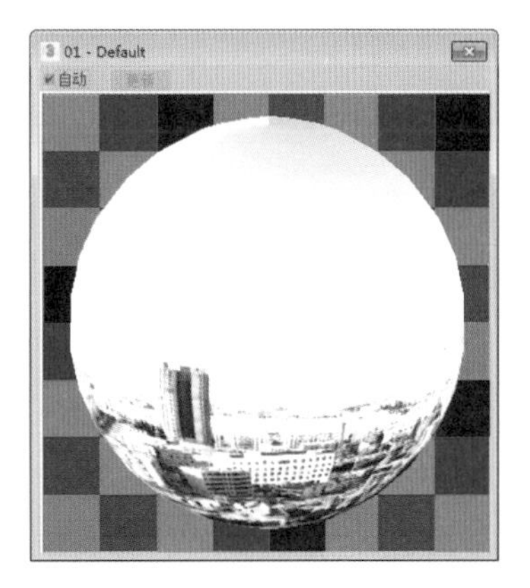

图 10-17

图 10-18

Step09 在前视图中创建一个长方体，调整到室外合适位置，并将材质指定给对象，如图 10-19 所示。

Step10 打开“渲染设置”对话框，在“全局开关”卷展栏中选中“排除”单选按钮，选择刚创建的

长方体，效果如图 10-20 所示。

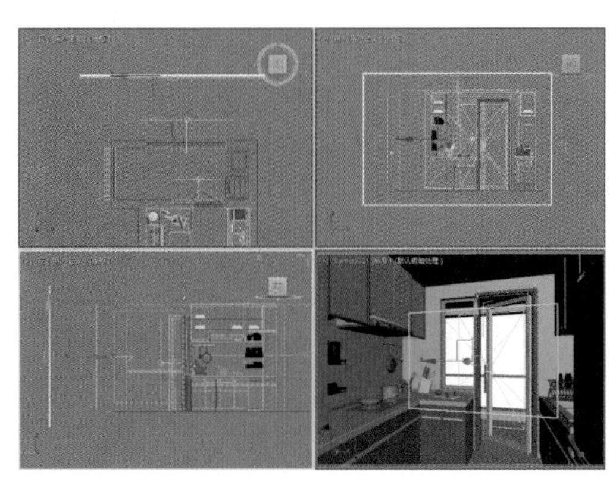

图 10-19

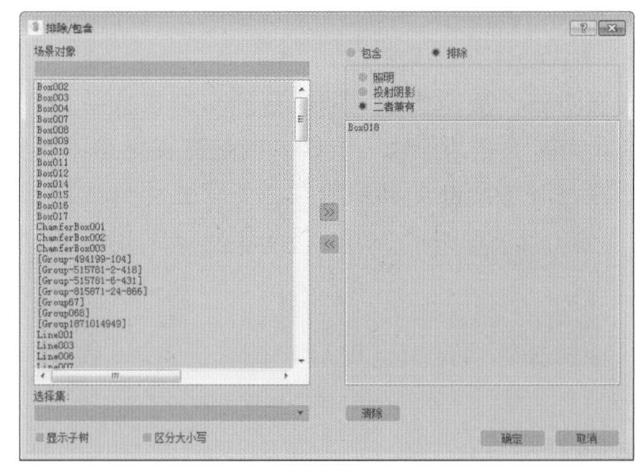

图 10-20

Step11 渲染场景，效果如图 10-21 所示。

图 10-21

10.3.3 模拟室内光源

该场景中的室内主要光源为筒灯光源，偏暖色调。下面介绍具体的制作方法。

Step01 模拟筒灯光源。在前视图创建目标灯光，调整灯光及目标点位置，如图 10-22 所示。

Step02 在参数面板中开启 VRay 阴影，设置灯光分布类型为“光度学 Web”，并添加光域网文件，设置灯光强度和颜色等参数，如图 10-23 所示。

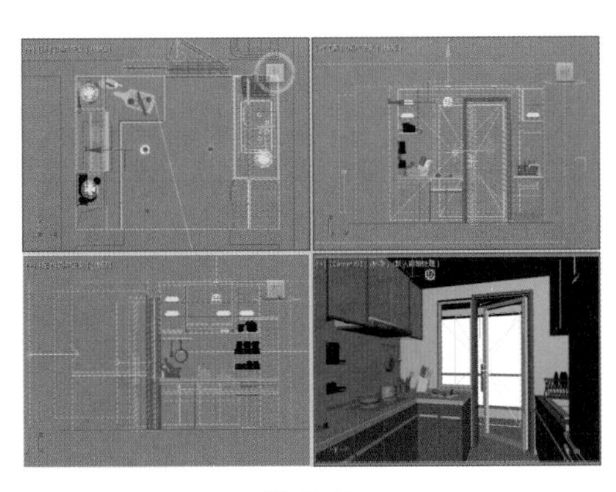

图 10-22

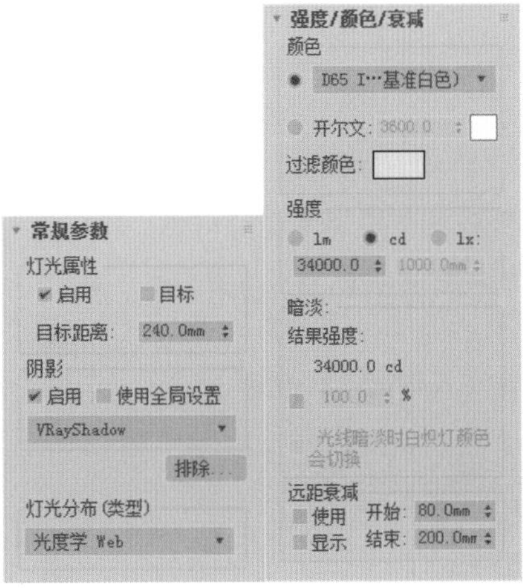

常规参数
灯光属性
启用 目标
目标距离: 240.0mm
阴影
启用 使用全局设置
VRayShadow
排除...
灯光分布(类型)
光度学 Web

强度/颜色/衰减
颜色
D65 I…基准白色)
开尔文: 3600.0
过滤颜色:
强度
lm cd lx:
34000.0 1000.0mm
暗淡:
结果强度:
34000.0 cd
100.0 %
光线暗淡时白炽灯颜色会切换
远距衰减
使用 开始: 80.0mm
显示 结束: 200.0mm

图 10-23

Step03 渲染摄影机视口，筒灯光源效果如图 10-24 所示。

Step04 复制灯光，再次渲染场景，效果如图 10-25 所示。

图 10-24

图 10-25

Step05 在摄影机后方创建一个 VRay 灯光，默认灯光颜色为白色，设置灯光强度为 1，如图 10-26 所示。

Step06 渲染场景，当前灯光效果如图 10-27 所示。

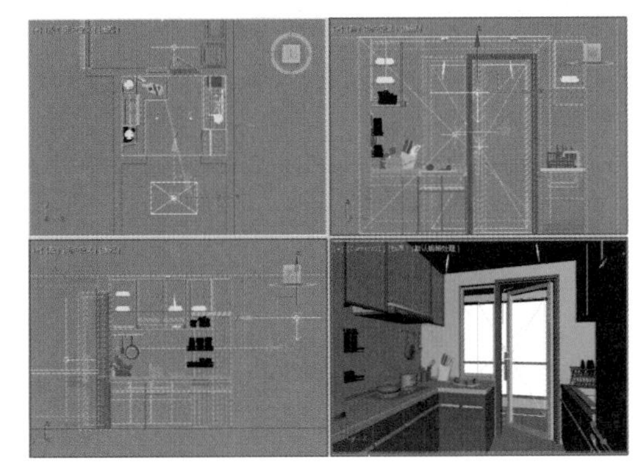

图 10-26

图 10-27

10.4 设置场景材质

场景中的材质类型包括乳胶漆、瓷砖、玻璃、不锈钢、白瓷、镜面、装饰画等，接下来将会进行材质创建的详细介绍。

10.4.1 创建墙、顶、地材质

该厨房场景顶部为乳胶漆材质，墙面和地面为瓷砖材质，门窗则为铝塑玻璃门窗。下面介绍各材质的创建过程。

Step01 设置乳胶漆材质。按 M 键打开“材质编辑器”，选择一个空白材质球，将其设置为“VRayMtl”材质，设置漫反射颜色，如图 10-28 所示。材质球预览效果如图 10-29 所示。

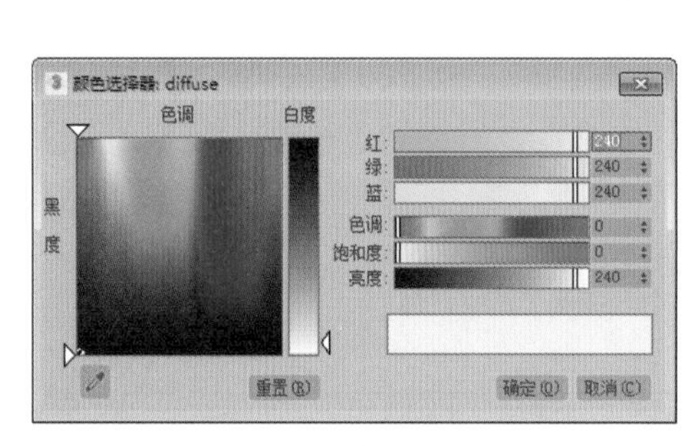

图 10-28

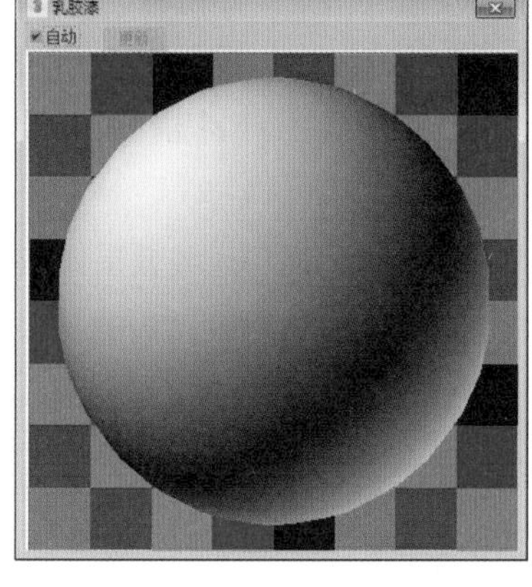

图 10-29

Step02 设置墙砖材质。选择一个空白材质球，将其设置为“VRayMtl”材质，为漫反射添加平铺贴图，并设置反射颜色及反射参数，如图 10-30 所示。

Step03 反射颜色设置如图 10-31 所示。

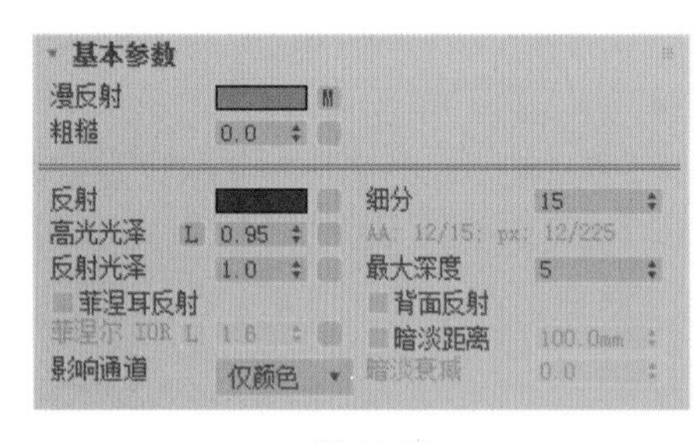

图 10-30

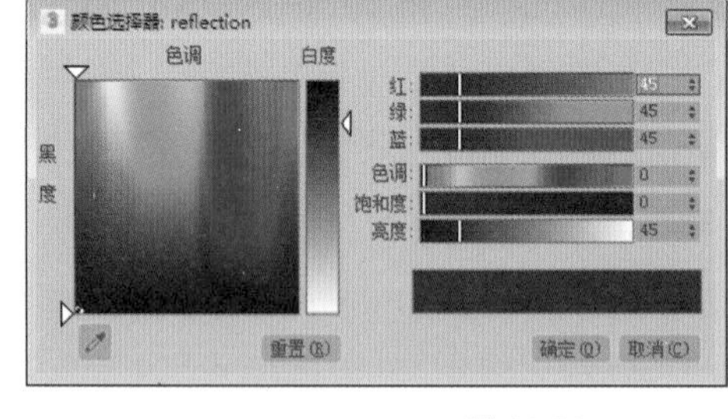

图 10-31

ACAA课堂笔记

Step04 进入平铺贴图参数面板，默认图案预设类型为“堆栈砌合”，在“高级控制”卷展栏中为平铺纹理通道添加位图贴图，并设置砖缝纹理颜色及间距，如图 10-32 所示。

Step05 砖缝颜色设置如图 10-33 所示。

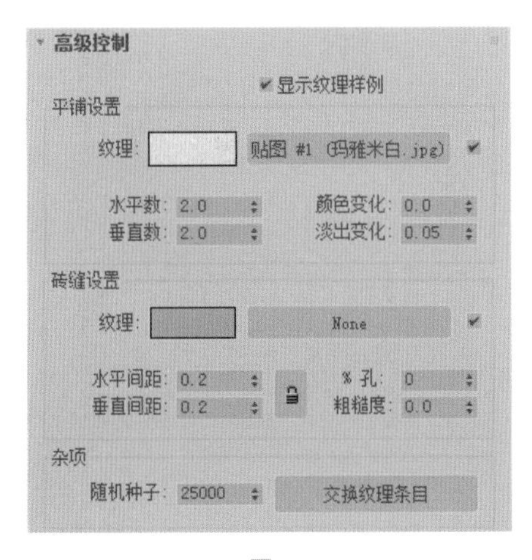

图 10-32

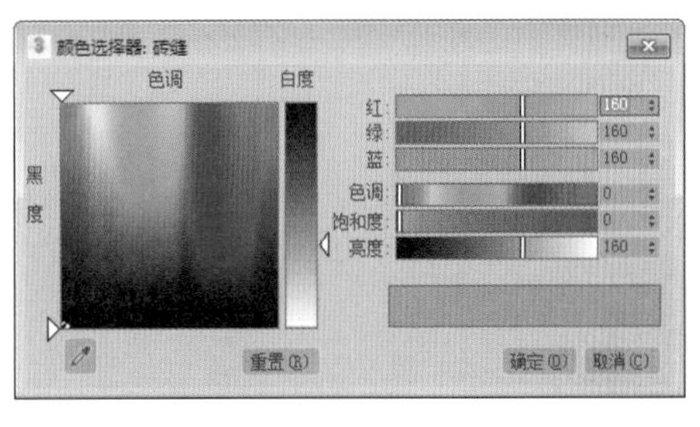

图 10-33

Step06 在“贴图”卷展栏复制平铺贴图到“凹凸”通道，如图 10-34 所示。

Step07 打开贴图参数面板，在“高级控制”卷展栏中删除位图贴图，制作好的材质球预览效果如图 10-35 所示。

贴图

漫反射	100.0	✔	贴图 #0 （Tiles）
粗糙	100.0	✔	无贴图
自发光	100.0	✔	无贴图
反射	100.0	✔	无贴图
高光光泽	100.0	✔	无贴图
反射光泽	100.0	✔	无贴图
菲涅尔 IOR	100.0	✔	无贴图
各向异性	100.0	✔	无贴图
各异性旋转	100.0	✔	无贴图
折射	100.0	✔	无贴图
光泽	100.0	✔	无贴图
IOR	100.0	✔	无贴图
半透明	100.0	✔	无贴图
雾颜色	100.0	✔	无贴图
凹凸	50.0	✔	贴图 #16 （Tiles）
置换	100.0	✔	无贴图
透明度	100.0	✔	无贴图
环境		✔	无贴图

图 10-34

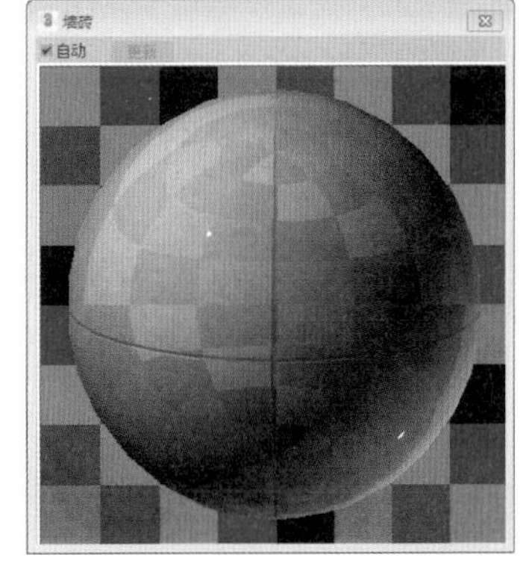

图 10-35

Step08 设置地砖材质。地砖材质的设置方式与墙砖类似，仅反射参数略有不同，这里为“反射”通道添加“衰减”贴图，如图 10-36 所示。

Step09 进入“衰减参数”面板，设置衰减颜色，如图 10-37 所示。

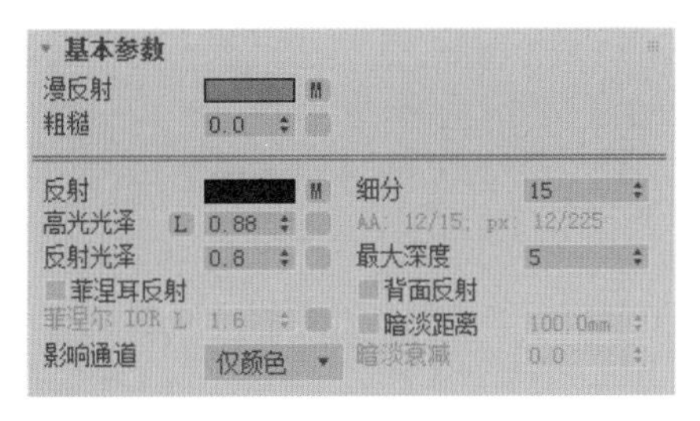

图 10-36

衰减参数

前:侧

100.0	无贴图	✔
100.0	无贴图	✔

衰减类型：垂直/平行

衰减方向：查看方向(摄影机 Z 轴)

图 10-37

Step10 衰减颜色设置如图 10-38 所示。

Step11 创建好的地面材质球效果如图 10-39 所示。

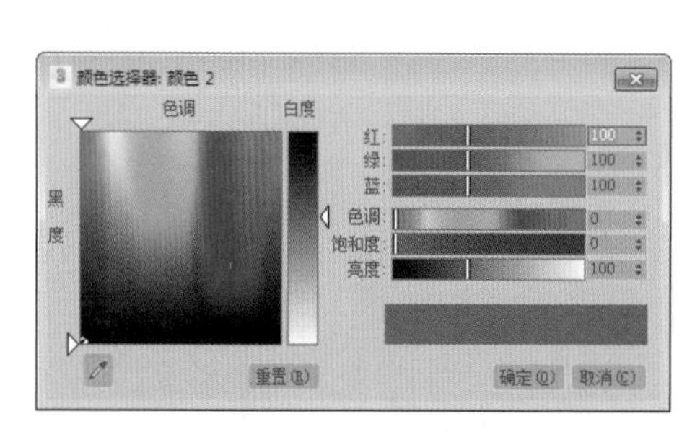

图 10-38

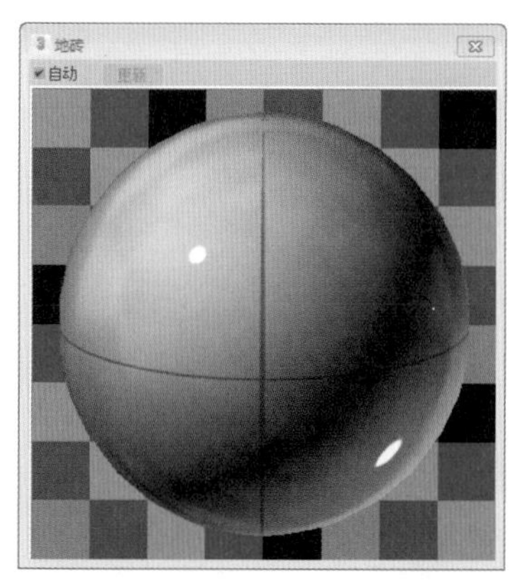

图 10-39

Step12 设置玻璃材质。选择一个空白材质球，将其设置为“VRayMtl”材质，设置漫反射颜色、反射颜色、折射颜色和雾颜色，再设置反射参数及折射参数，如图 10-40 所示。

Step13 各个颜色参数设置如图 10-41 和图 10-42 所示。

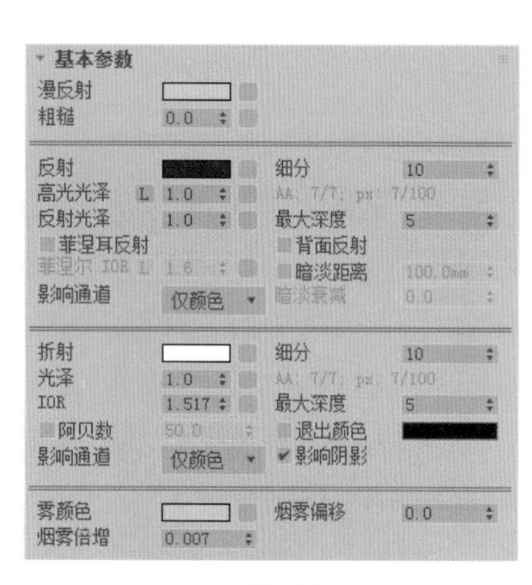

图 10-40

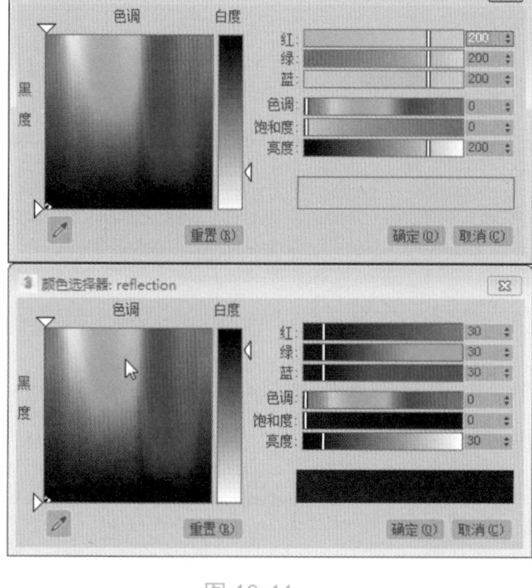

图 10-41

Step14 设置好的玻璃材质球效果如图 10-43 所示。

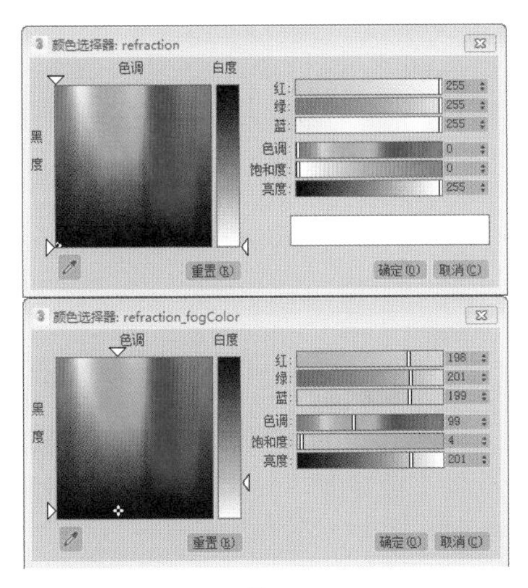

图 10-42　　图 10-43

Step15 设置铝塑材质。选择一个空白材质球，将其设置为“VRayMtl”材质，设置漫反射颜色及反射颜色，再设置反射参数，如图 10-44 所示。

Step16 漫反射颜色及反射颜色设置如图 10-45 所示。

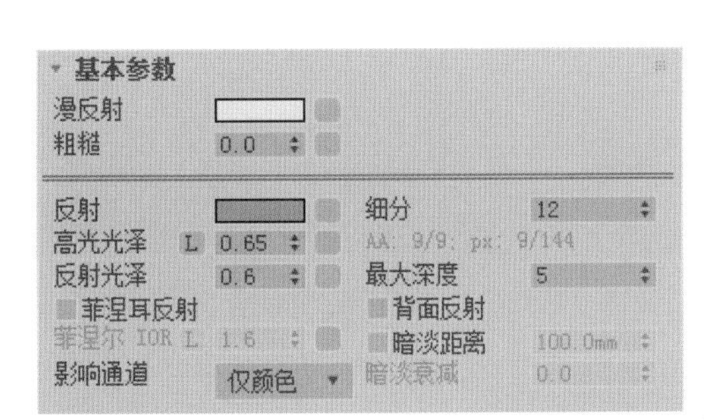

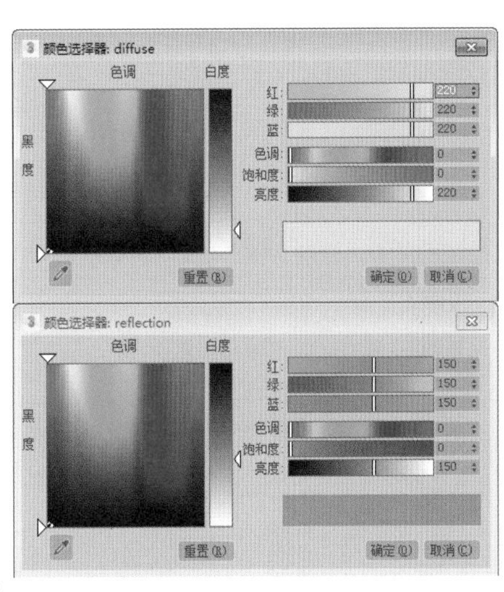

图 10-44　　图 10-45

Step17 创建好的铝塑材质球效果如图 10-46 所示。

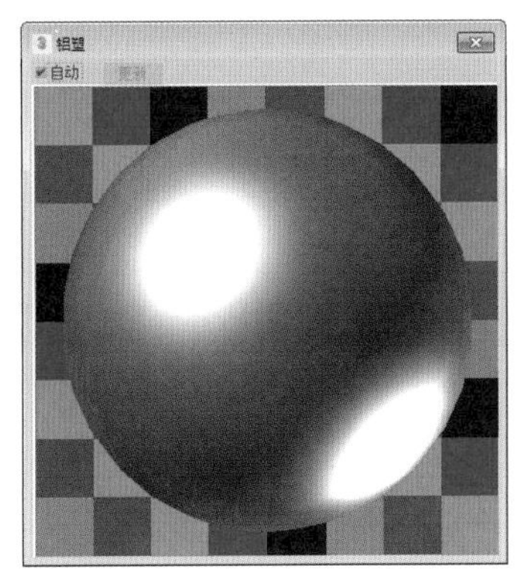

图 10-46

10.4.2 创建橱柜及厨具材质

案例中的橱柜采用人造石台面、木饰面柜门以及不锈钢拉手，另外，各类厨具主要是用的是镜面不锈钢材质、白瓷材质以及黑色金属漆材质，下面介绍各种材质的创建。

Step01 创建人造石材质。选择一个空白材质球，将其设置为“VrayMtl”材质，为“漫反射”通道添加“位图”贴图，为“反射”通道添加“衰减”贴图，再设置反射参数，如图 10-47 所示。

Step02 漫反射通道的位图贴图如图 10-48 所示。

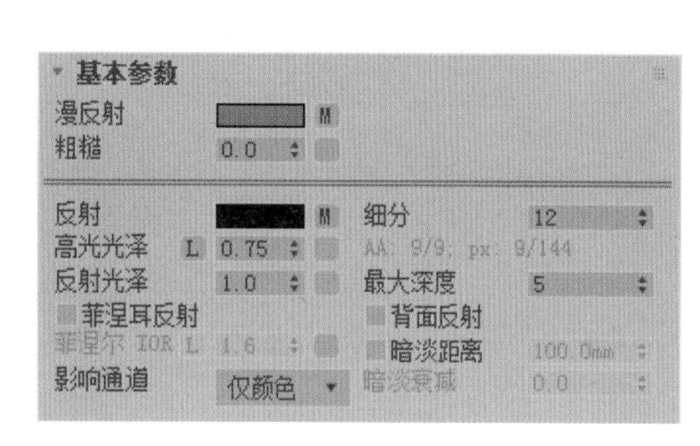

图 10-47

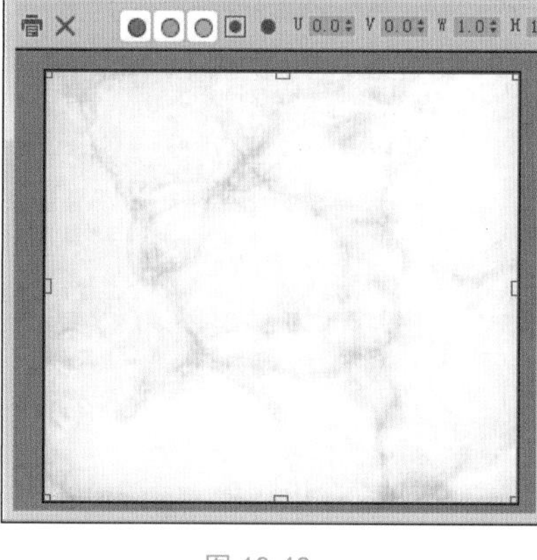

图 10-48

Step03 进入“衰减参数”面板，设置衰减颜色 2，如图 10-49 所示。

Step04 在“BRDF”卷展栏中设置双向反射分布函数类型为 Phong，如图 10-50 所示。

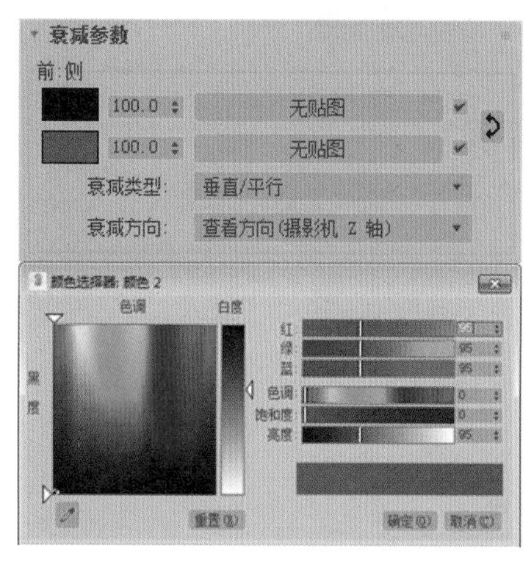

图 10-49

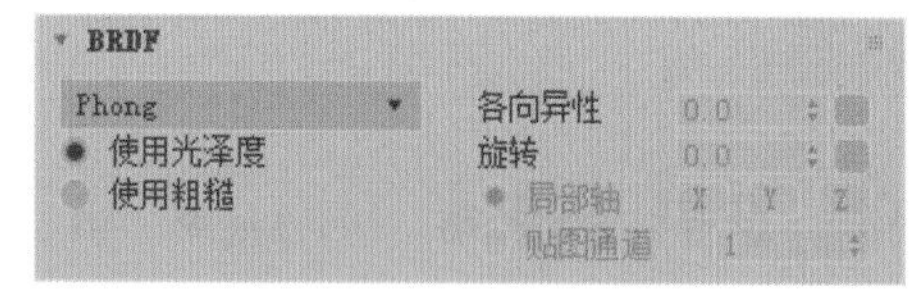

图 10-50

Step05 创建好的橱柜台面材质球效果如图 10-51 所示。

Step06 设置橱柜材质。选择一个空白材质球，将其设置为“VRayMtl”材质，为“漫反射”通道添加“位图”贴图，再设置反射颜色及反射参数，如图 10-52 所示。

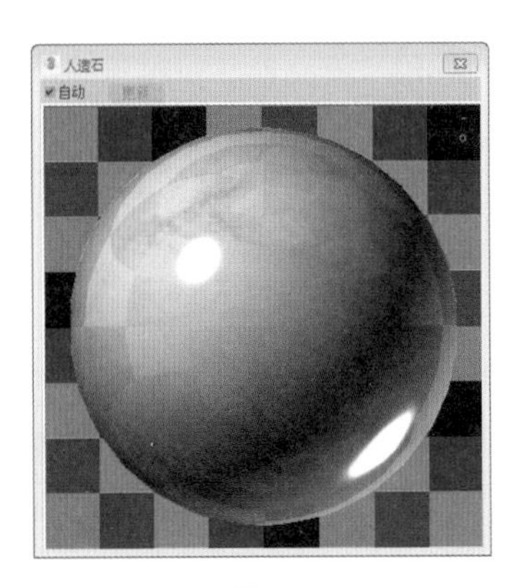

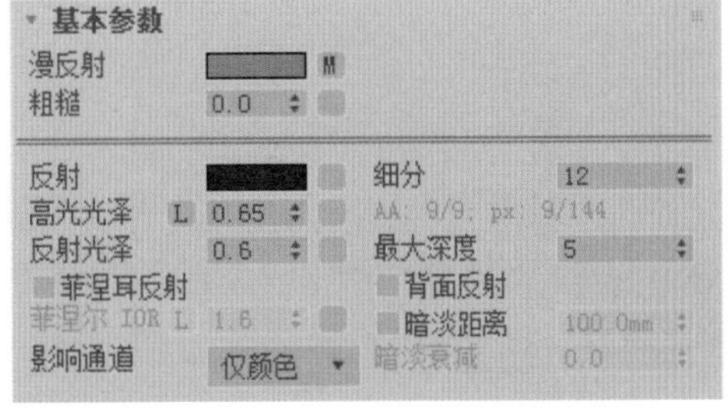

图 10-51　　图 10-52

Step07 漫反射通道的贴图如图 10-53 所示。

Step08 反射颜色设置如图 10-54 所示。

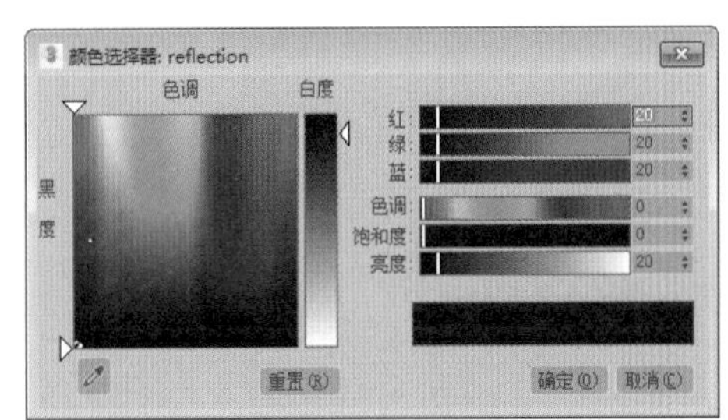

图 10-53　　图 10-54

Step09 创建好的橱柜材质球预览效果如图 10-55 所示。

Step10 设置磨砂不锈钢。选择一个空白材质球，将其设置为“VRayMtl”材质，设置反射颜色及反射参数，如图 10-56 所示。

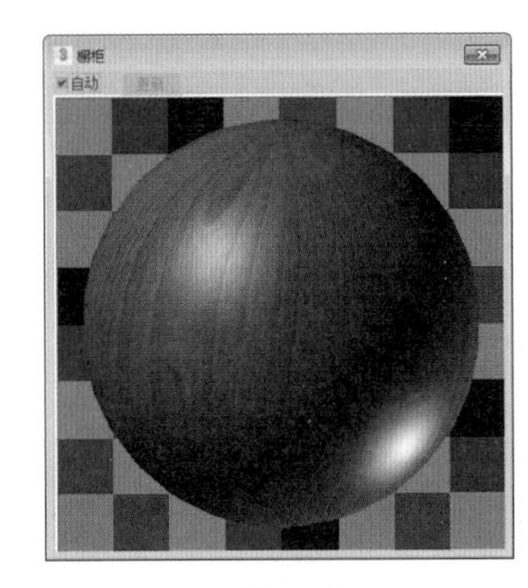

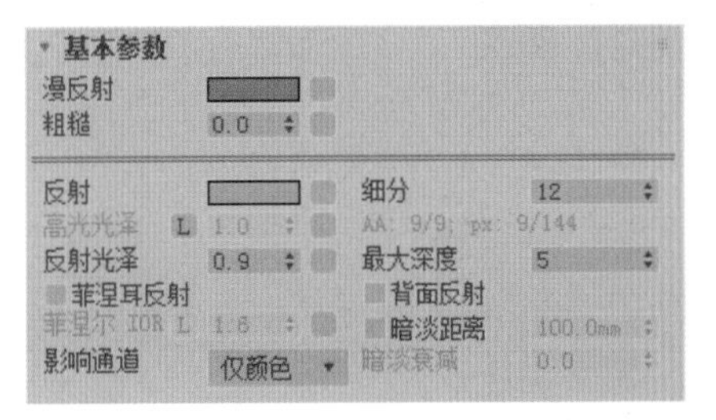

图 10-55　　图 10-56

Step11 反射颜色设置如图 10-57 所示。

Step12 在“BRDF”卷展栏中设置双向反射分布函数类型为 Ward，再设置“各向异性”和“旋转”值，如图 10-58 所示。

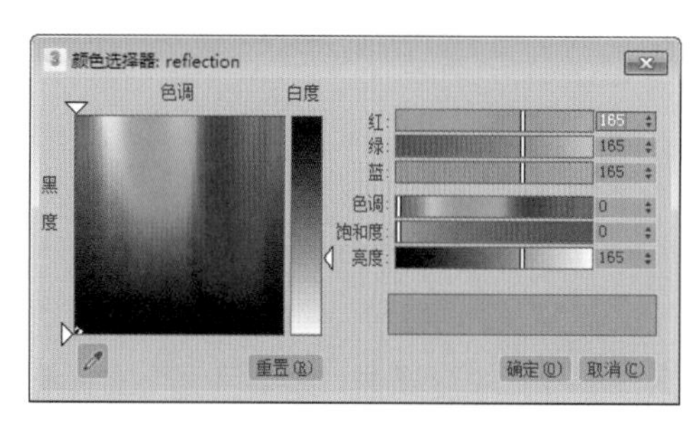

图 10-57

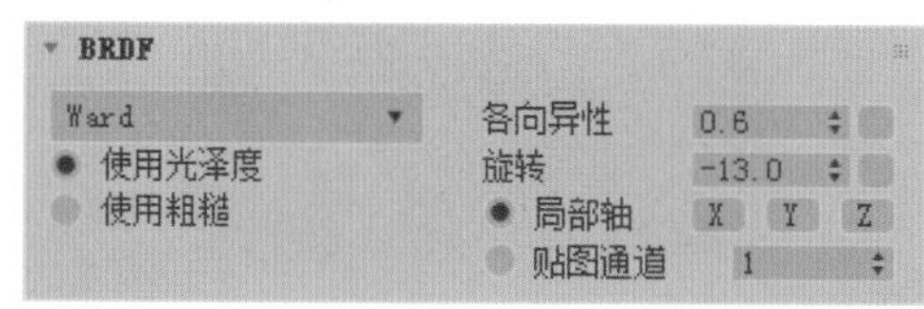

图 10-58

Step13 创建好的磨砂不锈钢材质球预览效果如图 10-59 所示。

Step14 设置镜面不锈钢材质。选择一个空白材质球，将其设置为“VRayMtl”材质，设置漫反射颜色和反射颜色，再设置反射参数，如图 10-60 所示。

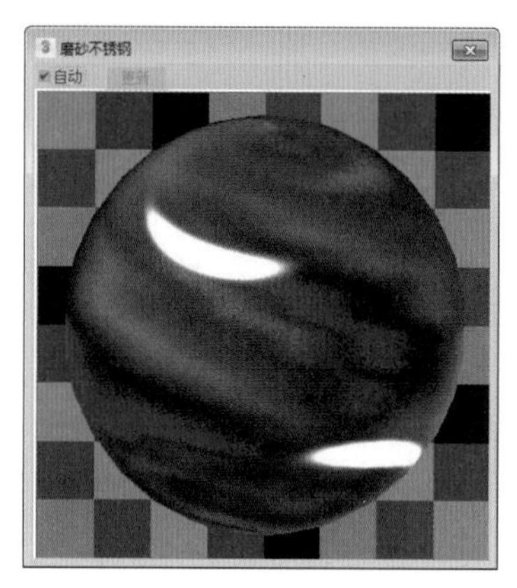

图 10-59

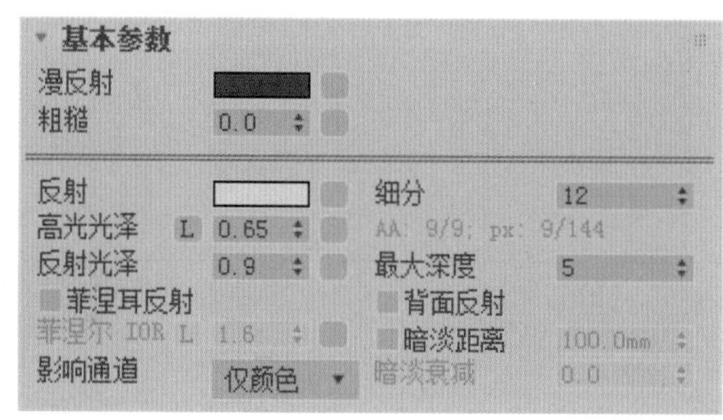

图 10-60

Step15 漫反射颜色和反射颜色设置如图 10-61 所示。

Step16 创建好的镜面不锈钢材质球预览效果如图 10-62 所示。

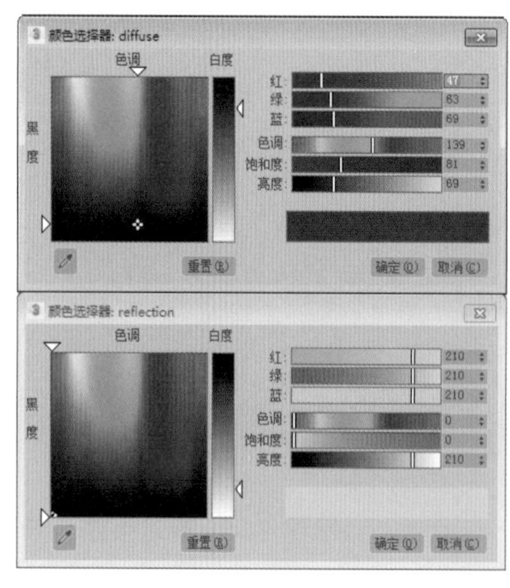

图 10-61

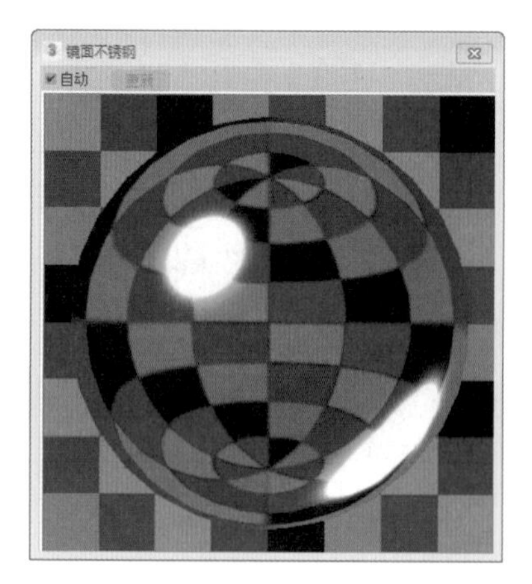

图 10-62

Step17 设置深色玻璃材质。选择一个空白材质球，将其设置为“VRayMtl”材质，设置漫反射颜色、反射颜色、折射颜色以及雾颜色，再设置反射参数和折射参数，如图 10-63 所示。

Step18 各个颜色参数如图 10-64、图 10-65 所示。

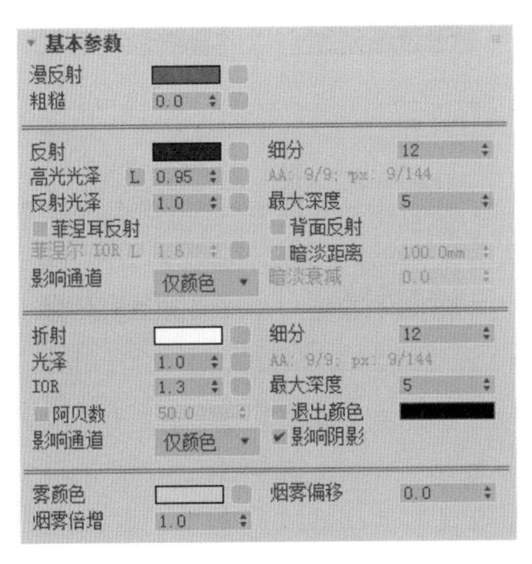

图 10-63

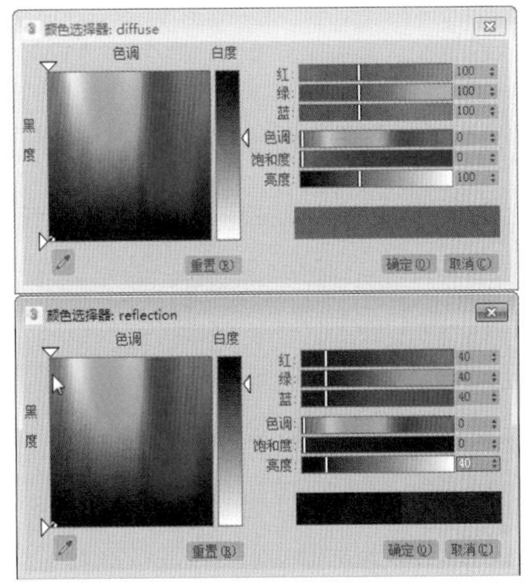

图 10-64

Step19 设置好的材质球预览效果如图 10-66 所示。

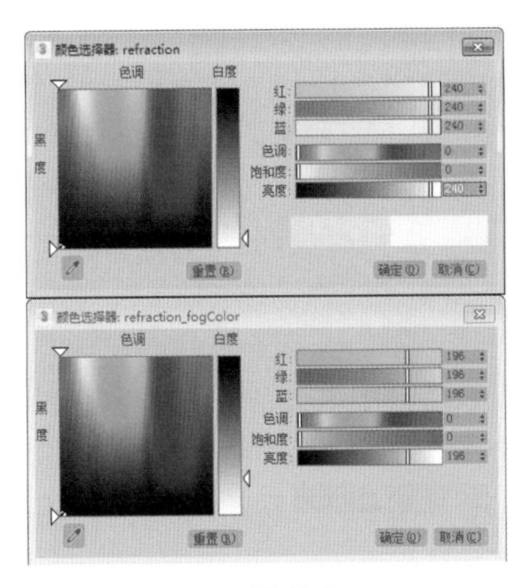

图 10-65

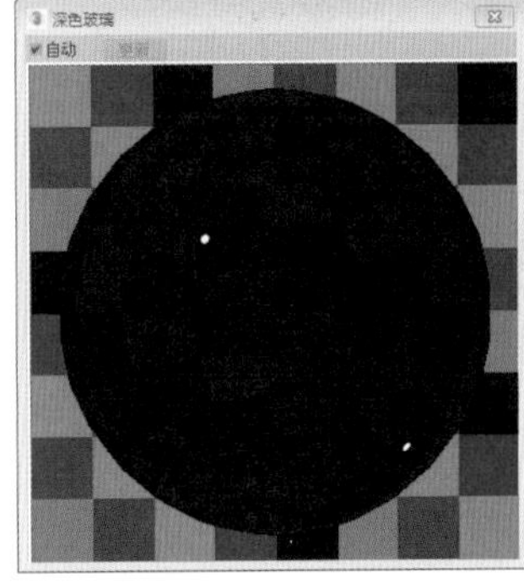

图 10-66

Step20 设置黑色金属漆材质。选择一个空白材质球，将其设置为“VRayMtl”材质，设置漫反射颜色、反射颜色，再设置反射参数，如图 10-67 所示。

Step21 漫反射颜色和反射颜色设置如图 10-68 所示。

ACAA课堂笔记

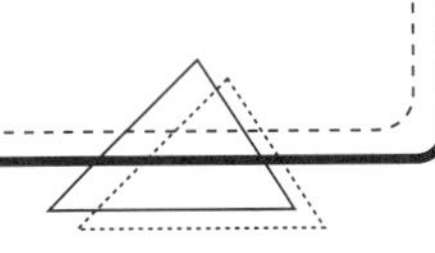

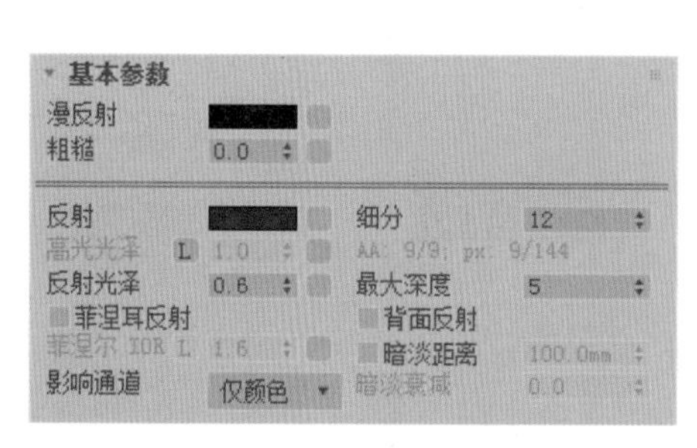

图 10-67

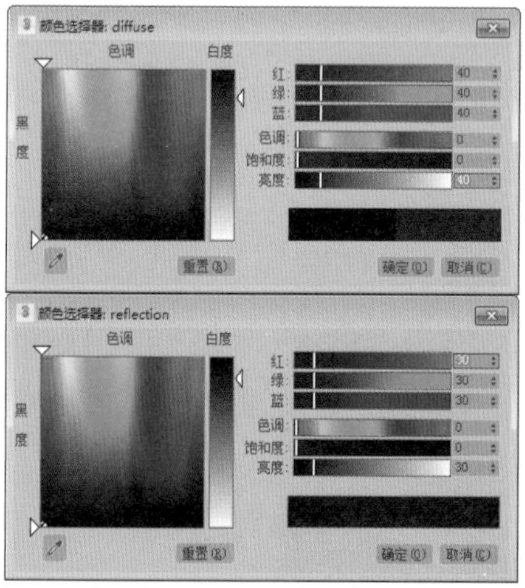

图 10-68

Step22 设置好的材质球预览效果如图 10-69 所示。

Step23 创建白瓷材质。选择一个空白材质球，将其设置为“VRayMtl”材质，设置漫反射颜色和反射颜色，再设置反射参数，如图 10-70 所示。

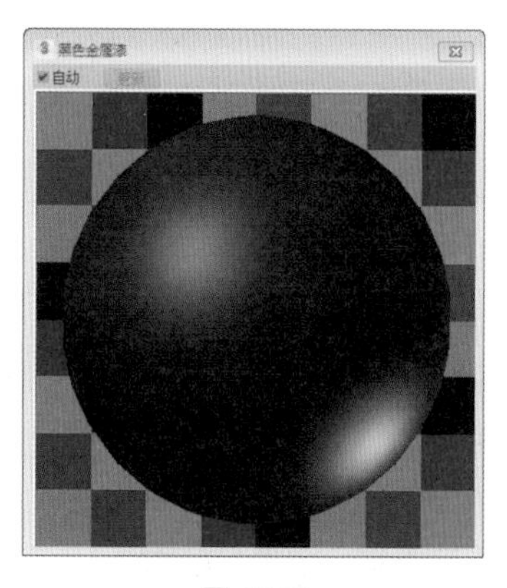

图 10-69

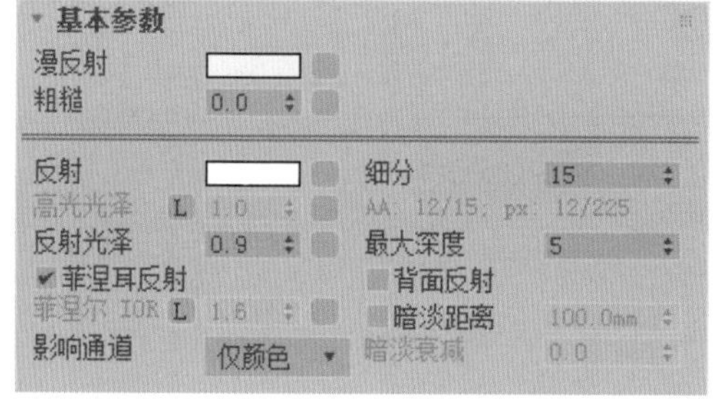

图 10-70

Step24 漫反射颜色和反射颜色设置如图 10-71 所示。

Step25 创建好的白瓷材质球效果如图 10-72 所示。

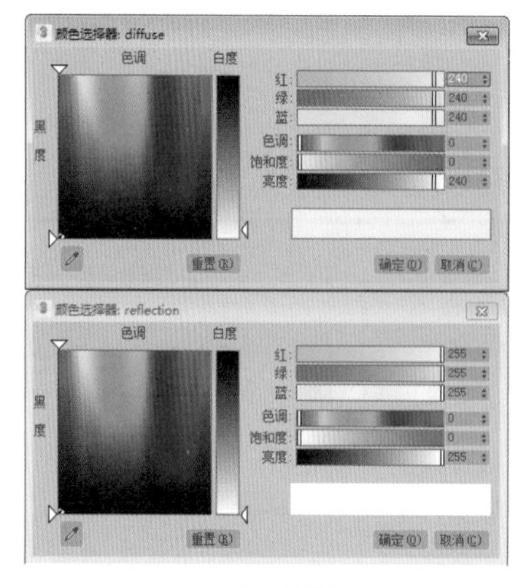

图 10-71

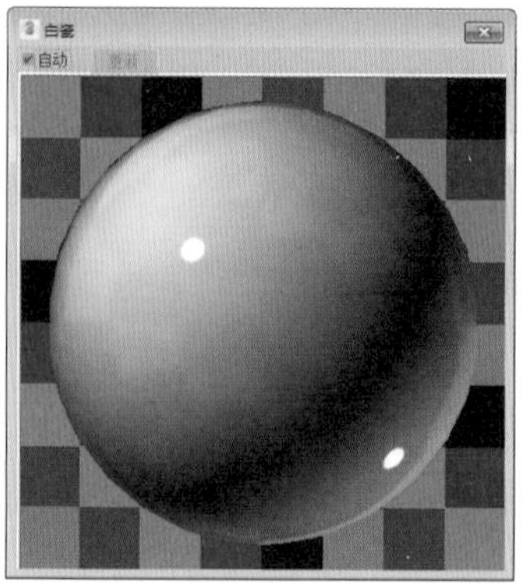

图 10-72

场景渲染效果

场景中的灯光环境与材质已经全部布置完毕，下面就可以进行渲染参数设置，然后进行高品质效果的渲染。操作步骤介绍如下。

Step01 按 F10 键打开“渲染设置”对话框，在“公用参数”卷展栏中设置效果图输出尺寸，如图 10-73 所示。

Step02 在“全局开关”卷展栏取消勾选“覆盖材质”复选框，如图 10-74 所示。

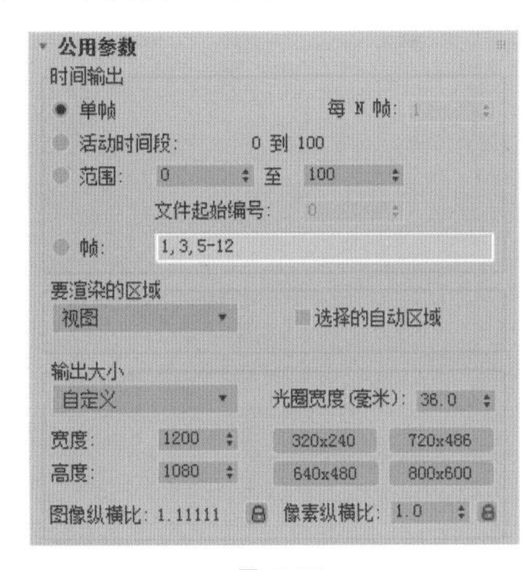

图 10-73

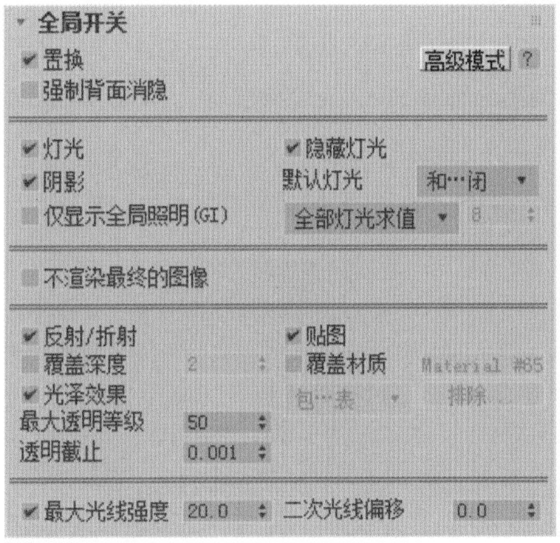

图 10-74

Step03 在“图像采样（抗锯齿）”卷展栏中设置采样类型为“块”，如图 10-75 所示。

Step04 在“图像过滤”卷展栏中设置过滤器类型为“Catmull-Rom”，如图 10-76 所示。

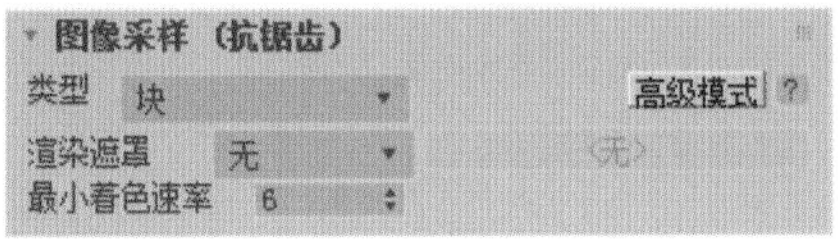

图 10-75

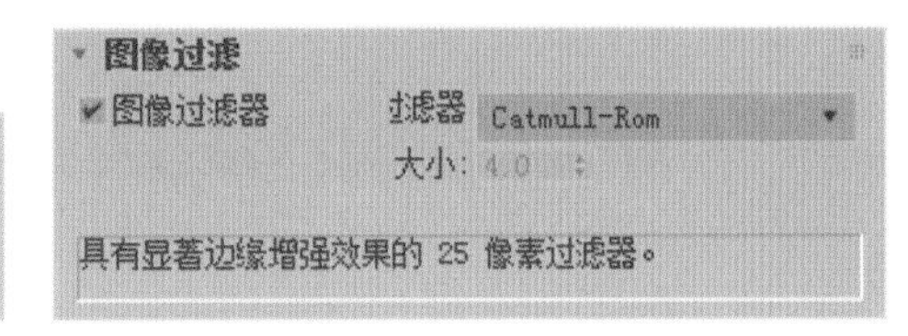

图 10-76

Step05 在“块图像采样器”卷展栏设置“最大细分”和“渲染块宽度”值，如图 10-77 所示。

Step06 在“全局 DMC”卷展栏中勾选“使用局部细分”复选框（勾选后，用户即可重新设置材质细分参数），设置“最小采样”“自适应数量”“噪波阈值”，如图 10-78 所示。

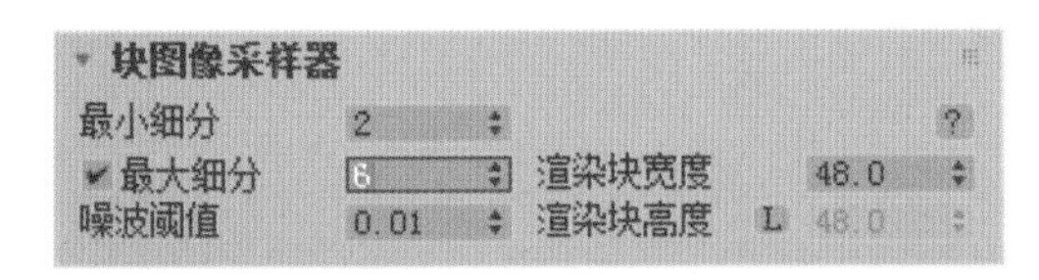

图 10-77

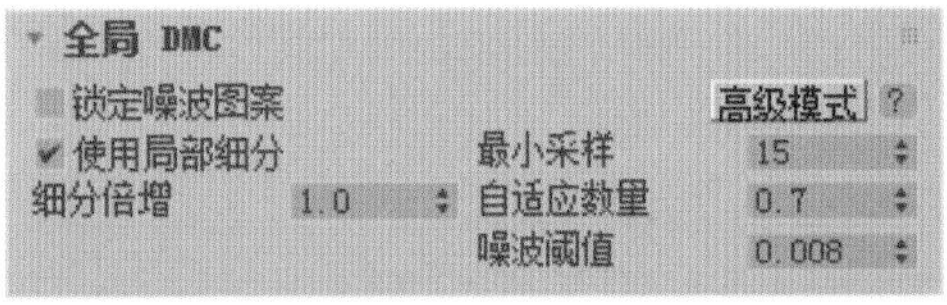

图 10-78

Step07 在“发光贴图”卷展栏设置预设类型为“高”，再设置“细分”和“插值采样”，如图 10-79 所示。

Step08 在“灯光缓存”卷展栏中设置“细分”及其他参数值，如图 10-80 所示。

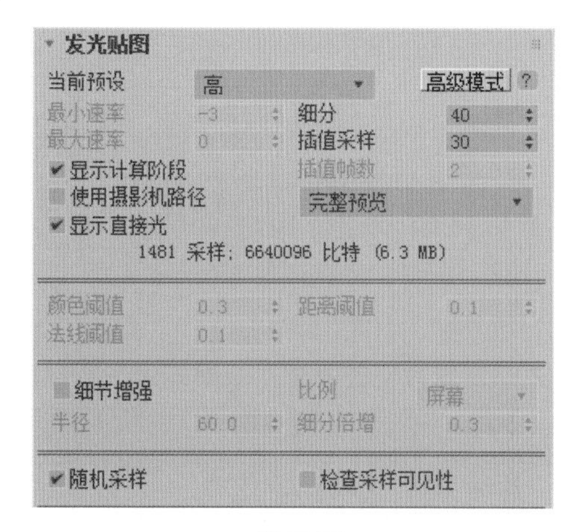

发光贴图
当前预设
高
高级模式
最小速率
-3
细分
40
最大速率
0
插值采样
30
显示计算阶段
插值帧数
2
使用摄影机路径
完整预览
显示直接光
1481 采样; 6640096 比特 (6.3 MB)
颜色阈值
0.3
距离阈值
0.1
法线阈值
0.1
细节增强
比例
屏幕
半径
60.0
细分倍增
0.3
随机采样
检查采样可见性

图 10-79

灯光缓存
细分
800
高级模式
采样大小
0.02
比例
屏幕
显示计算阶段
使用摄影机路径
折回
1.0
预滤器
10
使用光泽光线
过滤器
相近
存储直接光
插值采样
10

图 10-80

Step09 渲染摄影机视口，效果如图 10-81 所示。

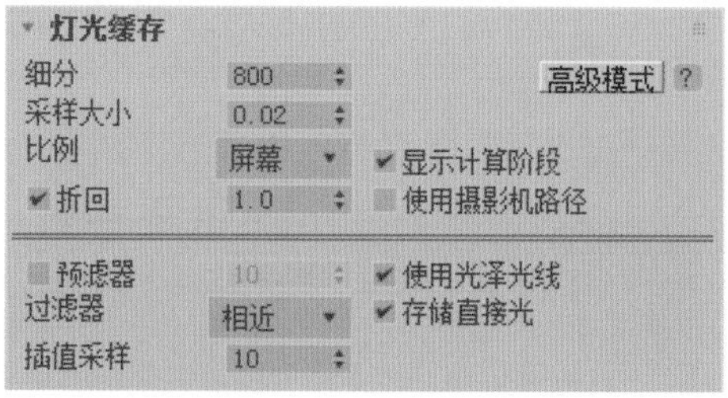

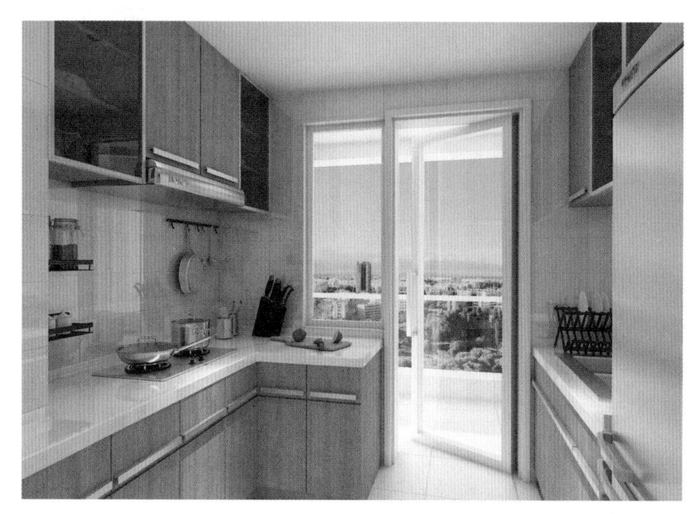

图 10-81